Signalwandlung und Informationsverarbeitung

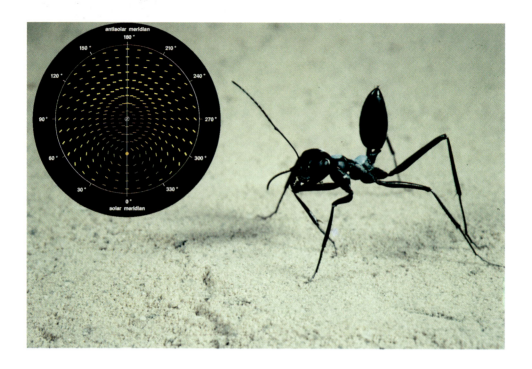

Zum Umschlagbild

Die hochbeinigen Wüstenameisen *Cataglyphis* (im Bild ein Vertreter der Art *C. bicolor*) jagen mit Geschwindigkeiten von bis zu einem Meter pro Sekunde und aufgestelltem Gaster über die bis zu 70 °C heißen Sand- und Steppenböden der Sahara. Das hier gezeigte Tier ist zu Versuchszwecken mit einem Farb-Nummerncode versehen. Als Kompaß verwendet *Cataglyphis* bei ihren weiträumigen Futtersuchläufen das Polarisationsmuster (E-Vektor-Muster) des Himmels. Wie die Richtung der gelben Balken andeutet, ist jeder Himmelspunkt durch eine bestimmte Schwingungsrichtung (E-Vektor-Richtung) linear polarisierten Lichts ausgezeichnet. Die Darstellung *(links oben)* zeigt eine zweidimensionale Repräsentation des E-Vektor-Musters (mit dem Zenit Z im Zentrum und dem Horizont in der Peripherie) für eine Sonnenhöhe von 60°. Sonnen- und Antisonnenmeridian bilden die Symmetrieebene des Musters. Eine ausführliche Erläuterung der beschriebenen Zusammenhänge wird im Beitrag »WEHNER, R.: Polarisationsmusteranalyse bei Insekten« in diesem Band auf S. 159 gegeben.
Herrn Prof. Dr. Rüdiger WEHNER sei hiermit sehr herzlich für die Überlassung der Abbildung gedankt.

NOVA ACTA LEOPOLDINA

Abhandlungen der Deutschen Akademie der Naturforscher Leopoldina

Im Auftrage des Präsidiums herausgegeben von

WERNER KÖHLER

Vizepräsident der Akademie

NEUE FOLGE	NUMMER 294	BAND 72

Signalwandlung und Informationsverarbeitung

Vorträge anläßlich der Jahresversammlung vom 7. bis 10. April 1995 zu Halle (Saale)

Herausgegeben von
Werner KÖHLER, Jena
Vizepräsident der Akademie

Mit 170 Abbildungen, 1 Übersicht und 10 Tabellen

Deutsche Akademie der Naturforscher Leopoldina, Halle (Saale) 1996

Redaktion: Dr. Michael KAASCH und Dr. Joachim KAASCH

Auf der Titelseite des Bandes ist das Siegel der Urkunde abgebildet, mit dem Kaiser LEOPOLD 1687 die der Akademie verliehenen Privilegien erneut bestätigt hat. Siegel und Urkunde befinden sich noch im Besitz der Leopoldina.

Die Schriftenreihe Nova Acta Leopoldina erscheint in der Barth Verlagsgesellschaft mbH Leipzig • Heidelberg, Postfach 100 109, D-04001 Leipzig, Tel. (03 41) 9 92 92 04.
Jedes Heft ist einzeln käuflich!

Die Deutsche Bibliothek — CIP-Einheitsaufnahme

Signalwandlung und Informationsverarbeitung : vom 7. bis 10. April 1995 zu Halle (Saale) ; mit 10 Tabellen / Deutsche Akademie der Naturforscher Leopoldina, Halle (Saale). Hrsg. von Werner Köhler. — Leipzig ; Heidelberg : Barth, 1996
  (Nova Acta Leopoldina ; N. F., Nr. 294 : Bd. 72) (Vorträge anlässlich der Jahresversammlung / Deutsche Akademie der Naturforscher Leopoldina Halle (Saale) ; 1995)
  ISBN 3-335-00466-3
NE: Köhler, Werner [Hrsg.]; Deutsche Akademie der Naturforscher Leopoldina 〈Halle, Saale〉: Nova Acta Leopoldina; Deutsche Akademie der Naturforscher Leopoldina 〈Halle, Saale〉: Vorträge anlässlich der ...

Alle Rechte, auch die des auszugsweisen Nachdruckes, der fotomechanischen Wiedergabe und der Übersetzung, vorbehalten.

© Deutsche Akademie der Naturforscher Leopoldina e. V.
D-06019 Halle (Saale), Postschließfach 11 05 43, Tel. (03 45) 2 02 50 14
Hausadresse: August-Bebel-Straße 50 a, D-06108 Halle (Saale)
Herausgeber: Prof. Dr. Dr. Dr. h. c. Werner KÖHLER, Vizepräsident der Akademie
ISBN 3-335-00466-3
ISSN 0369-5034
Printed in Germany 1996
Gesamtherstellung: Druckerei zu Altenburg GmbH

NOVA ACTA LEOPOLDINA

Abhandlungen der Deutschen Akademie der Naturforscher Leopoldina

Im Auftrage des Präsidiums herausgegeben von

WERNER KÖHLER

Vizepräsident der Akademie

Neue Folge
Band 72

Nr. 294
Signalwandlung und Informationsverarbeitung

Deutsche Akademie der Naturforscher Leopoldina, Halle (Saale) 1996

Neue Folge
Band 72

ISSN 0369-5034
Alle Rechte, insbesondere das der Übersetzung, vorbehalten.
Printed in Germany

Nr. 294
Signalwandlung und Informationsverarbeitung
Vorträge anläßlich der Jahresversammlung vom 7. bis 10. April 1995 zu Halle (Saale).
Hrsg. von Werner KÖHLER
412 Seiten, 170 Abbildungen, 1 Übersicht, 10 Tabellen, ISBN 3-335-00466-3, 1996

Inhalt

1. Feierliche Eröffnung

KÖHLER, Werner: Begrüßungsansprache 8
HÖPPNER, Reinhard: Grußwort des Ministerpräsidenten des Landes Sachsen-Anhalt 13
YZER, Cornelia: Grußwort der Parlamentarischen Staatssekretärin im Bundesministerium für Bildung, Wissenschaft, Forschung und Technologie . 17
BERG, Gunnar: Grußadresse des Rektors der Martin-Luther-Universität Halle-Wittenberg 21
PARTHIER, Benno: Ansprache des Präsidenten der Akademie 25
Laudatio für Wilhelm DOERR, Heidelberg, anläßlich der Verleihung der *Cothenius-Medaille* 45
Laudationes für Gottfried MÖLLENSTEDT, Tübingen, und für Dietrich SCHNEIDER, Seewiesen, anläßlich der Verleihung der *Cothenius-Medaillen* 47
Laudationes für Peter GRUSS, Göttingen, und für Jürgen TROE, Göttingen, anläßlich der Verleihung der *Carus-Medaillen* 52
Laudatio für Diter VON WETTSTEIN, Kopenhagen, anläßlich der Verleihung der *Mendel-Medaille* 55
Laudatio für Philipp U. HEITZ, Basel, anläßlich der Verleihung der *Schleiden-Medaille* 58
SINGER, Wolf: Funktionelle Organisation der Großhirnrinde 61

2. Wissenschaftliche Sitzungen

SAKMANN, Bert: Lauschangriff auf Nervenzellen 81
CSILLIK, Bertalan: Neuropeptides as Signal Transmitters in Nociception and Pain 93
FORSSMANN, Wolf-Georg: Prinzipien der Informationsausbreitung und Signalübertragung im endokrinen System durch peptiderge Regulatorsubstanzen 103

STINGL, Georg: The Skin as a Bridge Between the Environment and the Immune System 123
SCHULTEN, Klaus, and ZELLER, Michael: Topology Representing Maps and Brain Function 133
WEHNER, Rüdiger: Polarisationsmusteranalyse bei Insekten 159
SCHÄFER, Eberhard, FROHNMEYER, Hanns, und KUNKEL, Tim: Signaltransduktion lichtinduzierter Prozesse in Pflanzen 185
KÜPPERS, Bernd-Olaf: Der semantische Aspekt von Information und seine evolutionsbiologische Bedeutung 195
FISCHER, Gunter S.: Molekülkonformation und biologisches Signal 221
WILD, Urs: Informationsspeicherung in frequenzselektiven Materialien . . . 237
PETER, Martin, SHUKLA, Abhay, HOFFMANN, Ludger, und MANUEL, Alfred A.: Positron Tomography in Solid State Physics 257
MEZGER, Peter G.: Das Zentrum der Milchstraße – ein Labor für Aktive Galaxienkerne? 279
KISSLING, Eduard: Abbildung des Erdinnern durch seismische Signale: Seismische Tomographie 297
EKERT, Artur, and BARENCO, Adriano: Quantum Computation 319
KRÜGER, Gerhard: Rechnergestützte Telekommunikation (Telematik) in Forschung, Lehre und Gesellschaft 333
ZIMMERMANN, Hans-Jürgen: »Fuzzy Logic« in den Natur- und Ingenieurwissenschaften 353
GEILER, Gottfried: Schlußwort 375
Englische Kurzfassungen der Beiträge 379

3. Anhang

Zusammenfassender Bericht über die Jahresversammlung 1995 393
KLIX, Friedhart: Bericht über den Diskussionskreis »Kognition und Kommunikation – Der Mensch in Netzen der Wissensvermittlung« 397
Verzeichnis der wissenschaftlichen Veranstaltungen der Deutschen Akademie der Naturforscher Leopoldina zwischen den Jahresversammlungen 1993 und 1995 405

Personenenregister (Autoren, Diskussionsteilnehmer und Ausgezeichnete)

Barenco, A. 319, 388	Hoffmann, L. 257, 386	Sakmann, B. 81, 379
Berg, G. 21	Kaasch, M. 393	Schäfer, E. 185, 384
Csillik, B. 93, 380	Kissling, E. H. 297, 387	Schmetterer, L. 44
Dagge, K. 60	Klix, F. 397	Schneider, D. 47
Doerr, W. 45	Köhler, W. 8	Schulten, K. 133, 381
Ekert, A. 319, 388	Krieger, A. 60	Shukla, A. 257, 386
Fischer, G. S. 221, 385	Krüger, G. 333, 388	Singer, W. 61, 379
Forssmann, W.-G. 103, 380	Kühn, P. 397	Stingl, G. 123, 381
Friederici, A. 397	Küppers, B.-O. 105, 384	Troe, J. 52
Frohnmeyer, H. 185, 384	Kunkel, T. 185, 384	Wehner, R. 159, 382
Geiler, G. 375	Manuel, A. A. 257, 386	Wettstein, D. von 55
Gruss, P. 52	Mezger, P. G. 279, 386	Wild, U. 237, 385
Hassenstein, B. 397	Möllenstedt, G. 47	Yzer, C. 17
Heinemann, C. 60	Noll, P. 397	Zeller, M. 133, 381
Heitz, P. U. 58	Parthier, B. 25	Zimmermann, H.-J. 353, 389
Höppner, R. 13	Peter, M. 257, 386	

Stichwortregister

Abbildung des Erdinnern 297
Ansprache des Präsidenten 25
Begrüßungsansprache 8
biologische Signale 221
Carus-Medaille 52
Cothenius-Medaille 45, 47
Diskussionskreis 397
englische Kurzfassungen 379
Erdinneres 297
evolutionsbiologische Bedeutung von Information 195
Festkörperphysik 257
Forschung 333
»Fuzzy-Logic« 353
Galaxiensterne, aktive 279
Gesellschaft 333
Großhirnrinde, funktionelle Organisation 61
Haut 123
Hirnfunktionen 61, 133
Immunsystem des Menschen 123
Informationsausbreitung 103
Information 195
Ingenieurwissenschaften 353
Insekten 159
Grußwort
— des Ministerpräsidenten des Landes Sachsen-Anhalt 13
— der Parlamentarischen Staatssekretärin im Bundesministerium für Bildung, Wissenschaft, Forschung und Technologie 17
— des Rektors der Martin-Luther-Universität Halle—Wittenberg 21
Kognition 397
Kommunikation 397
Laudationes 45 ff.
Lehre 333
Leopoldina-Preis für wissenschaftlichen Nachwuchs 60
Material, sequenzselektives 237
Mendel-Medaille 55
Milchstraße 279
Molekülkonformation 221
Naturwissenschaften 353
Nervenzellen, Lauschangriff auf 81
Netze der Wissensvermittlung 397
Neuropeptide 93
Noziception 95
Pflanzen 185
Polarisationsmusteranalyse 159
Positron-Tomographie 257
Probleme der Informationsentstehung 195
Prozesse, lichtinduzierte 185
Quanten-Computer 319
Regulatorsubstanzen, peptiderge 103
Schleiden-Medaille 58
Schlußwort 375
Schmerz 93
seismische Tomographie 297
semantischer Aspekt von Information 195
Signale, biologische 221
Signale, seismische 297
Signalmittler 123
Signaltransduktion 185
Signaltransmitter 93
Signalübertragung 103
Spektroskopie 237
System, endokrines 103
Telekommunikation 333
Telematik 333
Topologie des Gehirns 133
Umwelt 123
Veranstaltungen 1993—1995 405
Verdienstmedaille der Leopoldina 44
Wissensvermittlung 397
Zentrum der Milchstraße 279
zusammenfassender Bericht 393

Inhalt

1. Feierliche Eröffnung

KÖHLER, Werner: Begrüßungsansprache 8
HÖPPNER, Reinhard: Grußwort des Ministerpräsidenten des Landes Sachsen-Anhalt 13
YZER, Cornelia: Grußwort der Parlamentarischen Staatssekretärin im Bundesministerium für Bildung, Wissenschaft, Forschung und Technologie . 17
BERG, Gunnar: Grußadresse des Rektors der Martin-Luther-Universität Halle-Wittenberg 21
PARTHIER, Benno: Ansprache des Präsidenten der Akademie 25
Laudatio für Wilhelm DOERR, Heidelberg, anläßlich der Verleihung der *Cothenius-Medaille* 45
Laudationes für Gottfried MÖLLENSTEDT, Tübingen, und für Dietrich SCHNEIDER, Seewiesen, anläßlich der Verleihung der *Cothenius-Medaillen* 47
Laudationes für Peter GRUSS, Göttingen, und für Jürgen TROE, Göttingen, anläßlich der Verleihung der *Carus-Medaillen* 52
Laudatio für Diter VON WETTSTEIN, Kopenhagen, anläßlich der Verleihung der *Mendel-Medaille* 55
Laudatio für Philipp U. HEITZ, Basel, anläßlich der Verleihung der *Schleiden-Medaille* 58
SINGER, Wolf: Funktionelle Organisation der Großhirnrinde 61

2. Wissenschaftliche Sitzungen

SAKMANN, Bert: Lauschangriff auf Nervenzellen 81
CSILLIK, Bertalan: Neuropeptides as Signal Transmitters in Nociception and Pain 93
FORSSMANN, Wolf-Georg: Prinzipien der Informationsausbreitung und Signalübertragung im endokrinen System durch peptiderge Regulatorsubstanzen 103
STINGL, Georg: The Skin as a Bridge Between the Environment and the Immune System 123
SCHULTEN, Klaus, and ZELLER, Michael: Topology Representing Maps and Brain Function 133
WEHNER, Rüdiger: Polarisationsmusteranalyse bei Insekten 159
SCHÄFER, Eberhard, FROHNMEYER, Hanns, und KUNKEL, Tim: Signaltransduktion lichtinduzierter Prozesse in Pflanzen 185

KÜPPERS, Bernd-Olaf: Der semantische Aspekt von Information und seine evolutionsbiologische Bedeutung 195
FISCHER, Gunter S.: Molekülkonformation und biologisches Signal 221
WILD, Urs: Informationsspeicherung in frequenzselektiven Materialien ... 237
PETER, Martin, SHUKLA, Abhay, HOFFMANN, Ludger, und MANUEL, Alfred A.: Positron Tomography in Solid State Physics 257
MEZGER, Peter G.: Das Zentrum der Milchstraße — ein Labor für Aktive Galaxienkerne? 279
KISSLING, Eduard: Abbildung des Erdinnern durch seismische Signale: Seismische Tomographie 297
EKERT, Artur, and BARENCO, Adriano: Quantum Computation 319
KRÜGER, Gerhard: Rechnergestützte Telekommunikation (Telematik) in Forschung, Lehre und Gesellschaft 333
ZIMMERMANN, Hans-Jürgen: »Fuzzy Logic« in den Natur- und Ingenieurwissenschaften 353
GEILER, Gottfried: Schlußwort 375
Englische Kurzfassungen der Beiträge 379

3. Anhang

Zusammenfassender Bericht über die Jahresversammlung 1995 393
KLIX, Friedhart: Bericht über den Diskussionskreis »Kognition und Kommunikation — Der Mensch in Netzen der Wissensvermittlung« 397
Verzeichnis der wissenschaftlichen Veranstaltungen der Deutschen Akademie der Naturforscher Leopoldina zwischen den Jahresversammlungen 1993 und 1995 405

1. Feierliche Eröffnung

Begrüßungsansprache

Werner Köhler (Jena)

Vizepräsident der Akademie

Hochansehnliche Versammlung, meine sehr verehrten Damen und Herren,

es ist mir eine Ehre und Freude zugleich, Sie im Namen des Präsidiums zur Jahresversammlung 1995 der Deutschen Akademie der Naturforscher Leopoldina herzlich willkommen zu heißen. Seit fünf Jahren nennen wir es eine Normalität, wenn eine so große Zahl von Mitgliedern mit ihren Angehörigen, von Gästen und der akademischen Jugend ohne alle Grenzkontrollen zu uns kommt, um die Tradition früherer Jahresversammlungen fortzusetzen und diese nicht nur zu einer Stätte der wissenschaftlichen Information zu machen, sondern auch zu einem Ort der freundschaftlichen Begegnung.

Aus der großen Zahl der Gäste gestatte ich mir, einige namentlich hervorheben zu dürfen. Wir begrüßen die Spitzenpolitiker des Landes Sachsen-Anhalt, Herrn Ministerpräsidenten Dr. Reinhard HÖPPNER, den Landtagspräsidenten, Herrn Dr. Klaus KEITEL, und wir freuen uns über die Teilnahme der Fraktionsvorsitzenden der beiden stärksten Parteien des Landtags, Herrn Dr. Christoph BERGNER und Herrn Dr. Rüdiger FIKENTSCHER.

Mit ganz besonderer Freude begrüßen wir Sie, Frau Staatssekretärin Cornelia YZER, in unserer Mitte. Als Parlamentarische Staatssekretärin im Bundesministerium für Bildung, Wissenschaft, Forschung und Technologie vertreten Sie unmittelbar Ihren leider verhinderten Minister auf unserer festlichen Eröffnung.

Wir heißen Herrn Staatsminister Prof. Hans-Joachim MEYER vom Ministerium für Wissenschaft und Kultur der Sächsischen Regierung herzlich willkommen und wissen es zu schätzen, daß Ihre Teilnahme an dieser Festsitzung ein wichtiger Termin in Ihrem übervollen Kalender ist. Wir begrüßen auch Herrn Ministerialdirigenten Dr. Johann KOMUSZIEWICZ aus dem Ministerium für Wissenschaft, Forschung und Kultur der Thüringer Landesregierung.

Unser besonderer Gruß gilt einem Hallenser, der als Bundesaußenminister sich die größten Verdienste um die Wiedervereinigung Deutschlands erworben hat und der seit zwei Jahren als Ehrensenator der Leopoldina angehört. Wir begrüßen Sie sehr herzlich, Herr Dr. Hans-Dietrich GENSCHER.

Als Ehrenmitglieder unserer Akademie sehen wir mit großer Freude die Herren Klaus BETKE aus München und Eugen SEIBOLD aus Freiburg im Auditorium.

Wir freuen uns, daß ausländische Akademien wiederum ihre Verbundenheit mit der Leopoldina bekunden und ihre Vertreter zu dieser Versammlung gekommen sind.

Wir begrüßen für die Österreichische Akademie der Wissenschaften Herrn SCHMETTERER aus Wien, für die Polnische Akademie der Wissenschaften ihren Vizepräsidenten, Herrn BIELANSKI, der gleichzeitig als Präsident die Krakauer Akademie vertritt.

Unser Gruß gilt dem Präses der Academia Scientiarum et Artium Europea in Salzburg, Herrn UNGER, sowie dem Vizepräsidenten der Ukrainischen Akademie der Wissenschaften, Herrn GLEBA aus Kiew. Wir begrüßen ebenso herzlich alle Mitglieder der Leopoldina aus den mittel- und osteuropäischen Ländern sowie aus anderen Ländern Europas, die den Weg zu uns nach Halle gefunden haben.

Mit Freude stellen wir fest, daß die in der Konferenz zusammengefaßten und weitere Akademien der Wissenschaften in Deutschland ihrer über viele Jahre bewährten und bewahrten freundschaftlichen Verbundenheit durch die Anwesenheit ihrer Präsidenten oder hochrangiger Vertreter Ausdruck geben.

Wir begrüßen in der Reihenfolge ihrer Gründung
- für die Berlin-Brandenburgische Akademie der Wissenschaften den Sekretar der biowissenschaftlich-medizinischen Klasse, Herrn BIELKA,
- für die Göttinger Akademie der Wissenschaften ihren Präsidenten, Herrn GRAUERT,
- für die Akademie gemeinnütziger Wissenschaften zu Erfurt — und hier stocke ich etwas, da ich mich nicht selbst begrüßen kann und so begrüße ich ihren Vizepräsidenten, Herrn DUMMER,
- für die Bayerische Akademie der Wissenschaften ihren Altpräsidenten, Herrn SCHLÜTER,
- für die Sächsische Akademie der Wissenschaften zu Leipzig ihren Präsidenten, Herrn HAASE,
- für die Heidelberger Akademie der Wissenschaften den Sekretar der mathematisch-naturwissenschaftlichen Klasse, Herrn VOGEL,
- für die Akademie der Wissenschaften und Literatur zu Mainz ihren Vizepräsidenten, Herrn LAUER, und
- für die Nordrhein-Westfälische Akademie der Wissenschaften ihren Präsidenten, Herrn WILKE.

Wir heißen willkommen den Präsidenten der Jungius-Gesellschaft Hamburg, Herrn SEILER, und Herrn VOIGT als Vertreter der Braunschweigischen Wissenschaftlichen Gesellschaft.

Akademien können nur Bestand haben, wenn sie sich laufend verjüngen. Der Grundstein dazu wird in den akademischen Bildungsstätten gelegt, insbesondere in den Universitäten. So darf ich herzlich die Rektoren der uns nahestehenden Universitäten in Halle, in Jena und in Magdeburg begrüßen, Magnifizenzen BERG, MACHNIK und DASSOW.

Wissenschaftsberatende und wissenschaftsfördernde Institutionen geben uns auch diesmal wieder die Ehre ihrer Anwesenheit.
    Für den Wissenschaftsrat heiße ich herzlich willkommen seinen Vorsitzenden, Herrn Prof. HOFFMANN.
    Den Präsidenten der Humboldt-Stiftung, unser Mitglied Herrn LÜST, unter uns zu wissen, ist uns eine ganz besondere Freude.
    Für die Arbeitsgemeinschaft der Großforschungseinrichtungen begrüßen wir sehr herzlich ihren Vorsitzenden, Herrn TREUSCH, der zugleich der derzeitige Vorsitzende der Gesellschaft Deutscher Naturforscher und Ärzte ist.
    Für die Max-Planck-Gesellschaft begrüßen wir herzlich Herrn WALTHER, unser Mitglied und wie Herr LÜST auch zugleich Senator unserer Akademie.
    Wir begrüßen die Vertreter des Deutschen Hochschulverbandes, der Volkswagen-Stiftung und des Stifterverbandes.

Einer guten und langjährigen Tradition folgend begrüße ich mit Herzlichkeit die Oberbürgermeister von zwei Städten, die in der Geschichte der Leopoldina großes Gewicht haben:
    Wir heißen willkommen die Oberbürgermeisterin unserer Gründungsstadt Schweinfurt, Frau Gudrun GRIESER, und den Oberbürgermeister der Stadt Halle, Herrn Dr. Klaus RAUEN.

Nicht zuletzt gilt unser Gruß allen Mitgliedern der Akademie und ihren Angehörigen, den Ehrenförderern, den Laureaten des heutigen Tages, mit ganz besonderer Dankbarkeit jedoch allen Vortragenden, die das anspruchsvolle Programm unserer Jahresversammlung zu einem Erlebnis zu machen versprechen.

Aus der Teilnahme so zahlreicher Mitglieder sehen wir mit großer Freude, daß die vielbeschworene »Familie der Leopoldina« über die politische Wendezeit hinaus intakt geblieben ist. Alle Familien erhalten ihre Kontinuität durch Nachwuchs, und so begrüße ich ganz besonders unsere akademische Jugend. Wir freuen uns über Ihr Interesse am Thema dieser Jahresversammlung, die als »Signalwandlung und Informationsverarbeitung« traditionsgemäß wieder alle Sektionen der Akademie überstreicht − von der Medizin, die in diesem Jahr am Anfang steht, bis zu den Natur- und Technikwissenschaften.

Meine Damen und Herren: Wir wünschen Ihnen und uns eine interessante und den Gedankenaustausch fördernde Veranstaltung sowohl im wissenschaftlichen wie im gesellschaftlichen Teil und hoffen, daß diese Jahresversammlung dann noch lange in Ihnen nachklingen möge.

Ich habe nun die Ehre, das Wort an Herrn Ministerpräsidenten HÖPPNER zu geben.

      Prof. Dr. Dr. Dr. h. c. Werner KÖHLER
      Adolf-Reichwein-Straße 26
      D-07745 Jena

Grußwort des Ministerpräsidenten des Landes Sachsen-Anhalt

Dr. Reinhard Höppner (Magdeburg)

Hochansehnliche Festversammlung,
Herr Präsident,
meine sehr verehrten Damen, meine Herren!

Es ist mir eine Freude und hohe Ehre, auf einer Jahresversammlung der altehrwürdigen Leopoldina das Wort zu ergreifen. Meine Aufgabe ist es, Ihnen die besten Wünsche der Landesregierung zu überbringen: für den Verlauf Ihrer diesjährigen Jahresversammlung, aber auch für die gesamte Arbeit der Akademie und für ihre weitere Entwicklung. Unser Land Sachsen-Anhalt beherbergt mit der Leopoldina eine Einrichtung, die über nunmehr drei Jahrhunderte hinweg zu einem Juwel der deutschen Wissenschaft geworden ist. Dies erfüllt uns als Landesregierung – und es erfüllt mich auch persönlich – mit besonderem Stolz. Zugleich bedeutet es eine Verpflichtung für das Land, der wir gerecht werden möchten.

Am Beginn einer solchen Jahresversammlung geht der Blick unweigerlich zunächst zurück. Ist uns eigentlich noch bewußt, daß erst vier Jahre vergangen sind, seit die Leopoldina ihre erste Jahresversammlung frei von den früheren Zumutungen durchführen konnte? Damals, zur Eröffnung der Jahresversammlung 1991, war Bundespräsident Richard von Weizsäcker hier zu Gast. Er hat angemessene Worte der Würdigung für jenes Durchhalten unter sauberen Bedingungen gefunden, das die Leopoldina in den vorangegangenen Jahrzehnten auszeichnete. Und er hat insbesondere auf den Zusammenhalt der deutschen Wissenschaft hingewiesen, für den die Leopoldina geradezu ein Symbol gewesen ist; ein Ort der Gemeinsamkeit unter den schwierigen Bedingungen der Teilung.

Dieser Würdigung vermag ich mich vorbehaltlos anzuschließen. Wenn Sie erlauben, möchte ich Sie allerdings um einen Aspekt ergänzen, als Angehöriger einer jüngeren Generation, der zudem die DDR selbst erlebt hat: Bis zur »Wende« bin ich als Mathematiker tätig gewesen. Soweit es mir möglich war, habe ich die wissenschaftliche Szenerie stets mit großem Interesse beobachtet. Aus meiner damaligen Perspektive heraus und aus der meiner Kollegen ist die Leopoldina stets wie eine Art Leuchtfeuer gewesen. Man konnte dort nahezu alles anders machen, als es sonst möglich war. In der Regel durften beispielsweise an einer wissenschaftlichen Veranstaltung, auf der westliche Ausländer auftraten, nur sogenannte »Reisekader« teilnehmen. Doch die Leopoldina hat sich um solche Formalitäten nie gekümmert. Ihre Jahresversammlungen waren Höhepunkte in dürftiger Zeit. Aus meiner kirchlichen Tätigkeit weiß ich außerdem, wie die Studentengemeinden in besonderer Weise von den Versammlungen profitierten, wenn berühmte Leopoldina-Mitglieder von »drüben« ihnen in diesen Tagen mit Vorträgen die Kirchen füllten.

Und etwas weiteres will ich erwähnen: Für die Mitglieder der Leopoldina, die aus der DDR kamen, gehörte es gewissermaßen zum Ehrenkodex, standzuhalten und nicht davonzulaufen. Es war das Gefühl der Verantwortung für die akademische Jugend, die man nicht alleine den Parteigängern überlassen wollte, das zu solcher Haltung motivierte. Sie, verehrter Herr Professor Bethge, haben dafür die Formel geprägt, die in Leopoldina-Kreisen inzwischen zum geflügelten Wort geworden ist: »Bleibe im Lande und wehre Dich täglich!« Die Auswirkungen dieser Haltung, wenn auch oft im Stillen, waren deutlich zu spüren. Dafür möchte ich heute insbesondere den älteren Leopoldina-Mitgliedern meinen herzlichen Dank aussprechen.

Meine Damen und Herren!

Das Gefühl der Verantwortung, von dem ich gesprochen habe, ist nicht allein eine Sache der Vergangenheit. Es wird auch heute gebraucht, vielleicht mehr denn je. Die Herausforderung des Übergangs und des Neuaufbaus, mit denen wir uns hier in den neuen Ländern auseinanderzusetzen haben, sind nach wie vor riesig. Und da ist es bedauerlich, wenn man gelegentlich den Eindruck hat, als solle das heute nicht mehr gelten, was uns damals gemeinsam motiviert hat, was wir erträumt haben und was uns die Kraft gab, standzuhalten und anständig zu bleiben.

Meine Damen und Herren!

Was die Situation von Wissenschaft und Forschung in unserem Lande heute betrifft, so ist hier nicht der Ort, um auf Einzelheiten einzugehen. Insgesamt läßt sich sicher sagen, daß wir uns in die richtige Richtung bewegen. Die Universitäten und Fachhochschulen unseres Landes sind errichtet. Auch der formale Aufbau der außeruniversitären Forschung ist inzwischen abgeschlossen. Ich will nicht versäumen, in diesem Zusammenhang ein Wort des Dankes und der Anerkennung an die Vertreter unserer Hochschulen, an die Vertreter von Max-Planck- und Fraunhofer-Gesellschaft, aber auch der »Blaue Liste-Institute« zu richten, die heute unter uns sind. Sie alle haben in den zurückliegenden Jahren Bahnbrechendes geleistet. Ich bin sicher, Sie werden auch in Zukunft mit gleichem Engagement bei der Sache sein. Wir sind darauf angewiesen, wir brauchen Ihren Einsatz und Ihre Hilfe.

Aber wenn ich gesagt habe, daß wir uns in die richtige Richtung bewegen, dann sagt das natürlich noch nichts darüber aus, ob das Tempo stimmt und wie weit wir uns einem Gesamtergebnis angenähert haben, das zufriedenstellen könnte. Ich will es deutlich sagen: Von zufriedenstellenden Verhältnissen kann bisher keine Rede sein, auch nicht in Forschung und Wissenschaft. Und wenn ich höre, wie inzwischen von interessierter Seite her der Eindruck erweckt wird, als wäre der Aufbau Ost nun abgeschlossen, als sei im Grunde schon viel zu viel geschehen, dann kann ich nur sagen: Für eine solche Diskussion ist es viel zu früh. Wer so redet, der weiß nicht, wovon er redet.

Ich will hier nur ein Beispiel nennen, an dem Sie ersehen mögen, wie ernst die Situation noch immer ist, nämlich den dramatischen Einbruch der industriellen Forschung. Gerade einmal zwei Prozent der industriellen Forschung in Deutschland entfallen derzeit auf die neuen Bundesländer. Wer angesichts einer solchen Zahl behauptet, es sei genug getan, der weiß wirklich nicht, wovon er spricht.

Meine Damen und Herren!

Es muß also noch viel getan werden, auch in Sachsen-Anhalt. Unsere Landesregierung hat sich deshalb in den Bereichen Forschung und Wissenschaft einiges vorgenommen. Ich nenne nur stichwortartig: Wir müssen dringend Defizite beim Hochschulbau überwinden. Wir wollen die Selbstverwaltung der Hochschulen stärken. Wir wollen Möglichkeiten schaffen, um die Forschungspotentiale an den Hochschulen und außerhalb nachhaltig auszubauen.

Dazu ist es wichtig, daß wir qualifiziertem wissenschaftlichem Nachwuchs im eigenen Land bessere Chancen geben. Die »Richtlinie über die Gewährung von Zuwendungen zur Förderung von Wissenschaft und Forschung« ist dabei ein wichtiges Instrument. Unser Land hatte als erstes unter den neuen Ländern eine solche Möglichkeit geschaffen, und inzwischen sind mehr als 700 Wissenschaftler auf diesem Weg gefördert worden. Im laufenden Jahr stehen dafür alles in allem (Personal, Sachmittel, Investitionen) mehr als 36 Mio. DM zur Verfügung. Das bedeutet gegenüber dem vergangenen Jahr eine Verdopplung der Mittel. Ich meine, auf diese Anstrengung darf auch einmal mit Stolz verwiesen werden.

Die praktischen Probleme bei der Nachwuchsförderung sind uns aber sehr wohl bewußt. So habe ich mir beispielsweise berichten lassen, daß die wunderbare Möglichkeit des Leopoldina-Förderprogramms nicht hinreichend genutzt wird, einfach weil es bisher nicht möglich ist, Stellen vor Ort bereitzuhalten, auf die die geförderten Nachwuchsleute nach ihrer Qualifizierungsphase zurückkehren können. Hier muß etwas getan werden. Wir brauchen solche Nachwuchskräfte ja gerade im eigenen Land, wir brauchen den qualifizierten Aufbau hier vor Ort. »Bleibe im Lande und nähre Dich redlich«, die Ursprungsversion des oben zitierten Mottos muß sich für die Wissenschaft heute wieder lohnen.

Die Landesregierung — das mögen Sie bitte meinen Worten entnehmen — sieht diese Problematik und ist um Verbesserung bemüht. Entsprechende Möglichkeiten werden derzeit im Kultusministerium geprüft. Denkbar wäre z. B. eine Pool-Lösung. Für Einzelheiten ist es allerdings noch zu früh.

Unabhängig von diesem speziellen Problem — das will ich am Ende noch ausdrücklich betonen — steht das Land zu seinen Verpflichtungen gegenüber der Leopoldina. Wie Sie wissen, stehen Verhandlungen zwischen Bund und Land über die weitere Finanzierung an. Wie diese im einzelnen ausgehen werden, weiß ich noch nicht. Ich darf Ihnen aber versichern: Die Finanzierung der Leopoldina bleibt gesichert. Und wir bleiben auch bei unserer Position, daß der Leopoldina aufgrund ihrer historischen Entwicklung heute eine Sonderstellung in der Wissenschaftslandschaft zukommt.

Für die Jahresversammlung 1995 wünsche ich Ihnen einen guten Verlauf.

    Ministerpräsident
    des Landes
    Sachsen-Anhalt
    Dr. Reinhard HÖPPNER
    Staatskanzlei
    Domplatz 4
    D-39104 Magdeburg

Grußwort der Parlamentarischen Staatssekretärin beim Bundesminister für Bildung, Wissenschaft, Forschung und Technologie

Cornelia YZER (Bonn)

Sehr geehrter Herr Präsident,
verehrte Mitglieder der Leopoldina,
meine Damen und Herren,

ich freue mich, heute Gast einer Akademie zu sein, die nach der deutschen Wiedervereinigung die gesamtdeutsche Wissenschafts- und Forschungslandschaft um ein zusätzliches wertvolles Element bereichert. Hohe fachliche Qualität, Internationalität und Integrität, verbunden mit dem Wissen um lange Tradition haben der Leopoldina auch in Zeiten totalitärer Herrschaft in Deutschland innere Kraft gegeben, der Forderung nach ideologiegerichteter Wissenschaft zu widerstehen. Nun kann sie in Freiheit leben und forschen.

Die Leopoldina hat sich in vorbildlichem Maße den Herausforderungen des wiedervereinigten Deutschland gestellt. Sie trägt mit Kompetenz und Sachlichkeit zur öffentlichen Meinungsbildung bei und regt gleichzeitig den wissenschaftlichen und gesellschaftlichen Diskurs befruchtend an. Beispielgebend dafür sind die bisher veranstalteten Symposien zur Gentechnik sowie zur universitären und außeruniversitären Forschung. Auch die heutige Jahrestagung »Signalwandlung« will Signal geben.

Ganz besonders hervorheben möchte ich Ihr Förderprogramm für den wissenschaftlichen Nachwuchs in den neuen Ländern. Die zur Verfügung gestellten Mittel sind – das darf man wohl mit Fug und Recht behaupten – eine Investition in die Zukunft.

In einer Zeit, in der auch Hochschulabsolventen nicht in jedem Fall einen sicheren Arbeitsplatz erwarten dürfen, stellen sich viele von Arbeitslosigkeit Betroffene die Frage, ob dieses Land sie überhaupt braucht. Aber, meine Damen und Herren, wir können es uns angesichts der wachsenden Anforderungen an berufliche Qualifikation und im Hinblick auf eine zunehmende Technisierung nicht leisten, solche Talente verkümmern zu lassen. Wir brauchen qualifizierte junge Leute, wir müssen uns ihr Talent auf Dauer sichern. Deshalb beteiligt sich das BMBF auch weiterhin an solchen Fördermaßnahmen. Mit dem Talentsicherungsprogramm wollen wir notwendige Innovation über Köpfe erreichen.

Ich könnte mir auch vorstellen, daß ein Leopoldina-Stipendium ein förderlicher Qualitätsbeweis für die weitere Karriere ist.

Wenn wir über die Grenze unseres Landes hinaus nach Osten blicken, können wir feststellen, welche Folgen der abrupte Stop staatlicher Forschungsförderung nach sich zieht. Unheilvolle Konsequenzen sind Wissenschaftlerexodus und *Knowhow*-Verlust. Die Forschung ist dort in ihrer Substanz gefährdet.

Vor diesem Hintergrund unterstütze ich nachdrücklich die Absicht der Leopoldina, einen Schwerpunkt ihrer Aktivitäten in den osteuropäischen Ländern zu bilden. Die politische und ökonomische Lage erfordert von uns Offenheit und Kooperationsbereitschaft mit den Ländern Mittel- und Osteuropas, die andererseits auch Hoffnung und Vertrauen in uns setzen.

Die Bundesregierung hat frühzeitig auf die dramatische Entwicklung in Osteuropa reagiert. Im Rahmen der Europäischen Union hat sie zusammen mit den Vereinigten Staaten und Japan ein Programm entwickelt, um russische Wissenschaftler in neue Betätigungsfelder hineinzuführen. Im vergangenen Jahr konnten auf diese Weise 8 200 russischen Atom- und Chemiewaffenexperten Stellen außerhalb der Rüstungsforschung beschafft werden. Hierfür wurden rund 84 Mio. DM aufgewendet.

Wir haben in Deutschland eine Forschungslandschaft, die in ihrer Verbindung von grundlagenorientierten und entwicklungsorientierten, staatlichen und privaten Einrichtungen, von den Hochschulen über die Max-Planck-Institute, die Großforschungseinrichtungen und die Institute der Blauen Liste bis zu den Fraunhofer-Instituten, der Ressortforschung und der Industrieforschung reicht.

Sie bietet in dieser Form einzigartige Voraussetzungen für Forschung und Entwicklung, aber auch für die Verbindung von Forschung, Lehre und Ausbildung. Diese müssen wir nutzen.

Die Diskussion um die Zukunft des Wirtschaftsstandorts Deutschland ist im Kern eine Diskussion über den Technologiestandort Deutschland und damit auch eine forschungspolitische Frage. Die Wettbewerbsfähigkeit der deutschen Industrie hängt in entscheidendem Maße von der Effizienz und der Wettbewerbsfähigkeit der deutschen Forschung ab.

In den achtziger Jahren waren die Wirtschaftszweige mit einem überproportionalen Engagement in Forschung und Entwicklung der Motor des wirtschaftlichen Wachstums. In diesem Zeitraum betrug das durchschnittliche Wachstum bei nicht forschungsintensiven Industrien 1,6%, bei forschungsintensiven aber 3,4%.

Es gibt allerdings Gefahren für unser Innovationspotential. Zum Beispiel blieben weltweit die Patentanmeldungen in der Hochtechnologie von 1988 bis 1992 auf gleichem Niveau. In Deutschland dagegen nahm die Zahl der weltmarktrelevanten Patente im Mittel um 7,4% ab. Dies entspricht einem durchschnittlichen Rückgang der deutschen Patentposition um 1/3 seit 1988. Im Jahr 1994 zeigt sich zwar eine Trendwende. Inländische Patente steigen wieder. Dies ist jedoch kein Anlaß zur Beruhigung.

Die Patentanmeldungen in Japan und den USA entwickeln sich dagegen mit einer großen Dynamik. Wissenschaft und Forschung, auch die Hochschulforschung, müssen dazu beitragen, daß wir wieder besser dastehen.

Wer Investition will, muß auf Forschung setzen. Ich halte nichts von der in regelmäßigen Abständen immer wieder aufflammenden Diskussion über die Prioritätensetzung im Verhältnis Grundlagenforschung und anwendungsbezogener Forschung. Die Kontroverse darüber ist so fragwürdig wie die Unterscheidung selbst. Exzellente Grundlagenforschung ist notwendige Voraussetzung für Innovationsfähigkeit bei Spitzentechnologien.

Was wir aber brauchen, ist ein engeres Zusammenrücken von grundlagenorientierter Forschung, angewandter Forschung und marktnaher Entwicklung von den Unternehmen, um einen Effekt »Simultanen Forschens, Entwickelns und Vermarktens« zu erreichen, der zielgenauer ist und die Umsetzungsdauer von Forschungs- in Marktergebnisse verknüpft.

Dies ist um so wichtiger in einer Zeit, in der die Innovationszyklen immer kürzer werden. War in den siebziger Jahren ein Produkt noch etwa 11 Jahre am Markt, so waren es in den achtziger Jahren nur noch 9 Jahre. Für die neunziger Jahre schrumpft die Verweildauer gar auf 7 Jahre.

Mehr Produktorientierung in der Forschung und Forschungsorientierung der Produzenten kann hier die Enden zusammenbinden.

Eine entscheidende Mittlerfunktion soll der Rat für Forschung, Technologie und Innovation leisten, der am 22. März unter dem Vorsitz des Bundeskanzlers zu seiner konstituierenden Sitzung zusammengekommen ist und für den das BMBF die Federführung hat. Auf ihm ruhen große Hoffnungen im Hinblick auf die Entwicklung von Handlungsoptionen für die Zukunft.

Bildung und Forschung haben eine Schlüsselstellung bei der Gestaltung der Zukunft. Wir brauchen Kreativität und geistige Mobilität als Voraussetzung für neue zukunftssichere Arbeitsplätze, für die Erhaltung der Leistungsfähigkeit unseres sozialen Sicherungssystems und den Schutz unserer natürlichen Lebensgrundlagen.

Dieser Zielsetzung entsprechend haben wir unsere Aufgabenschwerpunkte ausgerichtet.

Eine zentrale Aufgabe des Bundesministeriums für Bildung, Wissenschaft, Forschung und Technologie bleibt weiterhin der Aufbau in den neuen Bundesländern. Sie können das daran ermessen, daß im Haushalt für 1995 ein Gesamtbetrag von rd. 4 Mrd. DM für die neuen Bundesländer bereitgestellt wird, davon 1,7 Mrd. DM für Forschung und Technologieentwicklung. Gegenüber 1994 wird das BMBF seine Mittel im Bereich der institutionellen Förderung für die neuen Bundesländer nochmals um knapp 100 Mio. DM steigern, das ist eine Steigerung um fast 10%.

Mit vielen Projekten haben wir die rasche Aufbauarbeit zu unterstützen versucht. Nennen möchte ich zum Beispiel die Förderung der Produkterneuerung, bei der das BMBF aus Mitteln des Vermögens der Parteien und Massenorganisationen der ehemaligen DDR im Rahmen eines einfachen Förderverfahrens auf ausgewählten Technologiefeldern einen raschen Einsatz bereits vorhandener Technologien in die Entwicklung neuer Produkte unterstützt. 75 Mio. DM konnten auf diese Weise zur Verfügung gestellt werden.

Weitere Fördermaßnahmen mit einer längeren Laufzeit:

— Unterstützung für technologieorientierte Unternehmensgründungen zur Förderung junger Unternehmen in anspruchsvollen Technologiebereichen. Die Förderung erstreckt sich von der Planungs- über Forschungs- und Entwicklungsphase bis zur Markteinführung und Produktionsaufnahme. Allein 1995 belaufen sich die Mittel auf 50 Mio. DM.

— Die Auftragsforschung West – Ost zur Unterstützung von Unternehmen in den neuen Bundesländern beim Zugang zu neuestem Wissen und zum Erhalt von Forschungskapazitäten. Finanzielles Volumen 1995: 60 Mio. DM.

Lassen Sie uns mit einer kreativen und erfolgreichen Forschungspolitik den Aufbau in den neuen Ländern aktiv unterstützen.

Ich danke Ihnen für Ihre Aufmerksamkeit und wünsche Ihrer Jahresversammlung einen guten Verlauf.

> Staatssekretärin
> Cornelia YZER
> Bundesministerium für Bildung
> Wissenschaft, Forschung und Technologie
> Heinemann-Allee 2
> D-53175 Bonn

Grußadresse des Rektors
der Martin-Luther-Universität Halle-Wittenberg

Gunnar BERG (Halle/Saale)

Sehr geehrter Herr Präsident, lieber Herr PARTHIER!
Herr Präsident des Landtages Sachsen-Anhalt!
Herr Ministerpräsident!
Magnifizenzen, Präsidenten und Spektabilitäten!
Liebe Kolleginnen, liebe Kollegen!
Meine sehr verehrten Damen, meine Herren!

Die Martin-Luther-Universität Halle-Wittenberg grüßt die ehrwürdige Deutsche Akademie der Naturforscher Leopoldina!

Seitdem die Akademie in Halle fest ansässig ist, gab es vielfältige Beziehungen zur Universität Halle, allein dadurch, daß viele Professoren der Universität besonders aktive Mitglieder waren. Neben rein menschlichen beeinflußten selbstverständlich auch die politischen Verhältnisse diese Beziehung — ein reiches Betätigungsfeld für Wissenschaftshistoriker.

Denke ich selbst aus der Perspektive eines »akademischen Mittelbauers« an die Leopoldina in den Jahrzehnten der DDR zurück, so haben sich drei Aspekte besonders eingeprägt:

— Die Akademie als Vereinigung von Wissenschaftlern aus West und Ost, die es verstanden hat, trotz politischer Pressionen die Freiheit der Wissenschaft zu bewahren. Diese »Bewahrung« war auch so offenkundig öffentlich, daß man als Außenstehender dieses deutlich gewahr wurde.
— Die Jahresversammlungen, Symposien und Meetings, für viele oft eine der wenigen Möglichkeiten, mit Wissenschaftlern aus der westlichen Hemisphäre Kontakt zu bekommen.
— Die in ihrer Bedeutung kaum zu überschätzende Bibliothek ohne geringste Einschränkung der Nutzung. Da die Akademie-Mitglieder durch großzügige finanzielle und durch Bücherspenden dafür sorgten, daß ausreichend Mittel zur Verfügung standen, da auch der Sammelauftrag bewußt sehr weit gewählt worden war, konnte jeder Interessierte sich mit wissenschaftlicher, philosophischer und sozialwissenschaftlicher Literatur, soweit sie die Wissenschaft tangierte, versorgen. Für manchen war es die einzige Möglichkeit, DDR-kritische Literatur zu lesen.

Im Namen vieler Gleichgesinnter aus Halle, aber auch aus zahlreichen anderen Orten der jetzt sogenannten Neuen Bundesländer, danke ich den Verantwortlichen, in erster Linie den Präsidenten MOTHES und BETHGE, aber auch den Vizepräsidenten und sonstigen Amtsinhabern dafür, daß sie diese Möglichkeiten geschaffen und Jahrzehnte lang gegen viele Widerstände bewahrt haben.

Viele von ihnen sind hier im Saal. Alle verdienen sie unseren Respekt, unsere Achtung und unsere Dankbarkeit.

Meine Damen und Herren!

Das bisher Gesagte bezog sich auf eine glücklicherweise abgeschlossene Vergangenheit. Ich wollte aber in unserer schnellebigen und vergeßlichen Zeit nicht versäumen, darauf hinzuweisen. Wird doch allzuleicht vergessen, was schon erreicht wurde, welche gewaltigen Veränderungen eingetreten sind — Veränderungen, vor wenigen Jahren noch herbeigesehnt, heute als Selbstverständlichkeit empfunden, dafür um so mehr die mit solchen geschichtlichen Ereignissen zwangsläufig einhergehenden Schwierigkeiten — und leider auch fast selbstverständlich sich selbst — beklagend. Um nicht mißverstanden zu werden: Das gilt nicht nur für den Osten!

Die Universität stellt sich den Herausforderungen. Eine der Schwierigkeiten, mit denen wir uns auseinanderzusetzen haben, wurde vom Herrn Ministerpräsidenten und von der Frau Staatssekretärin bereits indirekt angesprochen. Es handelt sich um das Leopoldina-Förderprogramm. Wir können tatsächlich den förderungswürdigen jungen Menschen an der Universität keine Stelle bieten. Nicht weil die Zahl der Stellen nicht ausreichte, sondern weil die vorhandenen Stellen leider in vielen Fällen falsch besetzt sind. Das hat zur Folge, daß wir eine überkommene, aber nicht den universitären Aufgaben adäquate Struktur fortsetzen, dafür den jungen, leistungsfähigen Menschen die Chance nehmen, sich wissenschaftlich weiter zu entwickeln. Ich möchte aber auch eine Bemerkung zu erfreulichen Entwicklungen an der Universität machen, nämlich zum Aufbau erfolgversprechender neuer Strukturen. Besonderen Wert legen wir auf fachübergreifende Einrichtungen, auf Zentren interdisziplinärer Arbeit, die von der Universität finanziell und personell gefördert werden. So werden klassische hallesche Traditionslinien wie Aufklärungsforschung und Arbeiten zum Pietismus in die Zukunft fortgeführt, es werden im naturwissenschaftlich-technisch-medizinischen Bereich Schwerpunkte wie Biochemie/Biotechnologie sowie Materialwissenschaften entwickelt und weiterentwickelt, und es wurden Umweltwissenschaften und nicht zuletzt die Schulforschung neu eingerichtet, ein Gebiet, das meines Erachtens angesichts vieler aktueller Probleme für die Zukunft besonders wichtig ist.

Es freut mich, daß sich das Verhältnis zwischen Leopoldina und Universität in den vergangenen Jahren wieder sehr eng und kollegial gestaltet hat. Ich möchte nur die gemeinsame Organisation des Symposiums zur Lage von Forschung und Lehre in den neuen Ländern nennen, das viel Material und viele Einsichten gebracht hat. Ich denke, daß es noch viele Gelegenheiten geben wird, diese Zusammenarbeit zu vertiefen.

Der Jahresversammlung mit ihrem wie immer interessanten und alle naturwissenschaftlichen und medizinischen Disziplinen umfassenden Thema wünsche ich einen guten Verlauf, Ihnen, meine Damen und Herren, interessante Vorträge und Gespräche, aber auch einen angenehmen Aufenthalt in Halle und Umgebung, wo Sie die vielen positiven Veränderungen erkennen können. Selbstverständlich sind Sie auch gern an der Universität willkommen geheißen!

Magnifizenz
Prof. Dr. Dr. Gunnar BERG
Rektor der Martin-Luther-Universität
Halle—Wittenberg
D-06099 Halle (Saale)

Eröffnungssitzung der Leopoldina-Jahresversammlung 1995 im Maritim-Hotel Halle

Ansprache des Präsidenten der Akademie

Benno Parthier (Halle/Saale)

Hochgeschätzte Gäste, liebe Mitglieder,
meine sehr verehrten Damen und Herren!

In der zweijährigen Periode zwischen der letzten und der heutigen Jahresversammlung hat unsere Akademie die unverhältnismäßig große Zahl von 70 Mitgliedern verloren. Zu keiner unserer bisherigen Versammlungen ist mir der Generationenwechsel so deutlich geworden. In der langen Liste der Verstorbenen stehen große Namen, und viele Kollegen tauchen aus der Erinnerung auf, deren Tod wir wegen ihrer besonderen Verbundenheit mit der Leopoldina, wegen ihrer pflichtbewußten, treuen Mitarbeit, wegen ihres hohen wissenschaftlichen Ranges oder ihrer uns zugewandten Menschlichkeit besonders bedauern und beklagen. – Wir wollen ihrer in stiller Dankbarkeit gedenken.

Wir gedenken unserer verstorbenen Mitglieder:

Alexander, Peter	Biochemiker/Biophysiker	* 27. 1. 1922	† 14. 12. 1993
Arnon, Daniel I.	Botaniker	* 4. 11. 1910	† 20. 12. 1994
Bajev, Alexandr A.	Molekularbiologe/Genetiker	* 10. 1. 1904	† 31. 12. 1994
Bernhard, Karl	Biochemiker/Biophysiker	* 19. 2. 1904	† 24. 8. 1993
Bierich, Jürgen R.	Pädiater	* 11. 1. 1921	† 14. 1. 1994
Bleuler, Manfred	Psychiater	* 4. 1. 1903	† 4. 11. 1994
Bretschneider, Hans Jürgen	Physiologe	* 30. 7. 1922	† 9. 12. 1993
Brinkmann, Roland	Geologe/Paläontologe	* 23. 1. 1898	† 3. 4. 1995
Bross, Wiktor	Chirurg	* 5. 8. 1903	† 19. 1. 1994
Buchheim, Wolfgang	Geophysiker/Meteorologe	* 18. 10. 1909	† 2. 1. 1995

BUTENANDT, Adolf	Biochemiker/Biophysiker	* 24. 3. 1903	† 18. 1. 1995
CADY, Georg H.	Chemiker	* 10. 1. 1906	† 4. 1993
CASANOVAS, José	Ophthalmologe	* 17. 6. 1905	† 6. 5. 1994
CROWFOOT-HODGKIN, Dorothy	Chemikerin	* 12. 5. 1910	† 29. 7. 1994
DERJAGUIN, Boris V.	Physikochemiker	* 9. 8. 1902	† 16. 5. 1994
DODT, Eberhard	Physiologe	* 22. 2. 1923	† 25. 11. 1994
EMELÉUS, Harry	Chemiker	* 22. 6. 1903	† 2. 12. 1993
FREYE, Hans-Albrecht	Anthropologe	* 28. 1. 1923	† 24. 5. 1994
FRIEDEBOLD, Günter	Orthopäde	* 17. 9. 1920	† 2. 7. 1994
FRIES, Nils	Botaniker	* 17. 7. 1912	† 11. 11. 1994
GERISCHER, Heinz	Physikochemiker	* 31. 3. 1919	† 14. 9. 1994
GRÖTZSCH, Camillo H.	Mathematiker	* 21. 5. 1902	† 15. 5. 1993
HAASEN, Peter	Physiker	* 21. 7. 1927	† 18. 10. 1993
HAENEL, Helmut	Mikrobiologe/Immunologe	* 24. 4. 1919	† 22. 9. 1993
HEILIGENBERG, Walter F.	Zoologe	* 31. 1. 1938	† 8. 9. 1994
HERZOG, Karl Heinz	Chirurg	* 13. 10. 1927	† 15. 12. 1993
ISSLEIB, Kurt	Chemiker	* 19. 11. 1919	† 23. 8. 1994
JOHN, Fritz	Mathematiker	* 14. 6. 1910	† 10. 2. 1994
JUŠKEVIČ, Adolf P.	Historiker der Naturwissenschaften und Medizin	* 15. 7. 1906	† 18. 7. 1993
KÄMMERER, Wilhelm	Mathematiker	* 23. 7. 1905	† 15. 8. 1994
KÖHLER, Georges	Mikrobiologe/Immunologe	* 17. 4. 1946	† 1. 3. 1995
KRASNOVSKIJ, Aleksandr A.	Biochemiker/Biophysiker	* 26. 8. 1913	† 16. 5. 1993
KRATKY, Otto	Physikochemiker	* 9. 3. 1902	† 11. 2. 1995
KUHN-SCHNYDER, Emil	Geologe/Paläontologe	* 29. 4. 1905	† 30. 7. 1994
LENZ, Widukind	Anthropologe	* 4. 2. 1919	† 25. 2. 1995
LINDER, Fritz	Chirurg	* 3. 1. 1912	† 10. 9. 1994
LÖSCHE, Artur	Physiker	* 20. 10. 1921	† 12. 2. 1995

Name	Fach	geboren	gestorben
LWOFF, André	Mikrobiologe/Immunologe	* 8. 5. 1902	† 30. 9. 1994
MACGILLAVRY, Carolina H.	Chemikerin	* 22. 1. 1904	† 9. 5. 1993
MÁLEK, Ivan	Mikrobiologe/Immunologe	* 28. 9. 1909	† 8. 11. 1994
MIROUZE, Jacques	Innere Medizin	* 10. 10. 1921	† 1993
MILČINSKI, Janez	Gerichtsmediziner	* 3. 5. 1913	† 28. 7. 1993
MÜLLER, Detlev	Botaniker	* 20. 4. 1899	† 2. 6. 1993
OCHOA, Severo	Biochemiker/Biophysiker	* 24. 9. 1905	† 1. 11. 1993
OSWATITSCH, Klaus	Physiker	* 10. 3. 1910	† 1. 8. 1993
PALMIERI, Vincenzo M.	Gerichtsmediziner	* 16. 7. 1900	† 23. 12. 1994
PAUL, Wolfgang	Physiker	* 10. 8. 1913	† 7. 12. 1993
PAULING, Linus	Chemiker	* 28. 2. 1901	† 19. 8. 1994
PEDERSEN, Poul O.	Stomatologe	* 8. 7. 1910	† 26. 8. 1994
PEIL, Jürgen	Biochemiker/Biophysiker	* 23. 4. 1939	† 18. 9. 1993
RANKAMA, Kalervo	Geologe/Paläontologe	* 22. 2. 1913	† 10. 3. 1995
RENNERT, Helmut	Psychiater	* 14. 2. 1920	† 23. 8. 1994
ROLLWAGEN, Walter	Physiker	* 7. 7. 1909	† 10. 12. 1993
VON RONNEN, Johann Rudolph	Radiologe/Nuklearmediziner	* 24. 11. 1910	† 7. 4. 1995
ROSSI, Bruno	Physiker	* 13. 4. 1905	† 21. 11. 1993
SACKMANN, Horst	Physikochemiker	* 3. 2. 1921	† 2. 11. 1993
SCHWARTZKOPFF, Johann	Zoologe	* 29. 9. 1918	† 22. 3. 1995
SEVERIN, Sergej E.	Biochemiker/Biophysiker	* 21. 12. 1901	† 15. 8. 1993
SIZMANN, Rudolf	Physiker	* 16. 3. 1929	† 26. 8. 1993
SUNDERMANN, August	Internist	* 21. 10. 1907	† 13. 10. 1994
SZABÓ, Thomas	Physiologe	* 23. 3. 1924	† 28. 11. 1993
SZENTÁGOTHAI, János	Anatom	* 31. 10. 1912	† 8. 9. 1994
THALHAMMER, Otto	Pädiater	* 14. 5. 1922	† 17. 11. 1994
TIZARD, Sir Peter	Pädiater	* 1. 4. 1916	† 27. 10. 1993

Turunen, Martii I.	Chirurg	* 17. 1. 1918	† 27. 5. 1993
Uhlig, Harald	Geograph	* 1. 3. 1922	† 19. 11. 1994
Van der Loos, Hendrik	Anatom	* 26. 9. 1929	† 11. 10. 1993
Vogel, Christian	Anthropologe	* 16. 9. 1933	† 2. 12. 1994
Wigglesworth, Sir Vincent Brian	Zoologe	* 17. 4. 1899	† 12. 2. 1994

Es ist mir unmöglich, die Verdienste auch nur eines Bruchteils all jener verstorbenen Mitglieder *expressis verbis* hervorzuheben, die es verdient hätten. Ich muß meine leider knappen Würdigungen auf drei Personengruppen beschränken: zwei Ehrenmitglieder, vier ehemalige Präsidialmitglieder und sieben Nobelpreisträger.

An der Spitze steht ein Mann, der das Licht für alle drei Gruppen trägt: Adolf Butenandt, Ehrenmitglied seit 1960, Nobelpreisträger für Chemie 1939 und »auswärtiger« Vizepräsident der Leopoldina von 1955 bis 1960. Leise entglitt er seiner von ihm geliebten und geprägten Welt. Am 18. Januar dieses Jahres hat sich sein Leben vollendet, das fast ein ganzes Jahrhundert überspannte und das an Wirkungen, Erfolgen und Ehrungen kaum zu übertreffen ist.

Bei der Vorbereitung dieser Nachrufe wurde mir klar, wie schwirig es ist, Einzigartiges unpathetisch darzustellen. Darin war Adolf Butenandt selbst unerreicht. Er hat uns beschenkt mit diesen Gaben seines begnadeten Geistes. Alle, die ihm begegnen durften, empfanden überspringende menschliche und intellektuelle Bereicherung. Man lese seine Ansprache zum 70. Geburtstag von Kurt Mothes, mit dem ihn eine jahrzehntelange Bekanntschaft und späte Männerfreundschaft verband. Ich verweise auf Heinz Bethges Laudatio zu Butenandts achtzigstem Geburtstag, besonders jedoch auf die umfassende Biographie aus der Feder von Peter Karlson, dem Dank zu sagen mir ein besonderes Bedürfnis ist, und der unter uns sein wollte, aber vor drei Tagen das Krankenhaus aufsuchen mußte.

Mehr als 60 Jahre hat Adolf Butenandt als Mitglied der Leopoldina angehört, »dieser Kostbarkeit im Herzen Europas«, wie er 1980 schrieb. Ohne Unterbrechung hat er die Akademie hilfreich begleitet und ihr geholfen. Drei Leopoldina-Präsidenten schätzten seine Weisheit und Erfahrungen. Er war uns Vorbild als Wissenschaftler, als Forscher und Lehrer, und in seiner warmen Menschlichkeit blieb er ein zuverlässiger väterlicher Ratgeber. Diese Jahre habe er als eine beglückende Zeit empfunden, sagte er mir noch vor wenigen Monaten, und er freue sich, daß der für die Leopoldina in schwierigen Zeiten eingerichtete Förderkreis — der seinen Namen trägt — sich wirkungsvoll etabliert habe.

Adolf Butenandt wurde 1960 zum Ehrenmitglied der Leopoldina ernannt, die ihm bereits 1943 die Carus-Medaille verliehen hatte und ihn 1975 auch mit der Verdienstmedaille ehrte. In der Ruhmeshalle deutscher Wissenschaft wird der Biochemiker, der aus dem Füllhorn der Natur schöpfte wie nur wenige, ein wirklicher Pionier der Hormonforschung und Initiator chemischer Genetik, einen exponierten Platz einnehmen. Seine Wirkung als anregender und zusammenführender Präsident der Max-Planck-Gesellschaft wird unverblaßt in die Zukunft wirken, seinen wissenschaftspolitischen Vorgaben werden noch Generationen dankbar folgen.

Das lange Leben hat Adolf BUTENANDT in ungewöhnlicher Fülle mit Ehrungen, Auszeichnungen und Jubiläen beglückt. Was könnte dem Verstorbenen wohl am wichtigsten gewesen sein: der Nobelpreis, das Großkreuz der Bundesrepublik, die höchste deutsche Auszeichnung, die er nach Otto HAHN als zweiter Wissenschaftler erhielt, oder vor vier Jahren die Diamantene Hochzeit mit seiner Frau Erika, die ihm sieben Kinder schenkte?

Die Erfüllung seines Lebens in Wissenschaft und Forschung fand er in dem Maße, in dem seine Idealvorstellung eines Wissenschaftlers sich personifizierte. Er entwarf ein solches Bild in der schon genannten Laudatio für Kurt MOTHES; doch geht man wohl nicht fehl, hinter diesen Worten auch sein eigenes Credo zu vermuten. Ich zitiere daraus ein wenig verkürzt:

»Es gehört zum Wesen des Forschers ein Stück Wagemut, um einen Teil seines Lebens einer Aufgabe zu widmen, bei der das Erreichen des Zieles von vornherein nicht gesichert ist. Es gehört die innere Selbständigkeit oder das Vertrauen in die eigene Kraft dazu, den Boden gesicherter erscheinender Kenntnis zu verlassen und … neue gesicherte Wege in noch unbekannte Bereiche zu finden … Es gehört dazu das Wissen um die Grenzen unserer Erkenntnis, die Pflege der Ehrfurcht vor den Werken der Schöpfung, für die auch die denkenden Menschen Verantwortung tragen. Es gehört dazu das prägende Erlebnis des Wunders in diesen Werken und den Fragen nach dem Sinn des Daseins.«

Adolf BUTENANDTS Leben erinnert uns an eine große Zeit der Leopoldina. Seinen Abschied empfinde ich wie das letzte Aufblinken eines in hoher Ferne verglänzenden Fliegers. In Verehrung und großer Dankbarkeit verneigen wir uns vor einer noblen, überragenden, der Akademie unverlierbaren Persönlichkeit.

Ein zweites Ehrenmitglied, der Physikochemiker Otto KRATKY, verstarb am 11. Februar 1995, kurz vor Vollendung seines 93. Lebensjahres. Sein Name wird für immer verbunden bleiben mit der Röntgenkleinwinkelstreuung. Damit stellte er der wissenschaftlichen Welt eine Methode zur Verfügung, die der Ultrastrukturforschung in Physik, Chemie, Biologie und Technikwissenschaften eine bisher vernachlässigte Dimension erschloß – die Bestimmung der Größe und der Gestalt von Polymeren und ihrer Aggregationen in kolloidaler Größenordnung. – Sein wissenschaftlicher Weg führte von Wien aus über Berlin-Dahlem und Prag schließlich nach Graz, wo er das Institut für Physikalische Chemie der Universität zu einem Mekka der Strukturforschung ausbaute und nach seiner Emeritierung 1972 noch zwei Jahrzehnte lang dem speziell ihm gewidmeten Institut für Röntgenfeinstrukturforschung der Österreichischen Akademie der Wissenschaften vorstand. – Otto KRATKY war eine große schöpferische Begabung, ein begeisternder und vorbildlicher akademischer Lehrer. Gegründet auf bemerkenswerte Erfolge und umkränzt von zahllosen Ehrungen stellte er sein langes Leben ganz in den Dienst der Wissenschaft. Durch die Auszeichnung mit der Cothenius-Medaille (1971) und schließlich mit der Ehrenmitgliedschaft (1977) hat unsere Akademie seine jahrzehntelange enge Verbundenheit zur Leopoldina angemessen gewürdigt.

Mit Horst SACKMANN, gestorben am 2. November 1993, und Helmut RENNERT, gestorben am 23. August 1994, verlor die Akademie zwei langjährige Vizepräsidenten. Sie standen noch als Alt-Präsidialmitglieder uns ebenso zur Seite wie Hans-Albrecht FREYE, dessen Leben am 24. Mai 1994 erlosch. 15 Jahre lang war er gewählter Generalsekretär unserer Akademie. Ich habe an anderen Orten das Wirken dieser halleschen Präsidialmitglieder bereits ausführlicher gewürdigt — allen drei wurde unsere Verdienstmedaille verliehen — und darf mich daher mit wenigen Strichen auf ihre Leopoldina-Tätigkeiten beschränken. Ich vermerke die Anwesenheit der Hinterbliebenen in mitfühlender Dankbarkeit.

Horst SACKMANN war als junger Professor für physikalische Chemie und Ordinarius der Martin-Luther-Universität 1965 in die Leopoldina gewählt worden, wo seine wissenschaftliche und organisatorische Begabung, seine Offenheit und der eigenständige Charakter bald bemerkt und geschätzt wurde. Mit überzeugender Rhetorik, ohne Wenn und Aber, stand er für die Unabhängigkeit der Leopoldina ein: als Adjunkt, als Sekretar, schließlich als Vizepräsident von 1973 bis 1987. — Meisterlich vermochte er zu argumentieren: intuitiv angelegt, seinem Gewissen folgend, mit Badenser Charme, aber unnachgiebig in der Sache. Die Leopoldina hat er in den vergangenen Jahrzehnten mitgeprägt und leidenschaftlich für sie gestritten. Diese Akademie und die hallesche Universität wurden ihm um so mehr zur geistigen Heimat, je unerreichbarer seine geographische Heimat entrückte. — Horst SACKMANN verkörperte eine außergewöhnliche Persönlichkeit, einen phantasievollen Wissenschaftler, dessen Forschungsergebnisse über die Flüssigkristalle vielfach ausgezeichnet wurden. Er war ein mitreißender Hochschullehrer und ein anregender, temperamentvoller Diskussionspartner mit einem Schuß gesunder Skepsis. Zu früh trat er aus unserer Mitte.

Wir vermissen ihn wie seinen medizinischen Kollegen, den Psychiater und Neurologen Helmut RENNERT, Vizepräsident von 1978 bis 1989 und zuvor gleichfalls Adjunkt unserer Akademie. Wir schätzten seine unermüdliche und ideenreiche Tätigkeit im Präsidium, die auf seinen medizinischen Kenntnissen und seinen Erfahrungen aus 25jähriger erfolgreicher Direktorentätigkeit einer großen Klinik der Universität beruhten. Humorvolle, gelegentlich ironisch unterlegte Kameradschaftlichkeit verknüpfte Helmut RENNERT mit Einfühlungsvermögen, Überzeugungskraft, Pflichtbewußtsein, Zuverlässigkeit und Unbestechlichkeit. Das war eine gute Mischung für ein Amt, in dem viele Wünsche von Antragstellern und kritische Einwände von Gutachtern aufeinanderprallen. Herr RENNERT konnte fast alle Zuwahl-Balanceakte erfolgreich und zur beifälligen Zufriedenheit des Präsidiums beenden. Sein Tod überraschte uns schmerzlich. Vor wenigen Wochen hätten wir seinen 75. Geburtstag gefeiert.

Hans-Albrecht FREYE gehörte zur Flakhelfer-Generation der letzten Kriegsjahre, die ihm Gefangenschaft in Italien bescherten, bevor er über seine beruflichen Neigungen nachdenken konnte. Zur Biologie zog ihn die Liebe zu allem Kreatürlichen, zum Pädagogen veranlaßte ihn familientraditionelle Zuwendung zum jungen Menschen. Die hallesche Universität wurde sein Schicksal: Studium der Zoologie, Promotion, Habilitation, Dozentur, dann die Nachfolge auf dem Lehrstuhl der Humangenetikerin Paula HERTWIG im Biologischen Institut der Medizinischen Fakultät. Der Professor zog mit rhetorisch glänzenden Vorlesungen viele Studenten in seinen Bann; der Prodekan, Dekan, Bereichsdirektor, Senator entwickelte seine organisatorischen und demokratischen Fähigkeiten. Sie waren Voraussetzungen, die nach der Wende den Ruf als Staatssekretär in das Wissenschaftsministerium der ersten Regierung des Landes Sachsen-Anhalt rechtfertigten. Er war und blieb ein unerschrockener Verfechter der Gerechtigkeit, eine Haltung, die ihm nicht nur

Freunde einbrachte. 20 Jahre lang gehörte Hans-Albrecht FREYE unserem Präsidium an. Wir beklagen den Verlust eines liebenswürdigen, vornehmen Mitglieds, eines unermüdlichen Arbeiters im Weinberg unserer Akademie.

Am 1. November 1993 starb der amerikanische Biochemiker Severo OCHOA 88jährig in seiner spanischen Heimat. Er wurde 1958, ein Jahr vor der Auszeichnung mit dem Nobelpreis für Medizin, in die Leopoldina gewählt. Ich erinnere mich noch lebhaft an seinen großartigen öffentlichen Vortrag 1968 in Halle — er sprach über die Translation der genetischen Information — vor einem brechend gefüllten Hörsaal des Physiologisch-Chemischen Instituts, übrigens an einem Sonntagnachmittag. Neben WARBURG, KREBS, MARTIUS, LOHMANN, LIPMANN und LYNEN hat dieser vornehme Weltbürger, dieser freundliche Gentleman mit dem schlohweißen Schopf über der hohen Stirn seines schmalen Kopfes, der so phantasievoll wie logisch denken konnte, in grundlegender Weise zur Biochemie des Stoff- und Energiewechsels der Zelle beigetragen. Er war einer der Hauptbeteiligten bei der Aufklärung des genetischen Codes, wofür er mit der nobelpreiswürdigen Entdeckung der Polynukleotid-Phosphorylase eine wichtige Voraussetzung geschaffen hatte. Wer kennt nicht den damit verbundenen, aufregenden Publikationswettlauf zwischen seinem Laboratorium und denen von NIRENBERG und von KHORANA, der im Herbst 1961 in den Spalten der *New York Times* ausgetragen wurde?

OCHOA hat viele fundamentale Erkenntnisse zur modernen Biologie beigesteuert, beginnend in den dreißiger Jahren beim großen MEYERHOF in Deutschland, dann in England, seit 1940 in den USA, wo er in New York eine weltbekannte Schule gründete und später die amerikanische Staatsbürgerschaft annahm. Hohe und höchste Ehrungen und Auszeichnungen säumten fortan den steilen Pfad seines Ruhmes. Er war fünfundzwanzigfacher Ehrendoktor. In mehreren spanischen Städten sind Straßen oder Plätze nach ihm benannt, der im hohen Alter wieder zurückgekehrt war an die Stätten seiner Jugend, um die medizinische Forschung und Lehre seines Heimatlandes aufzubauen. — »Die Verfolgung eines Hobbys« hatte er den autobiographischen Essay seines Lebensweges überschrieben.

Am 7. Dezember 1993 erhielten wir die Todesnachricht über Wolfgang PAUL, dem emeritierten Physiker an der Universität Bonn, dem vormaligen Präsidenten und zuletzt Ehrenpräsidenten der Alexander-von-Humboldt-Stiftung, dem Vizekanzler des Ordens Pour le mérite. Mit ihm verlor auch unsere Akademie eine Forscherpersönlichkeit von Rang, einen begeisternden Hochschullehrer, eine große Persönlichkeit der deutschen Wissenschaftspolitik. Sein Lebenswerk, das mit der Verleihung des Physik-Nobelpreises 1989 gekrönt wurde, war von Atomen und deren Teilchen geprägt, von Strahlenphysik und Strahlenbiologie, von Atmosphärenphysik dazu. Ionen, Elektronen, Neutronen hatten es ihm besonders angetan. Schon aus der Habilitationszeit stammte die hypothetische Frage nach einer »Neutronenflasche«, in der man Atomteilchen bändigen können sollte; daraus entstand nach vielen Jahren ein realer »Ionenkäfig«, dessen materielle Wände durch hochfrequente elektrische Felder oder durch magnetische Linsen ersetzt wurden. In dieser Falle konnten einzelne, isolierte Ionen gespeichert und für experimentelle Arbeiten fixiert werden. Vielfache technische Anwendungen dieser Paulschen Idee sind hier nur *in toto* zu rühmen. — Wolfgang PAUL hat sich selbst als »Physiker fürs Herz« bezeichnet, aber seine vielen Schüler, Kollegen, Humboldtianer werden ebenso

Originalität, Gespür und Phantasie auf seine Lebenswaage legen wollen, die zu früh zur Ruhe kam.

Die Nachrufe auf Linus PAULING, am 19. August 1994 im Alter von 93 Jahren verstorben, schwanken in der Presse zwischen »Kreuzfahrer der Wissenschaft«, »größter Architekt der modernen Chemie«, »Begründer der Molekularbiologie«, »Querdenker«, »Bilderstürmer«, »Cowboy der Wissenschaft« und Pazifist vom ethischen Format eines Albert SCHWEITZER. Ohne Zweifel ist der zweifache Nobelpreisträger – für Chemie 1954 und Friedens-Nobelpreis für 1962 – einer der geistigen Giganten unter den Naturwissenschaftlern dieses Jahrhunderts. Auch seine Schule versäumte es schließlich nicht, ihrem genialen Schüler nach dem zweiten Nobelpreis das bis dahin vorenthaltene Reifezeugnis nachzureichen. Wenn es eine der Tennisrangliste analoge »ewige« Weltrangliste für Wissenschaftler gäbe, befände er sich gewiß unter den *top ten*.

PAULING, ein Kind des goldenen Alters der theoretischen Physik, wurde der Vater der modernen Chemie. Die chemische Natur der Bindungen zwischen Atomen und Molekülen war das Ergebnis seines quantenchemischen Geistestrainings; Ansporn und Hilfestellung erhielt er von hervorragenden Lehrern am Caltech und in Europa: DEBYE, LEWIS, SOMMERFELD, SCHRÖDINGER, DELBRÜCK. Bald leuchtete wie der Stern von Bethlehem seine Entdeckung der α-Helix-Struktur von Proteinen am Himmel der Wissenschaft. Mit seiner Idee der molekularen Komplementarität öffnete er das Tor zur molekularen Genetik (1940); seine Deutung der Sichelzellanämie führte zur Kenntnisnahme molekularer Erbkrankheiten (1945); 1962 formulierte er das Prinzip der molekularen Evolution.

Man sagte ihm nach, habe er ein Problem erkannt, errate er intuitiv die richtige Antwort, die er danach mit dem Experiment überprüfe. Ist das nicht Einsteinsches Format? Details überließ er anderen; ihn faszinierte die Ganzheit der Zusammenhänge. Während seine Kollegen auf die Bäume schauten, erfreute das Genie sich an der Schönheit des Waldes. – Oder er stritt vehement für die Gesundheit der Menschheit: für deren moralische als Kämpfer gegen Kernwaffen und für den Frieden der Welt, für deren physische versuchte er es mit Überdosen von Vitamin C. In beiden Fällen geriet er ins Schußfeld der Kritiker und verheddert sich im Dickicht der amerikanischen Öffentlichkeit. Aber er wich keinen Zoll vom Wege seiner Überzeugung ab. Sie gab ihm Recht und die versöhnte Öffentlichkeit nach. Sein unabhängiges, unkonventionelles Denken, seine exzentrische, brillante Phantasie und sein ebenso charmanter wie streitbarer Geist haben den Vielgeehrten zur mehrdimensionalen Legende gemacht, aus deren Wahrheitsgehalt noch manche eindimensionale Forschergeneration schöpfen dürfte.

Fast zeitgleich mit diesem Grandseigneur der amerikanischen Wissenschaft verstarb 84jährig die *Grand Old Lady* der englischen *Scientific Community*, Dorothy CROWFOOT-HODGKIN. Auch sie hatte ihr Leben der Ultrastrukturforschung biologischer Makromoleküle verschrieben. Mit Hilfe der Röntgenkristallographie entzifferte sie nacheinander die dreidimensionalen Strukturen von Cholesterin, Vitamin D, Penicillin, Vitamin B_{12} und – über 35 Jahre hinweg – Insulin. Zwischendurch (1964) nahm sie den Nobelpreis in Empfang; danach folgte *science as usual*. – In Oxford hatte sie ein modernes Laboratorium aufgebaut, das viele junge Menschen anzog. Nicht ihre beste, aber wohl ihre bekannteste Schülerin wurde später als Margaret THATCHER englische Premierministerin. Ähnlich dieser empfand Dorothy HODGKIN politische Betätigung fast so faszinierend wie Wissenschaft. Bei den Pugwash-Konferenzen spielte sie eine dominierende Rolle. Ihr Glaube an sozialistische Paradiese wurde mit dem Lenin-Friedenspreis belohnt.

Als congenialer Strukturforscher und Nobelpreis-Kollege hat Max PERUTZ ihr in einem einfühlsamen Nachruf ein Denkmal gesetzt. Man verspürt darin den Hauch einer vergangenen Zeit, in der in engen Kellergängen große Wissenschaft gemacht wurde, deren geistige Komponente höher schlug als die heute vordergründige, gleichwohl notwendige materielle Woge. PERUTZ beschreibt eine kluge und willensstarke Wissenschaftlerin, eine warmherzige und großmütige Frau, die keine Feinde hatte und auch keine mochte: *»a great chemist, a saintly, gentle and tolerant lover of people and a devoted protagonist of peace«*.

Auch André LWOFF, der französische Protozoologe, Bakteriologe, Virologe, Biochemiker und Genetiker, der 1965 gemeinsam mit JACOB und MONOD den Nobelpreis für Medizin erhielt, zählt zu den Vätern der Molekularbiologie. 1970 wurde er in die Leopoldina gewählt. 1902 in Rußland geboren und als Kind emigriert, machte er fast alle seine vielfältigen Entdeckungen in Paris: originelle Arbeiten zur genetischen Kontrolle der mikrobiellen Enzymsynthese, die Genese von Viren und Bakteriophagen, zum Problem der Lysogenie, zur Rolle der Vitamine im Zellstoffwechsel. Als mutiger Kämpfer in der französischen Widerstandsbewegung wie als Mensch sei er ein Einzelgänger gewesen, der seine Forschung artistisch betrieb. Bei aller Hingabe an die Wissenschaft blieb er seiner Künstlernatur treu. Am 30. September 1994 ist er in Paris gestorben.

Vor wenigen Wochen, am 1. März, verschied in Freiburg ebenso unerwartet wie unbegreiflich der Immunologe und Nobelpreisträger (1984) Georges KÖHLER im Alter von erst 48 Jahren. 1985 wurde er unser Mitglied und mit der Carus-Medaille ausgezeichnet, für die Idee und die experimentelle Entwicklung monoklonaler Antikörper, indem er Lymphozyten mit Tumorzellen des Knochenmarks zu Hybridzellen fusionierte, die sich als höchst spezifische Sonden der modernen Immunologie entpuppten. KÖHLER hat seine Erfindung nicht patentiert und sich damit für die Freizügigkeit der Forschung und gegen materiellen Gewinn entschieden. Wir vermerken dies mit Hochachtung vor dem Hintergrund einer Situation, in der Streit um die Patentierung menschlicher Gene immer wieder neu entfacht wird — als ob der Mensch eine profitable Erfindung einfallsreicher Gen-Ingenieure wäre!

Meine Damen und Herren,

wir trauern um die Auserwählten einer ruhmreichen Forschergeneration, die das heutige naturwissenschaftliche Weltbild tief geprägt haben. Diese glanzvollen Namen, hinter denen sich unverwechselbare, einzigartige Persönlichkeiten verbargen, tauchten auch die Leopoldina in ein Licht, das uns Lebenselixier war in den düsteren Jahren einer realsozialistischen Vergangenheit. Unser Andenken an die Größen der Wissenschaft verpflichtet uns erst recht, die gelegentlich schwierige Gegenwart zu meistern, um den nachfolgenden Generationen eine belastbare Zukunft zu übergeben.

Auf die Zukunft gerichtet waren auch die Grußworte, die Sie, Frau Staatssekretärin YZER, Sie, Herr Ministerpräsident HÖPPNER, und Sie, Magnifizenz BERG, an

Akademie und Auditorium gerichtet haben. Dafür sind wir Ihnen sehr dankbar und schätzen die Gunst der Stunde, in der Sie uns aktuell und zukunftsgerichtet verwöhnen.

Doch zunächst muß ich pflichtgemäß auf die jüngere Vergangenheit eingehen, der auch eine 343 Jahre alte Akademie nicht ausweichen kann. Die Leopoldina konnte dank der Initiativen einzelner Mitglieder, Senatoren und Präsidiumsmitglieder eine Reihe von interessanten, wichtigen wissenschaftlichen Veranstaltungen und Vorhaben verwirklichen.

Die letzte Jahresversammlung und der von Herrn WINNACKER vorbereitete und moderierte Diskussionskreis zur Gentechnik wirkten lange in der akademischen Öffentlichkeit nach. Im Berichtszeitraum wurden neun wissenschaftliche Symposien und Meetings veranstaltet, aus denen das von den Herren MOHR und MÜNTZ organisierte Symposium über den »Terrestrischen Stickstoff-Zyklus und seine Beeinflussung durch den Menschen« wegen seiner wissenschaftlichen Qualität und umweltrelevanten Thematik besonders herausgehoben sei. Die Geologen mit den Herren SCHWAB und TRÜMPY an der Spitze versuchten mit dem Thema »Der Harz« ein Meeting just an jenem Tag im April 1994 in Alexisbad durchzuführen, als der untere Teil des Tagungsgebäudes im Jahrhunderthochwasser verschwand. Im Oktober fand ein zweiter Ansatz im ungefährdeten Leopoldina-Gebäude in Halle statt. Weitere, an Klang und Echo gemessen sehr erfolgreiche Meetings der Pathologen, der Veterinärmediziner, der Ophthalmologen täuschen nicht darüber hinweg, daß die Flaggschiffe der medizinischen Sektionen bisher nur zögerlich bereit waren, die Flagge der Bereitschaft zu einer disziplinären oder interdisziplinären Veranstaltung zu schwenken.

Die Akademie ist mit Themen, die im Brennpunkt gesellschaftlichen Interesses stehen oder die Wissenschaftslandschaft der neuen Länder berühren, an die Öffentlichkeit getreten. Sie organisierte im Juni 1994 in Schweinfurt durch die Sektion »Geschichte der Naturwissenschaften und Medizin« eine erfreulich gut besuchte und durch offene Diskussion ausgezeichnete Veranstaltung mit dem Thema »Die Elite der Nation im Dritten Reich — Das Verhältnis von Akademien und ihrem wissenschaftlichen Umfeld zum Nationalsozialismus«. — Intensiver war das Interesse der Wissenschaftspolitik an einem Meeting im März 1994 »Zur Situation der Universitäten und außeruniversitären Forschungseinrichtungen in den neuen Ländern«, das wir gemeinsam mit der Universität im Rahmen der 300-Jahrfeier der halleschen *alma mater* durchführten. Manche realistische Einschätzung der Lage ist dort gegeben und gedruckt worden, die es wert wäre, nicht in den Regalen von Amtsstuben zu verstauben.

Wir haben damit einen sichtbaren Anfang gemacht zu der in meiner Rede zur letzten Jahresversammlung betonten Zusammenarbeit zwischen Universität und Leopoldina, die mittlerweile mit einigen weiteren gemeinsamen Veranstaltungen, darunter einem oberflächenphysikalischen Festkolloquium anläßlich des 75. Geburtstages meines Amtsvorgängers, ihre Fortsetzung fand. Es ist zudem ein gutes Gefühl, auf akademische Solidarität bauen zu können, wenn marktwirtschaftlicher Eifer abrupt die räumliche Basis dieser Jahresversammlung in Frage zu stellen droht.

Universitäten sind als natürliche Substrate für das Gedeihen einer Gelehrtengesellschaft unentbehrlich. Die Güte der Hochschullehrer bestimmt nicht nur den Ruf einer Akademie, der sie als Mitglieder angehören, sie ist auch Aushängeschild eines Landes und trägt zum wissenschaftlichen Standard eines Staates bei. Es gehört daher zu den vornehmsten zukunftsgeschuldeten Pflichten bundes- und länderseitiger Regierungen, ihren Universitäten finanzielle Maßanzüge zu schneidern, mit denen sie sich auf dem internationalen Parkett sehen lassen können. Sonst wird zum schadenspendenden Ärgernis, was der Journalist Konrad ADAM in einem anderen Zusammenhang deutscher Bildungspolitik anlastete: »Auf einem kurzgeschorenen Rasen blühen eben nur noch Gänseblümchen.«

Wir wollen froh sein, daß die pluralistische Wissenschaftslandschaft in Deutschland noch aus einem bewegten Gelände mit einer Vielzahl von unterschiedlich hohen Gewächsen, Nutzpflanzen und Blumen besteht. Vorstellungen, eine wirtschaftlich leicht abzuerntende Monokultur einzurichten, sind im Hinblick auf die Gefahr einer forschungsökologischen Eintönigkeit nicht zu empfehlen.

Täglich sehen, hören und lesen wir von den Klagen über Finanznöte in deutscher Forschung im allgemeinen und an Universitäten im besonderen. In den Sportteilen derselben Medien wird mit Stolz über die großen Erfolge der Tennis- und Fußballspieler, der Boxer und Rennfahrer berichtet, auch über deren noch größeren Erfolge bei Sponsoren, sowie über die sechsstelligen Einkünfte, die wir ihnen neidvoll gönnen; denn die Wissenschaft entbehrt leider einer kritischen Masse von freigiebigen Zuschauern, Zuhörern und Marktwirtschaftlern.

Es geht jedoch um Relationen. Daß die Spitzenwissenschaft gegenüber dem Spitzensport in der Regel den kürzeren zieht, wissen wir nicht nur aus ostdeutscher Vergangenheit, es wird auch durch eine Anekdote illustriert, die ich Ihnen nicht vorenthalten möchte: Auf einer Nobelpreisträgertagung in Lindau bittet ein Schüler Otto HAHN um ein Autogramm. HAHN, der sich des Jungen wegen seines auffällig roten Haares erinnert, sagt, er hätte ihm doch bereits gestern eine Unterschrift gegeben. Das stimme, sagte der Bursche, aber er brauche die Autogramme zum Tausch: vier Otto HAHNS für einen Max SCHMELING.

Doch nicht allein Geldmangel ist schuld an der Situation von Hochschulen speziell in den neuen Bundesländern, wozu auch Sachsen-Anhalt gehört. Verständlicher, aber im Ansatz falscher parlamentarisch-politischer Ehrgeiz, gemischt mit hochschulpolitischer Selbstsucht, institutioneller Kurzsichtigkeit und sozialjuristische Auswirkungen der neuen Strukturen haben manche bedenkliche Entscheidung zur Notreife gebracht. Von notreifen Früchten weiß man nicht, ob sie einen rauhen finanziellen Winter überstehen, wenn er einmal kommt. Gewiß gehören einige Empfehlungen, die der Wissenschaftsrat unter Zeitnot und Erfahrungsmangel zum Neuaufbau der Wissenschaft im Ostteil Deutschlands gegeben hat, aus dem Blickwinkel der Näherstehenden oder gar Betroffenen nicht zu den Ruhmesblättern deutscher Wissenschaftsberatung, aber man muß sie im Zusammenhang mit Versäumnissen und Fehlentscheidungen sehen, die anterior und posterior von Politikern beigesteuert wurden. Allerdings ist auch festzustellen, daß die meisten institutionellen und personellen Transformationen sehr gut gelungen sind.

Der Wissenschaftsrat hat die schwierige »Jahrhundertaufgabe« einer Um- und Neustrukturierung des außeruniversitären Forschungssystems in den neuen Ländern insgesamt erfolgreich gelöst; er hatte jedoch entgegen verbreiteter irriger Auffassungen kein Mandat zur Evaluierung des ostdeutschen Hochschulsystems. Die Nagelprobe seines Wirkens wird erst nach Begutachtung und strukturellen Veränderungen in wissenschaftlichen Einrichtungen der alten Bundesländer zu machen sein. Während versäumt wurde, gleichzeitig auch im Westen wenigstens in differenzierter Form den angesetzten Rost abzukratzen, waren im Osten die politischen Weichen für die Evaluierungszüge des Wissenschaftsrates auf Grün gestellt, nicht zuletzt durch die Folgen der ersten und letzten freien Wahl in der DDR am 18. März 1990. — Trotz der unterschiedlichsten Auswirkungen bisheriger Strukturreformen müssen wir in forschungsstrategischer, bildungspolitischer und sozialer Hinsicht geduldig und ehrlich gemeinsame neue Wege suchen.

Meine Damen und Herren, ich komme nun zur Leopoldina als Institution.

Die Leopoldina hat den Verlust ihrer angesehenen und bewährten Mitglieder durch entsprechende Zuwahlen noch nicht wieder ausgleichen können. Das langsam aber stetig ansteigende Durchschnittsalter der Sektionen — übrigens nicht nur ein Syndrom unserer Akademie — bedarf der vermehrten Zuwahl jüngerer Kollegen, die noch im aktiven wissenschaftlichen Leben stehen. Nationale und übernationale leopoldinische Zuwahlpolitik kann nur dem Modus gehorchen: Erstklassige berufen Erstklassige; denn Zweitklassige berufen Drittklassige. Neben geforderter fachlicher Excellenz und menschlich-persönlicher Integrität sollten wir zusätzlich stärker darauf achten, ob die neuen Mitglieder, besonders wenn sie aus dem Großraum Halle – Leipzig – Jena kommen, zu regelmäßiger Mitarbeit bereit sind. Obwohl die meisten — wie wir auch — mit Verpflichtungen, Belastungen und Sorgen des Alltags überladen sind — eine Mitgliedschaft in der Leopoldina darf dem einzelnen keine alltägliche oder gar zeitstörende Angelegenheit bedeuten!

In unserer gestrigen Senatssitzung haben wir nicht nur Fragen der Zuwahlen, der Struktur und das Verhältnis zwischen Leopoldina und anderen Akademien der Wissenschaften in Deutschland behandelt, es standen auch mehrere Wahlen für das Präsidium an. Die fünf Jahre währenden Amtszeiten der Vizepräsidenten Otto BRAUN-FALCO, Werner KÖHLER und Alfred SCHELLENBERGER laufen in diesem Frühjahr aus. Eine Wiederwahl von Herrn BRAUN-FALCO verbietet unsere Wahlordnung mit Altersbegründung, für die Herren KÖHLER und SCHELLENBERGER ist sie möglich. Beide stellten sich dieser Wahl und wurden von den Senatoren mit überwältigender Mehrheit in ihren Ämtern bestätigt. Herr GEILER, Vizepräsident für die Medizinische Abteilung, war schon vor Jahresfrist bereit, in einer zweiten Amtsperiode seine umsichtige und verantwortungsvolle Tätigkeit fortzusetzen. Die einstimmige Wiederwahl durch alle Senatoren ist die schönste Anerkennung für Ihr erfolgreiches Wirken in der Leopoldina, meine lieben Kollegen GEILER, KÖHLER und SCHELLENBERGER!

Mit Herrn BRAUN-FALCO scheidet der vom Sitzort fernste Vizepräsident aus. Präsidium und Präsident sind ihm zu großem Dank verpflichtet. Wir haben die aus München nach Halle wenigstens für jeweils einige Stunden importierte fröhlich-vornehme Art, seine Erfahrung und Sensibilität in die Entscheidungen des Präsidiums einzubringen, stets als großen Gewinn empfunden. Mit beratender Stimme bleibt er uns als Altpräsidialmitglied erhalten. Leider ist er aus Krankheitsgründen nicht unter uns.

In der Nachfolge wählte der Senat Herrn Ernst-Ludwig WINNACKER, München. Ihnen allen ist er bekannt durch bemerkenswerte wissenschaftliche Leistungen als Chemiker, Biochemiker, Biotechnologe und Molekularbiologe oder durch seine großen Verdienste bei der ebenso unermüdlichen wie sensiblen Aufklärung einer breiten Öffentlichkeit zugunsten einer Akzeptanz vernünftiger Gentechnologie. Wir begrüßen dankbar, daß Sie, Herr WINNACKER, trotz Ihrer wahrlich nicht kleinen Zahl an Verpflichtungen dieses Amt anzunehmen bereit sind. Die Leopoldina verspricht sich von Ihrer internationalen Reputation, der Fachspezifik und Ihrer umfassenden Kenntnis an Institutionen und Personen in der wissenschaftlichen Öffentlichkeit Deutschlands eine zukunftsweisende Mitarbeit.

Von den beiden Sekretaren des Präsidiums stellte sich der naturwissenschaftliche, Herr Johannes HEYDENREICH, zu unserer großen Freude einer Wiederwahl, die eindeutig positiv ausfiel. Wir sind glücklich, Herrn HEYDENREICHS sichere Urteilskraft und physikalische Fachkompetenz weiterhin im Präsidium zu haben. Herr Eberhard SANDER, unser bisheriger medizinischer Sekretar, hat ebenfalls die einer Wählbarkeit gesetzte Altersgrenze überschritten. Als Nachfolger wählte der Senat Herrn Dietmar GLÄSSER, Universität Halle, den bisherigen Adjunkten der Mediziner in Sachsen-Anhalt. Wir sind sicher, eine gute Wahl getroffen zu haben. — Herr SANDER hat in den fünf Jahren seiner Amtszeit in diskreter Weise zu vielen Problemen der medizinischen Abteilung wertvolle Beiträge beigesteuert und sich oft für das wissenschaftliche Leben der Akademie engagiert. Wir danken Ihnen herzlich, lieber Herr SANDER, für die anregende gemeinsame Zeit.

Ich wünsche mir mit allen hier genannten und nicht erwähnten, bisherigen und neuen Präsidiumsmitgliedern die Fortsetzung der harmonischen und konstruktiven Kooperation wie in den vergangenen fünf Jahren, das gegenseitige Verstehen und das vorzügliche Zusammenwirken für ein gemeinsames Ziel: Dieser einmaligen Akademie zu dienen, um ihre der Zeit und den Aufgaben angepaßte Idee fortzuführen.

Für vielfältige Unterstützung bin ich allen Mitarbeitern der Akademie sehr dankbar, die als gute Geister Zeit, Hand, Herz und Hirn nicht geschont haben, um das äußere Ansehen und das innere Leben unserer Akademie zu erhöhen. Aus Zeitgründen ist es nicht möglich, die Verdienste und die Verdienstvollsten namentlich hervorzuheben, wie denn der Generalsekretär, Herr Dr. Axel NELLES, natürlicherweise die Hauptlast der Verantwortung trägt. *Pars pro toto.*

Wir sind unseren Zuwendungsgebern, den Wissenschaftsministerien von Bund und Land Sachsen-Anhalt, aufrichtig dankbar für den finanziellen Freiraum, der uns im Haushalt und bei den wissenschaftshistorischen Langzeit- sowie Projektvorhaben sorgenfreies Arbeiten gestattet. Wir sind glücklich, das sage ich auch im Namen der jungen Wissenschaftlerinnen und Wissenschaftler, über das großzügige, vor drei Jahren vom BMFT inaugurierte und von Herrn Dr. RIEDEL betreute Leopoldina-Förderprogramm. Vor vier Wochen haben wir ein erstes Meeting mit einem Teil der bisher 75 Stipendiaten veranstaltet; es wurde nicht nur ein erfolgreicher Nachweis für die Richtigkeit dieser spezifischen Wissenschaftsförderung in den neuen Ländern, sondern zugleich Ausdruck eines großen Dankeschön an das BMBF.

Wissenschaftliche Akademien in Deutschland gehören spätestens seit November des vergangenen Jahres zu den bevorzugten Themen öffentlicher Diskussionen und Spekulationen. Die Regierung wünscht und erwartet aktuelle und perspektivische Beratung aus dem in akademischen Köpfen akkumulierten Wissensfundus in Deutschland, analog den Ratschlägen, den nationale Akademien anderer Länder ihren Regierungen gewähren. Über das Wie ist auf verschiedenen Ebenen nachzudenken, auch darüber, wie sinnvoll, aufwendig und erfolgreich eine Umdeutung traditionsreicher Akademien im kultusföderalistischen Deutschland sein könnte. Als Instrumente institutionalisierter Politikberatung dürften weder die Konferenz der Akademien der Wissenschaften noch die Leopoldina geeignet sein; aber beide gemeinsam würden sich nicht verweigern, die wissenschaftliche Beratungskapazität ihrer Mitglieder unter Beachtung angemessener Unabhängigkeit einzubringen, zum Beispiel über ein politiknahes Koordinationsgremium.

Die Leopoldina fühlt sich aus verschiedenen Gründen kaum in der Lage, wirtschaftlich-technische Probleme der Gegenwart und Zukunft zu ihrer wichtigsten Wissenschaftsaufgabe zu machen oder sich zwischen bildungspolitische Regierungsabsichten und Mittelverteilung zu zwängen. Die Leopoldina will aber auch kein Elfenbeinturm-ähnliches Museum zur Sammlung von Gelehrten sein. Eine ihrem Wesen gemäße und existentielle, von Übernationalität geprägte Eigenständigkeit in Verbindung mit hochkarätigen wissenschaftlichen Veranstaltungen markieren die unverzichtbaren Wirkungsfelder dieser ältesten deutschen Akademie.

Fortschritte der Wissenschaft, meine Damen und Herren, und die Zukunft der Gesellschaft, der Menschheit sind eng miteinander korreliert. Da Biologen *per se* optimistisch veranlagt sind, unterliege ich keiner Verpflichtung, mich für den folgenden letzten Teil meiner Rede besonders auszuweisen, ohne derzeit überreichlich gehandelte Begriffe wie Innovation und Wissenschaftsstandort Deutschland zu strapazieren. Es stimmt nachdenklich, wenn erst der Bundeskanzler — wie kürzlich geschehen — darauf hinweisen muß, daß Deutschland auch in Zukunft neben dem Wirtschaftsstandort ein Kulturstandort für die Welt bleiben müsse.

Zwischen wissenschaftlicher Erkenntnis, deren Umsetzung und Anwendung für (gelegentlich auch gegen) den Menschen liegt das große Gebiet der Wissenschafts- und Technikfolgenabschätzung. In dieses Feld möchte ich nicht tiefer eindringen; dafür fehlt mir das Mandat für ausreichende Kompetenz, die über den gesunden Menschenverstand hinausgeht. Akademien, auch die unsere, sollten jedoch ihre wichtigsten Aufgaben nicht nur darin sehen, über die neuen Erfolge in Wissenschaft und Technik zu informieren, sie weiter zu vermitteln und zu fördern, sondern auch helfen, eilfertigen, allzu vordergründigen Überoptimismus oder allzu emotionalen Skeptizismus mit Augenmaß auszutarieren.

Die zunehmende öffentliche Diskussion legt nahe, Gentechnik und Mikroprozessortechnik in den Mittelpunkt zu stellen. Beide sind nur wenig über 20 Jahre alt und beeinflussen doch unser Leben und Denken bereits tiefgründig und werden dies in Zukunft noch stärker tun. Aber jede Entdeckung oder Erfindung erweist sich als janusköpfig, kommt sie zur Anwendung. Wir haben dieserart an den Folgen der Entdeckung der Kernspaltung erlebt; viele Menschen befürchten solches auch für die genannten Erfindungen und Entwicklungen oder haben Vorbehalte gegen neue Produkte, die auf uns zukommen.

Eine Beurteilung von Erkenntnis und Bewertung komplizierter Entwicklungen bedarf vermehrten Wissens als Voraussetzung für jene Weisheit, mittels derer »die Wissenschaft in den allgemeinen Sinn- und Wertzusammenhang menschlichen Lebens einzubinden« wäre, wenn ich Alfred GIERERS Worte hier verwenden darf. Umfassendes Wissen ist die Grundlage für weise Ratschläge, für Politikberatung. Mit dem Wein alter Überlegungen in den Schläuchen neuer Probleme eröffnen sich oft gangbare Wege zur Beurteilung von ethischen Fragen hinter dem Vordergrund eines Umbaues der Gesellschaft, aber auch vor dem Hintergrund menschlicher Würde. Auch die Freiheit der Wissenschaft endet, wenn die Würde des Menschen verletzt wird.

Lassen Sie mich zu den beiden Problemfeldern — Gentechnologie und Informationsgesellschaft — einige Gedanken äußern. Zum ersten Punkt möchte ich mich auf wenige Sätze beschränken, obgleich die öffentliche Diskussion zwischen Wissenschaft einerseits, den Medien und der Bevölkerung andererseits nach wie vor kontrovers verläuft, weil deren skeptische bis wissenschaftsfeindliche Haltung durch Informationsdefizite genährt wird.

So wenig Verständnis ich dafür aufbringe, daß angesehene Zeitungen Bürgerinitiativen gegen die gentechnologischen Richtlinien der Europäischen Union veröffentlichen, wobei ein schriftstellerischer Vergleich zwischen einem gentechnisch an- und abschaltbaren Menschen als patentierte Ware und einer »matschgenamputierten Tomate« benutzt wird, um im gleichen Atemzug die Nationalsozialisten hinein zu zitieren, »die den Menschen erstmalig zum Rohstoff machten« ..., so wenig Verständnis ich für solch fatales Gefühlsgemenge aufbringen kann, so viel Verständnis habe ich für alle, denen gentechnische Manipulationen an menschlichen Keimzellen nicht geheuer sind. — Wissenschaftler dürfen aus ethischen Gründen nicht alles tun, was technisch machbar ist, und die Medien sollten aus moralischen Gründen unterlassen, umstrittene wissenschaftliche Informationen auf Kosten wissenschaftlicher Redlichkeit zu verbreiten.

Ähnliches gilt für sozial-ethische Bereiche, für die Reproduktionsmedizin, für die apparative Intensivtherapie.

Menschen sind endliche Wesen, allerdings mit unendlichen Ansprüchen — das ist der Ausgangspunkt des Problemfeldes Informationsgesellschaft der Zukunft. Die Thematik unserer Jahresversammlung erlaubt mir, etwas ausführlicher mit meinen Gedanken zu spielen.

Der thematische Bogen unserer Tagung spannt sich zwischen evolutionsbiologisch entstandener Großhirnrinde und dem technisch entwickelten Computer, verbindet Erkennung, Wandlung und Abgabe von chemischen Signalen in Zellen und Geweben mit Informationstransport auf der Grundlage hochgetrimmter elektronischer Maschinen. Trotz der Ähnlichkeit der beiden Informationssysteme sind sie weder vergleichbar noch austauschbar. Ein intuitions-, emotions- und kreativitätsloser Großrechner wird nie ein Großhirn ersetzen können; Computerintelligenz ist Pseudointelligenz, ist Informationsspeicherung auf logischer Grundlage, ausgedacht von Menschenhirn und eingepflanzt von Menschenhand. Der computergesteuerte Roboter bleibt der Gestalt gewordene Aufguß eines geistigen Extraktes menschlicher Nervenzellen.

Andererseits dient die Mikroprozessortechnik dazu, die Mechanismen der Signalwandlung in biologischen Systemen zu simulieren und diese als Vorbild für die Konstruktion technisch erzeugten Informationsprozessings zu nutzen, für Codierung und Decodierung von Information. Immer bessere technische Wunderwerke sind entstanden, und es wird noch schneller weitergehen. Wohin? Mit dieser Frage berührt die Entwicklung der Informationsverarbeitung das Problem der kulturellen Evolution der Menschheit.

Es gibt sehr intelligente und umtriebige Leute auf unserem Globus, die besessen sind von der Idee, die ganze Welt mit Software einzuspinnen, die Menschheit der Gegenwart in naher Zukunft in eine total vernetzte und informationsautomatisierte Gesellschaft zu überführen, in der einerseits neue Arbeitsplätze geschaffen, Arbeit erleichtert und verkürzt und andererseits die wachsende Freizeit durch multimedialen Zeitvertreib und interaktive Spiele ausgefüllt werden sollen. Und jeder Berliner oder Kleinmuckelsdorfer kann direkt seine Pizza in Palermo oder Santa Cruz bestellen.

Solche Zukunftswünsche, die bald keine Visionen mehr sind, würden sich durch

Information Superhighways (Datenautobahnen in braver deutscher Übersetzung) erfüllen lassen. Dank deren Hilfe werden Informationsbedürfnisse aller Menschen durch ubiquitäre digitale Übertragung mit Höchstgeschwindigkeit befriedigt. Daß es dabei nicht nur um das Angebot von Gigabytes geht, sondern auch um Geschäfte in Größenordnungen des Gigabereiches, sei nur am informativen Rande erwähnt.

Wenn die Visionen Wirklichkeit werden sollten — und vieles spricht dafür — dann würde eine neue Epoche, ein Paradigmenwechsel in der kulturellen Evolution der Menschheit eingeläutet. Die Kluft zwischen der biologischen und der kulturellen Evolution wird sich drastisch weiter vergrößern.

Die Gesellschaft muß sich diesen Problemen stellen, denn Ausbildungsstätten, Wissenschaft, Wirtschaft, Dienstleistung, Verwaltung und Politik werden die neuen Entwicklungen sinnvoll nutzen. Es besteht kein Zweifel, daß der Ausbau von Hochgeschwindigkeitsnetzen in den genannten Bereichen von entscheidender Bedeutung sein wird, wenn gewinnbringende Tätigkeiten von schnellen Informationen abhängen. Diese glänzende Seite der Medaille sei eindeutig hervorgehoben. Niemand will sich der Faszination neuer technischer Möglichkeiten entziehen. Die Wissenschaft ist jedoch auch verpflichtet, mögliche Gefahren aufzuzeigen, mit denen schließlich eine global und kontinuierlich informationsmanipulierbare Menschheit konfrontiert werden könnte.

Zur Informationsgesellschaft, auf die wir per Datenautobahnen zusteuern, hat der amerikanische Zukunftsforscher Paul SAFFO gesagt: »Mein größter Alptraum ist gleichzeitig meine kühnste Hoffnung — wir werden bekommen, was wir uns wünschen!« Diese Aussage mag jeder in seinem Sinne deuten. Werden die ungeheuren technologischen Fortschritte und die entstehenden Potentiale einer buntschillernden Multimedienzukunft neue Machtzentren generieren, denen unser Denken und Fühlen hilflos gegenübersteht? Kommt es zu individuellen Identitätsverlusten, zur geistigen Veródung, zur Überschwemmung mit kollektiven Gefühlsmustern, zum Leben nach vorgestanzten Phantasien? Man mag es noch nicht glauben im Jahr der Toleranz.

Kann der einzelne noch zu sich selber finden in ständiger Gegenwart eines oder mehrerer »elektronischer Assistenten« oder wie sonst die weiterentwickelten PC's des nächsten Jahrhunderts genannt werden? Schließlich haben wir uns auch an Armbanduhren und Telefone gewöhnt und mögen sie nicht mehr missen, so wie viele Menschen dem Fernsehen rezenten Zuschnitts verfallen sind. Dieser wird mittelalterlich, wenn fünfhundert Fernsehprogramme, das ganze gleichzeitig abrufbare Programmpaket der Welt, die künftigen Erdenbürger in den Sessel zwingen. Was soll diese dreistellige Attacke auf die geistige und körperliche Beweglichkeit kindlicher und jugendlicher Opfer? Soll die Technik des Virtuellen die unstillbare Sehnsucht der Menschen nach einer schönen, heilen Welt erfüllen, nach einem farbenprächtigen neuen Arkadien, in dem die Sprache als elektronischer Gesang und jeder Schritt als digitaler Tanz erscheint?

Sie bemerken, meine Damen und Herren, die Erregungsspuren zwischen meinen feuernden Neuronen werden deutlicher. Transmitter taumeln zwischen den Synapsen, und engrammatisch vernetzt befürchte ich, daß kollektive Abhängigkeit durch massive psychische Einwirkung, zusammen mit der Vergewaltigung unserer naturgegebenen Umwelt, eine schlimme Bedrohung für die kulturelle Zukunft der Menschheit darstellt. Gibt es noch ein Entrinnen aus der Einbahnstraße unserer Evolution mit den Stationen Menschheitswerdung, Kreativitätszunahme, Zivilisationsfortschritte, realisierte Science-Fiction-Welt mit ihren Krankheiten, deren

Keime wir hinter den blendenden Fassaden technischer Möglichkeiten vielleicht erst entdecken werden, wenn Informationschaos uns die Augen öffnet? Jeder Mensch darf seine eigene Meinung darüber haben. In Abhängigkeit davon, ob er eine Nahbrille oder eine Fernbrille auf seiner Nase hat.

Woran es für eine ideale geistige Verdauung des High-Tech-Menüs noch mangelt, so kann man schließlich erfahren, sind »geeignete Schnittstellen zwischen Mensch und Maschine«. Also das mit den Fehlern der biologischen Evolution behaftete Konstrukt Mensch ist schuld daran, daß die Erfindungen seines Großhirns nicht so gut arbeiten, wie sie es theoretisch können sollten.

Da steht die reiche arme Menschheit in ihrer blassen Menschlichkeit und sucht nach dem Scheidewege, der aber nicht existiert in diesem, von Evolutionsgesetzen bestimmten Kosmos. Man kann nur wünschen: Möge *Homo sapiens* sich endlich zum *Homo sipiens* entwickeln! – In einer seiner Reden sagte Kurt MOTHES vor 30 oder 40 Jahren sinngemäß: Das Problem der Menschheit ist nicht die Atombombe; das Problem der Menschheit ist das Herz des Menschen.

Auf den zukünftigen Datenautobahnen jedoch wird es neben Gebotszeichen auch Verbotszeichen geben müssen – aus moralisch-ethischem Material, und solche Zeichen zu setzen ist eine wichtige Aufgabe von Technikbewertung und Technikfolgenabschätzung. Zukunft kann und darf nur heißen: Fortschritt *und* Humanität.

Meine Damen und Herren, ich bin unvermutet in eine elegische Betrachtung irdischer Zukunftsvisionen geraten, der Zeit hoffentlich einige Jahrhunderte voraus. Wer will schon so weit denken? Es geht um die Forderungen des Tages! Noch befindet sich die Menschheit in einer qualitativ und leider auch quantitativ expandierenden Entwicklungsphase; voller Erwartungen und Unternehmungslust wird sie sich selbst mit der ihr eigenen Neugier vorantreiben. Lassen Sie mich daher auf der Höhe der Zeit aus einem Aufsatz im »High-Tech-Report« von Daimler-Benz zitierend optimistisch schließen: »Quälen sich die Daten des Internet heute vielerorts noch durch Kupferadern mit allenfalls Feldweg-Qualitäten, so werden künftige Glasfasernetze grenzenlose Datenströme um die Welt rauschen lassen.«

Handelte es sich nur um Tagesthemen, würde Ulrich WICKERT jetzt lakonisch sagen: »Das Wetter.« Ich sage jedoch: Die Ehrungen!

Ehrungen

Meine Damen und Herren,

zu den erbaulichsten Pflichten der Präsidenten während der Jahresversammlungen gehört die Vergabe unserer Auszeichnungen. Aus dem Kreise der dafür vorgeschlagenen Kandidaten wählen die Senatoren in geheimer Abstimmung die Laureaten der verschiedenen Medaillen aus. Wir sind glücklich, daß wir mit einer Ausnahme allen Auszuzeichnenden die Medaillen in diesem feierlichen Rahmen überreichen können. Die beigefügten ausführlichen Laudationes kann ich unmöglich hier verlesen und darf mich auf die Ultrakurzfassungen in den Urkunden beschränken.

Die goldene *Cothenius-Medaille* wird für ein herausragendes Lebenswerk vergeben, d. h. in der Regel an Emeriti. Zur diesjährigen Jahresversammlung werden ausnahmsweise drei unserer Mitglieder mit der *Cothenius-Medaille* geehrt.

Herr Wilhelm DOERR aus Heidelberg, der eine Medaille erhält *»für sein bedeutendes Lebenswerk in der Herz- und Gefäßpathologie«* kann sie aus Krankheitsgründen leider nicht selbst in Empfang nehmen. Herr Vizepräsident GEILER wird sie ihm überbringen.

Herrn MÖLLENSTEDT aus Tübingen und Herrn SCHNEIDER aus Seewiesen darf ich bitten, zu mir heraufzukommen.

Der Physiker Gottfried MÖLLENSTEDT erhält eine *Cothenius-Medaille »für seine Pionierarbeiten auf den Gebieten der Elektronenoptik und Elektronenmikroskopie«*.

Lieber Herr MÖLLENSTEDT, wir gratulieren Ihnen sehr herzlich zu dieser hochverdienten Auszeichnung unserer Akademie, und ich verbinde dies mit meinen persönlichen Wünschen für ein noch lange währendes Wissenschaftsinteresse in geistiger und körperlicher Frische.

Der Zoologe Dietrich SCHNEIDER wird *»für seine bahnbrechenden sinnesphysiologischen Arbeiten an Insekten, speziell im olfaktorischen Sektor«* mit einer *Cothenius-Medaille* ausgezeichnet.

Herzlichen Glückwunsch auch Ihnen, Herr SCHNEIDER, für Ihre national und international hoch gelobten Entdeckungen, die wir hiermit würdigen möchten. Möge Ihnen das unverminderte Interesse an der Wissenschaft noch lange erhalten bleiben.

Die *Carus-Medaille*, die verbunden ist mit dem *Carus-Preis* unserer Gründerstadt Schweinfurt, wird für wissenschaftliche Leistungen vergeben, von denen wir annehmen, daß sie in den jeweiligen Disziplinen wegweisende Akzente gesetzt haben. Ich freue mich, jetzt die Herren GRUSS und TROE, beide aus Göttingen, zu mir herauf zu bitten.

Herr Professor Peter GRUSS ist Direktor am Max-Planck-Institut für Biophysikalische Chemie. Er erhält eine *Carus-Medaille »für seine wegweisenden Forschungsergebnisse zur molekulargenetischen Regulation der Embryogenese von Säugetieren«*.

Herr GRUSS, mit 45 Jahren und einer ansehnlichen Liste herausragender wissenschaftlicher Erfolge in der molekularen Entwicklungsbiologie sind Sie ein idealer Kandidat für die Auszeichnung mit unserer *Carus-Medaille*. Herzlichen Glückwunsch und weiterhin viele schöne Erfolge!

Herrn Jürgen TROE, Professor für Physikalische Chemie an der Universität Göttingen, überreiche ich eine *Carus-Medaille »für seine herausragenden theoretischen und experimentellen Arbeiten zum Verständnis unimolekularer chemischer Reaktionen«*.

Lieber Herr TROE, wir sind besonders glücklich, Ihnen diese Auszeichnung überreichen zu können, wissen wir doch, daß sie nicht nur ein hervorragender Physikochemiker erhält, sondern ein ebenso der Leopoldina eng verbundenes und aktives Mitglied.

Die *Mendel-Medaille* verleiht die Leopoldina im Sinne des Namensgebers an Genetiker und Molekularbiologen. In diesem Jahr ist es Herr Diter VON WETTSTEIN vom Carlsberg-Forschungszentrum in Kopenhagen. Darf ich Sie bitten, Ihre Medaille in Empfang zu nehmen.

Lieber Herr VON WETTSTEIN, Sie setzen in nun bereits dritter Generation die leopoldinische Tradition der berühmten Botaniker-Familie VON WETTSTEIN fort. Dafür haben wir keine Auszeichnung, sondern nur Bewunderung parat. Ihre spezifischen Verdienste werden in der Kurzlaudatio begründet mit »*genetischen und entwicklungsbiologischen Untersuchungen zu Struktur-Funktions-Beziehungen der Plastiden sowie für Ihre Pionierarbeiten in der pflanzlichen Biotechnologie*«. Ganz herzlichen Glückwunsch.

Wir verleihen die diesjährige *Schleiden-Medaille* für hervorragende Forschungsergebnisse auf dem Gebiet der Zellbiologie an Herrn HEITZ, den ich bitte, zu mir heraufzukommen.

Lieber Herr HEITZ, Zürich gehört zu den Hochburgen der Leopoldina mit ausgezeichneten Mitgliedern, das ist in zweifacher Hinsicht gemeint. Sie vermehren dieses kostbare schweizerische Gut ganz in unserem Sinne. Großen Dank und herzlichen Glückwunsch!

Zum zweiten Male verleihen wir den *Leopoldina-Preis für den wissenschaftlichen Nachwuchs* an Wissenschaftlerinnen und Wissenschaftler, die das 30. Lebensjahr noch nicht überschritten haben. Ich darf Frau Kerstin DAGGE, Frau Dr. Anja KRIEGER und Herrn Christoph HEINEMANN bitten, auf die Bühne zu kommen.

Frau Kerstin DAGGE aus Stuttgart ist Physikerin und wurde von unserem Mitglied Alfred SEEGER für diese Auszeichnung vorgeschlagen »*für Untersuchungen zur Fluktuation des elektrischen Widerstandes dünner Metallschichten mittels einer neuartigen experimentellen Methodik*«.

Frau Dr. Anja KRIEGER aus Würzburg ist Biologin und wurde von unserem Mitglied Ulrich HEBER zur Auszeichnung vorgeschlagen aufgrund Ihrer Ergebnisse aus »*Untersuchungen über molekulare Umschaltmechanismen, wodurch das grüne Blatt Photoinaktivierung vermeidet, wenn es aus Schwachlicht in Starklicht überführt wird*«.

Herr Christoph HEINEMANN aus Berlin ist Chemiker und wurde von unserem Mitglied Helmut SCHWARZ vorgeschlagen aufgrund seiner »*grundlegenden theoretischen und experimentellen Beiträge zur selektiven, metallvermittelten Aktivierung von Kohlenstoff-Fluor- und Kohlenstoff-Wasserstoff-Bindungen*«.

Sie, die die Hoffnungen der zukünftigen Wissenschaft tragen, werden vor dieser imposanten Kulisse wissenschaftlichen Geistes den ideellen Wert dieser Auszeichnung höher schätzen als den materiellen. Ich gratuliere Ihnen sehr herzlich, auch im Namen des Präsidiums und wünsche Ihnen für Ihre zukünftigen Tätigkeiten das Allerbeste.

Zu guter Letzt habe ich die ganz große Freude, lieber Herr SCHMETTERER, Ihnen die *Verdienstmedaille* der Leopoldina zu überreichen.
   Ich bringe sie gleich zu Ihnen hinunter, sobald ich die Begründung verlesen habe: »Die Deutsche Akademie der Naturforscher Leopoldina verleiht Herrn emeritierten Universitätsprofessor Dr. Leopold SCHMETTERER, Wien, anläßlich der Wiederkehr seines 75. Geburtstages die Verdienstmedaille in Würdigung seines mathemati-

Leopold Schmetterer – Träger der Verdienstmedaille der Leopoldina

schen Lebenswerkes und für seine großen Verdienste um das internationale Ansehen der Leopoldina als langjähriger Senator des Österreichischen Adjunktenkreises unserer Akademie.«

        Prof. Dr. Benno PARTHIER
        Deutsche Akademie der Naturforscher
        Leopoldina
        August-Bebel-Straße 50a
        D-06108 Halle (Saale)

Laudatio
für Herrn Professor Dr. Wilhelm DOERR (Heidelberg)
anläßlich der *Verleihung der*
Cothenius-Medaille

Herr Wilhelm DOERR!

Sie sind eine der herausragenden Persönlichkeiten der deutschen Pathologie und haben als begeisterter und begeisternder akademischer Lehrer Generationen von Ärzten geprägt. In der klassischen Morphologie verwurzelt, haben Sie sich mit tiefem Verständnis für das Wesen der Krankheit der klinischen Medizin und der Allgemeinen Pathologie verpflichtet gefühlt.

Das Medizinstudium in Marburg und Heidelberg haben Sie 1939 mit dem Staatsexamen abgeschlossen. Schon als Doktorand am Pathologischen Institut Heidelberg, das unter Leitung von A. SCHMINCKE stand, der Ihnen zur prägenden Vaterfigur wurde, hat Sie die Begeisterung zur Pathologie erfaßt, eine Begeisterung, die gepaart mit Erfahrung, Ihr Wirken bis heute bestimmt. 1942 haben Sie sich in Heidelberg habilitiert. Das Thema »Die Pathogenese der angeborenen Herzfehler« hat Ihr Schaffen als eines der großen Themen über Jahrzehnte bestimmt. Sie haben die komplexen Entwicklungsvorgänge am embryonalen Herzen in eine logische Beziehung zu den Fehlbildungen gebracht, diese geordnet und deren Vielfalt verstehbar gemacht. Sie haben sich aber am Herzen nicht auf Fehlbildungen beschränkt. Gestützt auf eine durch tägliche Arbeit im Sektionssaal gewonnene Erfahrung, haben Sie erworbene Herzschädigungen in ihrem Muster analysiert, ihre Pathogenese beschrieben und die Beziehungen zur gestörten Funktion dargestellt.

Ihre zweites großes wissenschaftliches Arbeitsfeld ist die Arteriosklerose. Untersuchungen zur Störung der Gefäßwandperfusion als ein wichtiges Grundprinzip in der Auslösung der Arteriosklerose haben unsere Kenntnisse über diese häufige, in verschiedenen Gefäßprovinzen lokalisierte und zu dramatischen klinischen Krankheitsbildern führende Gefäßerkrankung entscheidend erweitert. — Daß Sie sich darüber hinaus auch zahlreichen weiteren Problemen der speziellen Pathologie gewidmet haben, ist die Frucht Ihrer täglichen Arbeit im Sektionssaal und der Diskussion mit den Klinikern.

Aus der Fülle täglicher Beobachtungen spezieller Befunde erwuchs aber auch Ihr großes Interesse an der Allgemeinen Pathologie, über die Sie zu elementaren Phänomenen des Lebens wie Altern, Krankheit, Sterben und Tod Zugang gefunden haben. Wir verdanken Ihnen hierzu grundsätzliche Aussagen. Jeder, der Sie kennt, weiß, daß Sie im gesprochenen und im geschriebenen Wort ein unverwechselbarer Meister sind, dem es durch seine umfassenden medizinhistorischen Kenntnisse gelingt, neue Erkenntnis mit der Tradition zu verknüpfen.

Ihr akademischer Werdegang führte Sie 1953 auf das Ordinariat für Allgemeine Pathologie und Pathologische Anatomie der Freien Universität Berlin im Klinikum Charlottenburg, 1956 nach Kiel und 1963 nach Heidelberg, Ihrer Heimatuniversität, der Sie innerlich immer in besonderer Zuneigung verbunden geblieben sind. Ihr wissenschaftliches Werk hat seinen Niederschlag in zahlreichen Einzelpublikationen, Monographien und Handbüchern gefunden. Die im Springer-Verlag erschienene »Spezielle pathologische Anatomie«, die Sie gemeinsam mit unseren Akademiemitgliedern G. SEIFERT und bis zu dessen Tod mit E. UEHLINGER herausgegeben haben, ist ein unentbehrliches Werk für den tätigen Pathologen.

Ihr Lebenswerk hat vielfältige Würdigungen erfahren, dazu zählt auch Ihre Wahl in die Leopoldina. Sie sind seit 1965 unserer Akademie verbunden und haben in zwei Amtsperioden als Adjunkt für Baden aktiv an der wichtigen Arbeit des Senats mitgewirkt. Dafür sei Ihnen herzlich gedankt.

BENNO PARTHIER (GEILER)

Laudationes

für Herrn Professor Dr. Gottfried MÖLLENSTEDT (Tübingen)

und

für Herrn Professor Dr. Dietrich SCHNEIDER (Seewiesen)

anläßlich der *Verleihung der*

Cothenius-Medaille

Herr Gottfried MÖLLENSTEDT!

Geboren 1912 in Versmold in Westfalen, waren Sie in der Jugend zunächst an Technik interessiert und begannen Ihr Studium an der Technischen Hochschule Danzig. Ihre eigentlichen Lehrer Walther KOSSEL und Eberhard BUCHWALD begeisterten Sie später aber für Physik, und das Kosselsche Institut war dann bis 1945 Ihre erste und prägende wissenschaftliche Heimat. Die Diplomarbeit war schon der erste Schritt für die später sogenannten Kossel-Möllenstedt-Interferenzen im konvergenten Bündel. Durch die Mannigfaltigkeit der Beugungsanregungen entstehen komplexe Interferenzmuster, die freilich zur Deutung der Entwicklung der sogenannten dynamischen Theorie bedurften. Heutzutage sind die Interferenzen im konvergenten Bündel subtile Methode der analytischen Elektronenmikroskopie. In die Danziger Zeit fallen zahlreiche weitere Arbeiten, die zumeist der Methodik des Experimentierens mit Elektronenstrahlen dienten.

Nach Kriegsende wurde G. MÖLLENSTEDT Mitarbeiter in den von Ernst BRÜCHE gegründeten Süddeutschen Laboratorien in Mosbach. Sie arbeiteten dort erfolgreich an der Verbesserung des Auflösungsvermögens des Elektronenmikroskops, dem Nachweis der Energieverluste schneller Elektronen beim Durchgang der Materie und der Geschwindigkeitsfilterung in elektronenoptischen Strahlengängen. Mit der Verwendung der elektrostatischen Elektronenlinse als hochauflösenden Geschwindigkeitsanalysator habilitierten Sie sich in Tübingen und erhielten 1950 die Lehrbefugnis für Experimentalphysik. 1953 erfolgte die Ernennung zum Professor, und 1959 wurden Sie zum Direktor des neu gegründeten Instituts für Angewandte Physik berufen.

Sehr schnell bekam das Institut einen exzellenten Ruf, und laufend gab es aufregende Fortschritte aus Tübingen zu berichten. Hier kann nicht alles aufgezählt werden, genannt seien aber die Pionierarbeiten zur nichtkonventionellen Elektronenmikroskopie und die dann ab 1960 einsetzenden Arbeiten zur Elektroneninterferometrie unter Nutzung des Möllenstedtschen elektrostatischen Biprismas. Letztere waren von fundamentaler Bedeutung für den Dualismus Welle–Korpuskel, und die Messung der Phasenverschiebung der Elektronenwellen durch das magnetische Vektorpotential sowie die Quantelung des magnetischen Flusses von Supraleitern waren wichtige Beiträge zum Verständnis der Quantenmechanik.

Das Biprisma als Bauelement, eingesetzt in ein hochauflösendes Elektronenmikroskop, ermöglichte die Holographie mit Elektronenwellen und damit die Realisierung des theoretischen Konzepts von GABOR. Die Ergebnisse der jüngeren Zeit sind verheißungsvoll, und ein Weg zur Verbesserung des Auflösungsvermögens des Elektronenmikroskops zeichnet sich ab.

Elektronenbeugung im konvergenten Bündel und die Elektroneninterferometrie waren Meilensteine zur Physik der Elektronenwelle. Aber auch das Elektron als Teilchen und hinreichend beschleunigt als Werkzeug, fanden Ihr Interesse. Ausgehend von der lange bekannten sogenannten Kontamination im Elektronenmikroskop fanden Sie heraus, daß die dabei gebildeten Schichten durch Einwirkung eines Elektronenstrahles in ihrem Ätzverhalten verändert werden. Ein feinst gebündelter Elektronenstrahl kann als »Schreibstift« dienen, und daß damit die Bibel auf eine Fläche in Größe einer Briefmarke geschrieben werden kann, war um 1960 herum sensationell. Heute ist die Elektronenstrahllithographie erprobte Methode der Mikroelektronik, und ihr Vater heißt MÖLLENSTEDT. Weiteres, wie sehr schnelle Drucktechniken oder das »Vergüten« von Oberflächen, wäre aufzuzählen, es genüge aber der Hinweis, daß die jeweils notwendigen speziellen Elektronenstrahler zumeist in Tübingen entwickelt wurden.

In Erinnerung gerufen sei, daß Ihr Lehrer Walther KOSSEL, Mitglied der Leopoldina seit 1940, nach 1945 einer der ersten Westdeutschen war, die nach Halle kamen, und Sie machten es ihm nach. Der halleschen Physik sind Sie freundschaftlich verbunden, und die Akademie erinnert sich mit Freude an Ihren Vortrag auf der Versammlung 1981, in dem Sie eindrucksvoll aufzeigten, was Zonenlinsen — hergestellt mit Möllenstedtscher Technik — zu leisten vermögen, wobei nur die jetzt aktuell werdende Mikroskopie mit Röntgenstrahlen hier erwähnt sei.

Ein engerer Fachkollege hat aus Anlaß Ihres 60. Geburtstages in einer Laudatio geschrieben, daß der unter MÖLLENSTEDT erreichte hohe Stand der Präzisionsphysik des freien Elektrons nicht denkbar gewesen wäre ohne die Hartnäckigkeit, mit der er immer wieder an der Verbesserung seiner Geräte gearbeitet hat, und ohne die Wachheit, mit der er die Konsequenzen auch unscheinbarer Beobachtungen durchgedacht und verfolgt hat. Diesem, vor über 20 Jahren schon gut gefügten Blumenstrauß, haben Sie mit Ihren Schülern noch zahlreiche Kostbarkeiten hinzugefügt, und ein imposantes Lebenswerk zeichnet Sie aus. Es mit der Verleihung unserer *Cothenius-Medaille* zu ehren, ist ein freudiges Ereignis der Jahresversammlung 1995. Die Leopoldina ist stolz auf ihr Mitglied Gottfried MÖLLENSTEDT.

Benno PARTHIER
(BETHGE, HEYDENREICH)

Herr Dietrich SCHNEIDER!

Am 30. Juli 1919 in Berlin geboren, nahmen Sie 1937 ein Biologiestudium auf, konnten es nach Krieg und Kriegsgefangenschaft aber erst 1947 fortsetzen. Sie wurden Doktorand bei Hansjochem AUTRUM in Göttingen und bearbeiteten das damals sehr aktuelle Thema der saltatorischen Fortleitung von Nervenzellerregung an markhaltigen Nerven. Als Assistent in der Abteilung KÜHN des Max-Planck-Instituts für Biologie in Tübingen fanden Ihre sehphysiologischen Arbeiten über Gesichtsfelder bei Amphibien und morphogenetischen Arbeiten zum phototropischen Wachstum bei Bryozoen schnell Anerkennung und trugen Ihnen den Ruf eines sehr originellen, vielseitig begabten Zoologen ein.

1954 begannen Sie mit Arbeiten am Riechsystem der Insekten, die Sie international bekannter machten. Es gelang Ihnen als erstem, elektrophysiologische Untersuchungen an olfaktorischen Sinnesorganen, speziell an den Antennen des Seidenspinners vorzunehmen. Mit diesen Arbeiten eröffneten Sie eine Ära der Neurophysiologie des Insektenriechens; im Laufe der folgenden 20 Jahre haben Sie und Ihre Schule grundlegende Untersuchungen über Geruchsrezeptoren durchgeführt, deren Ergebnisse Modellcharakter für viele Fragen der allgemeinen Riechphysiologie hatten. Während eines Arbeitsaufenthalts an der Universität von Kalifornien in Los Angeles gelang Ihnen der erste Nachweis der interspezifischen Wirkung von Sexuallockstoffkomponenten und die Entdeckung des Lockstoff-»Alphabets« bei Nachtfaltern. Dies führte zu interessanten ökologischen und evolutionsbiologischen Fragen nach der Bedeutung von Sexuallockstoffen als Bastardisierungsbarrieren und Faktoren der Artisolation sowie dem Anpassungswert komplexer olfaktorischer Signale im allgemeinen.

Diese Forschungsergebnisse brachten Ihnen das Angebot einer Professur für Insektenphysiologie an der Universität von Kalifornien in Los Angeles ein, worauf das Angebot der Max-Planck-Gesellschaft zum Aufbau einer Arbeitsgruppe für vergleichende Neurophysiologie an der deutschen Forschungsanstalt für Psychiatrie folgte, dem heutigen Max-Planck-Institut für Psychiatrie in München. Hier wurden die entscheidenden elektrophysiologischen und feinhistologischen Ergebnisse an den Riechsensillen erzielt, die wegen ihrer grundlegenden Bedeutung für die Riechphysiologie großes Echo in der internationalen sinnesphysiologischen Forschung fanden. Als Nachfolger von E. VON HOLST wurden Sie 1964 Direktor am Max-Planck-Institut für Verhaltensphysiologie in Seewiesen. In den folgenden Jahren wurden wesentliche Arbeiten über Pheromon- und andere Geruchsrezeptoren veröffentlicht; der periphere olfaktorische Code wurde weitgehend aufgeklärt; erste Formulierungen für Primärprozesse und die Elektrogenese an den Rezeptoren wurden gefunden, die Ultrastruktur der Sensillentypen geklärt und wichtige Kenntnisse über die Mechanismen olfaktorisch gesteuerter Fernorientierung gewonnen.

Bald dehnten sich Ihre Interessen über die Neurophysiologie und die Feinstruktur von Sinnesorganen auf ökologische Fragen aus: Die Bedeutung chemischer Signale für die intra- und interspezifischen Beziehungen zwischen Insekten bzw. zwischen Insekten und Pflanzen, dabei besonders die Rolle sekundärer Pflanzenstoffe als Vorstufen von Pheromonen, haben Sie mit Ideen und Ergebnissen befruchtet. Auch nach Ihrer Emeritierung führten Sie diese Arbeiten mit großer Aktivität weiter; zusammen mit Naturstoffchemikern und Entwicklungsphysiologen brachten Sie wichtige sinnesphysiologische und verhaltensphysiologische

Aspekte in die experimentelle Untersuchung ökologischer Wechselbeziehungen ein, niedergelegt in nun schon als klassisch geltenden Publikationen. Nicht nur die Bedeutung der Ergebnisse für den Fortschritt des Forschungsgebietes, sondern auch die elegante Diktion und Gedankenführung bei der Entwicklung wichtiger Arbeitshypothesen und der Darlegung neuer Perspektiven in der Riechphysiologie und Insektenökologie besticht die Fachwelt. Sie wurden zum *John Carter Lecturer* an der *Harvard University* (1967) gewählt und empfingen damit eine der größten Ehren, die ein Biologe in den USA erhalten kann. 1971 wurden Sie Auswärtiges Mitglied der *American Academy of Arts and Sciences,* 1975 Mitglied der Leopoldina und 1977 Mitglied der Bayerischen Akademie der Wissenschaften. 1990 wurden Sie *First Distinguished Visiting Professor of the Center for Insect Science,* das an der Universität von Arizona neu gegründet wurde. 1991 erhielten Sie die Silbermedaille der Internationalen Gesellschaft für Chemische Ökologie. Wir verleihen Ihnen die *Cothenius-Medaille* unserer Akademie nicht nur als dem Begründer der modernen Riechphysiologie, sondern auch als einem der Initiatoren der Insektenökologie.

Benno PARTHIER
(PLOOG)

Laudationes

für Herrn Professor Dr. Peter GRUSS (Göttingen)

und

für Herrn Professor Dr. Jürgen TROE (Göttingen)

anläßlich der *Verleihung der Carus-Medaille*

Herr Peter GRUSS!

Mit 45 Jahren und einer ansehnlichen Liste von herausragenden wissenschaftlichen Erfolgen in medizinisch-molekularbiologischen Forschungsfeldern sind Sie ein idealer Kandidat für die Kriterien zu einer Auszeichnung mit der *Carus-Medaille,* die zugleich mit dem *Carus-Preis* der Stadt Schweinfurt – als Gründerstadt der Leopoldina – verbunden ist.

Sie studierten von 1968–1974 Biologie an der Technischen Hochschule Darmstadt und promovierten 1977 am Krebsforschungsinstitut in Heidelberg. Vier Lehrjahre am *National Cancer Institute* in Bethesda (USA) legten wichtige experimentell-methodische und theoretische Grundlagen für Ihre weitere Laufbahn. 1981 wurden Sie Heisenberg-Stipendiat (auch dies ist bereits eine große Auszeichnung) und lehrten von 1982 bis 1986 als C3-Professor für Mikrobiologie an der Universität Heidelberg. Schon 1983 berief man Sie ins Direktorium des Institutes für Molekulare Biologie an dieser Universität, und 1986 erfolgte die Berufung als einer der Direktoren des Max-Planck-Institutes für Biophysikalische Chemie in Göttingen; hier übernahmen Sie die neue Abteilung für Molekulare Zellbiologie.

Dieser ungewöhnlich steile berufliche Aufstieg beruht auf Verdiensten in Form von wissenschaftlichen Erfolgen, die ungewöhnlich sind und Sie in Deutschland und der Welt in die erste Reihe der Forscher stellen, welche die molekulare Entwicklungsbiologie innerhalb weniger Jahre zu großartigen Erkenntnissen geführt haben. Gewiß ist die Grundlage dazu von der Molekulargenetik gelegt worden, zu der Sie früh und rechtzeitig stießen. Mit Ihrem Namen verbunden sind vor allem bahnbrechende Untersuchungen über die Hox-Gene der Maus, die bei den molekularen und zellulären Mechanismen zur Differenzierung von Körpersegmenten während der Embryogenese der Säugetiere eine entscheidende Rolle spielen und deren Kontrollmechanismen herauszufinden Sie in der Lage waren. Alle Ihre Experimente sind methodisch außerordentlich anspruchsvoll und zeugen von einer Meisterschaft transdisziplinären Denkens und Handelns, die Voraussetzung für die Erkenntnisse in einem genetisch-zytostrukturellen hochkomplexen Zusammenwirken der Entwicklungsbiologie multizellulärer Systeme ist. In einem Vortrag zur Jahresversammlung 1993 der Leopoldina haben Sie alle Zuhörer überzeugt, auf welche Höhe die molekulare Entwicklungsbiologie unter den Händen eines begabten Forschers gelangen kann.

So überrascht nicht, daß auch andere preisvergebende Gremien Sie mit hohen Auszeichnungen bedachten; erst kürzlich erhielten Sie anteilig den hochdotierten Louis-Jeantet-Preis für Medizin, ebenfalls den nicht minder lukrativen Leibniz-Preis der DFG. Viele Fachverbände, Wissenschaftliche Gesellschaften und Akademien bemühen sich um Ihre Mitwirkung. Wir hoffen, daß sich mit der Anerkennung Ihrer großartigen Leistungen mit der *Carus-Medaille* der ältesten naturwissenschaftlich-medizinischen Akademie auch der wissenschaftliche Stolz, der in der Reihe Ihrer berühmten ausgezeichneten Vorgänger liegt, auf Sie übertragen möge.

Benno PARTHIER

Herr Jürgen TROE!

Die Akademie verleiht Ihnen die *Carus-Medaille* in Würdigung Ihrer großen Verdienste um die Aufklärung der Dynamik chemischer Elementarprozesse. Mit Ihren Arbeiten haben Sie entscheidend dazu beigetragen, daß unimolekulare Reaktionen heute zu den am besten verstandenen Reaktionstypen gehören und daß aus diesem Verständnis heraus auch andere Reaktionsmechanismen sehr viel besser beschrieben werden können.

Sie begannen Ihr Studium in Mathematik, Physik und Chemie 1959 in Göttingen und haben nach einem kürzeren Studienaufenthalt in Freiburg 1965 in Göttingen unter Wilhelm JOST promoviert. Bereits in Ihrer Dissertation »Experimentelle und theoretische Untersuchungen zum unimolekularen N_2O-Zerfall« haben Sie sich der Kinetik elementarer Gasreaktionen zugewandt, und Ihre Habilitationsschrift »Zum Verhalten unimolekularer Reaktionen bei hohen Drucken«, die Sie 1967 in Göttingen vorgelegt haben, hat Konzept und Strategie Ihres Lebenswerkes klar formuliert.

Ihre experimentellen und theoretischen Arbeiten über unimolekulare Reaktionen gewannen für zwei Gruppen von Elementarprozessen entscheidende Bedeutung:

1. die Übertragung von Energie zwischen einzelnen Molekülen und der Energiefluß innerhalb eines Moleküls sowohl ohne als auch mit Beteiligung von Stoßprozessen;
2. die Abhängigkeit der Lebensdauer von Molekülen von der Energie (allgemeiner vom Quantenzustand), z. B. für Isomerisierungs- oder Dissoziationsprozesse.

Unter Heranziehung verschiedener, oft von Ihnen maßgeblich mitgestalteter Versuchstechniken haben Sie und Ihre Arbeitsgruppen das Reaktionsverhalten von chemisch interessanten Molekülen bei Energien oberhalb der Reaktionsschwellen systematisch und umfassend beschrieben. Sie gewannen genaue Einblicke in die Dynamik der Reaktion solcher Teilchen und haben damit die Anwendung des Modells der adiabatischen Kanäle auf chemische Reaktionen befördert. Die Einflüsse der Umgebung auf die äußeren und inneren Energieübertragungsprozesse wurden von Ihnen ausgehend von »stoßfreien Bedingungen« bis in stark verdichtete Gase und komprimierte Flüssigkeiten beschrieben.

Die Erforschung der genannten Prozesse wurde durch den Einsatz von Lasern entscheidend gefördert, indem Teilschritte damit in »Echtzeit« erkennbar wurden.

Von den zahlreichen wissenschaftlichen Ehrungen, die Ihnen zuteil wurden, seien stellvertretend genannt: Der Bodenstein-Preis der Deutschen Bunsengesellschaft (1971), die *Centenary Lectureship* der *Chemical Society London* (1980), die *Polanyi-Medal* der *Royal Society of Chemistry* (1992) und die *Pitzer-Lectureship* der *University of California* (1992).

Mit der heute verliehenen *Carus-Medaille* ehrt die Leopoldina ein langjähriges Mitglied und erweitert zugleich eine ausgewählte Gruppe ihrer namhaften Forscherpersönlichkeiten um einen erfolgreichen physikalischen Chemiker.

Benno PARTHIER
(WAGNER)

Laudatio
für Herrn Professor Dr. Diter von Wettstein (Zürich)
anläßlich der *Verleihung der*
Mendel-Medaille

Herr Diter VON WETTSTEIN!

Im Jahre 1969 wurden Sie in die Leopoldina gewählt. Nach Ihrem Vater (1936) und Ihrem Großvater (1894) sind Sie bereits in der dritten Generation Leopoldina-Mitglied aus einer berühmten Botaniker-Familie. Unsere Akademie bewundert diese genealogische Sequenz nicht ohne Stolz.

Ihr naturwissenschaftliches Studium an der Universität Tübingen (Botanik bei BÜNNING, Zoologie bei KÜHN, Biochemie bei BUTENANDT), das durch Aufenthalte bei GUSTAFSON im Genetischen Institut der Forsthochschule in Stockholm genetisch geprägt wurde, schlossen Sie 1953 mit einer Promotion in Botanik ab. 1957 habilitierten Sie sich am Genetischen Institut der Universität Stockholm und erhielten eine Dozentenstelle. Bereits 1962, mit 33 Jahren, nahmen Sie den Ruf als Ordinarius und Direktor des Genetischen Instituts der Universität in Kopenhagen an, eine Position, die Sie noch immer nebenamtlich innehaben. Seit 1975 sind Sie Leiter der Abteilung Physiologie des Carlsberg-Laboratoriums und wurden später zusätzlich Direktor des zum Forschungszentrum umgewandelten Laboratoriums. Sie sind Mitglied der Dänischen Akademie der Wissenschaften und mehrfach für Ihre Forschungsarbeiten ausgezeichnet worden.

Ihre wissenschaftlichen Interessen liegen im Schwerpunkt in den Grenzbereichen zwischen Genetik, Zytologie und Pflanzenphysiologie. Hier begannen Sie mit elektronenmikroskopischen Studien zur Entwicklung der Chloroplasten aus Etioplasten. Sie haben die Elektronenmikroskopie als quantitative Methode eingeführt, und Ihre hervorragenden Abbildungen der Struktur der Chloroplasten sind in die Lehrbücher eingegangen. Mit großem Erfolg studierten Sie die Mechanismen, nach denen Gene die Wechselbeziehungen zwischen Struktur und Funktion über die Biosynthese makromolekularer Komplexe regulieren oder kontrollieren, speziell für die Photosynthesemembranen und die Komplexe der Photosysteme unter dem Aspekt von Plastom-Genom-Beziehungen.

Dazu kam das Studium der Chlorophyllbiosynthese. Durch die von Ihnen hergestellte Palette unterschiedlicher Chlorophyllmutanten wurden neue Ergebnisse möglich und weltweit bekannt. Mit ihnen konnten Sie den Syntheseweg der Porphyrine als die Vorstufen für Chlorophylle aufklären, aber zusätzlich grundlegende Erkenntnisse über die Bindung der Chromophorenbestandteile an Proteine und in die Membranen der Plastiden beitragen. Nach den Untersuchungen zur lichtinduzierten Biogenese der grünen Zellorganellen wandten Sie sich verstärkt der Hefegenetik zu, insbesondere dem Problem der Chromosomenpaarung und der Rekombination während der Meiose.

Ihre theoretische und experimentelle Vielseitigkeit war die Grundlage für die Souveränität, mit der Sie die moderne pflanzliche und nichtpflanzliche Molekularbiologie überblicken, die Sie mit großartigen Vorträgen beweisen und die Sie in die erste Reihe der heutigen Pflanzengenetiker einordnet. Weil Sie die molekulargenetische Richtung der Pflanzenwissenschaften frühzeitig mitgeschrieben haben, gelten Sie mit Fug und Recht als einer der Pioniere der grünen Biotechnologie, die aus jahrelangem Mauerblümchen-Dasein zu befreien war. Sie haben sich nie gescheut, angewandte Probleme in der Genetik und in der Pflanzenphysiologie zu suchen und diese biotechnologisch orientiert anzupacken. Mehrere einschlägige internationale Symposien, die Sie vorbereitet und organisiert haben, geben beredten Ausdruck darüber. Im Carlsberg-Forschungszentrum haben Sie eine moderne Forschungsstätte aufgebaut, die weltbekannt ist und begehrt von Gästen aus aller Welt. Zu

Ihrer wissenschaftlichen Kompetenz ergänzt sich die aufgeschlossene menschliche Persönlichkeit, die Hilfsbereitschaft und Entgegenkommen gegenüber jedermann, der Hilfe benötigt, immer wieder bewiesen hat.

Verehrter, lieber Herr VON WETTSTEIN, eine Auszeichnung erscheint besonders trefflich vergeben, wenn der Geehrte mit dem Anliegen und dem Namen der Ehrung in so seltener Weise übereinstimmt wie in Ihrem Falle. Die *Gregor-Mendel-Medaille,* die wir Ihnen heute überreichen, wird mit Ausgezeichneten Ihres Formates in ihrem Werte erhöht, und das ist das Beste, was zur Lebendigkeit dieser in Tradition und Ehrwürdigkeit getauchten Leopoldina gesagt werden kann.

Benno PARTHIER

Laudatio
für Herrn Professor Dr. Philipp U. Heitz (Zürich)
anläßlich der *Verleihung der*
Schleiden-Medaille

Herr Philipp U. HEITZ!

Sie sind Direktor des Pathologischen Institutes der Universität Zürich, gehören zu den führenden, methodisch modern orientierten Pathologen in Europa. Schon Ihre Habilitation im Jahre 1973 an der Universität Basel über das »Experimentelle urämische Syndrom« widerspiegelt die Vielfalt Ihrer methodischen Interessen. Die Arbeit stützt sich auf histologische, immunfluoreszenzoptische, ultrastrukturelle, morphometrische und biochemische Untersuchungen. Ihr bevorzugtes Arbeitsgebiet sind die endokrinen Regulationsstörungen. Dazu haben Sie wesentliche Arbeiten vorgelegt, die sich auf exakte morphologische Analysen des Endokriniums stützen. Die konsequente Nutzung der vielfältigen Techniken der Immunhistochemie, die nach Einführung der hochspezifischen monoklonalen Antikörper die Möglichkeit zur genauen Differenzierung und Funktionsbestimmung endokriner Zellen ermöglichte, bildete die wesentliche Grundlage Ihrer Arbeiten, die Sie auch auf Tumoren des Endokriniums übertragen haben. An den Arbeiten wird deutlich, daß der Pathologe Ph. U. HEITZ eine subtile Zytologie betreibt, die durch die Anwendung molekularbiologischer Techniken eine neue Dimension erworben hat. Ihre Fähigkeit zu enger Kooperation mit Mitarbeitern und Vertretern anderer Fachgebiete zeichnet Ihre Arbeit aus und vermittelt gegenseitige Impulse moderner und erfolgreicher Forschung.

Nach dem Medizinstudium in Genf haben Sie in der Abteilung für Neuropathologie am damals von E. RUTISHAUSER geleiteten Institut für Pathologie an Ihrer Dissertation gearbeitet. Die Begeisterung für die Pathologie hat Ihren weiteren akademischen Weg bestimmt. Sie waren Assistent am Institut für Pathologie der Universität Freiburg unter H. U. ZOLLINGER und wechselten 1967 nach Basel, da Ihr Lehrer H. U. ZOLLINGER dorthin den Ruf erhielt. Am Baseler Institut haben Sie die wesentlichen Erfahrungen in der praktischen Pathologie erworben und sich der Histochemie zugewendet, die methodisch Ihre wissenschaftliche Arbeit bis heute wesentlich bestimmt. Im Baseler Institut wurden Sie Prosektor und 1982 ordentlicher Professor und Vorsteher des Institutes. Das Vertrauen in Ihre wissenschaftliche Kompetenz, Ihre Erfahrung in der klinischen Pathologie und Ihre organisatorischen Fähigkeiten führte 1987 zu dem ehrenvollen Ruf auf den Lehrstuhl für Pathologie an der Universität Zürich. Dieses Institut haben Sie strukturell, inhaltlich und personell zu einem Zentrum der modernen Pathologie gemacht, das Vorbildcharakter trägt. — Ihre Tätigkeit als Mitherausgeber der Zeitschrift *Progress in Histochemistry and Cytochemistry* und im Editorial Board zahlreicher angesehener internationaler Zeitschriften der Pathologie belegt, daß Ihr Urteil in der Bewertung wissenschaftlicher Leistungen hoch geschätzt wird. Ihre 1989 erfolgte Wahl zum Mitglied der Deutschen Akademie der Naturforscher Leopoldina ist Ergebnis Ihrer hohen wissenschaftlichen Leistung, die mit Ihrer persönlichen Integrität in schönem Einklang steht.

Benno PARTHIER
(GEILER)

Der 1993 erstmals verliehene Leopoldina-Preis für junge Wissenschaftler wurde 1995 verliehen an Frau Kerstin DAGGE für »Untersuchungen zur Fluktuation des elektrischen Widerstandes dünner Metallschichten mittels einer neuartigen experimentellen Methodik«, Frau Dr. Anja KRIEGER für »Untersuchungen über molekulare Umschaltmechanismen, wodurch das grüne Blatt Photoinaktivierung vermeidet, wenn es aus Schwachlicht in Starklicht überführt wird« und Herrn Christoph HEINEMANN für seine »grundlegenden theoretischen und experimentellen Beiträge zur selektiven, metallvermittelten Aktivierung von Kohlenstoff-Fluor- und Kohlenstoff-Wasserstoff-Bindungen«. Der Preis ist verbunden mit 4 000 DM aus Zinsen des Kapitals einer Schenkung des Leopoldina-Mitglieds und Cothenius-Preisträgers Karl LOHMANN (1898–1978). Er wird in zweijährlichen Abständen Preisträgern zuerkannt, die auf dem Gebiete der Naturwissenschaften, der Medizin oder der Wissenschaftsgeschichte eine hervorragende Forschungsleistung aufweisen und das dreißigste Lebensjahr noch nicht überschritten haben. Der Auswahlkreis ist übernational.

Funktionelle Organisation der Großhirnrinde

Von Wolf SINGER (Frankfurt/Main)

Mit 6 Abbildungen

Die Großhirnrinde gilt als die letzte große Erfindung der Evolution. Leistungen, die das spezifisch Menschliche ausmachen, sind ihr zuzuschreiben. Zu ihren Funktionen zählen alle höheren kognitiven Leistungen: Wahrnehmen, Denken, Erinnern, Sprechen, die Fähigkeit, Handlungsentwürfe zu planen und Handlungsabläufe zu programmieren. Das Besondere an der Großhirnrinde ist, daß allein die Vermehrung ihres Volumens zur Emergenz neuer Funktionen führt, bis hin zu Phänomenen, die wir als mentale oder psychische ansprechen. Betrachten wir die Evolution des Vertebratengehirns, so wird deutlich, daß seine Grundstruktur im wesentlichen beibehalten wurde. Veränderungen beschränken sich auf die Zunahme des Volumens der Großhirnrinde und der mit ihr in Beziehung stehenden Strukturen. Die Binnenorganisation der Großhirnrinde bleibt dabei weitestgehend unverändert.

Dies weist darauf hin, daß in der Großhirnrinde pluripotente Verarbeitungsalgorithmen realisiert sind, die für eine Vielzahl verschiedener Funktionen verwendet werden können und deren Iteration zur Emergenz qualitativ neuer Leistungen führt. Die Analyse der histologischen Struktur der Großhirnrinde bestätigt dies. Nur dem Spezialisten erschließen sich die feinen Unterschiede im Aufbau der verschiedenen Hirnrindenareale. Das bedeutet also, daß so unterschiedliche Leistungen, wie etwa die Sprachproduktion und die Analyse visueller Szenen, von Neuronennetzen erbracht werden können, die nach ganz ähnlichen Prinzipien organisiert sind.

Die Hirnrinde stellt sich als eine etwa 2 mm dicke Zellschicht dar, welche die Großhirnhemisphären umhüllt. Aus Platzgründen und wohl auch, um die Leitungswege kurz zu halten, ist die Großhirnrinde vielfach und auf komplizierte Weise gefaltet. Ausgebreitet nimmt sie die Fläche von etwa einem $3/4$ m^2 ein (zur Übersicht siehe BRAITENBERG und SCHÜZ 1991). Ein Kubikmillimeter dieses Gewebes enthält etwa 40 000 Nervenzellen. Jede von ihnen kommuniziert über synaptische Verbindungen mit bis zu 10 000 anderen und erhält entsprechend auch von ebenso vielen Neuronen ihre Eingangssignale.

Es stellt sich also die Frage nach der Natur jener allgemeinen Rechenoperationen, die von der Großhirnrinde erbracht werden. Umgekehrt ließe sich fragen, welches die gemeinsamen Tiefenstrukturen sind, die phänomenologisch so unterschiedlichen Leistungen wie Wahrnehmen und Sprechen zugrunde liegen. Noch gibt es keine schlüssigen Antworten, aber die Fülle der über die letzten Jahrzehnte gesammelten Daten weist in eine gemeinsame Richtung. Die Analyse sensorischer Systeme legt nahe, daß eine der Hauptfunktionen neokortikaler Module darin besteht, konsistente Beziehungen zwischen einlaufenden Signalen zu entdecken und solche, häufig auftretende Relationen durch neuronale Antworten zu repräsentieren. Die Annahme ist, daß eine mehrstufige Wiederholung dieses gleichen Vorgangs schließlich zu abstrakten Beschreibungen konsistenter Konstellationen von elementaren Merkmalen führt, von Konstellationen, wie sie für individuelle perzeptuelle Objekte charakteristisch sind. Es wird ferner davon ausgegangen, daß auch die Repräsentation motorischer Programme in der Hirnrinde ein ähnliches Format hat, wobei die Beschreibungen in diesem Fall sich auf die raumzeitlichen Relationen zwischen den jeweils aktivierten Muskelgruppen beziehen und nicht auf die elementaren Merkmale von Objekten. Weil die Zahl der möglichen Merkmalskonstellationen oder, im Fall der Motorik, der möglichen Bewegungsmuster astronomisch hoch ist, läßt sich voraussagen, daß kortikale Verarbeitungsalgorithmen darauf spezialisiert sein müssen, kombinatorische Probleme zu lösen.

Zur Bewältigung kombinatorischer Probleme bieten sich zwei komplementäre Strategien an. Eine besteht darin, nur solche Relationen auszuwerten und zu repräsentieren, die sehr häufig vorkommen und im Verhaltenskontext besonders bedeutsam sind. Auf diese Weise läßt sich der Aufwand an festverdrahteten Analysatoren begrenzen. Tiere mit einfach strukturierten Nervensystemen, wie z. B. Insekten, haben diesen Weg gewählt. Der Preis ist eingeschränkte Flexibilität. Die andere Strategie ist, Mechanismen vorzusehen, die es erlauben, Signale auf flexible Weise zu rekombinieren, so daß verschiedene Relationen innerhalb des gleichen, fest verdrahteten Neuronenverbundes nacheinander analysiert und repräsentiert werden können. In der Großhirnrinde scheinen beide Strategien verwirklicht, und dies ist vermutlich einer der Gründe für den evolutionären Erfolg dieser Struktur.

Ein Beispiel soll verdeutlichen, welcher Art die zu lösenden kombinatorischen Probleme sind. Sie stellen sich auf allen Verarbeitungsstufen, wobei ihre Grundstruktur immer die gleiche bleibt. Nur ihre Inhalte und damit ihre Erscheinungsformen wechseln.

Ein Kind hat seinen Kanarienvogel aus dem Käfig genommen, spürt sein Gewicht in der Hand, fühlt seine Wärme und die Textur des Federkleides, hört sein Gezwitscher und sieht die Form und Farbe des Tieres. Uns stellt sich die Frage, wie dieses komplexe Gemisch von sensorischen Signalen zu einem einheitlichen Perzept zusammengefaßt wird. Unserer Intuition folgend neigen wir zu der Annahme, daß es irgendwo im Gehirn ein Zentrum geben müsse, auf das alle sensorischen Afferenzen konvergieren. DESCARTES hat diese, so überaus plausible Hypothese graphisch formuliert (Abb. 1). Signale von verschiedenen Sinnesorganen sollten nach entsprechender Vorverarbeitung an einem einzigen Ort zusammengeführt und einer ganzheitlichen Interpretation unterworfen werden. Naturgemäß wäre dieses Konvergenzzentrum auch der Ort, an dem das Bewußtsein residiert.

Die implizite Annahme ist, daß an diesem Ort ein, vermutlich immaterieller, mit mentalen Eigenschaften ausgestatteter Beobachter die einlaufenden Informationen sammelt und adäquat interpretiert. Auch wenn es in der Folgezeit heftigen philosophischen Dissens darüber gegeben hat, welcher ontologischen Kategorie dieser Beobachter zuzuschlagen sei und ob er überhaupt zu postulieren sei, Einigkeit bestand immer hinsichtlich der Notwendigkeit eines Konvergenzzentrums. Nun haben uns die Ergebnisse neurobiologischer Nachforschungen gelehrt, daß selbst diese, intuitiv so plausible Annahme in dramatischer Weise falsch ist. Dies ist bemerkenswert, zeigt es doch, daß Introspektion und Vernunft als Werkzeuge zur Gewinnung von Erkenntnis nicht immer taugen, auch wenn sie in der Regel ästhetisch befriedigende, in sich kohärente Modelle gebären.

Im folgenden werde ich einige Grundprinzipien der Organisation sensorischer Systeme aufzeigen, auf ungelöste Probleme verweisen und experimentelle Ansätze vorstellen, mit denen neue Hypothesen über die Funktionsweise der Großhirnrinde überprüft werden können. Ich werde mich dabei auf das Sehsystem von Säugetieren beschränken. Die an diesem Beispiel aufgezeigten Prinzipien sind jedoch mit großer Wahrscheinlichkeit allgemeiner Natur und können auf andere Modalitäten generalisiert werden.

Im Auge werden die zweidimensionalen Helligkeitsverteilungen des Netzhautbildes in frequenzmodulierte Sequenzen von Aktionspotentialen umgewandelt, und diese elektrischen Signale gelangen über den Sehnerv zu Umschaltstationen im Thalamus, einer Ansammlung von Relayzentren im Zwischenhirn. Diese kon-

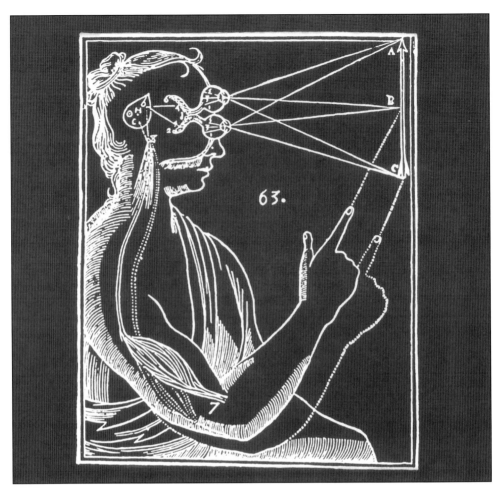

Abb. 1 DESCARTES' Vorschlag zur Integration sensorischer Information im Gehirn. Der Auffassung folgend, daß eine einheitliche Interpretation sensorischer Signale nur in einem unpaaren Zentrum erfolgen könne, machte sich DESCARTES auf die Suche nach einer Struktur, die im Gehirn nur einmal vorkommt, und stieß dabei auf die Zirbeldrüse. Wir wissen heute, daß die Zirbeldrüse das Hormon Melatonin produziert, welches bei der Regulation des zirkadianen Rhythmus eine Rolle spielt.

trollieren die Weiterleitung sensorischer Aktivität in Abhängigkeit von Veränderungen der Aufmerksamkeit und verhindern die Signalübertragung im Tiefschlaf. Der Großteil der visuellen Signale wird von dort zur primären Sehrinde im Okzipitallappen vermittelt. Bis hierher folgt die Informationsweiterleitung also einem seriellen Prinzip. Jenseits der primären Sehrinde kommen jedoch gänzlich andere Strategien zum Tragen.

Das Schaltdiagramm der direkt mit der Verarbeitung visueller Information befaßten Hirnrindenregionen weist mehr als 30 Areale auf, und wie Abbildung 2 verdeutlicht, sind diese Areale nicht mehr seriell angeordnet. Die primäre Sehrinde verteilt ihre Verarbeitungsergebnisse parallel an eine Vielzahl eng miteinander vernetzter Hirnrindenregionen. Jedes dieser Areale bearbeitet jeweils nur einen Teilaspekt der in der primären Sehrinde vorverarbeiteten visuellen Signale. Einige Areale befassen sich vorwiegend mit der Analyse von Bewegungsinformation, andere mit

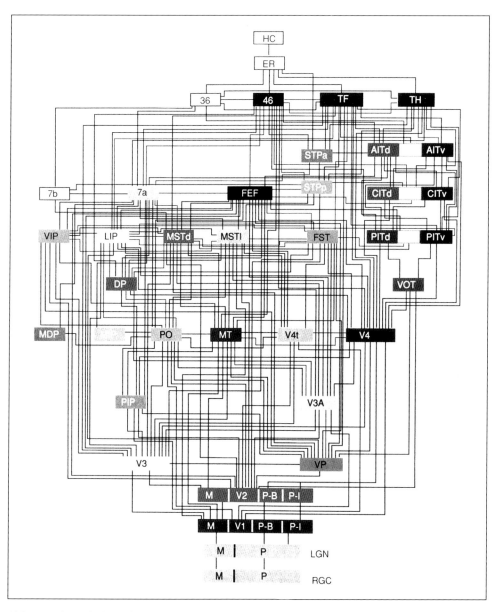

Abb. 2 Schematisches Diagramm der Hirnrindenareale, die mit der Verarbeitung visueller Signale befaßt sind. Jedes Kästchen entspricht einer zytoarchitektonisch abgrenzbaren Region der Hirnrinde. Die Verbindungen zwischen den Arealen symbolisieren mächtige, meist reziproke Faserverbindungen. Würde man diesem Diagramm weitere sensorische Systeme und motorische Zentren hinzufügen, so würde deutlich, daß alle Systeme untereinander auf ähnliche Weise eng miteinander verflochten sind und Konvergenzzentren fehlen (nach FELLEMAN und VAN ESSEN 1991).

der Farbe oder mit figürlichen Aspekten von Objekten, und wieder andere berechnen die Entfernung von Objekten zueinander und zum Betrachter usw.

Beim Auftauchen eines Gegenstandes im Gesichtsfeld werden alle diese Areale nahezu gleichzeitig aktiviert, treten miteinander in Wechselwirkung, tauschen ihre

Verarbeitungsergebnisse aus und senden die Resultate ihrer Ermittlungen in ebenso verteilter Weise an eine Vielzahl weiterer Hirnrindenareale, die sich mit der Analyse von Signalen anderer Sinnesmodalitäten oder mit der Vorbereitung motorischer Aktionen befassen.

Wo nun findet sich das postulierte Konvergenzzentrum, in dem schließlich die Ergebnisse der parallel ablaufenden Analyseprozesse zusammengefaßt und interpretiert werden? Die kontraintuitive Antwort lautet: Es gibt dieses Konvergenzzentrum nicht. Dies gilt ebenso für die Organisation der anderen sensorischen Systeme, das auditive, welches akustische Signale analysiert, oder das somatosensorische, das sich mit der Körperfühlsphäre befaßt. Ein ähnliches Bild ergibt sich, wenn man jene Areale miteinbezieht, denen die Programmierung von Bewegungsabläufen obliegt. Wieder entsteht eine Netzwerkstruktur, in der Parallelität als Organisationsprinzip vorherrscht und Konvergenzzentren fehlen.

Dies wirft die zentrale Frage auf, wie trotz dieser distributiven Organisation kohärente Repräsentationen aufgebaut und wie Entscheidungen getroffen werden können, wie eine einheitliche Interpretation der umgebenden Welt und aus ihr abgeleitete, koordinierte Verhaltensstrategien möglich werden. Diese, als »Bindungsproblem« angesprochene Frage nach der Koordination zentralnervöser Prozesse wurde in den letzten Jahren als eine der größten Herausforderungen an die Hirnforschung erkannt. Ich möchte das Bindungsproblem jedoch nicht auf dieser hohen Komplexitätsebene behandeln, sondern mich auf die Analyse von Verarbeitungsprozessen innerhalb einer Modalität beschränken und aufzeigen, daß ganz ähnliche Bindungsprobleme schon bei scheinbar einfachen sensorischen Funktionen auftreten.

Kognitive Systeme müssen in der Lage sein, komplexe Anordnungen von Merkmalen zu distinkten, perzeptuellen Objekten zu gruppieren. Im visuellen System sprechen wir von Szenensegmentierung bzw. perzeptuellem Gruppieren. Die in Abbildung 3 dargestellten Pferde werden erst dann als solche identifizierbar, wenn es dem Sehsystem gelungen ist, die verschiedenen Konturen, die in dieser Szene enthalten sind, so zu gruppieren, daß all jene, die eine bestimmte Figur ausmachen, als zusammengehörig gesehen werden. Dieser Segmentierungsprozeß erfordert beträchtliche Verarbeitungszeit. Je länger die Suche nach gruppierungsfähigen Merkmalen fortgesetzt wird, um so mehr Pferde werden erkennbar. Erst wenn diese Gruppierungsversuche erfolgreich beendet sind, kann damit begonnen werden, die segmentierten Objekte zu identifizieren. Die Segmentierung geht dem Erkennen voraus und muß deshalb nach Gesetzen erfolgen, die objektunabhängig sind.

Die Gruppierungsregeln müssen genereller Natur und auf beliebige Szenen anwendbar sein. Was schließlich wahrgenommen wird, hängt also in kritischer Weise davon ab, welche Lösungen dieser vorbewußt ablaufende Gruppierungsprozeß anbietet. Wie Abbildung 4 verdeutlicht, hat sich Escher in seinen Bildern zunutze gemacht, daß Gruppierungsprozesse durchaus vieldeutige Lösungen haben können. Wenn das Sehsystem die schwarzen Flächen als Figuren interpretiert und die weißen als Hintergrund, werden Fledermäuse, laufende Menschen und Fische gesehen; im umgekehrten Fall hingegen zeigen sich Hasen, Vögel und Medusen. Der Segmentierungsprozeß bestimmt, welche Konturen zu Figuren und welche zum Hintergrund gehören, und es ist schwierig, diese Gruppierungsoperation willkürlich zu beeinflussen. Die Wahrnehmung alterniert zwischen gleichwahrscheinlichen Lösungen. Kompromisse sind nicht möglich, die Alternativen nicht gleichzeitig wahrnehmbar. Was man sieht, hängt also wesentlich davon ab, wie und nach welchen Kriterien das Sehsystem die Gruppierung von Merkmalen zu kohärenten

Abb. 3 Die gescheckten Pferde auf dieser ausapernden Almwiese werden erst dann als solche identifizierbar, wenn es dem Sehsystem gelungen ist, Konturen, die zu bestimmten Pferden gehören, als zusammengehörig zu erkennen.

Figuren vornimmt. Es ist dies ein Beispiel von vielen für die konstruktive Leistung unserer kognitiven Systeme. Aus erkenntnistheoretischer Sicht besonders beunruhigend ist dabei, daß diese interpretativen Vorgänge weitestgehend unbewußt ablaufen, bedeutet das doch, daß die Inhalte unserer bewußten Wahrnehmung von aktiven Interpretationsleistungen abhängen, derer wir uns in der Regel nicht gewahr werden und auf die wir nur wenig Einfluß haben.

Fragt man nach den neuronalen Prozessen, die dieser Segmentierungsleistung zu Grunde liegen, wird deutlich, daß auch hier Bindungsprobleme gelöst werden müssen, die in ihrer Struktur den oben angesprochenen ähneln.

Abbildung 5 zeigt ein weiteres Beispiel für ein Segmentierungsproblem: Man kann entweder die Vase sehen oder die beiden Gesichter, das männliche und das weibliche. Wenn die Gesichter gesehen werden, muß das Sehsystem jeweils die Antworten von Nervenzellen, die auf die seitlichen Konturlinien reagieren, mit Antworten von Nervenzellen verbinden, die von den schwarzen Flächen herrühren.

Abb. 4 Diese bekannte Graphik von ESCHER verdeutlicht, wie sehr das, was wir wahrnehmen, davon abhängt, wie unser Sehsystem Szenen in Figuren und Hintergrund segmentiert.

In den nachfolgenden Verarbeitungsstrukturen müssen diese gebundenen Antworten dann gemeinsam bearbeitet und als zusammengehörig interpretiert werden. Gänzlich andere Bindungen müssen realisiert werden, wenn die Vase gesehen werden soll. Dann müssen die Antworten auf die beiden seitlichen Konturlinien und die auf die weiße Fläche miteinander assoziiert und gemeinsam weiterverarbeitet werden. Der Bindungsmechanismus muß ein hohes Maß an Flexibilität aufweisen und in rascher Folge beide Konstellationen realisieren können; er muß dynamisch sein.

Aus den vielen gleichzeitig verfügbaren neuronalen Antworten müssen jene identifiziert und zusammengefaßt werden, die sich als konstitutiv für ein kohärentes Perzept erweisen können. Die klassischen Lösungsvorschläge für dieses Bindungsproblem orientieren sich konzeptionell an der intuitiv als wahrscheinlich erfahrenen und von DESCARTES graphisch dargestellten hierarchischen Verarbeitungsstruktur, in der Bindung durch Konvergenz erfolgt. Die Gründe für dieses Erklärungsmodell liegen nicht nur in seiner vordergründigen Plausibilität, sondern auch in methodischen Begrenzungen. Es ist technisch außerordentlich schwierig, von einer größeren Zahl von Nervenzellen gleichzeitig abzuleiten. Die Analyse der Signalverarbeitung im Nervensystem beruht folglich in der Regel auf Registrierungen der Antworten einzelner Nervenzellen, was notwendig eine Überbewertung der Rolle einzelner Neuronen bedingt. Kodierungsstrategien, die auf dem Zusammenspiel von Neuronengruppen beruhen, können experimentell nur unter großen Schwierigkeiten

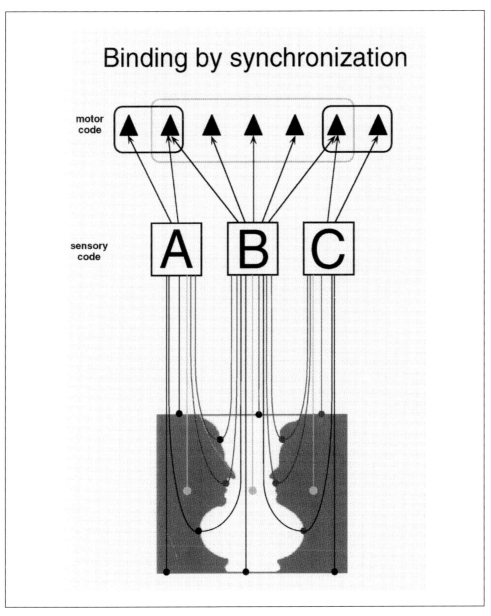

Abb. 5 Für die Segmentierung dieses Bildes der Rubinschen Vase gibt es zwei gleichwahrscheinliche Lösungen. Je nachdem, wie sich das Sehsystem entscheidet, sieht man entweder die Vase oder die beiden Gesichter. Das eingezeichnete Schaltdiagramm soll die klassische Lösung des Bindungsproblems verdeutlichen. Signale von Bildpunkten, die zur gleichen Figur gehören, werden durch Konvergenz auf einzelne Bindungsneurone miteinander verbunden. Die implizite Annahme ist dabei, daß die Bindungsneurone mit hoher Spezifität nur dann ansprechen, wenn die passende Konstellation von Eingangsneuronen aktiviert wird. Diese Strategie macht es erforderlich, für jedes unterscheidbare Objekt mindestens ein Bindungsneuron vorzusehen. Als zentralnervöse Repräsentationen eines bestimmten Wahrnehmungsobjektes wäre dann die Erregung des entsprechenden Bindungsneurons anzusehen. Weitere Erläuterungen zu diesem unrealistischen Konzept finden sich im Text.

überprüft werden. Entsprechende Hypothesen wurden deshalb in der Vergangenheit meist von Theoretikern, kaum von Experimentatoren verfolgt.

Die klassische Hypothese zur Lösung des Bindungsproblems geht also davon aus, daß die Antworten von Nervenzellen, die auf die Konturgrenzen eines bestimmten Objektes, in unserem Fall der Vase, reagieren, in sogenannten Bindungsneuronen zusammengefaßt werden. Es wären dies Zellen auf höheren Verarbeitungsstufen, die ihre Eingänge selektiv von jenem Satz von Neuronen beziehen, die auf die verschiedenen Merkmale der Vase reagieren. Über Schwellenoperationen soll dann dafür gesorgt werden, daß ein bestimmtes Bindungsneuron dann, und nur dann, anspricht, wenn all die Merkmalsdetektoren, die von einer entsprechenden Figur erregt werden, gleichzeitig aktiv sind, d. h. wenn die Figur im Sehraum tatsächlich vorhanden ist. Entsprechend bräuchte man ein Bindungsneuron, um die Vase zu repräsentieren, und zwei weitere für die beiden Gesichter (BARLOW 1972).

Diese Strategie, das Bindungsproblem durch Konvergenz in starren anatomischen Strukturen zu lösen, mag angehen bei einfachen Organismen, die nur wenige stereotype Muster repräsentieren müssen. Sie taugt aber nicht zur Bewältigung von Bindungsproblemen im allgemeinen. Das Hauptproblem ist, daß man bei dieser Lösungsstrategie für jedes erkennbare Objekt und alle seine Erscheinungsformen jeweils mindestens ein Bindungsneuron bräuchte, das mit dem entsprechenden Satz von Merkmalsdetektoren verknüpft sein muß. Ferner wären für alle möglichen Orte im Gesichtsfeld Bindungsneurone für die jeweils gleichen Objekte erforderlich, um dieselben Objekte an verschiedenen Orten zu repräsentieren. Offensichtlich erfordert diese Strategie zur Lösung des Bindungsproblems eine riesige Zahl von Bindungsneuronen. Der Aufwand an notwendigem Substrat skaliert auf äußerst ungünstige Weise mit der Zahl repräsentierbarer Objekte. Ferner benötigt man eine beträchtliche Menge noch nicht festgelegter Bindungsneuronen, um neue Objekte repräsentieren zu können. Die entsprechenden Verbindungsarchitekturen müßten dabei gewissermaßen *ad hoc* etabliert werden, um der spezifischen Merkmalskombination neuer Objekte Rechnung zu tragen. Irgendwo im Gehirn müßte ein riesiges Areal existieren, in dem neben einer Vielzahl hochspezialisierter, spezifische Objekte repräsentierender Neurone gleichermaßen viele, völlig unselektive Nervenzellen implementiert sind. Solche Areale wurden bislang nicht gefunden, und nachdem, zumindest beim Primaten, die Funktionen aller größeren Areale der Großhirnrinde bekannt sind, kann die Existenz solcher Regionen mit großer Verläßlichkeit ausgeschlossen werden. Eine weitere Schwierigkeit bei der Repräsentation von Merkmalskombinationen durch einzelne Bindungsneurone ergibt sich aus der Notwendigkeit, die Aktivität von Objekt-repräsentierenden Neuronen zur Steuerung motorischer Reaktionen zu nutzen. Hierzu müssen Myriaden von Nervenzellen in motorischen Arealen gleichzeitig in koordinierter Weise aktiviert werden. Die Aktivität einzelner Bindungsneurone müßte auf viele Millionen anderer Nervenzellen in jeweils neuer, kontextabhängiger Weise rückverteilt werden, damit eine spezifische motorische Aktion erfolgen kann. Es ist nicht vorstellbar, wie dies in fixierten anatomischen Architekturen realisiert werden könnte.

Die intuitiv plausible Lösung des Bindungsproblems erweist sich also bei genauerer Betrachtung als untauglich, und es stellt sich die Frage nach Alternativen. Diese beruhen im wesentlichen alle auf Vorschlägen des Psychologen Donald HEBB (1949). Danach soll die Repräsentation einer bestimmten Merkmalskombination nicht durch einzelne hochspezialisierte Nervenzellen erfolgen, sondern durch ein

Ensemble von Neuronen, die sich *ad hoc* zu einem kohärenten Ganzen zusammenschließen. Nervenzellen, die durch die verschiedenen Komponenten einer visuellen Szene aktiviert werden, sollen, so die Annahme, über ein dichtes Geflecht hoch selektiv organisierter Verbindungen miteinander in Wechselwirkung treten und sich nach Gruppierungskriterien, die in der Architektur dieser Verbindungen enthalten sind, zu funktionell kohärenten Ensembles organisieren. Dabei sollten sich jene Neurone jeweils zu einem Ensemble vereinen, die durch die Konturen ein und desselben Objektes erregt werden. Um als Ensemble fungieren und als Gemeinschaft ein bestimmtes Objekt repräsentieren zu können, müssen die Antworten von Neuronen, die sich zu einem Ensemble organisiert haben, eine Signatur erhalten, die es nachgeordneten Analyseebenen erlaubt, diese Nervenzellen als zusammengehörig zu erkennen.

Der Prozeß der Ensemblebildung soll ferner iterativ sein; die Bildung von Ensembles auf niederen Verarbeitungsstufen soll über parallele, nichtkonvergente Verbindungen zur Organisation von Ensembles auf höheren Verarbeitungsstufen führen, die dann als nicht weiter reduzierbare Deskriptoren für bestimmte Wahrnehmungsobjekte fungieren. Diese »sensorischen« Ensembles sollen dann, ebenfalls über parallele Verbindungen, zur Aktivierung von »motorischen« Ensembles führen, die ihrerseits motorische Programme darstellen. Mit diesem Kodierungsmodus läßt sich die kombinatorische Explosion der Zahl notwendiger Bindungsneurone vermeiden, da eine gegebene Zelle zu verschiedenen Zeitpunkten mit verschiedenen Partnern Beziehungen eingehen und Ensembles bilden kann. Auf diese Weise kann eine bestimmte Nervenzelle an der Repräsentation sehr vieler verschiedener Objekte teilhaben. Mit einem endlichen Satz von Nervenzellen und einer endlichen Zahl von Verbindungen kann durch Rekombination eine fast unendlich große Zahl verschiedener Muster erzeugt werden. Weil Ensembles einander wie einzelne Neurone aktivieren können, bedarf es nicht mehr der Konvergenz auf einzelne hochspezialisierte Bindungsneurone. Diese werden durch das Ensemble ersetzt, dessen interne Kombinatorik für hinreichend große Diversität sorgt.

Das große Problem bei diesem Lösungsvorschlag ist die Signatur der Ensemble-Zugehörigkeit. Da die Konstellation der Ensemble-bildenden Neurone ständig wechselt, müssen deren Antworten so gekennzeichnet werden, daß für die nachgeschalteten Zentren erkennbar ist, welche Neurone zusammengehören und mit ihren Antworten als Deskriptoren für eine bestimmte Figur dienen.

Das Nervensystem hat nur eine Option, um aus vielen Antworten wenige auszuwählen und diese als zusammengehörig auszuweisen. Es muß diese wenigen Antworten gemeinsam effektiver machen, so daß sie in nachgeschalteten Strukturen mit erhöhter Wahrscheinlichkeit andere Neurone erregen. Hierfür gibt es zwei Möglichkeiten. Die naheliegendste ist, die ausgewählten Nervenzellen stärker zu aktivieren, da dies über zeitliche Summation das Erreichen der Erregungsschwelle von Neuronen auf der nächsten Stufe begünstigen würde. Betrachtet man das Beispiel der Vase und der Gesichter, wird deutlich, daß diese Strategie problematisch sein kann. Offensichtlich bereitet es keine Schwierigkeiten, die beiden Gesichter in der Abbildung gleichzeitig zu sehen. Es ist also möglich, gleichzeitig verschiedene Ensembles auszuwählen. Wäre dies lediglich durch Anhebung der Entladungstätigkeit der Neurone beider Ensembles erfolgt, stellte sich das Problem herauszufinden, welche der gleichermaßen verstärkten Antworten zu welchem der beiden Ensembles gehört. Es wäre unmöglich zu entscheiden, ob nur ein großes

Ensemble vorliegt oder ob sich mehrere kleine Ensembles gebildet haben. Würden alle verstärkten Antworten einem Ensemble zugeordnet, entstünden falsche Konjunktionen zwischen nicht-zusammengehörigen Bildelementen. Um diese Schwierigkeit zu umgehen, wurde vorgeschlagen, daß die Synchronizität der Entladungstätigkeit der Neurone diese als zusammengehörig ausweisen sollte und nicht deren erhöhte Entladungsrate (VON DER MALSBURG 1985, MILNER 1974). Synchronisierung von neuronalen Antworten ist ebenfalls geeignet, deren Effizienz zu erhöhen, da gleichzeitig eintreffende synaptische Potentiale in nachgeschalteten Zellen besonders gut summieren. Zudem profitieren von der Synchronisation nur jene Neurone, diese dann aber gemeinsam, deren Entladungen mit hoher Präzision synchronisiert wurden. Synchronisation erscheint deshalb besonders geeignet, die Effektivität der Antworten von ausgewählten Zellgruppen selektiv zu erhöhen. Würde diese Kodierungsstrategie gewählt, dann müßten die Ensemble-bildenden Wechselwirkungen synchronisierend sein und nicht aktivitätserhöhend.

Der Synchronizitätskode erlaubt somit ein wesentlich differenzierteres Auswählen von neuronalen Antworten. Es dürfen jetzt alle Neurone gleich aktiv sein, aber nur solche, die ihre Entladungen mit einer Präzision im Bereich von wenigen Millisekunden synchronisiert haben, werden in nachgeschalteten Strukturen Erfolg haben. Somit ist es möglich, verschiedene Ensembles gleichzeitig zu strukturieren, ohne Überlappungen und falsche Konjunktionen befürchten zu müssen. Es genügt, sie in unterschiedlichen Zeitrastern zu synchronisieren. Ein weiterer Vorteil ist, daß diese zeitliche Rasterung wegen der verläßlichen Übertragung synchroner Erregung präzise über viele Verarbeitungsstufen hinweg erhalten und eine Vermischung von Ensembles damit sicher vermieden werden kann.

Durch Synchronisierung, durch Kodierung im Zeitbereich also, lassen sich Antworten auswählen und mit hoher Selektivität für eine weitere, gemeinsame Verarbeitung assoziieren. Falls die Ensemblebildung in der Großhirnrinde auf diesem Prinzip beruht, müssen eine Reihe von Phänomenen beobachtbar sein.

Eine zentrale Voraussage ist zum Beispiel, daß räumlich verteilte Nervenzellen ihre Antworten synchronisieren müssen, wenn sie sich an der Kodierung einer kohärenten Figur beteiligen. Diese Synchronisationsphänomene müssen sich wegen der distributiven Organisation des Sehsystems nicht nur innerhalb eines Verarbeitungsareals, sondern auch zwischen verschiedenen Arealen nachweisen lassen. Um bei dem Beispiel des Kanarienvogels zu bleiben: Es muß, was die Hand ertastet, mit dem, was das Gehör über den Vogel in Erfahrung bringt, und dem, was die Augen sehen, zusammengefaßt werden, damit das Gesamtperzept *warmer gelber Kanarienvogel in der linken Hand* entstehen kann. Eine weitere Voraussage ist, daß die Wahrscheinlichkeit, mit der Neurone ihre Antworten synchronisieren, die Gestaltkriterien widerspiegelt, nach denen Konturen zu Objekten zusammengefaßt werden. Eines dieser Kriterien ist zum Beispiel das »gleiche Schicksal« von Bildelementen. Es wird als zusammengehörig interpretiert, was sich mit der gleichen Geschwindigkeit in die gleiche Richtung bewegt. Objekte zeichnen sich dadurch aus, daß sich ihre Umrisse kohärent bewegen, wenn sich entweder der Beobachter bewegt oder sie selbst sich in Bewegung befinden. Ein weiteres, sehr wichtiges Gruppierungskriterium ist Kontinuität. Gewöhnlich gehört zum gleichen Objekt, was zusammenhängt. Weitere Gruppierungskriterien beziehen sich auf Ähnlichkeiten in verschiedenen Merkmalsdimensionen. Was ähnlich ist, was zum Beispiel die gleiche Farbe hat oder die gleiche Entfernung im Raum, gehört mit großer Wahrscheinlichkeit zum selben Objekt. Neurone sollten also ihre Antworten synchronisieren, wenn sie von kontinuierlichen Konturen erregt werden oder von Kontursegmenten, die die gleiche Farbe haben oder sich mit gleicher Geschwindigkeit in die gleiche Richtung bewegen.

Eine weitere wichtige Voraussage ist, daß einzelne Zellen die Partner, mit denen sie sich synchronisieren, sehr schnell wechseln können müssen, wenn sich die Gegebenheiten im Bildraum ändern. Nur so kann die Forderung erfüllt werden, daß verschiedene Objekte durch verschieden zusammengesetzte, aber bezüglich der beteiligten Neurone erheblich überlappende Ensembles repräsentiert werden. Ferner muß gelten, daß die zur Synchronisation erforderlichen Wechselwirkungen auf der Verarbeitungsebene der Hirnrinde erfolgen. Erst auf dieser Stufe werden Merkmale extrahiert und repräsentiert; die Bildung von Merkmalsrepräsentationen durch Ensembles ist also nur in und jenseits dieser Verarbeitungsebene möglich. Daraus folgt, daß die Verbindungen zwischen Neuronen in der Hirnrinde, die sogenannten cortico-corticalen Verbindungen, synchronisierende Wirkung haben sollten. Die Kriterien, nach denen Merkmale gruppiert werden, müßten demnach in der funktionellen Architektur dieser Verbindungen verankert liegen. Diese wiederum sollte durch Erfahrung modifizierbar sein, damit neue Ensembles strukturiert werden können, wenn neue Objekte zur Repräsentation kommen. Auch sollte die Architektur dieser Verbindungen während der frühen Ontogenese prägbar sein, damit die Kriterien, nach denen unser Gehirn die Sehwelt in distinkte Figuren und Objekte ordnet, durch Erfahrung optimiert werden können.

Die meisten dieser Voraussagen konnten inzwischen experimentell verifiziert werden. Zusammenfassende Darstellungen der Arbeitshypothesen und experimentellen Ergebnisse finden sich in SINGER (1993) und SINGER und GRAY (1995). Um die Synchronizität der Entladungstätigkeit räumlich getrennter Nervenzellen zu bestimmen, ist es notwendig, mit mehreren Mikroelektroden gleichzeitig abzuleiten und nach zeitlichen Korrelationen zwischen den Antworten verschiedener Neurone zu suchen. Bei dem in Abbildung 6 dargestellten Versuch sollte die Voraussage überprüft werden, daß Nervenzellen, die in verschiedenen Hirnrindenarealen liegen, ihre Antworten synchronisieren sollten, wenn sie vom gleichen Objekt aktiviert werden. In diesem Fall erfolgte eine Ableitung in einem Rindenareal, in dem figürliche Aspekte wie z. B. die Orientierung von Konturen im Raum analysiert werden, und die andere in einer Region, die sich hauptsächlich mit der Analyse von Bewegungstrajektorien befaßt. Wenn nun ein bewegtes Objekt sowohl identifiziert als auch hinsichtlich seiner Kinetik beurteilt werden soll, dann muß die Aktivität der Neuronen, die figurale Aspekte kodieren, verbunden werden mit der Aktivität von Neuronen, die angeben, in welche Richtung und mit welcher Geschwindigkeit sich das Objekt bewegt. Die in getrennten Arealen erzielten Analyseergebnisse müssen miteinander verbunden werden. Im gleichen Versuch läßt sich auch die Voraussage überprüfen, daß Neurone nur dann synchronisieren sollten, wenn sie auf Konturen reagieren, die mit großer Wahrscheinlichkeit zum selben Objekt gehören. Die Nervenzellen in den beiden Arealen können entweder mit einem einzigen kohärenten Objekt aktiviert werden oder mit zwei getrennten Objekten, die sich kohärent mit der gleichen Geschwindigkeit in die gleiche Richtung bewegen, oder mit zwei Objekten, die sich in entgegengesetzte Richtungen, also inkohärent, bewegen. Wie die Ergebnisse zeigen, ähneln sich die Entladungsraten unter den drei verschiedenen Bedingungen. Stünden nur die Amplituden der Antworten zur Verfügung, ließen sich die drei Reizkonfigurationen nicht aufgrund der neuronalen Antworten unterscheiden. Aus der »Sicht« der einzelnen Nervenzellen unterscheiden sie sich

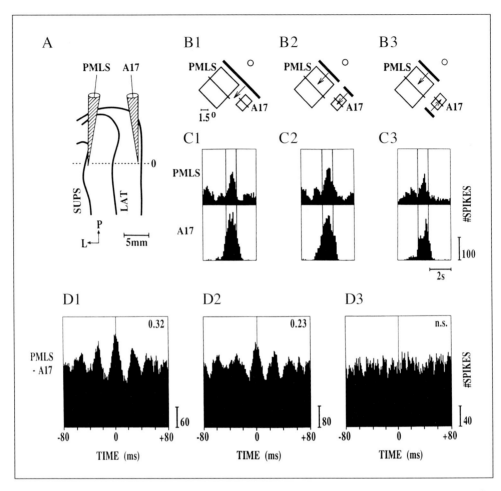

Abb. 6 Dieses Beispiel einer Doppelableitung von Neuronen in zwei verschiedenen visuellen Arealen belegt, daß Nervenzellen in verschiedenen Hirnrindenarealen ihre Aktivitäten synchronisieren können, wenn sich diese Zellen an der Kodierung des gleichen Objektes beteiligen. Wenn in den Kreuzkorrelogrammen in *D1 – D3* ein zentraler Gipfel erscheint, so bedeutet dies, daß ein überzufällig großer Anteil der Entladungen der beiden Nervenzellen synchron erfolgte. *Links* im Bild (*A*) ist die Registrierbedingung skizziert. Die beiden Elektroden liegen in Area 17, der primären Sehrinde, und in Area PLMS, einem bewegungsempfindlichen Areal der Großhirnrinde. SUPS und LAT bezeichnen zwei Windungen der Hirnrinde (Gyrus lateralis und Gyrus suprasylvius). Die Orte der rezeptiven Felder der beiden Nervenzellen im Gesichtsfeld und die entsprechenden Reizkonfigurationen sind in *B1 – B3* angedeutet. Die Balken sollen bewegte Lichtreize darstellen, die über die beiden rezeptiven Felder gleiten. In *B1* wurden beide Nervenzellen mit einem einzelnen langen Lichtreiz aktiviert, in B2 mit zwei kurzen Balkensegmenten, die sich jedoch mit gleicher Geschwindigkeit in die gleiche Richtung bewegen; in B3 bewegen sich die beiden Balkensegmente in Gegenrichtung. Die Histogramme in *C1 – C3* zeigen die Entladungstätigkeit der beiden Neuronen unter den drei Reizbedingungen. Die Antwortamplituden (Ordinate) differieren nur wenig trotz der sehr unterschiedlichen Reizkonfigurationen. Der Vergleich der Kreuzkorrelogramme (*D1 – D3*) zeigt jedoch, daß sich die Synchronisationswahrscheinlichkeiten in den drei Fällen deutlich voneinander unterscheiden und die Kohärenz der verwendeten Reize widerspiegeln. Die stärkste Korrelation findet sich, wenn beide Neuronen nur mit einem Objekt aktiviert werden. Die abgeschwächte, aber immer noch deutliche Korrelation in *B* entspricht der Tatsache, daß Konturelemente, die sich mit der gleichen Geschwindigkeit in die gleiche Richtung bewegen, nach dem Gestaltgesetz des »gleichen Schicksals« zu einem Objekt zusammengefaßt werden. Das Fehlen jedweder Korrelation in *C* entspricht der Tatsache, daß Konturen, die sich gegenläufig bewegen, nicht zu einem Objekt gruppiert werden.

auch tatsächlich nicht, da die abgeleiteten Neurone kleine rezeptive Felder haben und die Veränderungen in der globalen Konfiguration der Reize nicht dekodieren können. Betrachtet man jedoch die Kreuzkorrelogramme, die ein Maß für die Synchronizität der Antworten abgeben, findet man deutliche Unterschiede. Wenn beide Nervenzellen mit nur einem Objekt erregt werden, weisen die Antworten ein hohes Maß an Synchronizität auf. Diese ist geringer, aber immer noch beträchtlich, wenn beide Nervenzellen mit getrennten Konturen erregt werden, die sich kohärent bewegen. Dies ist zu erwarten, da die beiden Konturen entsprechend des Gestaltkriteriums des »gleichen Schicksals« immer noch als zusammengehörig interpretiert werden, als Teile eines bewegten Objektes, das durch ein anderes, ruhendes partiell verdeckt wird. Keine Synchronisation hingegen findet sich, wenn die beiden Konturen sich in Gegenphase bewegen. Auch dies entspricht der Voraussage, da in diesem Fall die beiden Konturen nicht als Teile eines Objektes, sondern als zwei unabhängige Objekte wahrgenommen werden. Der Synchronisationsgrad der respektiven Antworten enthält demnach zusätzliche Information über die globale Konfiguration der zur Aktivierung verwendeten Konturen, und die Synchronisationswahrscheinlichkeit entspricht sehr gut den Gestaltkriterien zur Objektdefinition. (Eine ausführliche Darstellung der entsprechenden Experimente findet sich in GRAY et al. 1989, ENGEL et al. 1991a.)

Um die Hypothese zu überprüfen, daß die Gruppierungskriterien, nach denen Nervenzellen zu objektrepräsentierenden Ensembles zusammengefaßt werden, in der funktionellen Architektur der synchronisierenden Faserverbindungen residieren, ist es zunächst notwendig, die entsprechenden Verbindungen zu identifizieren. Es gibt einen ausgezeichneten Ort im Gehirn, das sogenannte Corpus callosum, eine Fasermasse, die die beiden Hirnhälften miteinander verbindet, wo sich die synchronisierende Wirkung cortico-corticaler Verbindungen direkt überprüfen läßt. Wegen ihres exponierten Verlaufs lassen sich diese Fasern dort isoliert unterbrechen und die Folgen für die Synchronizität zwischen Neuronen in den beiden Hirnhälften untersuchen. Inzwischen steht zweifelsfrei fest, daß diese cortico-corticalen Verbindungen zur Synchronisierung wesentlich beitragen (ENGEL et al. 1991b).

Dieser Befund ist auch noch aus einem weiteren Grund interessant. Nervenverbindungen leiten elektrische Signale nur sehr langsam, und es ist ein Rätsel, wie es das Nervensystem zustande bringt, trotz dieser langsamen Wechselwirkungen über große Entfernungen hinweg Synchronizität zu erzeugen, die im Millisekundenbereich präzise ist und keine Phasenverschiebungen aufweist. Vermutlich spielen dabei aktivitätsabhängige Entwicklungsprozesse eine wichtige Rolle, vermittels deren aus dem reichen Repertoire von im Überschuß angelegten Verbindungen die mit der passenden Leitungsgeschwindigkeit ausgewählt wurden.

Aufgrund der bisherigen Versuchsergebnisse ist es sehr wahrscheinlich, daß die Gruppierungskriterien für die Objektdefinition in der funktionellen Architektur cortico-corticaler Verbindungen residieren. Damit stellt sich die schon angedeutete Frage, wie es sich mit der Selektivität dieser Verbindungen verhält und wie sie zustande kommt. Anatomische Untersuchungen belegen, daß diese Verbindungen hoch selektiv sind. Wenn man in die Großhirnrinde lokal Farbstoffe einbringt, die entlang neuronaler Verbindungen« transportiert werden, so verteilen sich diese diskontinuierlich (CALLAWAY und KATZ 1990, GALUSKE und SINGER im Druck). Das bedeutet, daß bestimmte Punkte nur mit bestimmten anderen in Verbindung stehen, die Fasern anisotrop und selektiv ausgelegt sind. Die zentrale Frage ist nun, woher diese Selektivität rührt. Wenn sie angeboren ist, dann sind die Gruppierungskriterien genetisch vorgegeben, nach denen wir Welt ordnen, nach denen wir in konstruktivistischer Weise Merkmale zu Objekten zusammenfassen. Werden diese Verbindungen hingegen erst nach der Geburt unter dem Einfluß von Erfahrung spezifiziert, dann würde dies bedeuten, daß Gruppierungskriterien erworben werden. Für beide Bedingungen lassen sich Argumente der Zweckmäßigkeit anführen. Sicherlich wäre es von Vorteil, wenn das im Laufe der Evolution erworbene Wissen über bestmögliche Strategien zur Segmentierung visueller Szenen vermittels genetisch determinierter Verbindungsarchitekturen von Generation zu Generation weitervererbt würde. Und in der Tat weisen die Ensemble-bildenden cortico-corticalen Verbindungen bereits zum Zeitpunkt der Geburt und noch vor jeder Erfahrung eine gewisse Selektivität auf. Andererseits könnte es von Vorteil sein, die Segmentierungskriterien den aktuellen Gegebenheiten der je vorgefundenen Umwelt anzupassen. Es wäre außerordentlich ökonomisch, wenn ein Teil der Spezifikation dieses komplexen Netzwerkes einem Lernprozeß überlassen würde, der nach der Geburt einsetzt und den realen Gegebenheiten Rechnung trägt. Um etwa das Wissen um die Gesetzmäßigkeit zu etablieren, daß etwas, das sich kohärent bewegt, in der Regel ein zusammenhängendes Objekt ist, würde es genügen, durch Ausprobieren all die bewegungsempfindlichen Nervenzellen zu identifizieren, die gemeinsam ansprechen, wenn sich ein Objekt über die Netzhaut bewegt oder wenn sich der Organismus insgesamt bewegt und die Umwelt an ihm vorbeizieht. Es wären dies die Nervenzellen, welche die gleiche Richtungspräferenz haben. Diese Zellen sollen nun bevorzugt miteinander verbunden werden, damit sie ihre Antworten besser und schneller synchronisieren, wenn es später darum geht, die Konturen von Objekten entsprechend des Kriteriums des »gemeinsamen Schicksals« miteinander zu verbinden. Dies würde folgen, wenn Verbindungen dann verstärkt würden, wenn diese häufig korreliert erregt werden. Und genau dies ist der Fall.

Im Experiment läßt sich der Korrelationsgrad neuronaler Antworten während der frühen Entwicklung manipulieren. Durch einen kleinen Eingriff an den Augenmuskeln kann man z. B. einen Schielwinkel induzieren, was zur Folge hat, daß die Bilder der beiden Augen nicht mehr in Deckung gebracht werden können. Die von den beiden Augen vermittelten neuronalen Antworten sind dann dekorreliert. Mit anatomischen Verfahren läßt sich nun die Auswirkung dieser künstlichen Dekorrelation auf die Architektur Ensemble-bildender Verbindungen untersuchen. Es zeigt sich, daß Verbindungen zwischen Nervenzellen, die während der frühen Entwicklung nie korreliert aktiv waren, zerstört werden. Während der postnatalen Entwicklung der Großhirnrinde werden sehr viel mehr Verbindungen angelegt als später im reifen Gehirn übrig bleiben. Etwa ein Drittel der ursprünglich angelegten Verbindungen werden wieder vernichtet, wobei die Auswahl der zu konsolidierenden Verbindungen einer Korrelationsregel folgt: Nervenzellen, die häufig zusammen aktiv sind, bleiben miteinander verbunden. Solche, die nie gemeinsam aktiv sind, werden voneinander isoliert (LÖWEL und SINGER 1992). So wird also Erfahrung genutzt, um während einer frühen Phase der Individualentwicklung Wissen über Gesetzmäßigkeiten, durch die sich Objekte auszeichnen, zu erwerben. Dieses »Wissen« wird über Modifikationen der Architektur Ensemble-bildender Verbindungen gespeichert, wobei als Kriterium für die Extraktion von Gesetzmäßigkeiten häufiges korreliertes Auftreten von Phänomenen angewandt wird. Alles, was häufig vorkommt, und das zeichnet unter anderem die Konstellation von

Merkmalen von Objekten aus, wird durch Änderungen der Architektur assoziierender Verbindungen internalisiert und zu Wissen über konsistente Beziehungen zwischen Phänomenen in der Welt.

Das sich entwickelnde System sucht also nach konsistenten Relationen zwischen bestimmten Merkmalen der umgebenden Welt, wobei die Art der Merkmale durch die genetisch vorgegebenen Antworteigenschaften der Neurone festgelegt ist. Konsistente, häufig vorkommende Konstellationen führen zu verstärkter Kopplung zwischen Neuronen, die auf die korreliert auftretenden Merkmale reagieren. Die Folge ist, daß bei späterem Wiederauftreten ähnlicher Merkmalskombinationen die entsprechenden Neuronen sich über Synchronisation ihrer Antworten zu Ensembles konfigurieren, die dann als Ganzes in unverwechselbarer Weise die spezifische Konstellation von Merkmalen, das individuelle Wahrnehmungsobjekt, repräsentieren. Besonders hervorzuheben ist, daß es sich hierbei um selbstorganisierende Prozesse handelt, die weder einer zentralen Koordination noch irgendwelcher besonders ausgezeichneter Konvergenzzentren bedürfen. Für eine ausführliche Würdigung der inzwischen zahlreichen Arbeiten zum Thema dieses Vortrags sei der Leser auf zwei zusammenfassende Darstellungen verwiesen (SINGER 1993, SINGER und GRAY 1995).

Abschließend möchte ich noch eine Bemerkung zur distributiven, selbstorganisierenden Struktur von Entscheidungsprozessen im Gehirn machen, da dies für die Frage relevant sein könnte, wie effektive Entscheidungsstrukturen organisiert sein sollten. Entscheidungssysteme in Politik und Wirtschaft orientieren sich weitestgehend am Descartesschen Modell, ihre Organisationsform ist eine hierarchische. Auf der untersten Ebene, in der Peripherie, erfolgt die Datenerfassung und auf zunehmend höheren Ebenen die Datenverdichtung und Vorselektion. Auf der höchsten Ebene, an der Spitze der Verarbeitungshierarchie, wird schließlich die Entscheidung gefällt. Probleme gibt es mit solchen hierarchischen Entscheidungsstrukturen, wenn die Systeme ein gewisses Maß an Komplexität übersteigen. Es werden dann entweder die Entscheidungsträger überfordert, weil sie zu viel Information verwerten müssen, oder aber es wird im Vorfeld der Entscheidung zu viel Information unterdrückt und eliminiert, um die Entscheidungsträger zu entlasten. Beide Szenarien sind suboptimal. Im Gehirn gibt es keine Entscheidungszentren, und dennoch werden ständig Entscheidungen getroffen, wird zielgerichtet gehandelt. Entscheidungen entstehen als Resultat von Selbstorganisationsprozessen, wobei Kompetition zwischen unterschiedlich wahrscheinlichen Gruppierungsanordnungen die treibende Kraft und kohärente Systemzustände die Konvergenzpunkte der Entscheidungstrajektorien darstellen. Es kann in Einzelfällen vorkommen, wie bei der Vase und den Gesichtern, daß sich das System mehreren Lösungen mit gleicher Wahrscheinlichkeit nähert. Aber in aller Regel konvergiert das System sehr schnell auf die wahrscheinlichste Lösung und trifft eindeutige Entscheidungen.

Man sollte prüfen, ob es nicht vorteilhaft wäre, von der Natur zu lernen und in unsere politischen und wirtschaftlichen Entscheidungssysteme Strukturmerkmale neuronaler Entscheidungsarchitekturen zu implementieren. Die Erwartung ist, daß solcherart parallelisierte Entscheidungssysteme wesentlich schneller und effektiver arbeiten können als die hierarchischen und daß sie das in komplexen Systemen immer akuter werdende Problem der relativen Inkompetenz von Entscheidungsträgern mildern helfen.

Literatur

BARLOW, H. B.: Single units and cognition: A neurone doctrine for perceptual psychology. Perception *1*, 371–394 (1972)

BRAITENBERG, V., and SCHÜZ, A.: Anatomy of the Cortex: Statistics and Geometry. Berlin, Heidelberg, New York: Springer 1991

CALLAWAY, E. M., and KATZ, L. C.: Emergence and refinement of clustered horizontal connections in cat striate cortex. J. Neurosci. *10*, 1134–1153 (1990)

ENGEL, A. K., KÖNIG, P., and SINGER, W.: Direct physiological evidence for scene segmentation by temporal coding. Proc. Natl. Acad. Sci. USA *88*, 9136–9140 (1991a)

ENGEL, A. K., KÖNIG, P., KREITER, A. K., and SINGER, W.: Interhemispheric synchronization of oscillatory neuronal responses in cat visual cortex. Science *252*, 1177–1179 (1991b)

FELLEMAN, D. J., and VAN ESSEN, D. C.: Distributed hierarchical processing in the primate cerebral cortex. Cerebral Cortex *1*, 1–47 (1991)

GALUSKE, R. A. W., and SINGER, W.: The origin and topography of long range intrinsic projections in cat visual cortex: A developmental study. Cerebral Cortex (im Druck)

GRAY, C. M., KÖNIG, P., ENGEL, A. K., and SINGER, W.: Oscillatory responses in cat visual cortex exhibit inter-columnar synchronization which reflects global stimulus properties. Nature *338*, 334–337 (1989)

HEBB, D. O.: The Organization of Behavior. New York: Wiley 1949

LÖWEL, S., and SINGER, W.: Selection of intrinsic horizontal connections in the visual cortex by correlated neuronal activity. Science *255*, 209–212 (1992)

MILNER, P.: A model for visual shape recognition. Psychol. Rev. *816*, 521–535 (1974)

SINGER, W.: Synchronization of cortical activity and its putative role in information processing and learning. Annu. Rev. Physiol. *55*, 349–374 (1993)

SINGER, W., and GRAY, C. M.: Visual feature integration and the temporal correlation hypothesis. Annu. Rev. Neurosci. *18*, 555–586 (1995)

VON DER MALSBURG, C.: Nervous structures with dynamical links. Ber. Bunsenges. Phys. Chem. *89*, 703–710 (1985)

> Prof. Dr. Wolf SINGER
> MPI für Hirnforschung
> PF 71 06 62
> Deutschordenstraße 46
> D-60528 Frankfurt/Main

2. Wissenschaftliche Sitzungen

Lauschangriff auf Nervenzellen

Von Bert Sakmann (Heidelberg)

Mitglied der Akademie

Mit 6 Abbildungen

Einleitung

Das menschliche Gehirn ist wahrscheinlich der am kompliziertesten aufgebaute »Klumpen« Materie im bekannten Universum. Das behauptet zumindest der *Science-Fiction*-Autor I. ASIMOV. Es unterscheidet sich von anderen Organen vor allem durch die Veränderbarkeit seiner Struktur und Funktion aufgrund von Erfahrung, eine Eigenschaft, die man auch als Plastizität des Gehirns bezeichnet. Es gibt Hinweise dafür, daß Hirntätigkeit, auch höhere Hirnfunktionen wie Erkennen oder Erinnern, auf physikalisch-chemischen Vorgängen in den Nervenzellen des Gehirns beruht. Experimentelle Hinweise dafür liefern unter anderem die bildgebenden Verfahren, die biochemische Veränderungen im menschlichen Gehirn bildlich darstellen, beispielsweise die Veränderung des Sauerstoffverbrauchs in einzelnen Gehirnregionen bei der Durchführung eines kognitiven Tests. Daraus folgt, daß man die Funktionsweise des Gehirns nur dann verstehen kann, wenn die der Gehirntätigkeit zugrundeliegenden biochemischen und physikalischen Vorgänge entschlüsselt werden. Letztendlich wird Hirntätigkeit repräsentiert durch ein räumlich und zeitlich verteiltes Muster elektro-chemischer Aktivität von Gruppen von Nervenzellen. Das Muster elektrischer Ströme wiederum beruht auf dem Öffnen und Schließen von Ionenkanälen in der Zellmembran von Nervenzellen. Um Hirnvorgänge zu verstehen, sollte man einmal die elektrischen Eigenschaften einzelner Nervenzellen kennen, und zum anderen müssen die Regeln der Wechselwirkung von Nervenzellen an ihren Verbindungsstellen, den Synapsen, bestimmt werden. Das heißt zunächst, daß man die Art und Verteilung von Ionenkanälen in der Membran von Nervenzellen kennen muß sowie die Funktionseigenschaften der Ionenkanäle.

Mein Beitrag zum diesjährigen Rahmenthema beschreibt zunächst Untersuchungen, die zeigen, daß Ionenkanäle in der Membran von Nervenzellen so verteilt sind, daß elektrische und chemische Signale von anderen Nervenzellen nicht nur aufgenommen, summiert und dann zur nächsten Nervenzelle weitergeleitet werden, sondern auch durch die Nervenzelle selbst bearbeitet werden. Daran anschließend möchte ich Versuche beschreiben, die Hinweise auf die Funktion von Membrankanälen bei der Veränderbarkeit der Verbindungen von Nervenzellen untereinander geben.

S. RAMÓN Y CAJAL hat am Anfang dieses Jahrhunderts gezeigt, daß die Nervenzelle eine zelluläre Einheit darstellt und anatomisch aus verschiedenen Bauteilen besteht, dem Zellkörper und den Zellfortsätzen, die man als Dendriten und als Axon bezeichnet. Er hat auch bereits die Richtung des Signalflusses in Nervenzellen erkannt: Signale von anderen Nervenzellen werden über die Dendriten aufgenommen, zuerst zum Zellkörper geleitet und dann über das Axon zur Nervenendigung weitergeleitet.

Die Membran der Nervenzelle ist mit Ionenkanälen ausgestattet, die dafür verantwortlich sind, daß Nervenzellen elektrisch und chemisch »erregbar« sind, d. h. daß sich die elektrische Spannung über der Zellmembran kurzzeitig (im Bereich von einigen Millisekunden) verändern kann. Die Ausbreitung von Signalen und die Signalübertragung beruhen auf zwei Arten von Spannungsänderungen — dem Aktionspotential (AP) und den postsynaptischen Potentialen (PSP). Aktionspotentiale entstehen im Zellkörper und werden durch das Axon zu den Synapsen weitergeleitet, welche die Verbindungsstellen zwischen dem Axon einer »sendenden« Zelle und den Dendriten einer »empfangenden« Zelle bilden. An

Synapsen erfolgt die Signalübertragung elektrochemisch, d. h. durch Freisetzung eines chemischen Überträgerstoffes aus der Nervenendigung werden Ionenkanäle in der postsynaptischen Membran geöffnet und ein postsynaptisches Potential erzeugt. B. KATZ und seine Schule haben dies an einer spezialisierten Synapse, der neuromuskulären Synapse, und J. ECCLES und seine Mitarbeiter für Synapsen des zentralen Nervensystems gezeigt.

Unsere Untersuchungen sind in Pyramidenzellen in der fünften Schicht der Hirnrinde an lebenden, etwa einen halben Millimeter dünnen Scheiben von Hirngewebe der Ratte durchgeführt worden (Abb. 1). Durch ständige Umspülung des Gehirngewebes mit physiologischer Salzlösung bleiben die Nervenzellen »lebendig«. Durch geeignete optische Verfahren können die Zellkörper einzelner Nervenzellen, ihre Dendriten und das Axon mit seinen Verzweigungen sichtbar gemacht werden. Wir *belauschen* dann die elektrischen Signale von Nervenzellen mit Hilfe von zwei »Sonden«, fein ausgezogenen

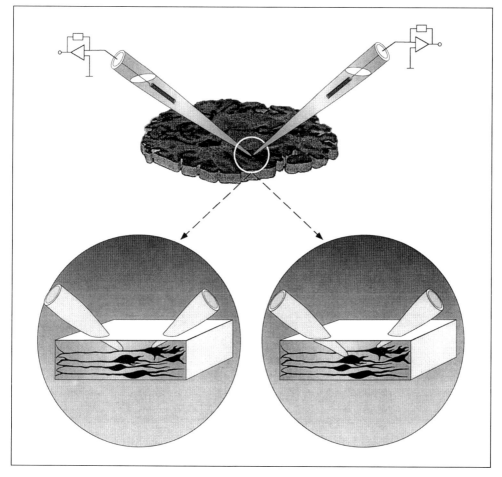

Abb. 1 Schematische Darstellung der Versuchsanordnung zur simultanen Messung von elektrischen Signalen in verschiedenen Kompartimenten einer Nervenzelle (*links*) oder von miteinander verbundenen Nervenzellen (*rechts*) in dünnen Scheiben von Hirngewebe mit Hilfe von zwei Meßpipetten.

Glaspipetten, die mit Elektrolytlösung gefüllt und daher elektrisch leitend sind und deren Spitzendurchmesser etwa 1–2 Tausendstel Millimeter betragen. So kann die Signalausbreitung in einer einzelnen Zelle (Abb. 1, *links*) oder die Signalübertragung zwischen zwei miteinander verbundenen Nervenzellen (Abb. 1, *rechts*) untersucht werden.

Signalausbreitung in einer einzelnen Nervenzelle

Zunächst gingen wir der Frage nach, ob die ursprüngliche Vorstellung richtig ist, daß die Dendriten, der Empfangsteil der Nervenzelle, elektrisch als passive Kabel zu behandeln sind. Man findet bei Registrierung der elektrischen Aktivität, daß Dendriten, ebenso wie Zellkörper und Axon, Ionenkanäle enthalten und elektrisch erregbar sind. Aktionspotentiale entstehen nach den Arbeiten von A. L. Hodgkin und A. Huxley durch die kurzzeitige Zunahme der Membranleitfähigkeit für Natrium- und Kalium-Ionen. Entgegen der ursprünglichen Ansicht, daß die Dendriten passive Kabel darstellen, besitzen auch Dendriten spannungsgesteuerte Ionenkanäle, die selektiv Natrium-, Kalium- oder Calcium-Ionen durch die Membran hindurchtreten lassen.

Was ist die Funktion dieser Ionenkanäle in den Dendriten? Man könnte sich zunächst vorstellen, daß die dendritischen Aktionspotentiale der Signalweiterleitung von Synapsen in der Peripherie der Dendriten hin zum Zellkörper, dem Ort der Signalverarbeitung, dienen. Registriert man aber die elektrischen Spannungsänderungen im Zellkörper und im Dendriten derselben Zelle gleichzeitig mit zwei Meßpipetten (Abb. 2A), so läßt sich zeigen, daß das Aktionspotential im Zellkörper oder im Axon entsteht und dann rückwärts in die Dendriten wandert.

Das Experiment, das zu dieser Vorstellung geführt hat, ist in Abbildung 2B,C dargestellt. In der Peripherie eines Dendriten wird ein erregendes postsynaptisches Potential (EPSP) ausgelöst. Solange das EPSP unterschwellig bleibt, d. h. kein Aktionspotential ausgelöst wird, beobachtet man, daß das mit der dendritischen Pipette gemessene EPSP eine größere Amplitude hat und schneller ansteigt als das EPSP, das mit der somatischen Pipette gemessen wird (Abb. 2B). Das entspricht ungefähr jenem Verhalten, das man von einem passiven Kabel erwarten würde. Verstärkt man die Reizstärke, so daß das EPSP überschwellig wird und ein Aktionspotential auslöst, so hat das mit der dendritischen Pipette gemessene EPSP zwar wiederum einen schnelleren Anstieg und ist größer als das EPSP, das im Zellkörper gemessen wird. Das Aktionspotential entsteht aber zuerst im Zellkörper und ist erst dann im Dendriten nachweisbar (Abb. 2C). Das EPSP, das in der Peripherie des Dendriten entsteht, breitet sich also passiv aus, bis es den Zellkörper erreicht. Im Zellkörper entsteht ein Aktionspotential, und dieses Aktionspotential wandert zurück in die Dendriten. Es zeigte sich, daß alle dendritischen Verzweigungen, die bis einen dreiviertel Millimeter lang sein können, innerhalb von etwa fünf Millisekunden kurzfristig durch das dendritische Aktionspotential elektrisch umgeladen werden.

Diese Versuche zeigen, daß Dendriten von Nervenzellen elektrisch erregbar sind und Aktionspotentiale weiterleiten können. Bei der normalen Signalverarbeitung dient das dendritische Aktionspotential aber nicht, wie man annehmen könnte, der Weiterleitung des Signals von der Peripherie des Dendriten hin zum Zellkörper, sondern es ist ein rückläufiges Signal, das sich vom Zellkörper zurück in die

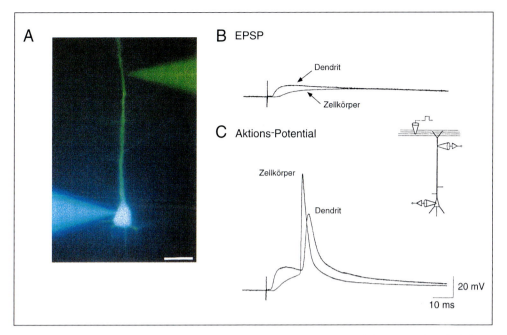

Abb. 2 Simultane Registrierung von erregenden postsynaptischen Potentialen (EPSPs) und Aktionspotentialen (AP) in Zellkörper und Dendriten zeigt, daß Aktionspotentiale im Zellkörper entstehen. (*A*) Zwei Meßpipetten an Zellkörper (blau) und Dendrit (gelb) derselben Nervenzelle. (*B*) Unterschwelliges EPSP. (C) Überschwelliges EPSP und AP.

Dendriten ausbreitet, ähnlich wie sich das Aktionspotential im Axon hin zur Axonendigung ausbreitet (Abb. 3).

Was ist die mögliche Funktion der dendritischen Aktionspotentiale? Wir haben gefunden, daß sich als Folge eines dendritischen Aktionspotentials die Calciumkonzentration in den Dendriten kurzfristig – für etwa 100 Millisekunden – erhöht. Das ist etwa 100mal länger als das auslösende Aktionspotential selbst. Die Größe dieses intrazellulären Calciumanstiegs hängt auch von der Geometrie der Dendriten ab. Die größten Signale finden wir in den dünnen, obliquen und in den basalen Dendriten, an denen die Mehrzahl der erregenden Synapsen zwischen Pyramidenzellen lokalisiert ist.

Weiterhin untersuchten wir die Veränderung der Calciumkonzentration in Dendriten als Funktion der Frequenz der dendritischen Aktionspotentiale. Jede Nervenzelle zeichnet sich durch ein typisches zeitliches Muster an Aktionspotentialen aus, und offenbar wird das Muster der elektrischen Aktivität als Veränderung der intrazellulären Calciumkonzentration in den Dendriten »abgebildet«. Die rücklaufenden Aktionspotentiale erzeugen in den Dendriten eine Kopie der elektrischen Aktivität in Form eines Calciumsignals (Abb. 4). Ionenkanäle werden in ihrer Funktion durch intrazelluläres Calcium modifiziert, und man kann sich vorstellen, daß die Signalaufnahme an den dendritischen Synapsen fortwährend verändert wird, in Abhängigkeit von der elektrischen Aktivität der Nervenzellen.

Die Verhältnisse sind jedoch noch komplizierter, weil wir fanden, daß, in Abhängigkeit vom Verzweigungsmuster der Dendriten, der Anstieg der

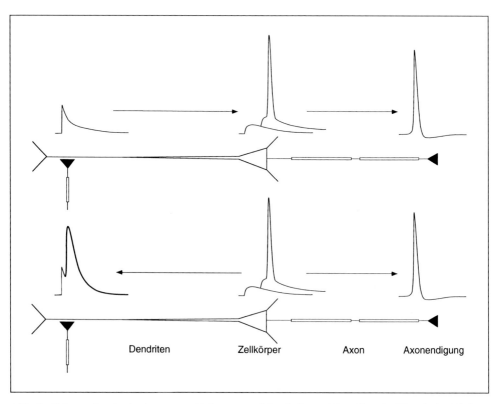

Abb. 3 Schema der Ausbreitung von Aktionspotentialen in Pyramidenzellen der Hirnrinde. Aktionspotentiale entstehen durch überschwellige EPSPs im Bereich des Zellkörpers und breiten sich in zwei Richtungen aus, in die Dendriten und das Axon.

Calciumkonzentration in verschiedenen Verzweigungen des Dendritenbaums durchaus unterschiedlich ist. Die Registrierung der elektrischen Aktivität in den Dendriten zeigte, daß an den Verzweigungspunkten der Dendriten die Fortleitung von rücklaufenden Aktionspotentialen oft blockiert wird. Während ein einzelnes Aktionspotential weitergeleitet wird, wird in einer Folge von Aktionspotentialen z. B. nur das erste und zweite Aktionspotential weitergeleitet, die nachfolgenden Aktionspotentiale sind blockiert. Mißt man den Anstieg von intrazellulärem Calcium in verschiedenen Abschnitten eines Dendriten, so findet sich an Verzweigungen der Dendriten daher oft auch ein Unterschied in der Größe der Calciumsignale, die durch eine Folge von mehreren Aktionspotentialen erzeugt werden. Das bedeutet, daß das dendritische Calciumsignal nicht nur von der Geometrie des Dendritenbaums, sondern auch vom zeitlichen Muster der Aktionspotentiale bestimmt wird.

Eine Funktion von Ionenkanälen in der Dendritenmembran ist daher die elektrische Aktivität der Nervenzelle, die im Soma-Axon-Bereich entsteht, auf den Dendritenbaum in Form eines intrazellulären Calciumsignals »abzubilden«. Die Verzweigungspunkte der Dendriten können dabei als Schalter wirken. Als Resultat erhält man einen »dynamischen« Dendritenbaum, der die Empfangseigenschaften der Synapsen laufend, entsprechend dem Muster der elektrischen Aktivität der Nervenzelle, verändert.

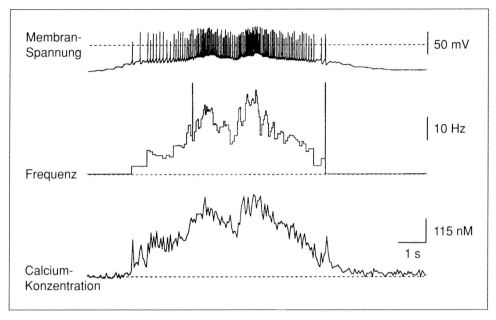

Abb. 4 Elektrische Aktivität und Veränderung der Calciumkonzentration in Dendriten. Registrierung von Aktionspotentialen in einer Pyramidenzelle, Frequenzhistogramm und Veränderung der dendritischen Calciumkonzentration.

Signalausbreitung zwischen Nervenzellen

Um Untersuchungen zur Veränderbarkeit der Empfangseigenschaften von Dendriten durchführen zu können, haben wir eine Versuchsanordnung entwickelt, die es erlaubt, die erregende synaptische Übertragung zwischen zwei Nervenzellen zu untersuchen. Die elektrische Aktivität von zwei benachbarten und miteinander synaptisch verbundenen Nervenzellen registrieren wir mit jeweils einer unabhängigen Meßpipette (Abb. 5 A, B) und sind auch in der Lage, durch Strominjektion über die Pipette die elektrische Aktivität der Nervenzellen zu beeinflussen. Nach der Messung werden beide Nervenzellen mit einem Marker gefüllt und die Dendriten- und Axonmorphologie rekonstruiert.

Wir untersuchten mit dieser Versuchsanordnung, ob sich, in Abhängigkeit vom Muster der elektrischen Aktivitäten in den beiden Nervenzellen, die Größe des erregenden postsynaptischen Potentials (EPSP) in den Dendriten der »empfangenden« Nervenzelle verändert, wenn gleichzeitig oder leicht verzögert ein rücklaufendes dendritisches Aktionspotential ausgelöst wird (Abb. 5C). Eine ähnliche Situation ist physiologischerweise dann gegeben, wenn zwei synaptisch verbundene Nervenzellen, z. B. der Sehrinde, durch einen visuellen Reiz in der Netzhaut fast gleichzeitig erregt werden.

Wird die gleichzeitige Auslösung von EPSP und dendritischem Aktionspotential mehrmals wiederholt, nimmt die Größe der EPSPs zu und bleibt mindestens 30 Minuten erhöht (Abb. 6 A). Die simultane Aktivierung von EPSP und dendritischem Aktionspotential verstärkt offenbar die Verbindung zwischen Pyramidenzellen, ein Effekt, der als synaptische Potenzierung bezeichnet wird und besonders in Nervenzellen des Ammonshorns untersucht wird.

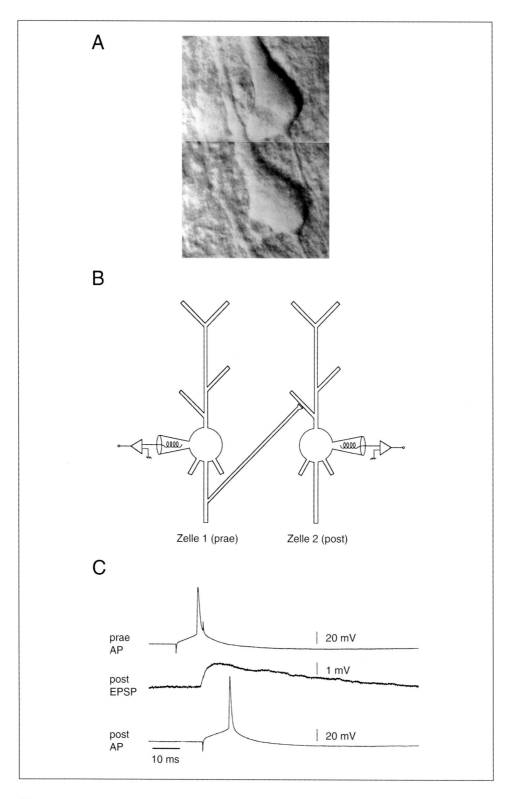

Weiterhin haben wir gefunden, daß für die Veränderbarkeit der Verbindung die gleichzeitige Auslösung von EPSP und Aktionspotential innerhalb eines »Koinzidenzintervalls« notwendig ist. Folgt das dendritische Aktionspotential dem EPSP, beobachtet man eine Verstärkung der Verbindung (Abb. 6 B), wird hingegen das rückwärts laufende Aktionspotential vor dem EPSP ausgelöst, wird die Verbindung abgeschwächt, ein Effekt, den man als synaptische Depression bezeichnet.

Durch die gleichzeitige oder zeitlich verschobene Auslösung von Aktionspotentialen in zwei benachbarten, synaptisch verbundenen Nervenzellen verstärkt sich deren Verbindung oder sie schwächt sich ab. Das dendritische Aktionspotential scheint für diese Veränderung notwendig zu sein. Das Koinzidenzintervall, in dem die synaptische Verbindung verstärkt oder abgeschwächt wird, liegt im Bereich von etwa 100 Millisekunden, ähnlich der Dauer des kurzzeitigen Anstiegs der Calciumkonzentration in den Dendriten, der durch dendritische Aktionspotentiale ausgelöst wird. In der Hirnrinde sind viele Pyramidenzellen wechselseitig verbunden, es liegt hier offenbar ein Netzwerk von Nervenzellen vor, in dem die synaptischen Verbindungen in Abhängigkeit von der Koinzidenz von Aktionspotentialen in benachbarten Nervenzellen verändert werden können.

Ausblick

Die molekularen Veränderungen in den Synapsen, die der Verstärkung oder Abschwächung der synaptischen Verbindungen zugrunde liegen, sind noch ungeklärt. Wir vermuten, daß Verstärkung und Abschwächung synaptischer Verbindungen zwischen Pyramidenzellen ursächlich mit dem durch das dendritische Aktionspotential ausgelösten Anstieg der Calciumkonzentration in den Dendriten zusammenhängen. Falls sich diese Vermutung als richtig herausstellt, folgt daraus, daß die Ausstattung von Dendriten mit spannungsgesteuerten Ionenkanälen Voraussetzung für plastische Veränderungen ist, und weiterhin, daß das Verzweigungsmuster der Dendriten die Veränderbarkeit der synaptischen Verbindungen zwischen Nervenzellen mitbestimmt.

Was kann man aus der Analyse eines stark vereinfachten »Netzwerks« aus zwei Nervenzellen über das Verhalten des Nervensystems lernen? Zunächst muß herausgefunden werden, ob das »zelluläre Modell« der Veränderbarkeit der Verbindungen von zwei Nervenzellen Merkmale aufweist, die man auch auf dem Niveau einer Gruppe von vielen Nervenzellen wiederfindet. Eine Möglichkeit, das nachzuprüfen, bietet die Kombination von zellphysiologischen und molekularbiologischen Methoden. Letztere erlauben, einzelne Moleküle in der Signalkaskade der synaptischen Verbindung, z. B. Ionenkanäle, in ihrer Funktion gezielt abzuändern. Durch Vergleich der Veränderbarkeit des vereinfachten Netzwerks, bestehend aus zwei Nervenzellen, und der Veränderbarkeit des gesamten Nervensystems könnte man herausfinden, welche Moleküle in den prä- und postsynaptischen Signalkaskaden für die Plastizität des Gehirns notwendig sind.

Abb. 5 Simultane Registrierung elektrischer Signale in zwei gekoppelten Pyramidenzellen der Hirnrinde. (*A*) Mikroskopische Aufnahme der Zellkörper der apikalen Dendriten und des Axons von zwei benachbarten Pyramidenzellen im »Hirnschnittpräparat«. Querdurchmesser der Pyramidenzellkörper ist ungefähr 20 μm. (*B*) Schematische Darstellung der Versuchsanordnung zur Registrierung von elektrischer Aktivität in prae- (Zelle 1) und postsynaptischer Nervenzelle (Zelle 2). (*C*) Gleichzeitige Auslösung von EPSP und dendritischem AP (postAP) in der postsynaptischen Zelle.

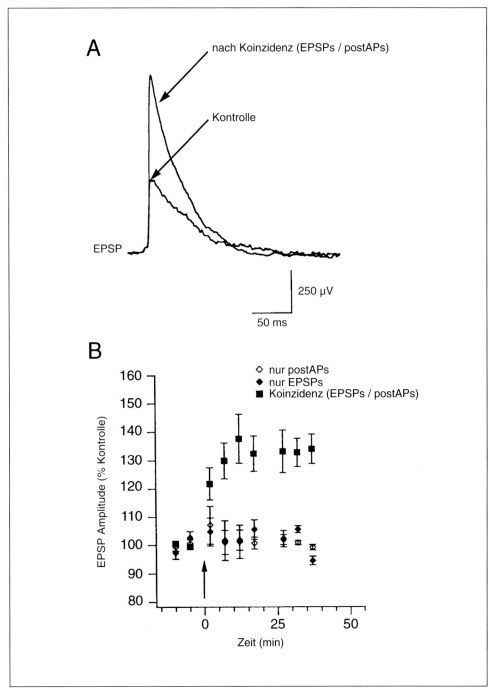

Abb. 6 Verstärkung der synaptischen Verbindung zwischen zwei Pyramidenzellen durch mehrfache Koinzidenz von EPSPs und dendritischen Aktionspotentialen (postAP) in der postsynaptischen Nervenzelle. (*A*) EPSPs vor und nach Koinzidenz. Einzelexperiment. (*B*) Mittelwerte der Zunahme der Amplitude von EPSPs nach koinzidenter Reizung zum Zeitpunkt Null. Mittelwerte aus 11 Experimenten. Keine Veränderung der EPSP Amplitude erfolgte nach Auslösung von nur postsynaptischen APs oder nur EPSPs.

Literatur

HELMCHEN, F., IMOTO, K., and SAKMANN, B.: Ca^{2+} buffering and action potential evoked Ca^{2+} signaling in dendrites of pyramidal neurons. Biophys. J. *70*, 1069–1081 (1996)

HODGKIN, A. L.: The conduction of the nervous impulse. Springfield, Ill.: Thomas 1964

KATZ, B.: The release of neural transmitter substances. Springfield: Thomas 1969

MARKRAM, H., HELM, P. J., and SAKMANN, B.: Dendritic calcium transients evoked by single back-propagating action potentials in rat neocortical pyramidal neurons. J. Physiol. *485*, 1–20 (1995)

MARKRAM, H., LÜBKE, J., FROTSCHER, M., and SAKMANN, B.: Physiology and anatomy of excitatory synaptic connections between pairs of tufted layer 5 pyramidal neurons of the rat neocortex. (in Vorbereitung)

SAKMANN, B., and STUART, G.: Patch-pipette recordings from the soma, dendrites, and axon of neurons in brain slices. In: SAKMANN, B., and NEHER, E. (Eds.): Single channel recording. 2nd edn. New York: Plenum Press 1995

SCHILLER, J., HELMCHEN, F., and SAKMANN, B.: Spatial profile of dendritic calcium transients evoked by action potentials in rat neocortical pyramidal neurones. J. Physiol. *487*, 583–600 (1995)

SPRUSTON, N., SCHILLER, Y., STUART, G., and SAKMANN, B.: Activity-dependent action potential invasion and calcium influx into hippocampal CA1 dendrites. Science *268*, 297–300 (1995)

STUART, G., and SAKMANN, B.: Active propagation of somatic action potentials into neocortical pyramidal cell dendrites. Nature *367*, 69–72 (1994)

Prof. Dr. Bert SAKMANN
Max-Planck-Institut für medizinische Forschung
Abt. Zellphysiologie
Postfach 10 38 20
D-69028 Heidelberg

Neuropeptides as Signal Transmitters in Nociception and Pain

By Bertalan Csillik (Szeged/Boston/New Haven)

Member of the Academy

With 1 Figure and 3 Tables

Nociception is one, perhaps the most important contribution of the nervous system to the survival of the individual in an overwhelmingly life-threatening environment. Small wonder that nociception, and its psycho-physiological adjuncts, pain and suffering, achieved the highest levels of sophistication in primates and especially in humans. In this context, it would not be an extravagant exaggeration to assume that nociception, as such, is subserving not only the primitive levels of survival and bodily wholeness but, admittedly by indirect correlation, such achievements of the human race as social life, culture, technology and civilization.

The first level of nociception starts with so-called »free« nerve endings — which are, in many cases, not just simple arborizations of naked axons but complex neuronal structures surrounded by sophisticated systems of cells of neuroectodermal origin, specialized for the transduction of extreme mechanical, chemical and thermal changes of the environment into nerve signals. Such »nociceptors« (Tab. 1) are scattered not only over the outer and inner surfaces of the organism (meaning the skin and the mucous membranes) but also in joints, muscles, blood vessels, connective tissue, periosteum, perichondrium and even the parenchymatous organs — with the peculiar exception of the brain which, except for the blood vessels in brain membranes, is insensitive for »painful« impulses.

Generation of nerve impulses in nociceptors implies, in most cases, distortion of gated ion channels by mechanical forces, by chemicals or by extreme variations in the ambient temperature, often associated with the function of batteries of enzymatic reactions. Recent studies by COHEN and PEEL (1990) prove that, at the level of nociceptors, arachidonic acid breakdown products play the role of intermediaries (Fig. 1), rather than substance P, which is involved in the transmission of nociceptive impulses from primary sensory neurons to secondary ones.

Since more than a century it is a well known fact of neuroanatomy that first-order cells of the nociceptive system are bipolar, or rather pseudo-unipolar nerve cells, located in dorsal root ganglia and in analogous sensory ganglia of cranial nerves: the Gasserian ganglion of the trigeminus, the geniculate ganglion of the facial nerve and the two paired ganglia of the glossopharyngeus and the vagus nerves. Central

Tab. 1 Types of nociceptors in the skin (after SZOLCSANYI 1983).

types of receptor morphology	type of axon	adequate stimulus	receptor
1. unimodal nociceptors high threshold mechanoreceptor	A δ	pricking, pinching	free nerve endings
2. bimodal nociceptors heat receptor	A δ	hot ($> 45\,°C$) and mechanical	?
extreme cold receptor	C	cold ($< 15\,°C$) and mechanical	?
3. polymodal nociceptors	C	hot ($> 45\,°C$), mechanical and chemical	?

branches of these primary sensory neurons established a few simple and a lot of complex glomerular synapses with dendrites of second-order cells, in laminae I, II and III of the upper spinal dorsal horn. Lamina II is known as the »substantia gelatinosa Rolandi.«

In the primate, there can be distinguished three types of glomerular synaptic complexes (KNYIHÁR-CSILLIK et al. 1982*a*). These are the followings: »RSV« (containing numerous regular [40 nm] synaptic vesicles); another one, called »DSA« (dense sinusoid axon), and a third type, also described by us in 1982 (KNYIHÁR-CSILLIK et al. 1982*b*), which, in addition to a few »regular« ones, contains several large dense-core synaptic vesicles (»LDCV«). These latter can be regarded as sites of the neuropeptides we are going to discuss. Synaptic correlations, circuitries, and connectivities of glomerular terminal types have been meticulously reconstructed. On the basis of such reconstructions it became apparent that most of these glomerular terminals are not real »terminals«, nerve endings *sensu stricto*; they rather represent periodic varicosities of the central portion of the afferent axon within the upper spinal dorsal horn, each varicosity being indented and surrounded by dendritic protrusions, dendritic digits and eventually even by axons of, second-order antenna cells which project to cells of origin of Edinger's classical spinothalamic tract which, in accord to its phylogenetic novelty, is often called »neo-spinothalamic« pathway. This neo-spinothalamic tract carries signals deriving from acute nociception, i.e. well-localized harmful excitation of tissues by mechanical, chemical and thermic impulses resulting, in the final analysis, at the cortical level in acute, sharp, piercing *pain*. Here again, we have to emphasize that the generally accepted and schematically illustrated textbook pattern is an oversimplification,

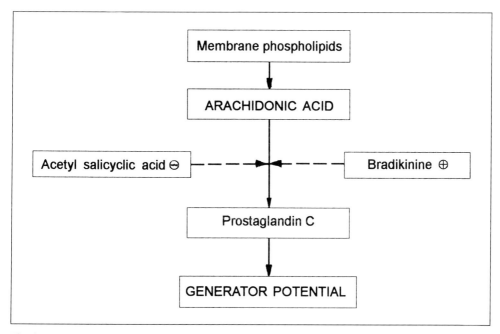

Fig. 1 Role of bradykinins in the transformation of arachidonic acid into prostaglandin, resulting in a generator potential of nociceptor.

since, in reality, practically none of the original »spinothalamic« fibers reach the thalamus; it is interrupted by multiple substations at various levels of the neural axis, according to which there exist spinoreticular, spinotectal, spinocervical etc. components. At the appropriate substations, nerve impulses travelling alongside the pathway are subjected to synaptic interventions and perturbations which lead to refinement and modulation from various local and distant sources of the original signal. Thus, for instance, descending serotonergic systems, originating from the periaqueductal gray matter, may activate encephalinergic neurons at any level of the neural axis, which are able to suppress the upward flow of nociceptive impulses. Anyway, the refined and modified nociceptive signal will finally arrive at the thalamic nuclei.

In addition to the classical neo-spinothalamic tract, there are at least two other ascending pathways contributing to the upward flow of nociceptive impulses. One of these, called the post-synaptic dorsal column pathway, is located within the dorsal column itself. But more important is the paleo-spinothalamic system, which carries signals repeatedly processed by the wealth of small substantia gelatinosa cells, scattered in lamina II and III. These signals, after being processed again at the various substations mentioned above, and through numerous interruptions including relay stations in the reticular formation and in the optic tectum, proceed upwards to the intralaminar nuclei of the thalamus (and, to some extent, also to its reticular nucleus), and result, at the cortical level, in chronic, persistent pain of long duration, such as the autochthonous, intractable pain associated with postherpetic neuralgia, diabetic and toxic neuralgia and oncological terminal (cancer) pain.

The final step of the nociceptive system leads from the thalamic nuclei to the somatosensory cortex. Here again the textbook term »thalamo-cortical neuron« is a slightly misleading simplification since in the reality, various nuclei of the limbic system provide important contributions to the final outcome of nociception, to be transformed into the subjective psycho-physiological sensation of »pain«. According to neurosurgical experiences, after cingulectomy, i.e. transection of the pathways connecting the thalamo-cortical pathway with limbic centers, the quality of pain will be dramatically changed: instead of inducing a »suffering that hurts«, pain for such patients is not inconvenient at all. This should not be mistaken for *analgesia congenita,* a peculiar and rare form of the ontogenetical failure of formation of nociceptors in the course of embryonic development. The dimensions of pain,

— sensory-discriminative,
— motivational-emotional,
— consequences (neural reflex mechanisms, endocrine mechanisms),

as well as its variations in experience and expression of pain, due to

— ethnical,
— religional,
— familial,
— educational background,

prove the extremely wide aspects we have to encounter whenever we are trying to deal with this unique psycho-physiological phenomenon.

Though neuropeptides and neuroproteins are involved in signal processing throughout the entire length of the nociceptive system, the most dramatic contribution of sensory neuropeptides is confined to the first relay station of the system, located in the upper dorsal horn and in analogous structures of the medulla.

In rodents, lamina II is characterized by the presence of hundreds or thousands of primary central nociceptive terminals, exhibiting intense fluoride-resistant acid phosphatase (*FRAP*) and thiamine monophosphatase (*TMP*) enzyme reaction, the enzyme being synthesized in their parent cell bodies in dorsal root ganglia and analogous sensory ganglia of cranial nerves. Accordingly, the Rolando substance, i.e. lamina II of the dorsal horn, stands out as an extremely clear-cut, slightly curved line in light microscopic sections stained for FRAP or TMP (CSILLIK and KNYIHÁR-CSILLIK 1986, KNYIHÁR-CSILLIK et al. 1986). At the electron microscopic level it becomes apparent that this line consists of thousands of *DSA*-type terminals, loaded with the end-product of FRAP and TMP. On this basis, several authors suggested a novel type of purinergic transmission of nociceptive impulses in the rodent upper dorsal horn; other authors believed that a FRAP-like reactivity characterizes not only rat and mouse, but all mammals — a fact which cannot be denied completely on the basis of histochemical experiments, employing the semipermeable membrane technique of MEYER (KNYIHÁR-CSILLIK and CSILLIK 1981). However, more important for us appears the fact, that lamina I, II and III contain central terminals of nociceptive neurons, characterized by the presence of substance P (*SP*), somatostatin (*SSN*) and calcitonin gene-related peptide (CGRP). Here again, these neuropeptides are present, sometimes in an overlapping manner, in the axoplasm or their cell surface membrane, of central terminals of primary nociceptive neurons, which surrounded by dendrites and dendritic expansions of substantia gelatinosa cells, establish glomerular synaptic complexes in the upper dorsal horn. In this context, it should be mentioned that CGRP has been demonstrated to prevent enzymic breakdown of SP, thus protecting the effect of nociceptive transmission in the upper dorsal horn. Another line of evidence suggests that neuropeptide Y (*NPY*) acts as a modulator of nociceptive transmission in the dorsal horn insofar as receptors for NPY were found on central terminals of primary afferent fibers (KAR and QUIRION 1992). Antinociceptive effect of NPY has also been noted by HUA et al. (1991).

Perhaps even more importantly, the pain-related neuropeptides listed above are subjected to an extremely plastic *transganglionic regulation*. We have disclosed more than two decades ago that, whenever a peripheral sensory nerve is transected, there ensues *transganglionic degenerative atrophy* (*TDA*) in the central (intraspinal or intramedullary) arborization of the injured peripheral neurons. Other mechanical lesions, like crush or ligature, or any experimental manipulation, which induces blockade of the *retrograde transport of the nerve growth factor* (CSILLIK et al. 1985) in the peripheral axonal branch of a nociceptive neuron, have the same effect. From the multitude of chemical substances, which induce blockade of retrograde axoplasmic transport by virtue of inhibiting microtubule function, let us mention here colchicine, the vinca alcaloids, podophyllotoxine, griseofulvine and a new synthetic drug produced by Janssen Pharmaceutica, Nocodazole. TDA, consisting of a series of fine structural events, culminates either in osmiophilic shrinkage or osmiophobic vesiculolysis of primary central glomerular terminals, whose synaptic specializations usually remain unimpared. Accordingly, the fine structural events, themselves, do not account for the dramatic electrophysiological alterations that characterize TDA: increased latency, decreased amplitude and reduced duration of the dorsal root potential. It seems more plausible that it is the down-regulation of the synthesis and transport of nociceptive neuropeptides which accompanies the fine structural alterations characterizing TDA, which can be made responsible for the blockade of impulse transmission in the upper dorsal horn in the course of TDA. Indeed, in experimental animals — and, as far as few autopsy cases prove, also humans — subjected to TDA, there occurs an ipsilateral, segmentally related depletion of nociceptive neuropeptides from the related upper dorsal horn or medulla (KNIHÁR-CSILLIK et al. 1990). *Down-regulation* of these neuropeptides means that no meaningful signal can, and we will be transmitted from primary to secondary neurons, whenever the former are in the state of excitation. At the same time, providing a convincing example of *neuropeptide plasticity,* vasoactive intestinal polypeptide (KNYIHÁR-CSILLIK et al. 1991), galanin and the peptide histidine-isoleucin, are *up-regulated* (HÖKFELT et al. 1987); in consequence of which the upper dorsal horn, that, in the course of TDA, had been depleted from the nociceptive neuropeptides substances P, somatostatin and calcitonin gene-related peptide, will be virtually inundated by vasoactive intestinal polypeptide, galanin and the peptide histidin-isoleucin. Since, according to HÖKFELT' studies, these three neuropeptides are able to block the effects of substance P, somatostatin and calcitonin gene-related peptide, it seems that Nature has ensured in two ways that, during TDA, no nociceptive information should be able to pass the »gate of pain«, using the picturesque expression introduced thirty years ago by MELZACK and WALL (1965). In other words, TDA implements a blockade of signal transduction at the level of the first synapse of the nociceptive pathway. Antinociceptive effect of NPY, as mentioned already, is further substantiated by the fact that, in the course of TDA, also NPY is up-regulated (VERGE et al. 1992). Recent studies performed in our laboratory suggest that, in the expression of the pain-related neuropeptide CGRP, the cytokine *interferon* α/β plays a crucial role; in interferon-treated animals, there does not ensue any down-regulation of CGRP even in the absence of NGF (CSILLIK et al. 1995).

Therapeutic consequences of molecular plasticity of neuropetides in the function of the primary nociceptive analyzer are obvious (CSILLIK et al. 1982). During the last 12 years, more than 800 patients were treated successfully by transdermal vincristine iontophoresis at the Pain Clinic of the Albert Szent-Györgyi Medical University, in order to alleviate intractable pain (Tab. 2).

It seems, however, that pain-related neuropeptides are only intermediaries in the synaptic process which couples primary sensory neurons with higher-order nerve cells. A large body of experimental evidence suggests that the final link in the whole

Tab. 2 Effect of Vinca iontophoresis on chronic pain patients. Chronic (intractable) pain patients treated with Vinca iontophoresis at the Pain Clinic of the Albert Szent-Györgyi Medical University, 1981–1993.

Diagnosis	No. of patients	Alleviation (%)
Postherpetic neuralgia	435	77
Polyneuropathy (diabethic, alcoholic etc.)	76	72
Trigeminus neuralgia (tic douloureux)	125	62
Rheumatic pain (polyarthritis rheumatica)	86	75
Terminal pain (oncological)	42	78
Varia	36	68

process of signalling is *NO,* proclaimed to be the »molecule of the year« in 1992 by the American journal *Science.* NO, synthesized by the enzyme NOS, is a *retrograde messenger* in the central nervous system (O'DELL et al. 1991, BRUHWYLER et al. 1993) with very unconventional traits for a neurotransmitter candidate. It is not stored in synaptic vesicles; rather it is formed on demand. It is not released by exocytosis, nor does it act upon receptor proteins on neuronal membranes. Though its activity decays by 50% in 4 seconds, this time allows NO to diffuse from one neuron to the next where it binds to the *Fe atom* at the active site of *guanyl cyclase,* as shown by SNYDER' group (BREDT and SNYDER 1992, SNYDER 1992) or that of *ADP-ribosyltransferase,* as suggested by BRUNE and LAPETINA (1989) and by O'DELL et al. (1991). It also binds to *iron-sulphur centers* of enzymes, like those involved in mitochondrial electron transport, the citric acid cycle and in DNA synthesis (HIBBS et al. 1988).

How does NO fit into the pattern of primary analysis of nociceptive impulses? It has been proved that *NO is released on activation of the NMDA receptor* (GARTHWAITE et al. 1988). On the other hand, activation of the NMDA receptors in the lumbar dorsal horn was shown to be critical to the development and maintenance of thermal hyperalgesia and chronic pain (DAVAR et al. 1991, DUBNER and RUDA 1992, HAYES et al. 1991, MELLER et al. 1992, WOOLF and THOMPSON 1991). Finally, *NMDA receptors* were shown to be modulated by substance P and CGRP (SMULLIN et al. 1990, RANDIC and KANGRGA 1990).

Another line of evidence suggests a more direct relationship between NO and several neuropeptides. GAW et al. (1991) and LI and RAND (1990) have shown that VIP and NO act in concert; MORLEY and FLOOD (1991) suggested that *NO* could be the intercellular mediator for *neuropeptide Y and galanin.* As a matter of fact, in the

Tab. 3 Role of nitric oxyde (NO) and nitric oxyde synthase (NOS) in the pain system. Further abbreviations: CNS: central nervous system, NMDA: N-methyl-D-aspartate, CGRP: calcitonin gene-related peptide, VIP: vasoactive intestinal polypeptide, NPY: neuropeptide Y, TDA: transganglionic degenerative atrophy

Role of		Literature
NO	retrograde messenger in CNS	O'DELL et al. 1991, BRUHWYLER et al. 1993
NO	50% decay in 4 sec	
NO	binds to Fe in guanyl cyclase in ADP ribosyltransferase	BREDT and SNYDER 1992 BRUNE and LABETINA 1989, O'DELL et al. 1991
NO	binds to Fe−S centers in mitochondrial electron transport in citric acid cycle in DNA synthesis	HIBBS et al. 1988
NO	is released by activation of NMI-A receptors modulated by substance P and CGRP	GARTHWAITE et al. 1988 SMULLIN et al. 1990, RANDIC and KANGRGA 1990
VIP and NO	act in concert	GAW et al. 1991, LI and RAND 1990
NO	intercellular modulator for NPY and galanin	MORLEY and FLOOD 1991
NOS	is up-regulated in course of TDA	VERGE et al. 1992
NOS	is cytokine (interferon) inducible	MARLETTA et al. 1988

course of TDA, not only NPY but also *NOS* is up-regulated (VERGE et al. 1992). Finally, since *NOS* in macrophages is *cytokine inducible* (MARLETTA et al. 1988, STUEHR and MARLETTA 1987) there might be a correlation between NOS and the cytokine *interferon* α/β which, as it has been mentioned, plays an important part in the expression and regulation of pain-related neuropeptides. It is up to further studies to decide whether signal transmission by NO is directly or indirectly dependent on pain-related neuropeptides (Tab. 3).

Zum Schluß möchte ich das Wesentliche meines Vortrages in deutscher Sprache zusammenfassen. Neuropeptide spielen eine wesentliche Rolle in der Funktion des primären Schmerzanalysators. In dieser Hinsicht stehen die Neuropeptide Substanz P und CGRP (das Calcitonin-Gen-verwandte Peptid) im Brennpunkt. Substanz P und CGRP werden von dem Nervenwuchsfaktor NGF »up«-reguliert, dagegen die Neuropeptide VIP, NPY, Galanin und das Enzym Nitroxyd-Synthase werden »down«-reguliert. Es scheint, daß die Signalübermittlung des primären Schmerzanalysators letzten Endes durch NO-Moleküle realisiert wird. Die Plastizität der im Hinterhorn befindlichen Neuropeptide bietet neue Möglichkeiten zur Schmerzstillung.

Literatur

BREDT, D. S., and SNYDER, S. H.: Nitric oxide, a novel neuronal messenger. Neuron *8*, 3 – 11 (1992)
BRUHWEYLER, J., CHLEIDE, E., LIEGOIS, J. F., and CARREER, F.: Nitric oxide: a new messenger in the brain. Neurosci. Biobehav. Rev. *17*, 373 – 384 (1993)
BRUNE, B., and LAPETINA, E. G.: Activation of a cytosolic ADP-ribosyltransferase by nitric oxide-generating agents. J. Biol. Chem. *264*, 8455 – 8458 (1989)
COHEN, R. H., and PEEL, E. R.: Contributions of arachidonic acid derivates and substance P to the sensitization of cutaneous nociceptors. J. Neurophysiol. *54*, 457 – 464 (1990)
CSILLIK, B., and KNYIHÁR-CSILLIK, E.: The Protean Gate. Structure and Plasticity of the Primary Nociceptive Neuron. Budapest: Akadémiai Kiadó 1986
CSILLIK, B., BELADI, I., NEMCSOK, J., PUSZTAI, R., and KNYIHÁR-CSILLIK, E.: Effect of interferon α/β on the expression of pain-related neuropeptides: a novel aspect in the transganglionic regulation of primary nociceptive neurons. Analgesia *1*, 201 – 209 (1995)
CSILLIK, B., KNYIHÁR-CSILLIK, E., and SZÜCS, A.: Treatment of chronic pain syndromes with iontophoresis of Vinca alkaloids to the skin of patients. Neurosci. Letters *31*, 87 – 90 (1982)
CSILLIK, B., SCHWAB, M. E., and THOENEN, H.: Transganglionic regulation of central terminals of dorsal root ganglion cells by nerve growth factor (NGF). Brain Res. *331*, 11 – 15 (1985)
DAVAR, G., HAMA, A., DEYKIN, A., VOS, B., and MACIEWICZ, R.: MK-801 blocks the development of thermal hyperalgesia in a rat model of experimental painful neuropathy. Brain Res. *553*, 327 – 330 (1991)
DUBNER, R., and RUDA, M. A.: Activity-dependent neuronal plasticity following tissue injury and inflammation. Trends Neurosci. *15*, 96 – 103 (1992)
GARTHWAITE, J., CHARLES, S. L., and CHESS-WILLIAMS, R.: Endothelium-derived relaxing factor release on activation of NMDA receptors suggests role as intercellular messenger in the brain. Nature *336*, 385 – 388 (1988)
GAW, A. J., ABERDEEN, J., HUMPHREY, P. P. A., WADSWORTH, R. M., and BURNSTOCK, G.: Relaxation of sheep cerebral arteries by vasoactive intestinal polypeptide and neurogenic stimulation: inhibition of L-NG-monomethyl-arginine in endothelium-denuded vessels. Br. J. Pharmacol. *102*, 567 – 572 (1991)
HAYES, R. L., MAO, J., PRICE, D. D., LU, J., and MAYER, D. J.: MK-801, a NMDA receptor antagonist, potently reduces nociceptive behaviors in rats with peripheral mononeuropathy. Soc. Neurosci. Abstracts *17*, 1208 (1991)
HIBBS, J. B., TAINTIR, R. R., VAVRIN, Z., and RACHLIN, E. M.: Nitric oxide: a cytotoxic activated macrophage effector molecule. Biochem. Biophys. Res. Commun. *157*, 87 – 94 (1988)
HÖKFELT, T., WIESENFELD-HALLIN, Z., VILLAR, M., and MOLANDER, T.: Increase of galanin-like immunoreactivity in rat dorsal root ganglion cells after peripheral axotomy. Neurosci. Lett. *83*, 217 – 220 (1987)

HUA, X. Y., BOUBLIK, J. H., SPICER, M. A., RIVIER, J. E., BROWN, M. R., and YAKSH, T. L.: The antinociceptive effects of spinally administered neuropeptide Y in the rat: systematic studies on structure-activity relationship. J. Pharmac. Exp. Ther. *258*, 243–248 (1991)

KAR, S., and QUIRION, R.: Quantitative autoradiographic localization of 125-J-NPY receptor binding sites in rat spinal cord and the effects of neonatal capsaicin, dorsal rhizotomy and peripheral axotomy. Brain Res. *574*, 333–337 (1992)

KNYIHÁR-CSILLIK, E., and CSILLIK, B.: FRAP. Histochemistry of the primary nociceptive neuron. Progr. Histochem. Cytochem. *14*, 1–137 (1981)

KNYIHÁR-CSILLIK, E., BEZZEGH, A., BOTI, Z., and CSILLIK, B.: Thiamine monophosphatase: a genuine marker for transganglionic regulation of primary sensory neurons. J. Histochem. Cytochem. *34*, 363–371 (1986)

KNYIHÁR-CSILLIK, E., CSILLIK, B., and RAKIC, P.: Ultrastructure of normal and degenerating glomerular terminals of dorsal root axons in the substantia gelatinosa of the Rhesus monkey. J. Comp. Neurol. *210*, 357–375 (1982a)

KNYIHÁR-CSILLIK, E., CSILLIK, B., and RAKIC, P.: Periterminal synaptology of dorsal root glomerular terminals in the substantia gelatinosa of the spinal cord in the Rhesus monkey. J. Comp. Neurol. *210*, 376–399 (1982b)

KNYIHÁR-CSILLIK, E., KREUTZBERG, G. W., RAIWICH, G., and CSILLIK, B.: Vasoactive Intestinal Polypeptide in dorsal root terminals of the rat spinal cord is regulated by the axoplasmic transport in the peripheral nerve. Neurosci. Letters *131*, 8387 (1991)

KNYIHÁR-CSILLIK, E., TÖRÖK, A., and CSILLIK, B.: Primary afferent origin of substance P-containing axons in the superficial dorsal horn of the rat spinal cord: depletion, regeneration and replenishment of presumed nociceptive central terminals. J. Comp. Neurol. *297*, 594–612 (1990)

LI, C. G., and RAND, M. J.: Nitric oxide and vasoactive intestinal polypeptide mediate nonadrenergic, noncholinergic inhibitory transmission to smooth muscle of the rat gastric fundus. Eur. J. Pharmacol. *191*, 303–309 (1990)

MARLETTA, M. A., YOON, P. S., IYENGAR, R., LEAF, C. D., and WISHNOCK, J. S.: Macrophage oxidation of L-arginine to nitrite and nitrate: nitric oxide is an intermediate. Biochemistry *27*, 8706–8711 (1988)

MELLER, S. T., PECHMAN, P. S., GEBHART, G. F., and MAVES, T. J.: Nitric oxide mediates the thermal hyperalgesia produced in a model of neuropathic pain in the rat. Neuroscience *50*, 7–10 (1992)

MELZACK, R., and WALL, P. D.: Pain mechanisms: a new theory. Science *150*, 971–979 (1965)

MORLEY, J. E., and FLOOD, J. F.: Evidence that nitric oxide modulates food intake in mice. Life Sci. *49*, 707–711 (1991)

O'DELL, T. J., HAWKINS, R. D., KANDEL, E. R., and ARANCIA, O.: Tests of the roles of two diffusible substances in long-term potentiation: evidence for nitric oxide as a possible early retrograde messenger. Proc. Natl. Acad. Sci. USA *88*, 11285–11289 (1991)

RANDIC, M., and KANGRGA, J.: Tachykinins and calcitonine gene-related peptide enhanced release of endogeneous glutamate and aspartate from the rat spinal dorsal horn slice. J. Neurosci. *10*, 2026–2038 (1990)

SMULLIN, D. H., SKILLING, S. R., and LARSON, A. A.: Interaction between substance P, calcitonin generelated peptide, taurine and excitatory amino acids in the spinal cord. Pain *42*, 93–101 (1990)

SNYDER, S. H.: Nitric oxide: first in a new class of neurotransmitters? Science *257*, 494–496 (1992)

STUEHR, D. J., and MARLETTA, M. A.: Synthesis of nitrite and nitrate in murine macrophage cell lines. Cancer Res. *47*, 5590–5594 (1987)

SZOLCSANYI, J.: Capsaicin-sensitive chemoceptive neural system with dual sensory-efferent function. In: CHAHL, L. A., SZOLCSNYI, J., and LEMBECK, F. (Eds.): Antidromic Vasodilation and Neurogenic Inflammation. Satellite Symposium of the 29th International Congress of Physiological Sciences, Newcastle, Australia, 1983

VERGE, V. M., XU, Z., XU, J., WIESENFELD-HALLIN, Z., and HÖKFELT, T.: Marked increase in nitric oxide synthase in rat dorsal root ganglion after peripheral axotomy: in situ hybridization and functional studies. Proc. Natl. Acad. Sci. USA *89*, 11617–11621 (1992)

WOOLF, C. J., and THOMPSON, S. W. N.: The induction and maintenance of central sensitization is dependent on N-methyl-D-aspartic acid receptor activation: implications for the treatment of postinjury pain hypersensitivity states. Pain *44*, 293–300 (1991)

Prof. Dr. Bertalan CSILLIK
Bay Zoltan Institut
für Biotechnologie
Derkovits Fasor 2, POB 2337
H-6726 Szeged

Prinzipien der Informationsausbreitung und Signalübertragung im endokrinen System durch peptiderge Regulatorsubstanzen

Von Wolf-Georg Forssmann (Hannover)

Mit 11 Abbildungen

1. Einleitung

Lebende Organismen existieren unter der Voraussetzung eines kontinuierlichen Ablaufes von Stoffwechselvorgängen, die innerhalb eines jeden Individuums feinabgestimmt, räumlich und zeitlich koordiniert sein müssen. Dazu sind besonders zwei Systeme, der Nervenapparat und das Endokrinium, notwendig. Sie regeln das An- und Abschalten von Funktionen und die Kommunikation zwischen verschiedenen Zellen und Organen. Der Nervenapparat ist für eine gezielte, auf der Basis von Fasern, streng räumlich begrenzte Informationsausbreitung zuständig. Die Signalübertragung geschieht dabei an Nervenenden, wo Synapsen Übertragersubstanzen in Mikrokompartimente (kleinste Raumsysteme) freigeben. Im Endokrinium erfolgt die Ausbreitung der Information über Diffusion und vorzugsweise auf dem Blutweg, wobei informationsgenerierende Zellen größere Stoffmengen sezernieren, die in wechselnden Konzentrationen eine globale Beeinflussung der Körperfunktionen bewirken können. Körpereigene, endogene Regulatorsubstanzen des Endokriniums sind zum großen Teile Peptide oder kleine Proteine, die als Signaltransmitter essentielle Funktionen steuern. Über die Wirkungsweise dieser peptidergen, endokrinen Regelmechanismen und ihre praktische Bedeutung soll hier berichtet werden.

Zu endokrinen Effektororganen wurden klassischerweise die großen endokrinen Drüsen wie Hirnanhangdrüse, Nebenniere, Schilddrüse etc. gerechnet, deren Hormone schon bald als kleinere Eiweißstoffe oder Steroide erkannt und angewendet wurden. In den letzten Jahrzehnten wurden »regulatorische Peptide« kontinuierlich neu entdeckt (SUNDLER und HÅKANSON 1988, Abb. 1) und in zahlreichen weiteren Organen lokalisiert, z. B. in den sogenannten diffusen endokrinen Organen (siehe FORSSMANN und GRUBE 1985).

Besonders auch im haematopoietischen System (METCALF 1993, KAUSHANSKY und KARPLUS 1993), im Immunsystem (PERDUE und MCKAY 1994, SCHOR 1994, WEISS et al. 1994) und als allgemeine Wachstumsfaktoren (siehe UNSICKER 1995) spielen diese Stoffe eine zentrale Rolle. Heute muß eigentlich jedem Zellsystem eine analoge Wirkungsweise von interagierenden Regulatorkreisen auf Peptidbasis zugeschrieben werden. Bezogen auf die regulatorischen Peptide ergeben sich dabei gleichartige Prinzipien der Schritte der Signalübertragung. Über diese Stoffe werden funktionelle Interaktionen zwischen den einzelnen Körperregionen gesteuert, die auch im Nervensystem in analoger Weise ablaufen:

— Bildung der Regulatorsubstanz,
— Abgabe, Diffusion und Transport zu den Zielorganen,
— Rezeptorinteraktion und Signaltransduktion,
— Änderung des Zellstoffwechsels und schließlich
— der funktionelle Effekt.

2. Synthese, Processing und Freisetzung von peptidergen Signalsubstanzen

Die Synthese und ihre Regulation erfolgen für Regulatorpeptide, wie im allgemeinen bei der Proteinsynthese, über Aktivierung eines bestimmten Gens. Dessen Information wird auf eine spezifische mRNA transkribiert. Aus der abgelesenen Information ergibt sich eine im endoplasmatischen Retikulum ablaufende spezifi-

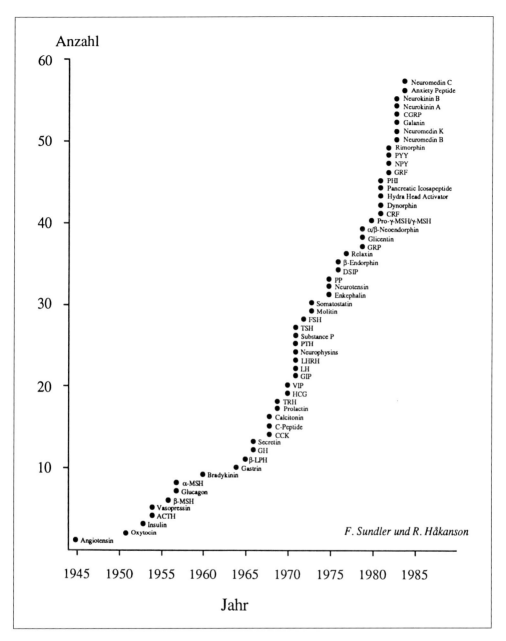

Abb. 1 Entdeckung regulatorischer Peptide nach SUNDLER und HAKÅNSON (1988) in der Reihenfolge der Erstsequenzierung. In den siebziger Jahren hat die Entdeckung neuer regulatorischer Peptide rasant zugenommen.

sche Precursor- oder Prohormonsequenz. Im Golgi-Apparat, in den Speichergranula oder nach Sekretion in den Extrazellulärraum entsteht eine bioaktive Molekülform, die die eigentliche Signalsubstanz darstellt (Processing). Die Regulatorpeptide können über Speichergranula reguliert sezerniert oder auch konstitutiv über Vesikel dauernd aus den Bildungszellen ausgeschleust werden. In beiden Fällen erfolgt eine kontinuierliche, basale Sekretion der Regulatorpeptide, die aufgrund des ebenfalls kontinuierlichen Abbaus im Gesamtorganismus zu einem fein eingestellten Niveau der Peptidkonzentration führt.

Ein aktuelles Beispiel des Processings ist in Abbildung 2 für das neu entdeckte Guanylin (CURRIE et al. 1992, KUHN et al. 1993, HILL et al. 1995) zu sehen.

Es ist hervorzuheben, daß bei vielen Peptiden durch Splicing-Varianten, durch differentielles Processing oder durch Derivatisierungen aus einem Gen verschiedene Varianten regulatorischer Peptide entstehen können. Dies ist beispielsweise bei den natriuretischen Peptiden des Types A der Fall, wo im Herz, Gehirn und in der Niere unterschiedliche Molekülformen aus dem gleichen Precursor abgespalten werden (Abb. 3, FORSSMANN et al. 1994, FORSSMANN 1995).

Ein besonders eindrucksvolles Bild der multiplen Processierung von Peptiden liegt bei der Familie der Opiatpeptide vor, die aus mindestens drei Varianten der mRNA und zahlreichen Spaltprodukten eine Vielfalt von Regulatorpeptiden

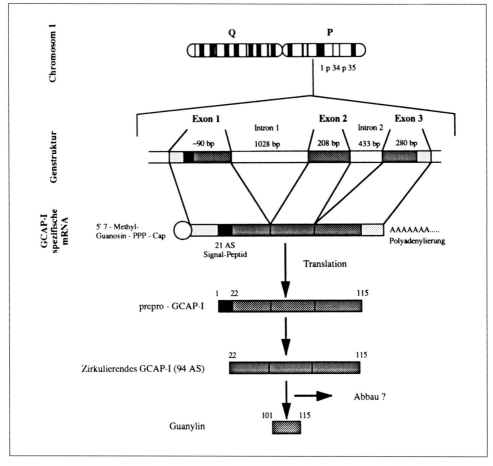

Abb. 2 Darstellung des Processings eines regulatorischen Peptides am Beispiel des Guanylins (Guanylat-Zyklase-C-aktivierendes Peptid I, GCAP-I): Aus drei Exons wird eine spezifische Messenger-RNA abgelesen, aus der sich ein Precursorpeptid von 115 Aminosäuren ableitet. Das zirkulierende Peptid besitzt 94 Aminosäuren (KUHN et al. 1993), aus Gewebe wurde ein bioaktives Molekül von 15 Aminosäuren isoliert (CURRIE et al. 1992).

ergeben (HÖLLT 1986, ANDREWS et al. 1987). In üblicher Weise werden auch die Milchpeptide prozessiert, die aus Caseinen entstehen (Abb. 4). Auch hier konnte neuerdings und unerwartet ein interessantes Spaltprodukt identifiziert werden, das eine antibiotische Wirkung zeigt (ZUCHT et al. 1995). Diese Beispiele zeigen, daß dem Processing eine wesentliche Rolle in der Entstehung der Regulatorpeptide zukommt und eine Expression in bezug auf eine Funktion vom einzelnen Gen

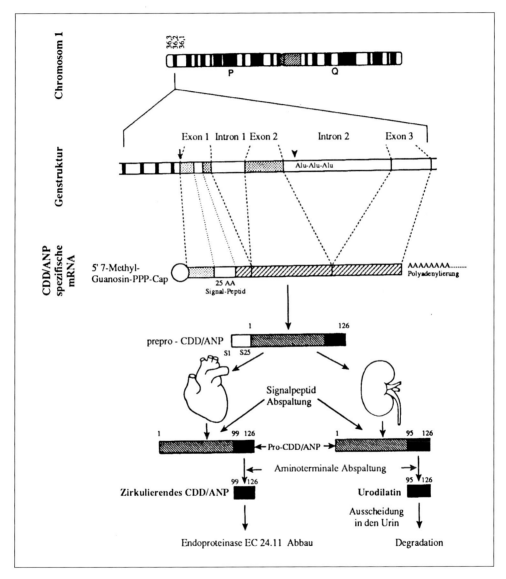

Abb. 3 Darstellung des differentiellen Processings von CDD/ANP (Cardiodilatin/atrial natriuretisches Peptid): Auch hier bilden drei Exons die Sequenz für die spezifische Messenger-RNA. Das Precursorpeptid besitzt 151 Aminosäuren, von denen 25 zur Signalsequenz gehören. Das zirkulierende Peptid besitzt 28 Aminosäuren (K. FORSSMANN et al. 1986), aus dem Urin wurde das renal, differentiell prozessierte Urodilatin (SCHULZ-KNAPPE et al. 1988) von 32 Aminosäuren isoliert (nach FORSSMANN et al. 1994).

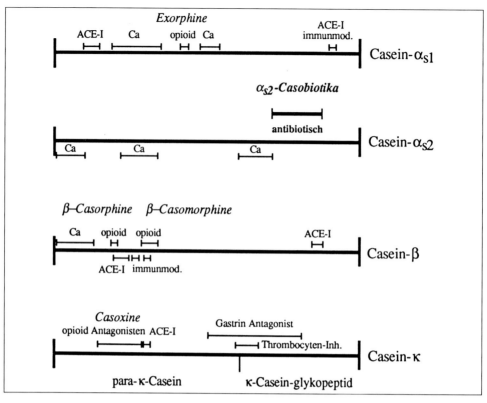

Abb. 4 Processing von verschiedenen Casein-Molekülen. Aus der bekannten Sequenz des Casein-α_{S2} wurde aufgrund der biologischen (antibakteriellen) Wirkung ein weiteres wichtiges Peptid der Rindermilch isoliert (ZUCHT et al. 1995), das eine antibakterielle Wirkung *in vitro* zeigt. Das Bild zeigt das vielfältige Processing und die daraus resultierenden Regulatorpeptide, die aus der Gen-, mRNA- oder Precursorstruktur nicht ableitbar sind.

bislang nicht ablesbar ist. Dies ist ein Grund dafür, daß Peptide mit biologischer Funktion immer noch unerkannt sind und als solche untersucht werden müssen (MUTT 1983 und 1992), da die Funktionsanalyse im Sinne des Screenings eine enorm aufwendige Forschung beinhaltet.

3. Ausbreitung der Signalsubstanzen in den Körperkompartimenten

Wie oben erwähnt, wird im Endokrinium die Information über Diffusion und auf dem Blutweg übertragen, und damit müssen informationsgenerierende Zellen größere Stoffmengen bilden, die sich im Makrokompartiment verteilen. Unter den Interaktionen, die auf kleine und große Raumkompartimente bezogen sind, unterscheidet man je nach Ausbreitungsgebiet endokrine, parakrine, neurokrine, autokrine und juxtakrine Interaktionen (Abb. 5). Definitionsgemäß bezeichnet man eine Fernwirkung auf dem Blutweg, also von Organ zu Organ, als eine endokrine Wirkung, z. B. die Effekte von Hypophysenhormonen auf die verschiedenen hypophysiotropen Organe oder die Insulinwirkung aus dem endokrinen Pankreas auf Leber und Skelettmuskel etc. (Abb. 5).

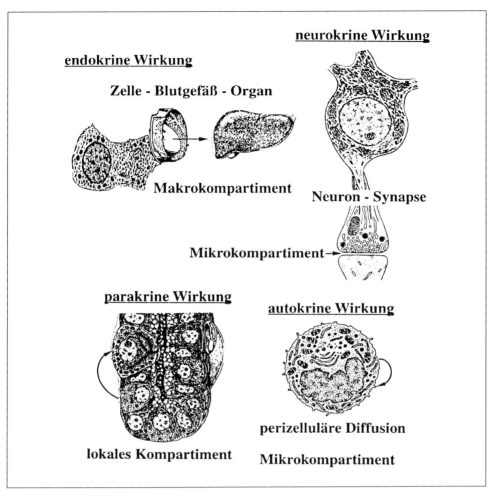

Abb. 5 Wirkung von Regulatorpeptiden in den verschiedenen Raumsystemen des Organismus. Endokrine, parakrine, autokrine und neurokrine Interaktionen sind damit charakterisiert.

Eine parakrine Wirkung spielt sich innerhalb eines Organes, also lokal, ab, wenn eine sezernierende, endokrine Zelle in der Nähe liegende Zielzellen beeinflußt, wie z. B. die Wirkungen von A-, D- und F-Zellen des Pankreas auf die Insulinsekretion (UNGER et al. 1978), die Wirkung von Urodilatin innerhalb der Niere (FORSSMANN et al. 1994), die Stimulation der Enterozyten durch Guanylin-Sekretion in die Lieberkühn-Krypten (FORSSMANN et al. 1995). Letztere parakrine Wirkung ist besonders illustrativ (Abb. 6) darzustellen. Autokrine Regulationen kommen wahrscheinlich häufig im Immunsystem vor, wo Mediatoren dieselbe Zelle stimulieren, von der sie sezerniert werden (Abb. 5). Die neuere Bezeichnung der juxtakrinen Interaktion bezieht sich auf membranständige, nicht diffundierende Peptidepitope, die nur in Verbindung mit der Carrier-Zelle eine Wirkung auf Zielzellen hervorrufen. Als spezielle Formen der Interaktionen zwischen Zellen des Nervensystems sprechen wir von neurokriner oder neuroendokriner Wirkung. Hier wird in Synapsen oder Nervenendigungen das Transmittersubstrat gezielt auf die Zielzellen abgegeben.

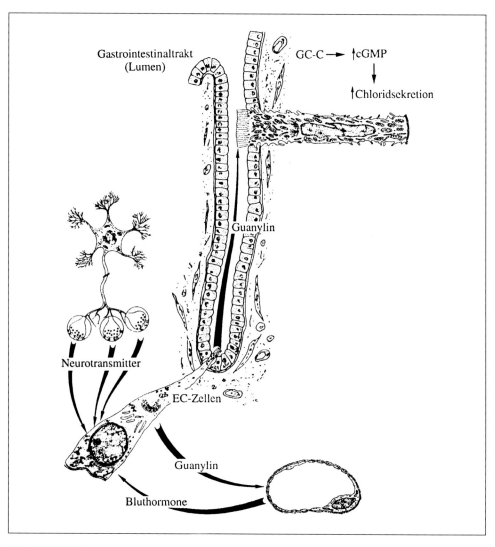

Abb. 6 Beispiel einer parakrinen Interaktion: Guanylin wird als Peptid der EC-Zellen des Darmepithels an das Darmlumen abgegeben, wo es auf die Guanylat-Zyklase C des Stäbchensaumes der Enterocyten wirkt und eine Signaltransduktion zur Bildung von cGMP auslöst (nach FORSSMANN et al. 1995).

Wichtig ist, daß die Gesamtheit der Zellsysteme auch im Ruhezustand ständig zu einer Basalkonzentration von Regulatorpeptiden im Blutplasma beiträgt, wenn auch bei parakrinen und autokrinen Systemen nur geringste Mengen an Peptid abdiffundieren und für die eigentliche Funktion verlorengehen. Diese autokrinen und parakrinen Systeme tragen in der Gesamtheit zu einer Homeostase der Peptidkonzentrationen bei, die für den Funktionszustand des Gesamtorganismus verantwortlich sind.

4. Rezeptor-Interaktion mit Zielorganen

Nachdem diese Signalüberträger (als Peptid-Hormone) aus ihren Bildungsstätten freigegeben sind, erreichen sie durch Diffusion und Transport die Zielorgane und binden an Membranrezeptoren auf den Zelloberflächen der beeinflußbaren Zielzellen. Die Rezeptoren für die regulatorischen Peptide sind in der Regel große Proteinmoleküle, deren Aminosäurenkette in drei Abschnitte gegliedert ist:

— eine extrazelluläre Bindungsdomäne,
— eine Membrandomäne und
— eine intrazelluläre Enzymdomäne (Abb. 7).

Durch das Andocken eines Signalpeptides an die extrazelluläre Domäne wird eine Konformationsänderung bewirkt, die bis in die intrazelluläre Enzymdomäne übergreift und eine Enzymreaktion hervorruft, die eine Stoffwechseländerung bedingt. Die Enzymaktivierung ruft eine vermehrte Bildung eines zweiten Botenstoffes (*Second Messenger*) hervor, der die weiteren intrazellulären Reaktionen bestimmt. Dieser Vorgang der Signaltransduktion geht mit einer enormen Verstärkung einher, was den stark spezifischen Vorgang der Interaktion an der extrazellulären Domäne hochsensibel werden läßt. So entsteht aus einem gebundenen Molekül am Rezeptor eine enorme Menge an *Second-Messenger*-Molekülen (siehe KAUPP 1994). Diese Enzymkaskade der Signaltransduktion wird durch weitere intrazelluläre, abhängige Stoffwechselvorgänge in Form von spezifischen sekundären Enzymkaskaden zusätzlich verstärkt. Hierbei spielt die Kopplung der Rezeptoren an spezifische G-Proteine (GILMAN 1987, RODBELL 1992) und Proteinkinasen (NISHIZUKA 1984, 1989, ISAKOV et al. 1987, BLACKSHEAR 1988, KREBS 1989, HARDIE 1990, RAPP 1991, DAVIES 1993, SZAMEL und RESCH 1995) eine Schlüsselrolle, wobei eine eingehende Besprechung dieser Aspekte den Rahmen dieses Themas weit übersteigen würde. Erwähnt sei lediglich noch, daß nach heutigem Stand peptidabhängige Rezeptoren sich intrazellulär im wesentlichen der folgenden

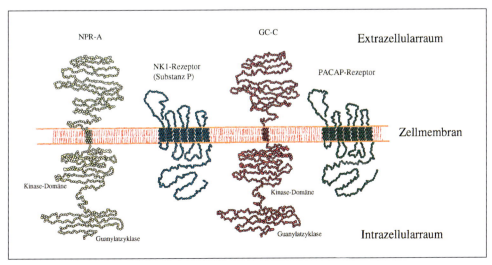

Abb. 7 Cartoon-Zeichnung zum Bau von Rezeptoren, die besonders für extrazellulär bindende Peptide benutzt werden. Weiteres siehe Text.

Second Messenger bedienen: cyclisches Adenosinmonophosphat (cAMP), cyclisches Guanosinmonophosphat (cGMP) und Inositol-1,4,5-trisphosphat (IP_3).

Wohl fast alle Zellen besitzen mehrere Rezeptoren, die diese *Second Messengers* (einschließlich der nicht genannten intrazellulären, sekundären Botenstoffe wie Ca-Ionen, Diacylglycerat und Arachidonat) beeinflussen. Darüber hinaus existieren jedoch auch rezeptorunabhängige, direkte Mechanismen, über die intrazelluläre Zellvorgänge moduliert werden. Sonst ist die Zelle von einer vielfältigen Interaktion einzelner Stoffwechselprozesse abhängig, die jedoch (sehr effektiv durch Einzelinteraktionen) in eine bestimmte Funktion gerichtet werden können: Das Gesamtgleichgewicht der Stoffwechsellage der Zelle entspricht einer sehr sensiblen Waage, die leicht aus der Ruhebalance gebracht werden kann. Die multiple Interaktion zwischen den verschiedenen Faktoren stellt damit auch ein unerschöpfliches Feld an zukünftiger pharmakologischer Forschung dar, indem die interaktiven Wirkungen an den einzelnen Zielorganen genau bestimmt werden.

Um den Aufbau einiger Rezeptoren zu veranschaulichen, sind die Rezeptoren für das natriuretische Peptid A (LOWE et al. 1989), für Guanylin (CHINKERS et al. 1989), für Substanz P (GERARD et al. 1991) und für PACAP (PISEGNA und WANK 1993, HOSOYA et al. 1993, MORROW et al. 1993) gezeigt (Abb. 7). Die Interaktion dieser Peptide mit den entsprechenden Rezeptoren bewirkt eine Zunahme des intrazellulären Spiegels von cAMP, IP_3 oder cGMP. Typisch für die cAMP- und IP_3-Rezeptoren ist die siebenteilige, helikale Intramembrandomäne. Ihre Strukturen zeigt die Abbildung 7 als Cartoon in schematischer Veranschaulichung.

5. Wirkung auf den Stoffwechsel der Zielorgane und die daraus resultierenden Effekte

Die Arten der Regulatorpeptide können willkürlich nach verschiedenen Kriterien eingeteilt werden, z. B. nach ihren physikochemischen Eigenschaften (Größe, Hydrophobizität, Basizität, charakteristische Sequenzmotive etc.), nach den physiologischen Wirkungen (Typen der Zielorgane), nach der Generation bestimmter *Second Messengers* (cAMP, cGMP etc.) oder nach weiterer Interaktion mit intrazellulären Enzymkaskaden. Von der Physiologie her ist es sinnvoll, die regulatorischen Peptide in

— Stoffwechselhormone,
— Wachstumsfaktoren,
— Neuropeptide und
— Immunmodulatoren

einzuteilen, was die Wirkung auf den Stoffwechsel spezifischer Zielorgane charakterisiert. Diese Betrachtung zeigt, wie universell die Peptide als Regulatorsubstanzen in die biologischen Funktionen des Organismus eingreifen. Es werden also glattmuskuläre Wirkungen (z. B. Vasokonstriktion oder Vasorelaxation), sekretorische Funktionen, nervale Übertragungen, Zellstoffwechsel und Zellteilung (Geschwindigkeit der Zellproliferation) praktisch aller Zellen von Peptiden gesteuert. Interessant ist aber, daß von den vielen bekannten Peptiden nur wenige unersetzliche Funktionen erfüllen (z. B. Insulin für den Zuckerstoffwechsel) und die meisten eine modulierende Wirkung haben, also eine Geige im großen Orchester darstellen. Um die Bedeutung der Wirkung der Peptide im Rahmen der globalen Funktion zu bestimmen, hat man sich vieler Versuchsanordnungen bedient:

— Anschalten oder Verstärken der Funktion durch zusätzliche Infusion, Agonistenanwendung, transgene Verstärkung und Beobachtung der Reaktion oder
— Abschalten der Funktion durch Entfernung des Bildungsorganes, Benutzung von Antagonisten oder bindenden Antikörpern sowie Unterdrücken der Genexpression (*Knock-out*). Gerade die zahlreichen *Knock-out*-Versuche an Mäusen haben in der letzten Zeit erkennen lassen, wie oft die Peptidsysteme durch vielfache Ersatzmechanismen abgesichert sind.

6. Globale Wirkung und Steuerung der systemischen Körperfunktionen

Wie oben erwähnt und ableitbar ist, wird der Funktionszustand einer Zelle u. a. von der qualitativen und quantitativen Zusammensetzung der Rezeptoren und der Zahl der einwirkenden Regulatorpeptide bestimmt. Im menschlichen Gesamtorganismus bestimmt damit der Extrazellulärraum mit seinen Konzentrationen an Regulatorpeptiden in Abhängigkeit der Rezeptorzusammensetzung der Einzelzellen in den Organen die funktionelle Homeostase in Form einer »globalen Wirkung«. Dies bedeutet, daß die Einwirkungen auf die Zielorgane, die von zahlreichen regulierenden Organen ausgehen, innerhalb der Zellen amplifiziert und integriert werden müssen, um gezielte Effekte zu erreichen. Dies ist in Abbildung 8 schematisiert. Zusammengefaßt kann das Gleichgewicht der Körperfunktionen unter dem Gesichtspunkt der globalen Wirkung gesehen werden, die zu einer funktionellen Homeostase führt, und daß dieses Gleichgewicht durch Amplifikation einzelner Effektoren zu einer differenzierten Steuerung der Körperfunktionen führt, die als eine Wirkung einzelner gewichteter Regulatorsysteme verstanden werden kann. Dies beinhaltet sowohl die physiologischen als auch die pathophysiologischen Mechanismen der integrierten Signalwirkungen.

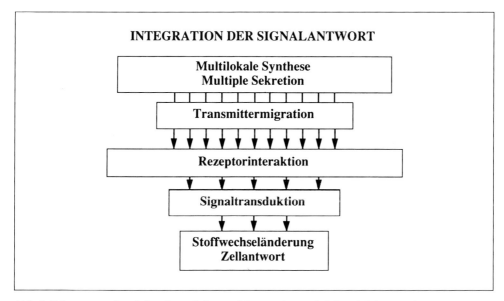

Abb. 8 Schema zur räumlichen Interaktion und Integration endokriner Wirkungen im Endokrinium. Weiteres siehe Text.

Interessant ist aber, daß die integrale Wirkung durch Regulatorsubstanzen meistens so viele parallele Mechanismen beinhaltet, daß nur relativ selten ein einzelner Ausfall zu einer lebensbedrohlichen Erkrankung führt, wie z. B. bei Diabetes. *Knock-outs* von Genen haben diese Möglichkeit des Ersatzes und die Häufigkeit der letal wichtigen Regulatorsubstanzen eindrucksvoll belegt (COPP 1995, FASSLER et al. 1995). Insbesondere bei Immunmodulatoren wie Interleukinen bzw. Chemokinen etc. ist eine mehrfache Absicherung durch überlappend funktionierende Regulatorpeptide die Regel.

7. Neue Wege zur Entdeckung von peptidergen Signalsubstanzen

Auf der Basis der oben genannten Kenntnisse entwickelten wir in den vergangenen Jahren ein Konzept mit dem Ziel, bisher unbekannte regulatorische Peptide in ihrer posttranslationalen, d. h. bioaktiven Form systematisch zu erforschen (FORSSMANN et al. 1993, SCHULZ-KNAPPE et al. 1995c). Gegenüber dem so viel beachteten und international geförderten Genprojekt besteht damit die Möglichkeit, das aus einer Gensequenz allein nicht ablesbare Genprodukt zu erfassen. Dieser Ansatz ist jedoch mit einem enormen Aufwand verbunden und erforderte eine Entwicklung, die im folgenden kurz aufgezeichnet wird.

Wie oben ausgeführt, müssen alle Mediatoren, die über membranständige Rezeptoren wirken, zwangsläufig in ihrer bioaktiv prozessierten Form in den Extrazellulärraum abgegeben werden. Die peptidergen Signaltransmitter sind durch ihre Größe und Löslichkeit praktisch frei diffundierende Moleküle, die in alle Winkel des Extrazellulärraumes und damit auch in den Raum der Blutgefäße gelangen. Im Blut kommen somit nicht nur endokrine, sondern auch parakrine, autokrine und neurokrine Substanzen in geringen Konzentrationen vor. Sie sind meist im Radioimmunoassay oder in sensitiven Bioassays bestimmbar. Mit der Entwicklung von Verfahren, die Peptide aus dem Blut oder aus Körperflüssigkeiten zu isolieren, begannen wir vor etwa zehn Jahren (K. FORSSMANN et al. 1986, SCHULZ-KNAPPE et al. 1988), wobei wir zunächst die *Large-Scale*-Verfahren von Viktor MUTT (MUTT 1978) anwandten. Das Problem bestand einmal in der Menge an erhältlicher Ausgangssubstanz und zum anderen in der Fraktionierung der geringen Mengen an Peptid. Die ersten Isolierungen gelangen uns bald, da wir anstelle von Vollblut menschliches Haemofiltrat benutzten (KRAMER et al. 1978, FORSSMANN et al. 1993, SCHEPKY et al. 1994, SCHULZ-KNAPPE et al. 1995a). Obwohl das Haemofiltrat als Abfall der Blutwäsche von nierenkranken Patienten stammt, enthält es doch die meisten Peptide in annähernd gleichen Konzentrationen und Molekülformen, so daß es derzeit noch nicht nötig erscheint, unbedingt Haemofiltrat gesunder Probanden zu gewinnen. Mit den ersten Isolierungen konnten wir schon Peptide identifizieren, die in Konzentrationen von bis zu 10 pM im Blut zirkulieren. Inzwischen ist die Methodik weiter entwickelt worden, so daß wir routinemäßig 10 000-Liter-Ansätze Haemofiltrat verarbeiten und Peptide, die im femtomolaren Bereich zirkulieren, in Reinform gewinnen und ihre Primärstruktur aufklären (SCHULZ-KNAPPE et al. 1995c). Dabei gehen wir nach zwei Prinzipien vor: die Peptide werden

— auf einem Bioassay basierend in den Chromatographiefraktionen identifiziert und

— anhand eines sogenannten »Peptidtrappings« systematisch sequenziert, wobei im Anschluß daran durch resynthetisiertes Material eine Funktionsanalyse durchgeführt wird. Mit diesen Methoden wurden am Niedersächsischen Institut für Peptid-Forschung bereits eine große Anzahl neuer Peptide oder Molekülformen bekannter Proteine/Peptide entdeckt. Weitere erfolgversprechende Projekte zur Entdeckung von Wachstumsfaktoren, Immunmodulatoren (SCHULZ-KNAPPE et al. 1995b) und Guanylat-zyklase-aktivierenden Peptiden (HESS et al. 1995) sind derzeit in Bearbeitung.

8. Klinische Bedeutung und Zukunftsperspektiven in der Peptidforschung

Die Behandlung von Erkrankungen mit nativen Peptiden ist am Beispiel des Insulins in eindrucksvoller Weise zu erkennen. Obwohl die Mangelerkrankungen (Diabetes mellitus) für Insulin seit Jahrzehnten bekannt sind und die Therapie mit nativem Insulin eine große volkswirtschaftliche Bedeutung hat, ist es bisher nicht gelungen, ein Insulinanalogon zu entwickeln, das allen therapeutischen Anforderungen gerecht wird. Ähnlich hat sich durch die Entwicklung der modernen Peptid-/Proteinchemie ergeben, daß zahlreiche, nur gentechnologisch herstellbare Eiweißstoffe mehr und mehr Eingang in die klinische Anwendung finden. Dagegen ist die Zahl an nicht-peptidergen, verwertbaren Analogsubstanzen nur beschränkt gelungen (z. B. Somatostatin, Angiotensin). Die Entwicklung und Entdeckung unbekannter Peptide ist daher immer noch eine große Herausforderung, sei es für die Erschließung direkt verwertbarer Peptide oder zur Entwicklung von synthetischen Analoga über Kenntnisse der räumlichen Struktur, die anhand von NMR-spektroskopischen Experimenten an nativen zirkulierenden Regulatorpeptiden erforscht werden kann (MARX et al. 1995).

Wir haben uns daher also die Aufgabe gestellt, im Rahmen eines langfristigen Forschungsprojektes native, menschliche Peptide nach zwei Gesichtspunkten zu erforschen:

— Isolierung von zirkulierenden, bioaktiven Peptiden aus Haemofiltrat.
— Systematisches Peptidsequenzieren (Peptidtrapping).

Die Isolierung von im Blut zirkulierenden Regulatorpeptiden basiert auf den oben erörterten Grundlagen. Wir gehen von der Vorstellung aus, daß praktisch alle extrazellulären peptidergen Signalsubstanzen, die in die Körperflüssigkeiten sezerniert werden (Abb. 9), in basalen Konzentrationen vorliegen, die vorwiegend im femtomolaren Bereich liegen. Bei Optimierung der Isolierungsverfahren und Benutzung der heute entwickelten, hochsensiblen Analyseverfahren lassen sich praktisch alle diese Peptide in sukzessiven Fraktionierungsschritten so aufreinigen, daß ihre Primärstruktur ganz oder teilweise aufgeklärt werden kann. Bei der Isolierung wird in den einzelnen Chromatographieschritten eine postulierte biologische Aktivität (z. B. Proliferations-, Sekretions- und Stimulationstests auf *Second Messengers,* Muskelkontraktion oder -relaxation etc.) verfolgt, die für den Effekt verantwortlich ist. Zahlreiche Peptide wurden klassischerweise nach dem gleichen Konzept aus ihren Bildungsstätten isoliert, wo sie in größeren Mengen gespeichert werden, aber meist als Prohormone vorliegen. Für Aufreinigungen aus dem Blut dagegen werden allerdings wegen der beschränkten Wiederfindungsrate große Ausgangsmengen von Flüssigkeit benötigt. Wir führten daher eine Methode ein, die Peptide aus dem Blutfiltrat Nierenkranker zu gewinnen (FORSSMANN et al. 1993,

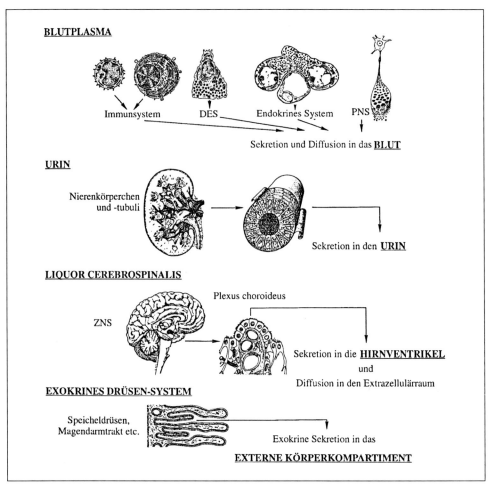

Abb. 9 Schema zur unidirektionalen Sekretion nach Synthese von extrazellulär wirkenden Regulatorpeptiden. Die meisten Peptide erscheinen als prozessierte bioaktive Signalsubstanzen in den Körperflüssigkeiten, besonders im Blut, wo sie für die Analyse gewonnen werden können.

SCHULZ-KNAPPE 1995a). Dieses Blutfiltrat liegt in unbeschränkter Menge vor (KRAMER et al. 1978). Nach dem Stand der jetzigen Technik können problemlos Mengen von 100000 l Haemofiltrat zur Isolierung von Peptiden aufgearbeitet werden. Mit dieser Methode wurden in den letzten Jahren bereits eine Reihe neuer, posttranslational prozessierter Peptide gewonnen.

Unter systematischer Sequenzierung verstehen wir den Versuch, die zirkulierenden Peptide des Blutfiltrates generell zu analysieren. Dazu werden 100000 l Blutfiltrat so verarbeitet, daß in einer Zweistufenchromatographie Haupt- und Unterfraktionen von Rohpeptid gewonnen werden, die dann direkt durch hochsensible Analytik (LC-MS-Kopplung und Sequenzierung, RAIDA et al. 1996) charakterisiert werden. Dabei sind schnell die metabolischen Fragmente bekannter und unbekannter Peptide/Proteine analysiert, und die weitere Arbeit als »Peptidtrapping« (Abb. 10, 11) geht über

— molekularbiologische Methoden der cDNA-Sequenzierung und Gen-Analyse,

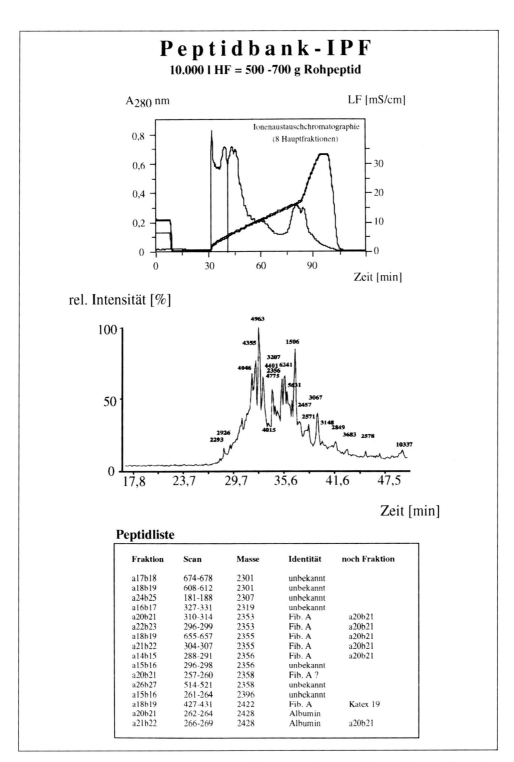

Abb. 10 Darstellung zum Konzept der systematischen Darstellung von Blutpeptiden im Sinne einer Peptidbank. Weiteres siehe Text. (Nach SCHULZ-KNAPPE et al. 1995c)

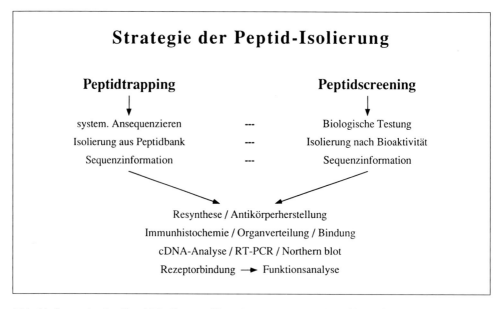

Abb. 11 Strategie der Peptid-Isolierung über das sogenannte »Peptidtrapping« im Rahmen der systematischen Peptidanalyse und Darstellung der Peptide nach Funktionstesten (Screening)

— immunchemische Methoden durch Antikörperherstellung mit Immunzytochemie und Immunoassays für Gewebe- und Plasmamessungen sowie
— die Funktionsanalyse durch Screening von Organwirkungen und Rezeptoruntersuchung.

Die Anwendung des »Peptidtrappings« hat zur Entdeckung einer Zahl von Peptiden geführt (z. B. BENSCH et al. 1995, SCHULZ-KNAPPE et al. 1995b, STÄNDKER et al. 1995), die derzeit von unserer Arbeitsgruppe untersucht werden.

Das zentrale Ziel der Untersuchungen ist, neben der Grundlagenforschung auch relevante Peptide für Stoffwechselerkrankungen bezüglich Therapie und Diagnostik zu finden. Aus anfänglichen Ergebnissen zeichnet sich ein praktischer Erfolg ab, da bereits zwei Peptide intensiv in der klinischen Bearbeitung sind. Das zirkulierende Parathormon (hPTH-1-37) (FORSSMANN et al. 1991) ist für die Behandlung der Osteoporose in präklinischer Erprobung, und das Urodilatin ist als Therapeutikum für das akute Nierenversagen und Asthma bronchiale (HUMMEL et al. 1992, FLÜGE et al. 1995) in der klinischen Prüfung. Es ist anzunehmen, daß weitere klinisch relevante Peptide mit Hilfe des beschriebenen Konzeptes gewonnen werden können.

9. Zusammenfassung

Im vorliegenden Referat wurde gezeigt, daß Nervensystem und Endokrinium in gleichartiger Weise durch Sekretion von Regulatorsubstanzen funktionieren, nur die räumlichen und quantitativen Verhältnisse sind verschieden. Je nach Ausbreitungsgebiet unterscheidet man endokrine, parakrine, neurokrine, autokrine und juxtakrine Interaktionen. Die von den Effektororganen gebildeten Signalüberträger sind häufig kleinere Eiweißstoffe, die »regulatorischen Peptide«. Nachdem diese Signalüberträger (als Peptid-Hormone) freigegeben sind, binden sie an Membranrezeptoren auf den Zelloberflächen des beeinflußbaren Zielorganes. Die Wechselwirkung zwischen Transmitter und Rezeptor bestimmt die Funktionsänderungen. Die Membranrezeptoren sind Proteine verschiedener Natur, besitzen aber allgemein die Eigenschaft, nach Bindung der Signalsubstanzen den Stoffwechsel der Zelle zu modulieren. Diese Signaltransduktion von der Außenseite in das Innere der Zelle geschieht durch komplizierte Strukturänderungen der Rezeptorproteine, die sich in der Zelle in Form von Stoffwechselaktivierungen etc. auswirken, damit z. B. Bewegung (Kontraktilität), Stoffabgabe (Sekretion) und Zellteilung (Mitose) aktiviert und gelegentlich auch gehemmt werden. Die endokrine Regulation durch Peptide weist die Besonderheit auf, daß hier die Bindungsdomänen sämtlicher Rezeptoren des Körpers in die extrazelluläre Flüssigkeit ragen. Deren Gesamtkomposition und die Konzentrationen der Signaltransmitter bestimmen letztendlich das Ergebnis der Reaktion zwischen Effektor und Rezeptororgan/Zelle. Dabei ist wichtig, daß in neuerer Zeit zunehmend Strukturen wie Rezeptorsubtypen, Rezeptorhybride und heterogene Rezeptoransammlungen erkannt werden. Daraus ergibt sich, daß sich die Funktionsregulation aus einem Gleichgewicht vieler Parameter erklärt. Das Prinzip der endokrinen Regulation durch regulatorische Peptide ist also ein integriertes Gleichgewicht der zahlreichen Peptid-Rezeptor-Interaktionen. Dieses Gleichgewicht wird durch mehr oder weniger aktive und mehr oder weniger qualitative Transmitter-Konzentrationen im Makrokompartiment bestimmt. Damit ist das Endokrinium durch seine globale Wirkung im Makrokompartiment vom Nervensystem mit seiner gezielten Wirkung in Bereichen von Mikrokompartimenten zu unterscheiden. In diesem Übersichtsreferat sollten diese Prinzipien der Regulation der Körperfunktion durch das Endokrinium dargestellt werden. Weiter werden aktuelle Forschungsmöglichkeiten zur systematischen Entdeckung solcher Regulatorsubstanzen des menschlichen Blutes (Hormone) und ihrer Rezeptoren erörtert, was im Hinblick auf die Möglichkeit der Entdeckung klinisch relevanter Peptide als ein systematisches Forschungskonzept bearbeitet wird.

Danksagung

Für die kritische Durchsicht des Manuskriptes danke ich meinen Mitarbeitern Herrn Dr. Knut ADERMANN, Herrn Dr. Markus MEYER und Herrn Dr. Peter SCHULZ-KNAPPE. Herrn Wolfgang POSSELT, Herrn Dr. Hans-Dieter ZUCHT und Frau Anja FREESEMANN bin für die Hilfe bei der Erstellung der Abbildungen und des Manuskriptes zu Dank verpflichtet. Die Unterstützung durch HaemoPep Pharma GmbH (Prof. Dr. Klaus DÖHLER) ermöglichte einen großen Teil der Arbeiten des Gesamtprojektes.

Literatur

ANDREWS, P. C., BRAYTON, K., and DIXON, J. E.: Precursors to regulatory peptides: their proteolytic processing. Experientia *43*, 784–790 (1987)

BLACKSHEAR, P. J.: Approaches to the study of protein kinase C involvement in signal transduction. Amer. J. Med. Sci. *296*, 231–240 (1988)

BENSCH, K. W., RAIDA, M., MÄGERT, H. J., SCHULZ-KNAPPE, P., and FORSSMANN, W. G.: hBD-1: a novel ß-defensin from human plasma. FEBS Letters *368*, 331–335 (1995)

CHINKERS, M., GARBERS, D. L., CHANG, M. S., LOWE, D. G., CHIN, H., GOEDDEL, D. V., and SCHULZ, S.: A membrane form of guanylate cyclase is an atrial natriuretic peptide receptor. Nature *338*, 78–83 (1989)

COPP, A. J.: Death before birth: clues from gene knockouts and mutations. Trends Genet. *11* (3), 87–93 (1995)

CURRIE, M. G., FOK, K. F., KATO, J., MOORE, R. J., HAMRA, F. K., DUFFIN, K. L., and SMITH, C. E.: Guanylin: An endogenous activator of intestinal guanylate cyclase. Proc. Natl. Acad. Sci. USA *89*, 947–951 (1992)

DAVIES, R. J.: The mitogen-activated protein kinase signal transduction pathway. J. Biol. Chem. *268*, 14553–14556 (1993)

FASSLER, R., MARTIN, K., FORSBERG, E., LITZENBURGER, T., and IGLESIAS, A.: Knockout mice: how to make them and why. The immunological approach. Int. Arch. Allergy Immunol. *106* (4), 323–334 (1995)

FLÜGE, T., FABEL, H., WAGNER, T. O. F., SCHNEIDER, B., and FORSSMANN, W. G.: Bronchodilating effects of natriuretic and vasorelaxant peptides compared to salbutamol in asthmatics. Regulatory Peptides (1995, in press)

FORSSMANN, K., HOCK, D., HERBST, F., SCHULZ-KNAPPE, P., TALARTSCHIK, J., SCHELER, F., and FORSSMANN, W. G.: Isolation and structural analysis of the circulating human cardiodilatin (Alpha ANP). Klin. Wochenschr. *64*, 1276–1280 (1986)

FORSSMANN, W. G.: Urodilatin (Ularitide, INN): a renal natriuretic peptide. Nephron *69*, 211–222 (1995)

FORSSMANN, W. G., CETIN, Y., HILL, O., MÄGERT, H. J., KUHN, M., KULAKSIZ, H., and RECHKEMMER, G.: Review: guanylin is a new gastrointestinal hormone regulating water-electrolyte transport in the gut. In: JOHNSTONE, P. (Ed.): Falk Symposium 77: Gastrointestinal tract and endocrine system (Singer, Ziegler, Rohr). Chapter 33, pp. 279–292. Dordrecht, Boston, London: Kluwer Academic Publishers 1995

FORSSMANN, W. G., und GRUBE, D.: Die disseminierten endokrinen Zellen. In: FLEISCHAUER, K., STAUBESAND, J., und ZENKER, W.: Benninghoff Anatomie. Makroskopische und Mikroskopische Anatomie des Menschen. 13./14. Aufl. Band 2, S. 604–612. München, Wien, Baltimore: Urban & Schwarzenberg 1985

FORSSMANN, W. G., HERBST, F., SCHULZ-KNAPPE, P., ADERMANN, K., and GAGELMANN, M.: hPTH (1–37) fragment, its production, drug containing it and its use. PCT-Patent, WO 91/06564, pp. 1–23 (1991)

FORSSMANN, W. G., MEYER, M., and SCHULZ-KNAPPE, P.: Urodilatin: From cardiac hormones to clicinal trials. Exp. Nephrol. *2*, 318–323 (1994)

FORSSMANN, W. G., SCHULZ-KNAPPE, P., MEYER, M., ADERMANN, K., FORSSMANN, K., HOCK, D., and AOKI, A.: Characterization of natural posttranslationally processed peptides from human blood: A new tool in the systematic investigation of native peptides. In: YANAIHARA, N. (Ed.): Peptide Chemistry; pp. 553–557. Leiden: Escom 1993

GERARD, N. P., GARRAWAY, L. A., EDDY, R. L., SHOWS, T. B., IIJIMA, H., PAQUET, J. L., and GERARD, C.: Human substance P receptor (NK-1): organization of the gene, chromosome localization, and functional expression of cDNA clones. Biochemistry *30* (44), 10640–10646 (1991)

GILMAN, A. G.: G proteins: transducers of receptor-generated signals. Annu. Rev. Biochem. *56*, 615–649 (1987)

HARDIE, D. G.: Roles of protein kinases and phosphatases in signal transduction. Symp. Soc. Exp. Biol. *44*, 241–255 (1990)

HESS, R., KUHN, M., SCHULZ-KNAPPE, P., RAIDA, M., FUCHS, M., KLODT, J., ADERMANN, K., KAEVER, V., CETIN, Y., and FORSSMANN, W. G.: GCAP-II: isolation and characterization of the circulating form of human uroguanylin. FEBS Letters *374*, 34–38 (1995)

HILL, O., KUHN, M., ZUCHT, H.-D., CETIN, Y., KULAKSIZ, H., ADERMANN, K., KLOCK, G., RECHKEMMER, G., FORSSMANN, W. G., and MÄGERT, H. J.: Analysis of the human guanylin gene and the processing and cellular localization of the peptide. Proc. Natl. Acad. Sci. USA *92*, 2046–2050 (1995)

HÖLLT, V.: Opioid peptide processing and receptor selectivity. Annu. Rev. Pharmacol. Toxicol. *26*, 59–77 (1986)

HOSOYA, M., ONDA, H., OGI, K., MASUDA, Y., MIYAMOTO, Y., OHTAKI, T., OKAZAKI, H., ARIMURA, A., and FUJINO, M.: Molecular cloning and functional expression of rat cDNAs encoding the receptor for pituitary adenylate cyclase activating polypeptide (PACAP). Biochem. Biophys. Res. Commun. *194*, 133–143 (1993)

HUMMEL, M., KUHN, M., BUB, A., BITTNER, H., KLEEFELD, D., MARXEN, P., SCHNEIDER, B., HETZER, R., and FORSSMANN, W. G.: Urodilatin: a new peptide with beneficial effects in the postoperative therapy of cardiac transplant recipients. Clin. Investig. 70, 674–682 (1992)

ISAKOV, N., MALLY, M. I., SCHOLZ, W., and ALTMAN, A.: T-lymphocyte activation: the role of protein kinase C and the bifurcating inositol phospholipid signal transduction pathway. Immunol. Rev. 95, 89–111 (1987)

KAUPP, U. B.: Am Anfang des Sehens. In: Mannheimer Forum 94/95, Studienreihe Boehringer Mannheim. S. 11–60. München: Piper 1995

KAUSHANSKY, K., and KARPLUS, P. A.: Hematopoietic growth factors: understanding functional diversity in structural terms. Blood 82, 3229–3240 (1993)

KRAMER, P., MATTHAEI, D., FUCHS, C., ARNOLD, R., EBERT, R., MCINTOSH, C., SCHAUDER, P., SCHWINN, G., SCHELER, F., LUDWIG, H., and SPITTELLER, G.: Assessment of hormone loss through hemofiltration. In: SCHELER, F., and HENNING, H. V. (Eds.): Hämofiltration; pp. 128–130. München: Dustri-Verlag 1978

KREBS, E. G.: The Albert Lasker Medical Awards. Role of the cyclic AMP-dependent protein kinase in signal transduction. JAMA 262, 1815–1818 (1989)

KUHN, M., RAIDA, M., ADERMANN, K., SCHULZ-KNAPPE, P., GERZER, R., HEIM, J. M., and FORSSMANN, W. G.: The circulating bioactive form of human guanylin is a high molecular weight peptide (10.3 kDa). FEBS Letters 318 (2), 205–229 (1993)

LOWE, D. G., CHANG, M. S., HELLMISS, R., CHEN, E., SINGH, S., GARBERS, D. L., and GOEDDEL, D. V.: Human atrial natriuretic peptide receptor defines a new paradigm for second messenger signal transduction. EMBO J. 8 (5), 1377–1384 (1989)

MARX, U. C., AUSTERMANN, S., BAYER, P., ADERMANN, K., EJCHART, A., STICHT, H., WALTER, S., SCHMID, F. X., JAENICKE, R., FORSSMANN, W. G., and RÖSCH, P.: Structure of human parathyroid hormone 1–37 in solution. J. Biol. Chem. 270, 15194–15202 (1995)

METCALF, D.: Hematopoietic regulators: redundancy or subtlety? Blood 82, 3515–3523 (1993)

MORROW, J. A., LUTZ, E. M., WEST, K. M., FINK, G., and HARMAR, A. J.: Molecular cloning and expression of a cDNA encoding a receptor for pituitary adenylate cyclase activating polypeptide (PACAP). FEBS Letters 329 (1–2), 99–105 (1993)

MUTT, V.: Hormone isolation. In: BLOOM, S. R. (Ed.): Gut hormones; pp. 21–27. Edinburgh, London, New York: Churchill Livingstone 1978

MUTT, V.: New approaches to the identification and isolation of hormonal polypeptides. Trends Neurosci. 6, 357–360 (1983)

MUTT, V.: On the necessity of isolating peptides. In: SCHNEIDER, C. H., and EBERLE, A. N.: Peptides 1992; pp. 3–20. Leiden: ESCOM Science Publishers B. V. 1993

NISHIZUKA, Y.: The Albert Lasker Medical Awards. The family of protein kinase C for signal transduction. JAMA 262, 1826–1833 (1989)

NISHIZUKA, Y.: The role of protein kinase C in cell surface signal transduction and tumor promotion. Nature 308, 693–698 (1984)

PERDUE, M. H., and MCKAY, D. M.: Integrative immunophysiology in the intestinal mucosa. Amer. J. Physiol. 267, G151–G165 (1994)

PISEGNA, J. R., and WANK, S. A.: Molecular cloning and functional expression of the pituitary adenylate cyclase-activating polypeptide type I receptor. Proc. Natl. Acad. Sci. USA 90 (13), 6345–6349 (1993)

RAIDA, M., HEINE, G., SCHULZ-KNAPPE, P., and FORSSMANN, W. G.: Analysis of complex peptide mixtures from human hemofiltrate by LC-MS. (1996, in preparation)

RAPP, U. R.: Role of Raf-1 serine/threonine protein kinase in growth factor signal transduction. Oncogene 6, 495–500 (1991)

RODBELL, M.: The role of GTP-binding proteins in signal transduction: from the sublimely simple to the conceptually complex. Curr. Top. Cell Regul. 32, 1–47 (1992)

SCHEPKY, A. G., BENSCH, K. W., SCHULZ-KNAPPE, P., and FORSSMANN, W. G.: Human hemofiltrate as a source of circulating bioactive peptides: Determination of amino acids, peptides and proteins. Biomed. Chromatogr. 8, 90–94 (1994)

SCHOR, S. L.: Cytokine control of cell motility: modulation and mediation by the extracellular matrix. Prog. Growth Factor Res. 5, 223–248 (1994)

SCHULZ-KNAPPE, P., BENSCH, K. W., SCHEPKY, A. G., HESS, R., STÄNDKER, L., HEINE, G., SILLARD, R., RAIDA, M., and FORSSMANN, W. G.: Isolation of peptides from human hemofiltrate: Strategy of systematic characterization. In: MAIA, H. L. S.: Peptides 1994; pp. 433–434. Leiden: ESCOM 1995a

Schulz-Knappe, P., Forssmann, K., Herbst, F., Hock, D., Pipkorn, R., and Forssmann, W. G.: Isolation and structural analysis of »urodilatin«, a new peptide of the cardiodilatin-(ANP)-family, extracted from human urine. Klin. Wochenschr. *66,* 752–759 (1988)

Schulz-Knappe, P., Mägert, H. J., Dewald, B., Meyer, M., Cetin, Y., Kubbies, J., Tomeczkowski, J., Kirchhoff, K., Raida, M., Adremann, K., Kist, A., Reinecke, M., Sillard, R., Pardigol, A., Uguccioni, M., Baggiolini, M., and Forssmann, W. G.: HCC-1, a novel chemokine from human plasma. J. Exp. Med. (1995b, in press)

Schulz-Knappe, P., Raida, M., and Forssmann, W. G.: Systematic isolation of circulating human peptides. Eur. J. Med. Res. (1995c, submitted)

Ständker, L., Sillard, R., Bensch, K. W., Ruf, A., Raida, M., Schulz-Knappe, P., Schepky, A. G., Patscheke, H., and Forssmann, W. G.: In vivo degradation of human fibrinogen Aα: detection of cleavage sites and release of antithrombotic peptides. Biophys. Biochem. Res. Comm. *215,* 896–902 (1995)

Sundler, F., and Håkanson, R.: Peptide hormone-producing endocrine/paracrine cells in the gastro-entero-pancreatic region. In: Björklund, A., Hökfelt, T., and Owman, C.: Handbook of Chemical Neuroanatomy. Vol. 6: The Peripheral Nervous System; pp. 219–295. Amsterdam, New York, Oxford: Elsevier Science Publishers B. V. 1988

Szamel, M., and Resch, K.: T-cell antigen receptor-induced signal transduction pathways activation and function of protein kinases C in T lymphocytes. Eur. J. Biochem. *228,* 1–15 (1995)

Unger, R. H., Dobbs, R. E., and Orci, L.: Insulin, glucagon, and somatostatin secretion in the regulation of metabolism. Annu. Rev. Physiol. *40,* 307–343 (1978)

Unsicker, K.: Wachstumsfaktoren in neuralen Entwicklungs- und Läsionsprozessen. Jahrbuch 1994. Leopoldina (R. 3) *40,* 161–168 (1995)

Weiss, K. D., Siegel, J. P., and Gerrard, T. L.: Regulatory issues in clinical applications of cytokines and growth factors. Prog. Growth Factor Res. *5,* 213–222 (1994)

Zucht, H. D., Raida, M., Adermann, K., Mägert, H. J., and Forssmann, W. G.: Casocidin-I: a casein-α_{S2} derived peptide exhibits antibacterial activity. FEBS Letters *372,* 185–188 (1995)

       Prof. Dr. Wolf-Georg Forssmann
       Niedersächsisches Institut für Peptid-Forschung (IPF)
       Medizinische Hochschule Hannover (MHH)
       Feodor-Lynen-Straße 31
       D-30625 Hannover

The Skin as a Bridge Between the Environment and the Immune System

By Georg STINGL (Wien)

Member of the Academy

1. Introduction

An intact immune system is required for all higher organisms to detect and destroy invading microorganisms (viruses, bacteria, fungi, and parasites) and to eliminate cells that sustain malignant transformation. Anatomically, the first barrier to microbiologic invasion is skin, a structure that for many years had been considered only a passive barrier against that invasion. Over the last two decades, however, concepts of a previously unrecognized role for skin have unfolded, a role in which resident bone-marrow derived leukocytes initiate and regulate the immune responses that protect it.

Important aspects of immunity against microorganisms and tumors are mediated by T lymphocytes, cells that recirculate continuously between peripheral tissues (i. e., skin, gut and lung) and central lymphoid organs (i. e., spleen and lymph nodes). The role of T cells in maintaining the integrity of skin is exemplified by the diseases that develop in patients who become deficient in cellular immunity. As only one example, infection with the *Human Immunodeficiency Virus*-I may ultimately result in progressive viral, bacterial, fungal, or even malignant cutaneous diseases.

The critical event in the acquisition of T cell-mediated immunity occurs with the »presentation« of a foreign antigen (derived from microorganisms, hapten-conjugated proteins, or from tumors) by a specialized leukocyte, termed the antigen-presenting cell (APC) (GERMAIN and MARGULIES 1993). This function of antigen presentation is served most effectively by members of a class of bone-marrow-derived cells, termed dendritic cells (DC), which are found in many organs and in the peripheral blood. Within skin, DC are represented in the epidermis by Langerhans cells (LC) (STINGL et al. 1978) and in the dermis by a newly recognized cell, the dermal dendritic cell (DDC).

2. Immune Functions of Skin Cells

2.1 Langerhans Cells

Langerhans cells (LC) are dendritic cells of bone-marrow derivation. They reside mainly within stratified squamous epithelia and constitute approximately 2–4% of all epithelial cells. In the epidermis, they are located usually at a suprabasal level and attach to neighbouring keratinocytes via an E-cadherin-dependent mechanism (TANG et al. 1993). LC visualization at the light microscopic level requires the use of appropriate histochemical and/or immunolabelling techniques. Ultrastructurally, LC exhibit unique trilaminar cytoplasmic organelles (Birbeck granules) that allow their identification.

Phenotypic Features of Langerhans Cells

In the past few years, it became clear that the phenotype of LC is determined by quality and quantity of mediators present in their microenvironment. Resident as well as freshly isolated LC display nonspecific esterase and adenosine triphosphatase (ATPase) activity, and are the only cells within the normal epidermis to express Fc-IgG receptors type II (FcγR II = CD 32), Fc-IgE receptors type I (FcϵR I) (WANG et al. 1992), C 3bi receptors/CD 11 b-CD 18, and major histocompatibility complex (MHC)-encoded class II antigens.

In epidermal cell cultures, LC acquire a pronounced dendritic configuration and undergo profound changes in their marker repertoire: while the expression of certain markers (FcγR II, FcεR I, ATPase activity, Birbeck granules) continuously decreases, the surface density of other molecules greatly increases in culture (MHC class I and class II antigens, RFD I, CD 25, CD 54, CD 58, CD 80, CD 86) (LARSEN et al. 1992, SCHULER and STEINMANN 1985). Some of these structures (e. g. CD 80, CD 86) are important costimulatory molecules for T-cell activation (GERMAIN and MARGULIES 1993).

Thus, cultured LC are essentially indistinguishable from certain MHC class II-bearing DC of lymphoid tissues which are potent stimulators of primary and secondary T-cell responses (STEINMAN 1991). It is now clear that the cytokines granulocyte-macrophage colony-stimulating factor (GM-CSF) and interleukin (IL)-1 are responsible for the phenotypic changes LC undergo in epidermal cell cultures (HEUFLER et al. 1988).

Functional Capacities of Langerhans Cells

Several groups of investigators have demonstrated over the years that LC-containing epidermal cells can induce primary and secondary T-cell responses towards alloantigens, haptens and soluble protein antigens including microbial antigens (STINGL et al. 1978, WILL et al. 1992). The availability of techniques for the purification of the various epidermal subpopulations as well as the recent *in vitro* generation of LC/DC from their precursors in the bone-marrow and peripheral blood (CAUX et al. 1992, ROMANI et al. 1994) made it possible to assess the functional capacities of LC *per se* (i. e., in the absence of other epidermal cells) and to evaluate comparatively the immunological functions of freshly isolated vs. cultured LC. Results obtained showed that freshly isolated, but not cultured, LC are capable of processing large protein antigens. On the other hand, it appears that, while both freshly isolated and cultured LC are potent antigen-presenting cells for primed cells, cultured LC are far superior to freshly isolated LC in their capacity to stimulate naive resting T cells.

These *in vitro* findings are apparently of relevance for the *in vivo* situation. Evidence exists that a few hours after skin transplantation LC begin to enlarge and exhibit increased amounts of surface-bound MHC class II molecules. Subsequently, a marked reduction in the number of epidermal LC occurs concomitantly with the appearance of strongly Ia$^+$ cells in the dermis of the transplants (LARSEN et al. 1990). Other investigators found that 24h after application of a contact sensitizer LC appear larger than normal, exhibit more intense anti-Ia staining, and are several-fold more potent in their T-cell stimulatory capacity than LC from nontreated or vehicle-treated animals (AIBA and KATZ 1990). Furthermore, it was possible to identify antigen-bearing LC/DC in draining lymph nodes after the application of contact sensitizers (MACATONIA et al. 1987, SILBERBERG-SINAKIN 1976) and to demonstrate antigen-specific T-cell activation by these cells. On the basis of these findings, it appears likely that LC function involves two components: first, antigens are picked up in the skin and processed by LC; and second, LC acquire the capacity to leave the skin and trigger resting T cells in the lymphoid organs.

One can therefore assume that the major *in vivo* function of LC is to provide a sensitizing signal in the induction of an immune response against antigens introduced into the skin (e. g. contactants, microorganisms) or newly generated in the skin (e. g. tumor antigens). The validity of this assumption is supported by several *in vivo* experiments:

- While the application of a contact sensitizer to a skin area with high LC density leads to the induction of contact hypersensitivity, the application of the same contactant to a skin area deficient in LC results in antigen-specific unresponsiveness (TOEWS et al. 1980).
- Antigen-bearing LC induce sensitization even when administered via routes (e. g. intravenously) that favor the induction of tolerance.
- CD 4-bearing T cells that have been sensitized *in vitro* with hapten-modified LC act as effector cells of contact hypersensitivity.
- Compared to transplants with high LC density (body skin), transplants devoid of LC (central portion of cornea) or subtotally depleted of LC (tape-stripped skin) enjoy a prolonged survival on MHC class II-disparate recipients; and,
- GM-CSF-activated, LC-containing epidermal cells, but not LC-depleted epidermal cells, are capable of presenting tumor antigens for the generation of protective antitumor immunity *in vivo* (GRABBE et al. 1991).

2.2 Dermal Dendritic Cells

In the past few years, several investigators have described a population of dendritic cells in the human dermis which are primarily located in the perivascular areas. Morphologically, these so-called »dermal dendritic cells« (DDC) have a folded nucleus and a highly ruffled, irregular surface. Their cytoplasm is relatively dark, contains the organelles needed for an active cellular metabolism, but is devoid of Birbeck granules. Phenotypic features of DDC include ATPase and non-specific esterase activity as well as the expression of CD 45, CD 11b, CD 11c, CD 36, MHC class II antigens and of the subunit A of the clotting proenzyme factor XIII. DDC express only low amounts of CD 1a and are $CD14^-$ and $CD15^-$ (LENZ 1993, MEUNIER et al. 1993). Recent studies indicate that their immunostimulatory capacity is similar to cells of the LC lineage (LENZ et al. 1993, MEUNIER et al. 1993).

2.3 Keratinocytes

Keratinocytes are capable of producing and secreting various mediators of the inflammatory reaction and of the immune response such as eicosanoids and cytokines. Keratinocyte-derived cytokines include IL-1, IL-6, IL-7, IL-8 and other chemokines, IL-10, IL-12, GM-CSF, tumor necrosis factor-α (TND-α) as well as some of the factors regulating the growth of certain epithelial and/or mesenchymal cells, e. g. transforming growth factors (TGF)-α and -β, platelet-derived growth factor (PDGF) and basic fibroblast growth factor (bFGF). It should be kept in mind that — with the notable exception of IL-1, IL-7 and TGF-β — most of these mediators are not constitutively produced by keratinocytes, but only after the delivery of certain noxious stimuli (hypoxia, trauma, ultraviolet radiation, certain chemicals, etc.) (MÜLLER et al. 1995). Application of contact allergens, for example, leads to an up-regulation in the transcription of various cytokine genes in keratinocytes including those (IL-1, GM-CSF, TNF-α) which affect LC phenotype and function (ENK and KATZ 1992). One may therefore speculate that the induction of contact hypersensitivity does not only require the allergen uptake by LC, but also the hapten-induced alteration of cytokine production by keratinocytes. According to this concept, the latter event would be responsible for the *in vivo* activation of LC. In this context, it should be mentioned that LC may also receive signals from other epidermal symbionts. Sensory nerve endings of the epidermis, for example, may release neuropeptides capable of modulating the immunostimulatory function of LC (Hosoi et al. 1993).

Evidence is accumulating that keratinocytes, in addition to their secretory capacities, can functionally interact with lymphocytes in an antigen-specific fashion. The observation that keratinocytes can be effectively lysed by $CD8^+$ cytotoxic T cells in an MHC class I-restricted fashion may be of pathogenetic significance in herpes simplex virus infections, graft-vs.-host disease and other skin disorders with a lichenoid infiltrate and keratinocyte necrosis.

While keratinocytes in culture and in normal skin do not constitutively express MHC class II molecules, the expression of these moieties may be induced by interferon-γ (IFN-γ) both *in vitro* and *in vivo*. Keratinoytes synthesize and express MHC class II antigens in many skin disorders with prominent lymphocytic infiltration. This phenomenon has been attributed to IFN-γ production by infiltrating T cells. Functionally, class II-bearing keratinocytes are capable of inducing proliferation in allogeneic $CD4^+$ cell lines, but not in resting T cells. Although unable to process exogenously added protein antigen, keratinocytes present processing- independent peptide to a T-cell hybridoma. This indicates that keratinocytes can express functional peptide/class II complexes, but lack the capacity to process protein antigen. In T-helper 1 cell (Th1) clones, class II^+ keratinocytes induce non-responsiveness (tolerance) to subsequent antigen-specific stimulation. Because the same phenomenon has been shown to occur in models using antigen-presenting cells which cannot provide the so-called »second signal« necessary for T-cell activation, one can assume that keratinocytes are unable to deliver auxiliary stimuli critical to this event. The *in vivo* importance of the tolerizing potential of class II^+ keratinocytes has been demonstrated by the finding that injection of hapten-modified, class II^+ keratinocytes into naive mice leads to a transient specific hyporesponsiveness to subsequent sensitization by hapten (Gaspari and Katz 1991).

2.4 Lymphocytes

The lymphocytes of mammalian skin belong almost exclusively to the T-cell lineage as defined by the surface expression of CD 3-associated T-cell antigen receptors (TCR). To date, two major species of TCR have been identified: TCR-α/β heterodimers are expressed on most peripheral T cells and recognize the nominal antigen in conjunction with MHC-encoded antigens. The more recently identified TCR-γ/δ heterodimers are present on early fetal thymocytes, on a minor fraction of adult thymocytes and peripheral T cells and, at least in the mouse system, on a varying percentage of lymphocytes populating epithelial tissues. Although the occurrence of signal transduction via CD 3-TCR γ/δ has been demonstrated under several experimental conditions, the physiological ligand of this type of TCR has yet to be identified.

The mouse epidermis harbors a population of basally located cells that are $CD45^+$, Thy^{-1}, asialo-GM 1^+, $CD5^-$, $CD4^-$, $CD8^-$, MHC class II^-, and uniformly dendritic in shape. Thus, they were originally referred to as Thy-1$^+$ dendritic epidermal cells. They have been renamed dendritic epidermal T cells (DETC) because of their uniform expression of surface-bound, CD 3-associated 35 kDa/45 kDa TCR-γ/δ heterodimers. The TCR repertoire of DETC is very limited (preferential, if not exclusive, usage of Vγ 3 and Vδ 1 determinants) and most closely resembles that of early fetal thymocytes. The relative contribution of the fetal thymus vs. the fetal cutaneous microenvironment in the maturation and expansion of the DETC population has not been fully clarified and the functional role of DETC *in vivo* is also unknown (ELBE et al. 1992, HAVRAN and ALLISON 1990, HAVRAN et al. 1991, PAYER et al. 1991).

Although many investigators have searched for the human equivalent of murine DETC, no comparable T-cell population has so far been identified in human skin. Most T cells of human skin are round-to-polygonal in shape, are found in the dermis rather than the epidermis, and predominantly express TCR-α/β rather than TCR-γ/δ (FOSTER et al. 1990). Intradermal T cells are clustered preferentially around postcapillary venules and around the appendages and consist of both CD 4$^+$ and CD 8$^+$ cells. Most of the intraepidermal T cells exhibit the CD 4$^-$, CD 8$^+$, CD 3$^+$/TCR-α/β^+ phenotype and are located within the basal layer of the epidermis and the acrosyringial epithelium (FOSTER et al. 1990). Their highest density is encountered within the plantar epidermis. The further observation that the vast majority of T cells of human skin are CD 45 RO$^+$ suggests that they are memory cells.

Compelling evidence indicates that the interaction between the cutaneous leukocyte antigen (CLA) and the vascular addressin E-selectin mediates the adhesion of memory T cells to the endothelial cells of the dermal microvasculature and, thus, promotes the migration of memory T cells into the skin (PICKER et al. 1990, SANTAMARIA BABI et al. 1995).

3. Skin-Induced Immune Responses — A Hypothesis

The above data clearly show that the skin harbors the cell types needed for the initiation of an immune response, i. e. APC and lymphocytes. In addition, a variety of other cells reside in this organ (keratinocytes, mast cells, eosinophils, endothelial cells) which, by means of their secretory products, can regulate and modulate the function of immunocompetent cells and, by themselves, can display important effector functions in the immune response. While the pre-eminent role of dendritic cells (LC, DDC) as sensitizing cells in cutaneous immune responses is generally accepted, it is not yet clear at which anatomical site the functional interaction between skin DC and lymphocytes occurs. While it is conceivable that T cells within the skin are the targets of antigen-bearing DC, more evidence exists for the assumption that, at least in the primary immune response, T-cell sensitization occurs in the draining lymph node. The finding that patent lymphatics are required for the onset of sensitization, together with the demonstration of increased numbers of antigen-bearing LC in the dermal lymphatics and draining nodes during the sensitization period, indicate that, upon antigen exposure, LC and/or DDC migrate via the dermal lymphatics from the skin to the paracortical areas of the draining lymph nodes. At this site, they present the antigen in an immunologically relevant fashion to the surrounding resting T cells. In order to fulfill their task (i. e., to mediate or, at least, to initiate effector mechanisms against noxious pathogens), T-cell blasts thus generated must find their way back to the skin and, ideally, should accumulate at the cutaneous sites harboring the antigen. Evidence exists that this is, in fact, the case. T-cell blasts generated in lymph nodes draining the skin preferentially infiltrate cutaneous sites of hapten-induced inflammation, while blast cells obtained from mesenteric lymph nodes accumulate after adoptive transfer in highest number in the gut wall and the mesenteric lymph nodes. Increasing evidence emerges that tissue-specific homing receptors on lymphocytes and corresponding addressins on endothelial cells are responsible for these preferential homing patterns of lymphocytes. Upon arrival in the skin and upon receipt of a renewed antigen stimulus by MHC class II-bearing accessory cells, these sensitized T cells can undergo clonal expansion, resulting in the generation of effector cells/molecules sufficient in magnitude to ensure the elimination of the pathogen.

This hypothesis about the mechanisms and the pathways of immune responses originating in the skin corresponds to the skin-associated lymphoid tissues (SALT) concept originally put forward by STREILEIN (1983). According to this concept, antigen-presenting LC, cytokine-producing keratinocytes, epidermotropic T cells, and draining peripheral lymph nodes collectively form an immunological unit which provides the skin with unique immune surveillance mechanisms, i. e. the capacity to generate protective immune responses against exogenous and endogenous pathogens. Following this reasoning, an injury of the LC population (e. g. by ultraviolet radiation, KRIPKE 1986 or by the human immunodeficiency virus-1, TSCHACHLER et al. 1987) will lead to a functional impairment of SALT and, thus, to a progressive spread of infections and/or neoplastic processes affecting the skin.

Acknowledgements

This work was supported, in part, by grants P-10797 MED and S-06702, from the Austrian Science Foundation, Vienna. Austria. I thank Mrs. Barbara WIBMER for carefully typing this manuscript.

Literature

AIBA, S., and KATZ, S. I.: Phenotypic and functional characteristics of in vivo-activated Langerhans cells. J. Immunol. *145*, 2791–2796 (1990)

CAUX, C., DEZUTTER-DAMBUYANT, C., SCHMITT, D., and BANCHEREAU, J.: GM-CSF and TNF-α cooperate in the generation of dendritic Langerhans cells. Nature *360*, 258–261 (1992)

ELBE, A., KILGUS, O., STROHAL, R., PAYER, E., SCHREIBER, S., and STINGL, G.: Fetal skin – a site of DETC development. J. Immunol. *149*, 1694–1701 (1992)

ENK, A. H., and KATZ, S. I.: Early molecular events in the induction phase of contact sensitivity. Proc. Natl. Acad. Sci. USA *89*, 1398–1402 (1992)

FOSTER, C. A., YOKOZEKI, H., RAPPERSBERGER, K., KONING, F., VOLC-PLATZER, B., RIEGER, A., COLIGAN, J. E., WOLFF, K., and STINGL, G.: Human epidermal T cells predominately belong to the lineage expressing α/β T cell receptor. J. Exp. Med. *171*, 997–1013 (1990)

GASPARI, A. A., and KATZ, S. I.: Induction of in vivo hyporesponsiveness to contact allergens by hapten-modified Ia$^+$ keratinocytes. J. Immunol. *147*, 4155–4161 (1991)

GERMAIN, R. N., and MARGULIES, D. H.: The biochemistry and cell biology of antigen processing and presentation. Ann. Rev. Immunol. *11*, 403–450 (1993)

GRABBE, S., BRUVERS, S., GALLO, R. L., KNISELY, T. L., NAZARENO, R., and GRANSTEIN, R. D.: Tumor antigen presentation by murine epidermal cells. J. Immunol. *146*, 3656–3661 (1991)

HAVRAN, W. L., and ALLISON, J. P.: Origin of Thy-1$^+$ dendritic epidermal cells of adult mice from fetal thymic precursors. Nature (London) *334*, 68–70 (1990)

HAVRAN, W. L., CHIEN, Y.-H., and ALLISON, J. P.: Recognition of self antigens by skin derived T cells with invariant $\gamma\delta$ antigen receptors. Science *252*, 1430–1432 (1991)

HEUFLER, C., KOCH, F., and SCHULER, G.: Granulocyte/macrophage colony-stimulating factor and interleukin 1 mediate the maturation of murine epidermal Langerhans cells into potent immunostimulatory dendritic cells. J. Exp. Med. *167*, 700–705 (1988)

HOSOI, J., MURPHY, G. F., EGAN, C. L., LERNER, E. A., GRABBE, S., ASAHINA, A., and GRANSTEIN, R. D.: Regulation of Langerhans cell function by nerves containing calcitonin gene-related peptide. Nature *363*, 159–163 (1993)

KRIPKE, M. L.: Immunology and photocarcinogenesis. J. Amer. Acad. Dermatol. *14*, 149–151 (1986)

LARSEN, C. P., STEINMAN, R. M., WITMER-PACK, M., HANKINS, D. F., MORRIS, P. J., and AUSTYN, J. M.: Migration and maturation of Langerhans cells in skin transplants and explants. J. Exp. Med. *172*, 1483–1493 (1990)

LARSEN, C. P., RITCHIE, S. C., PEARSON, LINSLEY, P. S., and LOWRY, R. P.: Functional expression of the costimulatory molecule, B7/BB1, on murine dendritic cell populations. J. Exp. Med. *176*, 1215–1220 (1992)

LENZ, A., HEINE, M., SCHULER, G., and ROMANI, N.: Human and murine dermis contain dendritic cells. Isolation by means of a novel method and phenotypical and functional characterization. J. Clin. Invest. *92*, 2587–2596 (1993)

MACATONIA, S. E., KNIGHT, S. C., EDWARDS, A. J., GRIFFITHS, S., and FRYER, P.: Localization of antigen on lymph node dendritic cells after exposure to the contact sensitizer fluorescein isothiocyanate. Functional and morphological studies. J. Exp. Med. *166*, 1654–1667 (1987)

MEUNIER, L., GONZALEZ-RAMOS, A., and COOPER, K. D.: Heterogeneous populations of class II MHC$^+$ cells in human dermal suspensions. Identification of a small subset responsible for potent dermal antigen-presenting cell activity with features analogous to Langerhans cells. J. Immunol. *151*, 4067–4080 (1993)

MÜLLER, G., SALOGA, J., GERMANN, T., SCHULER, G., KNOP, J., and ENK, A. H.: IL-12 as mediator and adjuvant for the induction of contact sensitivity in vivo. J. Immunol. *155*, 4661–4668 (1995)

PAYER, E., ELBE, A., and STINGL, G.: Circulating CD 3$^+$/TCRVβ^+ fetal murine thymocytes home to the skin and give rise to proliferating dendritic epidermal T cells. J. Immunol. *146*, 2536–2543 (1991)

PICKER, L. J., MICHIE, S. A., ROTT, L. S., and BUTCHER, E. C.: A unique phenotype of skin-associated lymphocytes in humans. Preferential expression of the HECA-452 epitope by benign and malignant T cells at cutaneous sites. Amer. J. Pathol. *136*, 1053–1068 (1990)

ROMANI, N., GRUNER, S., BRANG, D., KÄMPGEN, E., LENZ, A., TROCKENBACHER, B., KONWALINKA, G., FRITSCH, P. O., STEINMAN, R. M., and SCHULER, G.: Proliferating dendritic cell progenitors in human blood. J. Exp. Med. *180*, 83–93 (1994)

SANTAMARIA BABI, L. F., PICKER, L. J., PEREZ SOLER, M. T., DRZIMALLA, K., FLOHR, P., BLASER, K., and HAUSER, C.: Circulating allergen-reactive T cells from patients with atopic dermatitis and allergic contact dermatitis express the skin-selective homing receptor, the cutaneous lymphocyte-associated antigen. J. Exp. Med. *181*, 1935–1940 (1995)

SCHULER, G., and STEINMAN, R. M.: Murine epidermal Langerhans cells mature into potent immunostimulatory dendritic cells in vitro. J. Exp. Med. *161*, 526–546 (1985)

SILBERBERG-SINAKIN, I., THORBECKE, G. J., BAER, R. L., ROSENTHAL, S. A., and BEREZOWSKY, V.: Antigen-bearing Langerhans cells in skin, dermal lymphatics and in lymph nodes. Cell. Immunol. *25*, 137–151 (1976)

STEINMAN, R. M.: The dendritic cell system and its role in immunogenicity. Ann. Rev. Immunol. *9*, 271 (1991)

STINGL, G., KATZ, S. I., CLEMENT, L., GREEN, I., and SHEVACH, E. M.: Immunologic functions of Ia-bearing epidermal Langerhans cells. J. Immunol. *121*, 2005–2013 (1978)

STREILEIN, J. W.: Skin-associated lymphoid tissues (SALT): origins and functions. J. Invest. Dermatol. *80*, 12s–16s (1983)

TANG, A., AMAGAI, M., GRANGER, L. G., STANLEY, J. R., and UDEY, M. C.: Adhesion of epidermal Langerhans cells to keratinocytes mediated by E-cadherin. Nature *361*, 82–85 (1993)

TOEWS, G. B., BERGSTRESSER, P. R., and STREILEIN, J. W.: Epidermal Langerhans cell density determines whether contact hypersensitivity or unresponsiveness follows skin painting with DNFB. J. Immunol. *124*, 445–453 (1980)

Tschachler, E., Groh, V., Popovic, M., Mann, D. L., Konrad, K., Safai, B., Eron, L., di Marzo Veronese, F., Wolff, K., and Stingl, G.: Epidermal Langerhans cells — a target for HTLV-III/LAV infection. J. Invest. Dermatol. *88*, 233–237 (1987)

Wang, B., Rieger, A., Kilgus, O., Ohciai, K., Maurer, D., Födinger, D., Kinet, J. P., and Stingl, G.: Epidermal Langerhans cells from normal human skin bind monomeric IgE via FcεR I. J. Exp. Med. *175*, 1353–1365 (1992)

Will, A., Blank, C., Röllinghoff, M., and Moll, H.: Murine epidermal Langerhans cells are potent stimulators of an antigen-specific T cell response to Leishmania major, the cause of cutaneous leishmaniasis. Eur. J. Immunol. *22*, 1341–1347 (1992)

> Prof. Dr. Georg Stingl
> Universitätsklinik für Dermatologie
> Abteilung Immundermatologie und
> infektiöse Hautkrankheiten
> Währinger Gürtel 18–20
> A-1090 Wien

Topology Representing Maps and Brain Function

By Klaus Schulten and Michael Zeller (Urbana-Champaign)

With 11 Figures

Introduction

The brain, the most complex organ of higher organisms, has attracted the attention of theoretical scientists for as long as it was recognized as the seat of the intellect. A recent renaissance of the theory of the brain has been prompted by experimental advances on the one side and by the advent of the modern computer on the other side, the latter serving as an engine to numerically simulate scenarios suggested by various theories.

The modern computer, however, turned out to be more than a number cruncher, it became a metaphor for the brain and it spawned a new discipline, the science of information. Even though this science is a youngster among the established disciplines, given its young age one cannot but be impressed with its achievements. One such achievement, considered below, builds on the discovery of a close relationship between algorithms and geometry and led to the field of computational geometry.

The brain is a computer, a fact which is trivial and, hence, nearly useless. We understand the brain's hardware only on a very rough scale, we definitely do not understand its software, we are seeing glimpses of how it codes information. Nevertheless, that the brain computes is a fact and one may gain some inside from a comparison with its engineered brethren, the computer. For this purpose we ask what computational strategies information science suggests for solutions to problems with which the brain is confronted. Surely, one has to exercise great caution in translating answers into statements regarding neural structures and neural processes, but not pursuing such questions and answers is tantamount to turning a blind eye to available knowledge.

In this lecture we look towards information science and ask two questions. First, how can the brain use its main structural and dynamic components, neurons and their synapses, to code the extremely wide ranging information it is confronted with. We will turn towards computational geometry for an answer and demonstrate that the theory of Delaunay tesselations provides a natural framework in which brain maps can be described. This approach is then compared to the representation of visual input in area v1 of the visual cortex as observed and modelled.

We also pose a second question regarding the brain's overarching objective to provide a rational link between sensory input and motor action, e.g., between sight and flight. This extremely ambitious question requires a justification which we derive from the fallacies of lesser goals, which slice out of the overall function of the brain partial capabilities. Such reduction raises serious questions: Does the chosen capability really constitute a significant step for the overall function, i.e., of generating an optimal response to sensory inputs, or has it been chosen just because a solution is at hand? Does one understand how he capability studied and the solution suggested could link to other necessary capabilities in the chain of brain processes which realize the overarching goal. The questions raised are avoided if one models a brain function initiated by sensory data and completed by an appropriate motor action.

Naturally we focus on a most simple task which we choose as the task of grasping a cylindrical object through visual guidance. In lieu of a proper animal model we attempt to solve this task for an engineered camera-robot system, choosing a robot arm which shares properties with a skeletal muscle system. Our approach which combines visual input and motor responses is formulated. The camera-robot system is described and the application of the theory to this system is demonstrated.

Topology Representing Networks

In this section we consider the problem prevalent for brain function, how the brain's neurons and their synapses can represent data structures pertaining, e.g., to an extremely wide variety of sensory modalities. We begin with the observation that even the extremely large number of neurons in the brains of higher animals, about 10^9, and their synapses, about 10^{12}, are no match to the combinatorical multitude of data which need to be processed in an animal's lifetime. Definitely, the brain must account for the continuum of data through a discrete and very sparse representation. We assume the data to be embedded in a Euclidean space $\Re^D$ of dimension D. The data inherit from this space, in particular, a metric which serves to compare data. The problem of representing continuous data $\mathbf{v}$ through a discrete set $S = \{\mathbf{w}_1, ..., \mathbf{w}_N\}$ of representative data is commonly referred to as vector quantization: one partitions the relevant volume of the Euclidean space, where data points $\mathbf{v}$ occur with significant frequency, into a discrete and finite set of cells, chosen as polyhedra; each point in the space is then represented by the center $\mathbf{w}_j$ of the cell V_j, the so-called Voronoi polyhedron in which the data point lies. The set of Voronoi polyhedra V_j which partitions the space are defined through the set S as follows

$$V_i = \{\mathbf{v} \in \Re^D | \, \|\mathbf{v} - \mathbf{w}_i\| \leq \|\mathbf{v} - \mathbf{w}_j\| \, j = 1, ..., N\} \quad i = 1, ..., N. \quad [1]$$

The Voronoi polyhedra provide a complete partitioning of the embedding space $\Re^D$, i.e., $\Re^D = U V_i$. The set of all Voronoi polyhedra is called the Voronoi diagram. An example arises in case of triangulation of a plane in which case the Voronoi polyhedra are triangles. This illustrated in Figure 1, bottom, where the grey lines represent a section of the Voronoi diagram.

Figure 1 illustrates how the neurons of the brain on the one side and a data structure as it occurs, for example, for a sensory modality on the other side, are matched through the Voronoi diagram. The centers of the Voronoi polyhedra can be naturally identified with the neurons of the brain, the interior of the polyhedra with the receptive fields of the neurons. A sensory event corresponds to the presentation of a data point $\mathbf{v} \in \Re^D$ to the algorithm which seeks to develop the Voronoi diagram. One determines the Voronoi polyhedron V_j in which $\mathbf{v}$ lies, i.e., the $\mathbf{w}_j$ closest to $\mathbf{v}$, and interpretes this as implying the excitation of neuron j. It must be stressed from the out-set that the generality of this approach is misleading: nature certainly does not consider complex sensory impressions, e.g., a complete visual scene like a face, as a data point; rather it filters from such impressions elementary facets which are re-combined in the brain to reach interpretations of, e.g., visual scenes. The wisdom of biological evolution manifests itself in the type of filters applied; in rare cases, for example in vision, the filters are known and the approach suggested can be applied in a straightforward way. In other cases, suitable filters must be chosen first, e.g., through a principal component analysis applied to local data features (RUBNER and SCHULTEN 1990, RUBNER et al. 1990), before the present approach can be applied.

Nevertheless, the receptive field structure provides a powerful solution to a basic geometrical problem which deals with the proximity of points in a metric space as it arises in many information processing tasks. The most prominent example of such a *proximity problem* is the *nearest-neighbour* or, more generally, the *k-nearest-neighbour search*: given N points in a metric space, which is (are) the nearest (k

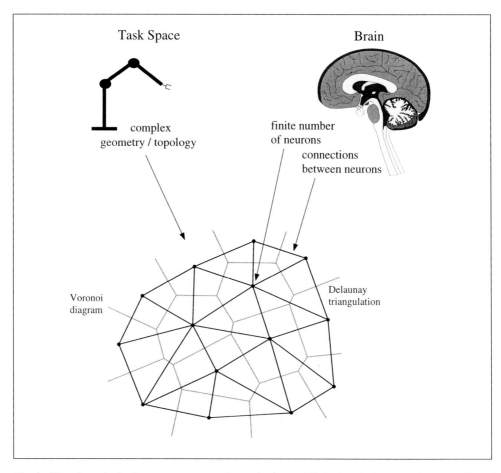

Fig. 1 How does the brain represent a complex task space while beeing limited by a finite number of neurons and connections between them? Using vector quantization, it is possible to map continous data on a discrete set of cells. Each point in the space is then represented by a Voronoi polyhedron. Further explanations are given in the text.

nearest) neighbour(s) to a given query point (DUDA and HART 1973). This *best match retrieval* has to be performed in classification and interpolation tasks with applications in areas ranging from speech- and image processing over robotics to efficient storage and transfer of data (MAKHOUL et al. 1985, KOHONEN et al. 1984, NAYLOR and LI 1988, GRAY 1984, NASRABADI and KING 1988, NASRABADI and FENG 1988, RITTER and SCHULTEN 1986).

For many data processing purposes it is necessary to develop also a representation of neighbourhood relationships of the data structure. The simplest task which requires such representation is that of finding the shortest path between two data points of a continuous data structure. If one wants to determine such path within the framework of Voronoi diagrams one needs to envoke the so-called Delaunay tesselation which connects the centers of all Voronoi polyhedra with the centers of neighbouring Voronoi polyhedra. The latter are defined as those polyhedra V_i and V_j which share a vertex, edge, face, etc., such that the property $V_i \cap V_j \neq \emptyset$ holds. The ensuing Delaunay tesselation is also illustrated in Figure 1.

Fig. 2 A »computer mouse« (*lower left corner*) and the topology preserving map of the environment it has formed by employing the competitive Hebb rule. The dark areas are obstacles the »computer mouse« had to circumvent while exploring its environment by random walk. Succesive positions of the »computer mouse« formed the input patterns for the network. The distribution of the pointer positions w_i, which are marked as dots, is dense. Hence, the connectivity structure formed by the competitive Hebb rule corresponds to the masked Delaunay triangulation and defines a topology preserving map of the feature manifold, i.e., the obstacle-free area. The topology preserving map represents the topology of the obstacle-free part such that the map can be used by the »computer mouse« to plan short paths to target locations (e.g., the location marked by the circle). (MARTINETZ and SCHULTEN 1994)

This representation allows one to associate the minimum path between two data points in $\mathfrak{R}^D$ with the shortest path in the Delaunay tesselation. This task is rendered nontrivial due to the possibility that the data structure embedded in $\mathfrak{R}^D$ often does not fill a convex volume, but rather a volume rendered strongly corrugated trough obstacles. An example of such situation is presented in Figure 2 which presents within the Delaunay triangulation a minimum path between two points. The Delaunay triangulation has its neurobiological counterpart in the synapses between nerve cells as we discuss in the next Section.

In a plane, the Delaunay tesselation is actually a triangulation and is obtained if one connects all pairs $\mathbf{w}_i, \mathbf{w}_j \in S$, the Voronoi polygons V_i, V_j of which share an edge. In general, for embedding spaces $\Re^D$ of arbitrary dimension D, the Delaunay triangulation D_s of a set $S = \{\mathbf{w}_1, ..., \mathbf{w}_N\}$ of points $\mathbf{w}_i \in \Re^D$ is defined by the graph whose vertices are the $\mathbf{w}_i$ and whose *adjacency matrix* $\mathbf{A}$, $A_{ij} \in \{0, 1\}, i, j = 1, ..., N$ carries the value one if and only if $V_i \cap V_j \neq \emptyset$. Two vertices $\mathbf{w}_i, \mathbf{w}_j$ are connected by an edge if and only if their Voronoi polyhedra V_i, V_j are adjacent.

A number of theorems about properties of the Voronoi diagram and the Delaunay triangulation are known (see, e.g., PREPARATA and SHAMOS 1985). However, most of them are valid or at least can be proven only in the planar case, for $D = 2$. In higher dimensional embedding spaces $\Re^D$, $D > 2$ only little is known so far. One reason is that only for $D = 2$ the Voronoi diagram and the Delaunay triangulation are planar graphs and, therefore, only for $D = 2$ Euler's formula can be applied (BOLLOBÁS 1979). Euler's formula provides the important result that in the planar case the number of edges of the Voronoi diagram as well as of the Delaunay triangulation does not exceed $3N - 6$ and, hence, the Voronoi diagram and the Delaunay triangulation can be stored in only linear space (linear in the number of vertices N). Further, due to this result, both structures are transformable into each other in only linear time.

A generalization of the minimum path problem is posed by the construction of the *Euclidean minimum spanning tree*: given N points in a metric space, what is the graph of minimum total length whose vertices are the given points (KRUSKAL 1956, PRIM 1957, DIJKSTRA 1959). Constructing the Euclidean minimum spanning tree is a common task in applications requiring optimally designed networks, e.g., communication systems which have minimal interconnection length. Other applications of the Euclidean minimum spanning tree are in clustering (GOWER and ROSS 1969, ZAHN 1971), pattern recognition (OSTEEN and LIN 1974), and in searching for (approximate) solutions of the *traveling salesman problem* (ROSENKRANTZ et al. 1974).

Voronoi diagrams and Delaunay tesselation arise also in the *triangulation problem*: given N points in a plane, connect them by non-intersecting straight lines so that every region inside the convex hull of the N points is a triangle. The triangulation problem occurs in the finite-element method (STRANG and FIX 1973) and in function interpolation on the basis of N data points where the function surface is approximated by a network of triangular facets (GEORGE 1971). A comprehensive overview of the above and further proximity problems can be found in PREPARATA and SHAMOS (1985). Delaunay triangulations have recently been applied in computational fluid dynamics (BRAUN and SAMBRIDGE 1995).

Constructing the Delaunay triangulation in a preprocessing stage yields a starting point for efficiently solving proximity problems. It can be shown that if the Delaunay triangulation of a given set of points S is known, the above stated and other proximity problems can be solved with at most linearly increasing computational effort. The triangulation problem, for example, is obviously already solved with the construction of the Delaunay triangulation and does not need further computation[1]. The computation time needed for finding the Euclidean minimum

---

[1] Solving the triangulation problem by means of the Delaunay triangulation has advantages particularly in function interpolation. When a function is approximated piecewise-linear over the facets of triangulation, the Delaunay triangulation yields a smaller worst case error than any other triangulation (OMOHUNDRO 1990). This property will be exploited for the motor control problem below.

spanning tree is reduced significantly since the edges of the Euclidean minimum spanning tree are a subset of the edges of the Delaunay triangulation (SHAMOS 1978). Knowing the Delaunay triangulation, it only requires $O(N)$ instead of $O(N \log N)$ time for ist construction. The nearest-neighbour and k-nearest-neighbour search can be performed in only $O(\log N)$ instead of $O(N)$ time by exploiting the Delaunay triangulation (KNUTH 1973).

We have recently developed an algorithm which achieves the construction of a Delaunay tesselation for data sets with a metric, but unknown dimension of the

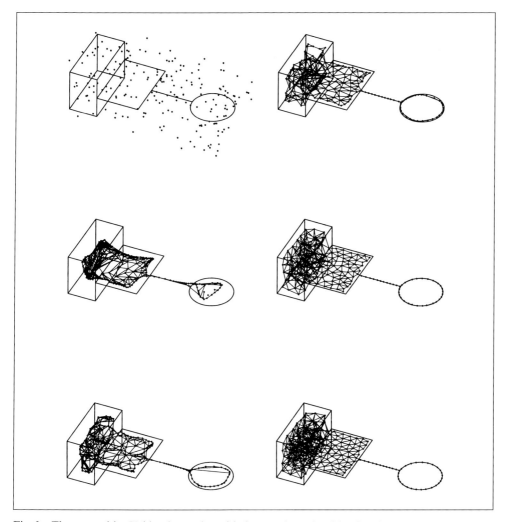

Fig. 3 The competitive Hebb rule together with the neural gas algorithm forming a topology preserving map of a topologically heterogeniously structured manifold. The given manifold **M** consists of a three-dimensional (right parallelepiped), a two-dimensional (rectangle), and a one-dimensional (circle and connecting line) subset. The *neural gas* algorithm as an efficient input driven vector quantization procedure distributes the pointers over the manifold **M**. Depicted are the initial state, the network after 5 000, 10 000, 15 000, 25 000 and 40 000 adaption steps. At the end of the adaption procedure the network (graph) forms a perfectly topology preserving map that reflects the topological structure and the dimensionality of the manifold **M**. (MARTINETZ and SCHULTEN 1994)

embedding space. Data points are sequentially fed to the algorithm which develops a Voronoi diagram and Delaunay tesselation which continue to adapt to the data set (MARTINETZ and SCHULTEN 1994). An example has been shown in Figure 2 above. Another example is presented in Figure 3. The figure shows the evolution of the Delaunay tesselation of a data structure embedded in $\Re^3$, composed of a cube, a plane, a line and a circle. A sequence of data points $v(t)$, $t = 1, 2, \ldots$ are randomly generated in the mentioned object; initially, »neurons« are floating disconnected in the vicinity of this object, then enter it, spread across it and finally fill it and tesselate it, the cube by a »foam« of tetraeders, the plane by a »carpet« of triangles, and line and circle by a respective one-dimensional graph.

Development of Maps in the Visual Cortex

In the preceeding section we discussed how a set of neurons, labelled by $j = 1, 2, \ldots, N$, and their synapses, collected in a synaptic matrix C_{ij}, $i, j = 1, 2, \ldots, N$, provide through a Voronoi diagram and Delaunay tesselation a discrete representation of a data structure and its neighbourhood properties. We want to demonstrate now that this construction has a counterpart in the cortical areas of the brains of higher organisms.

The most studied part of the cortex is the visual cortex, and therein area v1. This area, which exists on both sides of the brain, is connected through nerve fibres to the lateral geniculate nuclei (one for each side) and from there to the retinas of the eyes (LEE and MALPELI 1994, TZONEV et al. 1995). Let us denote, for the time being, the relevant neurons in area v1 by $j = 1, 2, \ldots, N$. Applying naively the considerations in the previous section one would expect that a neuron, say neuron j, will be activated when a visual impression is perceived, i.e., when a cat sees a mouse sitting in the laboratory. This is not so; many neurons become activated by such impression.

The question arises which data are then represented by the activity of single neurons. The answer is that the cortical neurons actually represent local visual stimuli. HUBEL and WIESEL (1962) have shown that the cortical neurons represent

- the location of a visual stimulus in the left or right eye described, say, by a number e,
- the location of the stimulus in the visual field as projected on the retinas, represented by coordinates x, y,
- an directional anisotropy of the stimulus represented by a variable ϕ with periodicity of 180°.

This latter feature, *a priori* is unexpected, but arises naturally when one carries out a principal component analysis of natural images which are composed to a large degree of line segments. How such analysis can be realized by neural networks is demonstrated in RUBNER and SCHULTEN (1990) and RUBNER et al. (1990).

We will see that the brain needs to pay a price for filtering directional anisotropy into its primary visual representation and, apparently, does so to achieve already some preprocessing in the primary visual representation. Since neurons in v1 are not necessarily responding only to stimuli of one eye, the variable e above is not Boolean, but may be chosen from a finite interval of the real numbers, say $[-1, 1]$, where a value of -1 (1) corresponds to a stimulus associated solely with the left (right) eye.

Applying the earlier considerations we conclude at this point that cortical neurons in area v1 represent data embedded in a space resulting from the Cartesian product of a three-dimensional torus T and the interval $[-1, 1]$. For the sake of simplicity we will neglect the latter factor in the following discussion, i.e., consider a hypothetical cortical area connected solely to one eye; our actual comparision with biological data, however, will include the complete data space.

At this point we take notice of the fact that cortical neurons are actually characterized through a specific location in the cortex which can be considered for this purpose as a sheet with a coordinization $\vec{\varrho} = (\xi, \zeta)^T$. This implies that the Voronoi diagram establishes a map which assigns to positions $\rho_j, j = 1, 2, ..., N$ centers $\mathbf{d}_j \in \mathfrak{R}^3$ of the respective Voronoi polyhedra covering a torus.

The locations of cortical neurons in a sheet suggests that the neuronal connections are biased towards a two-dimensional topology. This is, in fact, the case since the neurons are initially endowed with connections to their neighbours. These connections do not follow the strict pattern of a Delaunay triangulation, rather a single neuron is connected also to next-nearest and next-next-nearest neighbours on so on, and with a connection strength which is not Boolean, but rather reflects a graded strength which, in general favours closer neighbours. The connection (synaptic) strength C_{jk} measures the ability of neuron j to contribute to the excitation of neuron k; strong positive values lead to a tendency that neurons j and k tend to be excited together. The connection strengths can also assume negative values, and do so often for neurons within a shell of a certain distance (MARR 1982). This implies that a neuron tends to suppress the activation of neurons in the respective shell. Connection strengths vanish for neurons beyond this shell, but there exist many longer range synapses of key functional importance.

One must note here that the imprinting of a two-dimensional topology onto the cortical neurons is by no means a necessity; actual connections between neurons could represent any dimension, as if a D-dimensional Delaunay tesselation is »squeezed« into a two-dimensional sheet with all edges intact. In fact, the two-dimensional connections of neurons are certainly an oversimplification and there is strong evidence that further adjustable, so-called plastic, connections exist and play a role for the shape of the neuron's Voronoi polyhedra (receptive fields). But a predominance of two-dimensional features appears to exist in area v1 of the visual cortex.

At this point one is faced with a fascinating dilemma: If cortical neurons in v1 live in a two-dimensional space how can they represent the three-dimensional data torus T? The dilemma is more fascinating on account of the fact that the cyclic coordinate ϕ describing directional visual features cannot be mapped continuously onto the cortical sheet, a two-dimensional manifold; if such maps are thought, singular points arise near which lie neurons representing rapidly different directions. Due to the cyclic nature of the variable ϕ many such points can exist and the number of singular points can be roughly related to how many times the sheet attempts to represent all directions.

Rather than pushing further our theoretical deliberations we seek guidance from observation. Experiments carried out by BLASDEL (BLASDEL 1992a, b, BLASDEL et al. 1995) and GRINVALD (1986) provided information how the directional sensitivity of neurons, e.g., ϕ, is mapped to area v1. A typical map for the macaque is presented in Figure 4 *(left hand side)*. The figure presents ϕ through a color wheel, the various colors corresponding to different ϕ-values. A large number of singular points can be recognized, a sample (point 2) being indicated. A better characterization of this map is shown on the right hand side of Figure 4 which shows the so-called iso-orientation lines, i.e., all points (neurons) in the cortical sheet which are maximally sensitive to a certain orientation. These lines are found to converge into certain points on the sheet, namely the singular points. The part of area v1 shown in Figure 4 exhibits about fifty singular points and, hence, represents orientations about fifty times.

The map in Figure 4 includes also the so-called occularity, i.e., the representation of left and right eye. The domains corresponding to the eyes are delineated through thin lines which run nearly orthogonally to the iso-orientation lines. The domains form columns, the so-called occularity columns. Figure 4 does not represent the mapping of locations in v1 to positions in the visual field. This mapping will be discussed further below.

The question arises according to which principles the map in Figure 4 has been selected by evolution for the primary visual representation. In this respect it should be noted that, in the macaque, visual maps form during the first few months after birth and are driven by visual input, as demonstrated in visual deprivation experiments. One possibility to ellucidate the principles behind the distribution of receptive field properties in v1 is to postulate morphogentic rules which reproduce

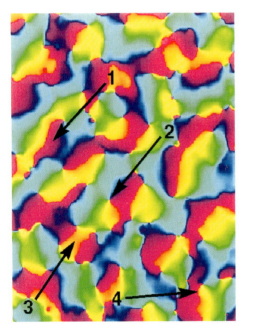
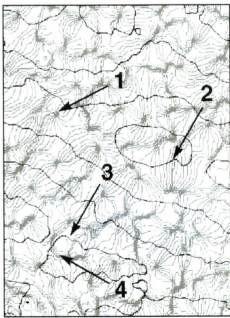

Fig. 4 *Left:* The lateral spatial pattern of orientation preference in the striate cortex of an adult macaque as revealed by optical imaging. The figure (BLASDEL 1992 *a, b*) shows a 4.1 mm × 3.0 mm surface region located near the border between cortical areas 17 and 18 and close to the midline. (Animal NM 1 in OBERMAYER 1993.) Local average orientation preference is indicated by color such that the interval of 180° is mapped onto a color circle. Arrows indicate (*1*) linear zones, (*2*) singularities, (*3*) saddle points, and (*4*) fractures. *Right:* Macaque orientation and ocular dominance data combined (OBERMAYER et al. 1992, OBERMAYER and BLASDEL 1993). Black contours separate bands of opposite eye dominance. Light grey iso-orientation contour lines indicate intervals of 11.25°. The medium grey contour represents the preferred orientation 0°. Arrows indicate (*1*) singularities, (*2*) linear zones, (*3*) saddle points, and (*4*) fractures. (ERWIN et al. 1995)

the observed maps in computer simulations and mathematical analyses. This program has been carried out in OBERMAYER et al. (1992). The work showed that certain rules, which maximize the continuity of the map from the cortical sheet to the data space for (e, x, y, ϕ), yield a pattern of receptive field properties which is in close agreement with neurobiological observation based on voltage sensitive dyes. In OBERMAYER et al. (1992) both observed maps and model maps are compared and were found in excellent agreement. In ERWIN et al. (1995) the various models suggested for the formation of the primary visual representation in the cortex are compared and, in particular, the characteristics of the singular points in the map, as shown in Figure 4, and similar maps obtained by others are analyzed.

It is of interest to take a closer look at the dynamics of the formation of the visual maps in brains. The character of the map in Figure 4 is very much determined by the dilemma that the cortical sheet, a two-dimensional manifold, seeks to map into a space of visual features, parametrized by (x, y, ϕ) (we neglect presently occularity) which lie in a three-dimensional space. The formation of the map is actually driven by visual experience, i.e., a set of sample data $(x(t), y(t), \phi(t))$, $t = 1, 2, \ldots$ The data represent the local features of optical images. For the following discussion we follow OBERMAYER et al. (1992) and note that local features in actual images may not exhibit anisotropies which would allow to attribute a direction ϕ. An example is a painting by the pointillist SEURAT who practiced some of his art applying only small color dots to the canvas. In a less extreme case local features might show anisotropic features to various degrees as described by ellipses, characterized by an excentricity ε and the angle ϕ of the major axis. If one would train a young eye-brain system with a pointillistic painting, the cortex would actually not experience anisotropies and actually need to map the cortex sheet into a finite domain in $\Re^2$ which can be realized very easily as discussed in RITTER et al. (1992, 1990). However, realistic scenes will feature local anisotropies which can be characterized through a mean square deviation σ into ε, ϕ-space. The larger σ for a set of training images, the more significant is the third dimension and the more the neurons in the cortical sheet seek to represent this dimension. The resulting map can be described through an elastic sheet which is marked by a square grid representing the Cartesian coordinates of the cortical sheet. This sheet is placed into the three-dimensional data space such that cortex point $\vec{\varrho}_j$ is pulled to the data point $(x, y, \phi$ stretching the sheet into $\Re^3)$. Figure 5 shows a typical result for a case where ϕ is assumed to be not periodic. One can recognize that the map protrudes into the third dimension, but at a price of distorting the two-dimensional grid and leading even to folds which imply discontinuities connected with multiple mappings. The dynamics of maps like in Figure 5 where described in RITTER and SCHULTEN (1988) and in the textbooks (RITTER et al. 1992, 1990). There it is shown, for example, that the shape of the maps is governed by a phase transition which is governed by the property σ of the training images: below a critical σ-value maps will actually resist to explore the third dimension, exhibiting only reversible fluctuations with amplitudes for certain modes which increase very strongly (singularity) near the critical point. For larger σ values the training induces a buckling of the map, as shown in Figure 5 which is irreversible.

It is fascinating to follow the character of the maps when σ is continuously increased such that it eventually exceeds the extension of the (x, y) domain; in this case the hierarchy of the representation becomes inverted and maps, e.g., in case of the visual map in Figure 4, separate into representations $n = 1, 2, \ldots$ of a set of

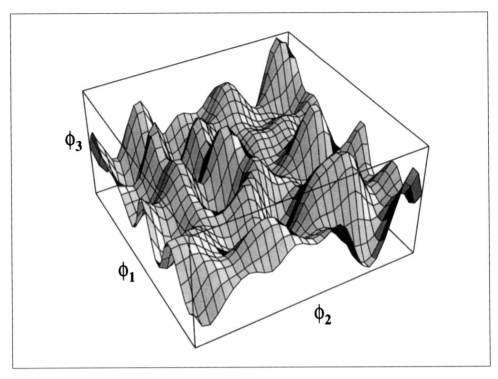

Fig. 5 Dimension-reduction: This figure shows how points in a two-dimensional array might be mapped into a three-dimensional feature space with components ϕ_1, ϕ_2 and ϕ_3, representing such features as visual field location and ocular dominance. Dimension-reduction models often constrain the map to fill the input space with near-uniform density while maintaining continuity. This leads to maps where rapid changes in one feature vector component are correlated with slow changes in other vector components. (ERWIN et al. 1995)

orientations ϕ_n, such that each representations keeps ϕ_n fixed and fills out the visual coordinates (x, y), i.e., there develops a first map $\vec{\varrho}_i \rightarrow (x_j, y_j, \phi_1)$, a second map $\varrho_j \rightarrow (x_j, y_j, \phi_2)$, etc. (OBERMAYER et al. 1992).

Visuo-Motor Control in Robotics

In this section we want to discuss first how a generalization of the Delaunay triangulation algorithm described above can serve, in principle, to solve the problem of biological visuo-motor control. This approach, followed in HESSELROTH et al. (1994) and SARKAR and SCHULTEN (1995), will be outlined first. We describe then an algorithm which is modelled in closer analogy to biological motor control and discuss its application to a *SoftArm* robot system.

The *SoftArm* Robot System

Movement of higher biological organisms is the result of information processing in a complex hierarchy of motor centers within the nervous system. To date, there is still no general consensus about how biological neural networks actually generate voluntary movement. Neurophysiological studies, on one side, provide the essential data on which a top down modelling approach can be based. On the other side, there is the engineering discipline of robotics which seeks to design robust and adaptible robotic systems, often under the perspective of a specific task. In contrast to biology, robotic control applications based on artificial neural networks are, to a large extent, still confined to systems capable of performing simple sensory-to-motor transformations. Here we seek to combine both sides, engineering and biology, while focusing on the implementation of biologically motivated neural algorithms on a pneumatically driven robot arm *(SoftArm)*. The *SoftArm's* hysteretic behavior makes this arm difficult to control by conventional methods with the accuracy needed for real-world applications. On the other hand, its unique physical flexibility is a very desirable quality in many applications, such as various human-robot interaction scenarios.

The *SoftArm* is modeled after the human arm and has four joints resulting in five degrees of freedom. It exhibits the essential mechanical characteristics of skeletal muscle systems employing agonist-antagonist pairs of *rubbertuators* which are mounted on opposite sides of rotating joints (see Figure 6). When air pressure in a *rubbertuator* is increased, the diameter of the tube increases, thereby, causing the length of the tube to decrease and the joint to rotate. The motion of each joint j, hence, is controlled by two pressure variables of the corresponding pair of tubes (see Figure 6), the average pressure $\vec{\varrho}_j$ in the two tubes and the pressure difference Δp_j between the two tubes. Pressure difference drives the joints, average pressure controls the force (compliance) with which the motion is executed. This latter feature allows operation at low average pressures and, thereby, allows one to carry out a compliant motion of the arm. This makes such robots suitable for operation in a fragile environment, in particular, allows direct contact with human operators. The price to be paid for this advantage is that the response of the arm to signals $(\bar{p}_1, \bar{p}_2, ..., \bar{p}_N)^T$ and $(\Delta p_1, \Delta p_2, ..., \Delta p_N)^T$ cannot be described by »a priori« mathematical equations, but rather must be acquired heuristically.

One expects that the response characteristics change during the life time of the arm through wear, after replacement of parts and, in particular, through hysteretic effects. The hysteretic behavior of the arm is demonstrated in Figure 7 which shows a slow relaxation to a steady state, hysteresis in positioning and a change in the pressure-position relationship over time (long-term drift). In consequence, accurate

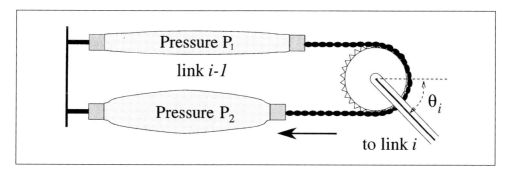

Fig. 6 Agonist and antagonist rubbertuator are connected via a chain across a sprocket. Their relative lengths determine the joint position θ_i, while the sum of the pressures $P_1 + P_2$ modulates the joint stiffness.

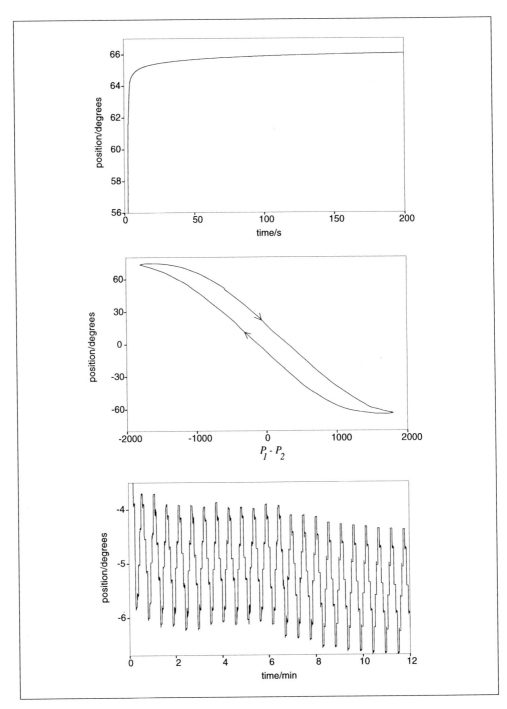

Fig. 7 Mechanical characteristics of the *SoftArm's* joint 1, caused by the use of *rubbertuators*: (*top*) Slow relaxation to the final position in pressure control mode. (*middle*) Hysteresis when alternating between two pressure vectors and applying a constant pressure increment/decrement ΔP to rubbertuator 1 and 2. When the extreme pressures are reached, the direction is reversed. (*bottom*) Long-time drift of the position while repeatedly changing the total pressure by $\pm 1\%$. (HESSELROTH et al. 1994)

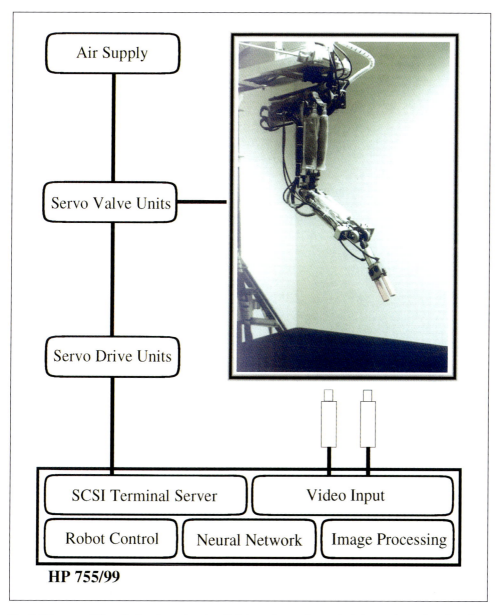

Fig. 8 Diagram of the robot system, showing *SoftArm,* air supply, control electronics and workstation. The host computer includes a software layer (robot control, neural network and image processing programs) and the hardware components (serial interface and video input).

positioning of the *SoftArm* presents a challenging problem. For a more detailed introduction to the mechanics of the *SoftArm* see HESSELROTH et al. (1994).

Figure 8 illustrates the complete robot system, including the mechanical side (*SoftArm,* air supply, servo valve units), the interface (servo drive units) and the controlling workstation. The host computer, currently a Hewlett Packard HP 755/99, includes the hardware components (terminal server interface, video

147

input card) and the software layer (robot control library, neural network and image processing program).

Visual feedback is provided by color video cameras. For maximum flexibility, vision preprocessing is implemented in software rather than in hardware. A flow chart of the video stream is illustrated in Figure 9. The use of a frame grabber to import the video signals in a JPEG encoded format minimizes the amount of data to be transferred between the video board and workstation memory. The location of the gripper is extracted from the video frames through a simple color separation, yielding one color component. This is then thresholded and the center of mass of the remaining image calculated. Coding the gripper in a certain color, e.g. red, allows us to weaken the workspace scenery restrictions in terms of background and lighting conditions while, at the same time, keeping the visual preprocessing as simple and efficient as possible.

The *SoftArm* can be operated either in position control mode or pressure control mode. In position control mode, the servo drive units use the joint angle information, provided by optical encoders attached to the joints, and a classical feedback loop to control the actual position of the arm. The control is rather rudimentary and achieves only a low accuracy, mainly limited by the above mentioned mechanical characteristics.

A satisfactory application of the *SoftArm* requires an adaptive control mechanism which can overcome the nonlinear and hysteretic mechanical limitations. The algorithm we seek, in its simplest ramification, should move the gripper at the end of the arm, the socalled end effector, to specified positions **v** in the robot's three-dimensional work space V. In its simplest form, the N angles $\theta_1, \theta_2, ..., \theta_N$ at a robot's joints (we assume presently that N is variable) need to be specified as to achieve the desired position **v** of the arms gripper[2]. For this purpose one needs to

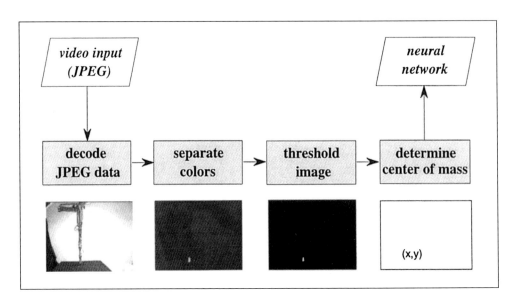

Fig. 9 Flow chart of the vision preprocessing: The true color video input, coming as JPEG encoded data from a Parallax Graphics PowerVideo 700Plus video board, is decoded. After separating the colors (to extract, e.g., the red components) and thresholding the image, the gripper's location is determined by calculating the center of mass for the remaining pixels.

learn the vector-valued function $\mathbf{v}(\vec{\theta})$ where $\vec{\theta}$ represents the N-dimensional column vector $(\theta_1, \theta_2, \ldots, \theta_N)^T$. In case of $N = 3$, the functional dependence represented by $\mathbf{v}(\vec{\theta})$ is unique (actually, for wide intervals from which angles θ_j can be taken, the function can assume two or more discrete branches), for $N > 3$ a continuum of possibilities exists to realize end effector positions $\mathbf{v}$. In the latter case one usually wants to select θ such that certain conditions are met, e.g., that the arm reaches around obstacles. The issues are discussed at length in RITTER et al. (1990, 1992).

The control problem just stated can be solved by conventional robot algorithms. The situation becomes more difficult, and more interesting, in case that the control signals actually employed do not specify directly the joint angles, as in case of the *SoftArm* in pressure mode. How can one obtain information on the response characteristics of the robot arm? We have suggested earlier (RITTER et al. 1990, 1992) to employ a pair of stereo cameras. We have demonstrated in conjunction with an industrial robot (WALTER 1993) and the *SoftArm* system (HESSELROTH et al. 1994, SARKAR and SCHULTEN 1995) that the signals from the two camera backplanes can be employed for this purpose, i.e., the robot-camera-computer system can learn, in fact, to control the arm solely on account of camera images.

Topology Representing Network Algorithm for Visuo-Motor Control

Before we embark on specifying how the topology representing networks can be trained to control robot motion we need to introduce a concept of utmost practical importance, the linearly controlled feed-back loop. The idea is that rather than to learn directly the precise relationship between joint angles and end effector positions, one learns such relationship only approximately and only for a very coarse set $\{\mathbf{v}_s, s \in A\}$ of end-effector positions, i.e., one learns a set of joint angles $\vec{\theta}_s$, $s \in A$ for some set A (to be specified later) such that[3]

$$\mathbf{v}_s = \mathbf{v}(\vec{\theta}_s). \qquad [2]$$

The remaining control is assigned to linear feed-back loops which are based on the iteration

$$\mathbf{v}^{(n)} = \mathbf{v}(\vec{\theta}(n-1) + A_s(v_{\text{target}} - v^{(n-1)})) \qquad [3]$$

where A_s is the Jacobian tensor $\partial \vec{\theta}/\partial v$ evaluated at the locations $\vec{\theta}_s$, $s \in A$. $\vec{\theta}(n-1)$ represents the joint angles after $n-1$ iterations defined through $\mathbf{v}^{(n-1)} = \mathbf{v}[\vec{\theta}(n-1)]$. This expansion attempts to move the end effector to the target location v_{target} by linearly correcting the joint angles on account of the remaining deviation $v_{\text{target}} - \mathbf{v}^{(n-1)}$. Repeated application of [3], starting with $\mathbf{v}^{(0)} = \mathbf{v}(\vec{\theta}_s)$, leads to a series of end effector positions $\mathbf{v}^{(1)}, \mathbf{v}^{(2)}, \ldots$ which approaches v_{target} for suitable A_s. Schemes for acquiring $\vec{\theta}_s$ and A_s have been presented in RITTER et al.

---

[2] We will not be concerned at present with the need to properly orient the gripper to grasp an object.
[3] The function $\mathbf{v}(\ldots)$ specifies the relationship between the joint angles of the robot arm and the position of its end-effector in the work space; this function is determined through the geometry of the robot arm and is available through the actual operation of the robot in joint angle mode: a controller specifies θ_s and the arm moves into a certain position. Likewise, one may use pressures to control the robot operating in pressure mode. The latter mode is actually employed in most applications.

(1992, 1990) and their capacity for real applications has been demonstrated in WALTER (1993).

The choice of mesh points (centers of Voronoi Polyhedra) is the most essential part of the algorithm. As explained above, there are two aspects involved, the development of a Voronoi diagram and the development of the associated Delaunay tesselation. The control algorithm considered here actually generates, in a training period, a table look-up program. Equations [2] and [3] concern actually the table entries. They state that each Voronoi polyhedron, labelled s, will be associated with a vector $\vec{\theta}_s$ which represents the angles specifying, through the joint angles, the zero order conformation of the robot arm. However, each polyhedron stores also a linear correction scheme, specified through the tensor A_s; the latter scheme allows approach to a target point v_{target} which deviates from the point $v(\vec{\theta}_s)$. One can consider the present approach an exercise in triangulation for function approximation, except that the function is an iterative process.

It is now quite obvious how the mesh points are chosen. In a training period one issues requests to the robot to move to target points $v_{target}(t)$, $t = 1, 2, \ldots$ This training set yields then a Voronoi diagram with associated Delaunay tesselation as outlined above. The difference to the earlier algorithm is that the system establishes at the same time the table entries $\vec{\theta}_s$ and A_s. However, in learning the table entries the Delaunay triangulation comes to play a cardinal role. This role arises from the justifiable expectation that neighbouring Voronoi polyhedra s and s' should assume eventually similar table entries $(\vec{\theta}, A_s)$ and $(\vec{\theta}, A_s')$. This can be exploited through cooperation of neighbouring polyhedra in acquiring the proper table entries. This cooperation extends initially over next neighbours, next-next nearest neighbours, etc. and involves a significant spill over of entry updates from one polyhedron to others. However, in the course of the training, the cooperation becomes more narrowly focussed to immediate neighbours and also involves gradually less of a spill over of entries. Finally, units learn only individually, fine tuning only their own entries. This cooperation furnished through the Delaunay tesselation does not only speed up the training, since each training step during the early phase of the training involves many Voronoi cells, but it also increases the radius of convergence of the algorithm dramatically. This radius is defined by the initial entries $(\theta_s(t=0), A_s(t=0))$ of the Voronoi cells; if the entries are too far off, the system may never find good $(\vec{\theta}_s, A_s)$ entries; cooperation ameliorates the effect of a few cells which may never acquire proper table entries if they would rely solely on their own (poor) initial $(\vec{\theta}_s(t=0), (t=0))$ entries; however, they acquire through cooperative learning better table entries from their neighbours and the schemes for acquiring proper table entries converges for them as well.

The Delaunay tesselation can play also an essential role after training is completed. One can envoke cooperation between neighbouring Voronoi cells to average the motor response. This is useful for biological neurons, the signals of which are limited in accuracy to few bits. Averaging can effectively reduce the error of control signals by a factor of about $1/\sqrt{n}$ where n is the number of participating units.

A Biologically Inspired Control Algorithm

Instead of the formal approach outlined above we consider now a simpler algorithm for linking visual input to motor output, which is inspired by neurobiological observation. This approach involves the application of *self-organizing feature maps*, originally proposed by KOHONEN (1982), as the basic information processing element from which neural networks capable of visuo-motor control are built. Such networks have been successfully applied to the problem of controlling movement in several technical applications (RITTER and SCHULTEN 1986, RITTER et al. 1989, MARTINETZ et al. 1990, COITON et al. 1991, WALTER and SCHULTEN 1993). In common with a number of previous studies of motor control (for example that of KUPERSTEIN 1988), our present approach involves the development of connections between an input (sensory) and output (motor) map, the connections between these maps being achieved by means of a learning process. In this regard, the study of COITON et al. (1991) is of particular interest, as it extends one general approach suggested by our group (RITTER et al. 1989). COITON et al. (1991) define an architecture that learns to control movement *through associations between two sensory modalities*. In the model each neuron within the network receives both exteroceptive input regarding the visual scene and proprioceptive input indicating the instantaneous angular positions of the limb segments of the movement system (e.g. a two jointed planar simulation of the human arm or industrial robotic manipulator). Through random exploration of the workspace, similar to the manner in which immature primates perform apparently random motor acts, neurons within the network are able to develop associations between these different sensory modalities.

From a biological perspective such an approach is appealing, because of the ability of the model to fuse different types of sensory input regarding movement during calculation of the required sequence of motor commands. Such an ability is frequently cited as a principal reason for the superiority of biological control systems when compared to artificial movement systems. To evaluate the success of such a strategy when applied to the problem of accurate positioning of an end-effector we have employed the basic approach outlined by COITON et al. (1991) to control our *SoftArm*.

Neural Control of the *SoftArm*

To simplify the description of the algorithm, we will first discuss application of the algorithm for use in the control of 3 joints and a fixed compliance. Figure 10 illustrates the elements of the basic network. Neurons in layer S project *via independent excitatory synapses* to a set of motor cells v_i responsible for setting the pressure values of the joints. We assume an input space defined by M independent sensory input sources. In a biological system these sources might, for example, correspond to neurons providing tactile input from receptors distributed over the body surface. In the present work, however, we will be concerned with proprioceptors, which indicate the respective joint angles of each of the segments of the robot arm, as provided by optical encoders mounted at each joint, and visual receptors which specify the location of a target point of interest within each camera plane.

Hence, two different types of sensory information converge upon neurons within the network S. Exteroceptive input

$$\mathbf{r} = [x_1, x_2, x_3, x_4] \qquad [4]$$

is derived from a Euclidean coordinate system defined by the normalized visual

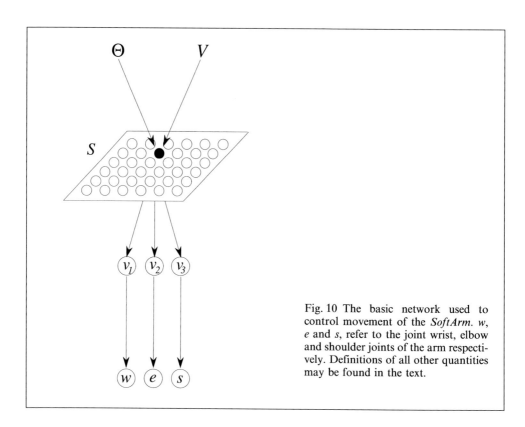

Fig. 10 The basic network used to control movement of the *SoftArm*. w, e and s, refer to the joint wrist, elbow and shoulder joints of the arm respectively. Definitions of all other quantities may be found in the text.

fields presented to the network. Proprioceptive input, denoted $\boldsymbol{\Theta}$, is derived from the intrinsic coordinate system of the joints, given by the normalized values of the optical encoders, where

$$\boldsymbol{\Theta} = [\theta_1, \theta_2, \theta_3]. \qquad [5]$$

The indices 1, 2, 3 specify the wrist, elbow and shoulder joints of the *SoftArm*, respectively.

Control of limb movements in the workspace is achieved by modifying the synaptic weights of the projections from neurons in the sensory layer *S* to the motor cells. Each neuron in the sensory layer has a vector

$$\mathbf{V}_j = [v_j^1, v_j^2, v_j^3] \qquad [6]$$

associated with it which corresponds to the output of the motor neuron when activated by a neuron in the sensory layer. This output alters the joint angles by sending new pressure values to the *SoftArm*.

During learning, adjustment of v_j^i, the ith component of **V**, is calculated as

$$v_j^i(t) = v_j^i(t-1) + \varepsilon(t)\, h_{js}(u^i(t) - v_j^i(t-1)) \qquad [7]$$

where, in this instance, $v_j^i(t=1)$ represents a *random* value generated during the previous iteration of the algorithm leading to movement of a particular limb segment (COITON et al. 1991). $\varepsilon(t)$ determines the magnitude of change in the synaptic weights as a function of time and is chosen in the following manner (RITTER et al. 1992)

$$\varepsilon(t) = \varepsilon_{ini}(\varepsilon_{fin}/\varepsilon_{ini})^{t/t_{max}}.\qquad [8]$$

The neighbourhood function h_{js} can be modelled by a Gaussian

$$h_{js} = \exp\left(-\|j-s\|^2/2\sigma(t)^2\right)\qquad [9]$$

with width

$$\sigma(t) = \sigma_{ini}(\sigma_{fin}/\sigma_{ini})^{t/t_{max}}.\qquad [10]$$

Prior to learning, all components of the vector **V** are assigned random values and the total number of learning steps is specified. For each learning step a sensory input vector $\mathbf{U} = [\mathbf{r}, \boldsymbol{\Theta}]$ is then formed from exteroceptive input **r** given by the values of the endpoint of the limb and proprioceptive input $\boldsymbol{\Theta}$ specified by the joint angles of the limb. The Kohonen algorithm is applied to the sensory layer and the vector of motor signals $\mathbf{V}_s$ associated with the neuron s, chosen according to the Euclidean distance criteria proposed by KOHONEN (1982), in the sensory layer, initiates movement of the arm to a new randomly chosen position in the workspace. The components of $\mathbf{V}_s$ are then adjusted according to [7] and this sequence of operations is repeated for the total number of learning steps.

Following a suitable number of learning steps, typically 3000, goal-directed movements to visual targets can be executed by the network in the following manner. The limb assumes an initial configuration of joint angles $\boldsymbol{\Theta}$ corresponding to a position **r** of the endpoint of the limb in the workspace. A sensory vector **U**, concatenated from the Cartesian coordinates of the target position $\mathbf{r}_p$ and the current joint angles of the limb, induces excitation of a neuron s in the sensory layer. This sensory vector codes two physical locations in the workspace: the target location $\mathbf{r}_p$ and the current position of the limb **r** as a function of $\boldsymbol{\Theta}$. Excitation of neuron s in the sensory layer results in a new motor vector $\mathbf{V}_s$ being sent to the limb simulation causing movement of the endpoint of the limb to a new position $\mathbf{r}_s$ corresponding to the set of joint angles $\boldsymbol{\Theta}_s$. A new vector **U'** is then concatenated from $\mathbf{r}_s$ and $\boldsymbol{\Theta}_s$ inducing excitation of neuron s' in the sensory layer. The associated motor vector $\mathbf{V}_{s'}$ then causes movement of the limb to the position $\mathbf{r}_{s'}$ associated with $\boldsymbol{\Theta}_{s'}$. This process continues until the sequence of positions $\mathbf{r}, \mathbf{r}_s, \mathbf{r}_{s'}, \mathbf{r}_{s''}, \ldots$ attained by the endpoint of the limb during movement to the target point converges within a predefined tolerance to $\mathbf{r}_p$, or the same neuron is chosen in two consecutive iterations of the process, or the total number of iterations of the process required by the movement exceeded a predetermined number, typically ten. In general, movement to a particular target point will involve a total of three or four iterations of this sequence of steps, though greater numbers are possible.

Use of this algorithm for control of the *SoftArm* results in average accuracies in the region of 12% of the dimensions of the workspace of this system. A number of factors contribute to this poor performance, including the mechanical characteristics of the *SoftArm* and the high dimensionality of the problem. The principal

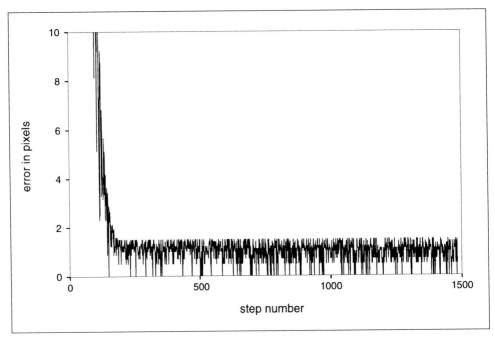

Fig. 11 Positioning error between gripper and target versus step number using the »*neural gas*« algorithm combined with an interpolation strategy. One pixel corresponds to approx. 3 mm. (HESSELROTH et al. 1994).

problems that arise, however, are the need for a single network to provide a » good « representation of two distinct sensory input spaces, namely the visual and proprioceptive spaces, and the discretizing effect that results from the use of small numbers of neurons to map these input spaces. In general, while the use of larger number of neurons in the network can lead to some improvements in performance there is no simple linear relationship between greater numbers of neurons and accuracy (RITTER 1989).

Through a combination of self-organizing feature maps and interpolation strategies it is possible to overcome the discretizing problem, to achieve a precise end effector position control (HESSELROTH et al. 1994) and to orient the gripper properly for an object to be grasped (SARKAR and SCHULTEN 1995). In addition to the *neural gas* algorithm, representing the three-dimensional workspace, the robot also learns a set of Jacobian matrices for interpolating between positions stored by 200 individual neurons. In Figure 11 we plot the final error between gripper and target position (in camera pixels) versus the number of learning steps.

Future Directions in Visuo-Motor Control

Biological organisms provide both, the inspiration and the challenge for robotic systems. They are the basis on which industrial robotic applications, controlled by artificial neural networks, have to be evaluated. The *SoftArm*, with it's highly nonlinear and hysteretic characteristics, represents an interesting and challenging experiment for those neural network architectures. In addition to the positioning we demonstrated here, more complex tasks, e.g. grasping objects of arbitrary shape, motion path planning or tracking of moving targets are currently the focus of research efforts. However, the much more sophisticated capabilities of biological organisms in terms of visuo-motor control suggest to emphasize the biological design of the implemented neural networks. A synergy between the engineering approach of robotics and biologically motivated models of motor learning will, on one side, lead to a better performance in robotics and, on the other side, elucidate the manner in which the various motor centers within the cerebral cortex jointly program and coordinate movement.

Acknowledgement

The authors like to thank Ed ERWIN, Thomas MARTINETZ, Klaus OBERMAYER, and Ken WALLACE for a fruitful collaboration on the work described here. This work was supported by the Carver Charitable Trust.

Literature

BLASDEL, G. G.: Differential imaging of ocular dominance and orientation selectivity in monkey striate cortex. J. Neurosci. *12* (8), 3139–3161 (1992a)

BLASDEL, G. G.: Orientation selectivity, reference and continuity in monkey striate cortex. J. Neurosci. *12* (8), 3115–3138 (1992b)

BLASDEL, G. G., OBERMAYER, K., and KIORPES, L.: Organization of ocular dominance and orientation columns in the striate cortex of neonatal macaque monkeys. Vis. Neurosci. (1995, in press)

BOLLOBÁS, B.: Graph Theory. An Introductory Course. New York: Springer 1979

BRAUN, J., and SAMBRIDGE, M.: A numerical method for solving partial differential equations on highly irregular evolving grids. Nature *376*, 655–660 (1995)

COITON, Y., GILHODES, J. G., VELAY, J. L., and ROLL, J. P.: A neural network model for the intersensory coordination involved in goal-directed movements. Biol. Cybern. *66*, 167–176 (1991)

DIJKSTRA, E. W.: A note on two problems in connection with graphs. Numer. Math. *1* (5), 269–271 (1959)

ERWIN, E., OBERMAYER, K., and SCHULTEN, K.: Models of orientation and ocular dominance columns in the visual cortex: A critical comparison. Neural. Computation *7*, 425–468 (1995)

GEORGE, J. A.: Computer implementation of the finite element method. Technical Report STAN-CS-71-208, Computer Science Department. Stanford University 1971

GOWER, J. C., and ROSS, G. J. S.: Minimum spanning trees and single linkage cluster analysis. Appl. Stat. *18* (1), 54–64 (1969)

GRAY, R. M.: Vector quantization. IEEE ASSP *1* (2), 4–29 (1984)

GRINVALD, A., LIEKE, E., FROSTIG, R. P., GILBERT, C., and WIESEL, T.: Functional architecture of cortex revealed by optical imaging of intrinsic signals. Nature *324*, 351–354 (1986)

HESSELROTH, T., SARKAR, K., VAN DER SMAGT, P., and SCHULTEN, K.: Neural network control of a pneumatic robot arm. IEEE Transactions System Man Cybernetics *24* (1), 28–37 (1994)

HUBEL, D., and WIESEL, T. N.: Receptive fields, binocular interaction and functional architecture in the cat's striate cortex. J. Physiol. (Lond.) *160*, 106–154 (1962)

KNUTH, D. E.: The Art of Computer Programming. Volume III: Sorting and Searching. Reading (MA): Addison-Wesley 1973

KOHONEN, T.: Analysis of a simple self-organizing process. Biol. Cybern. *44*, 135–140 (1982)

KOHONEN, T., MÄKISARA, K., and SARAMÄKI, T.: Phonotopic maps – insightful representation of phonological features for speech recognition. Proc. 7th Int. Conf. on Pattern Recognition, Montreal; pp. 182–185 (1984)

KRUSKAL, J. B.: On the shortest spanning subtree of a graph and the traveling salesman problem. Proc. AMS 7; pp. 48–50 (1956)

KUPERSTEIN, M.: Neural model of adaptive hand-eye coordination for single postures. Science *239*, 1308–1311 (1989)

LEE, D., and MALPELI, J.: Global form and singularity: Modeling the blind spot's role in lateral geniculate morphogenesis. Science *263*, 1292–1294 (1994)

MAKHOUL, J., ROUCOS, S., and GISH, H.: Vector quantization in speech coding. Proc. IEEE 73, 1551–1588 (1982)

MARR, D.: Vision. San Francisco: Freeman (1982)

MARTINETZ, T., BERKOVICH, S. G., and SCHULTEN, K.: Neural-gas network for vector quantization and its application to time-series prediction. IEEE Transactions Neural Networks *4* (4), 558–569 (1993)

MARTINETZ, T., RITTER, H., and SCHULTEN, K.: Three-dimensional neural net for learning visuo-motor coordination of a robot arm. IEEE Transactions Neural Networks *1*, 131–136 (1990)

MARTINETZ, T., and SCHULTEN, K.: Topology representing networks. Neural Networks *7* (3), 507–522 (1994)

NASRABADI, N. M., and FENG, Y.: Vector quantization of images based upon the kohonen self-organizing feature maps. IEEE Int. Conference on Neural Networks, San Diego; pp. 1101–1108 (1988)

NASRABADI, N. M., and KING, R. A.: Image coding using vector quantization: A review. IEEE Trans. Comm. *36* (8), 957–971 (1988)

NAYLOR, J., and LI, K. P.: Analysis of a neural network algorithm for vector quantization of speech parameters. Proc. of the First Annual INNS Meeting; p. 310. New York: Pergamon Press (1988)

OBERMAYER, K.: Adaptive Neuronale Netze und ihre Anwendung als Modelle der Entwicklung Kortikaler Karten. St. Augustin: Infix-Verlag 1993

OBERMAYER, K., and BLASDEL, G. G.: Geometry of orientation and ocular dominance columns in monkey striate cortex. J. Neurosci. *13*, 4114–4129 (1993)

OBERMAYER, K., BLASDEL, G. G., and SCHULTEN, K.: Geometry of orientation and ocular dominance columns in monkey striate cortex. Physical Review A, *45* (10), 7568–7589 (1992)

OBERMAYER, K., BLASDEL, G. G., and SCHULTEN, K.: Statistical-mechanical analysis of self-organization and pattern formation during the development of visual maps. Physical Review A *45* (10), 7568–7589 (1992)

OMOHUNDRO, S. M.: The delaunay triangulation and function learning. Technical Report TR, 90-001, Int. Computer Science Institute, Berkeley, CA 1990

OSTEEN, R. E., and LIN, P. P.: Picture skeletons based on eccentricities of points of minimum spanning trees. SIAM J. Comput. *3* (1), 23–40 (1974)

PREPARATA, F. P., and SHAMOS, M. I.: Computational Geometry: An introduction. New York: Springer 1985

PRIM, R. C.: Shortest connecting networks and some generalizations. BSTJ *36*, 1389–1401 (1957)

RITTER, H.: Combining self-organizing maps. Int. Joint Conference on Neural Networks 1989

RITTER, H. J., MARTINETZ, T. M., and SCHULTEN, K. J.: Topology-conserving maps for learning visuo-motor-coordination. Neural Networks *2*, 159–168 (1989)

RITTER, H., MARTINETZ, T., and SCHULTEN, K.: Textbook: Neuronale Netze: Eine Einführung in die Neuroinformatik selbstorganisierender Abbildungen. New York, Bonn: Addison-Wesley 1990

RITTER, H., MARTINETZ, T., and SCHULTEN, K.: Neural Computation and Self-Organizing Maps. New York: Addison-Wesley 1992

RITTER, H., and SCHULTEN, K.: Topology conserving mappings for learning motor tasks. DENKER, J. S. (Ed.): Neural Networks for Computing. Amer. Inst. of Physics Publication, Conference Proceedings *151*, 376–380 (1986)

RITTER, H., and SCHULTEN, K.: Convergence properties of Kohonen's topology conserving maps: Fluctuations, stability and dimension selection. Biol. Cybernetics *60* (1), 59–71 (1988)

ROSENKRANTZ, D. J., STEARNS, R. E., and LEWIS, P. M.: Approximate algorithms for the traveling salesperson problem. Fifteenth Annual IEEE Symposium on Switching and Automata Theory; pp. 33–42 (1974)

RUBNER, J., and SCHULTEN, K.: Development of feature detectors by self-organization: A network model. Biol. Cybernetics *62*, 193–199 (1990)

RUBNER, J., SCHULTEN, K., and TAVAN, P.: A self-organizing network for complete feature extraction. In: ECKMILLER, R., HARTMANN, G., and HAUSKE, G. (Eds.): Parallel Processing in Neural Systems and Computers; pp. 365–368. Amsterdam: Elsevier 1990

SARKAR, K., and SCHULTEN, K.: Topology representing network in robotics. In: VAN HEMMEN, J. L., DOMANY, E., and SCHULTEN, K. (Eds.): Physics of Neural Networks, Vol. 3. New York: Springer 1995, in press

SHAMOS, M. I.: Computational Geometry. PhD thesis Dept. of Computer Science, Yale Univ. 1978

STRANG, G., and FIX, G.: An analysis of the finite element method. Prentice-Hall, Cliffs, NJ, 1973

TZONEV, S., MALPELI, J., and SCHULTEN, K.: Morphogenesis of the lateral geniculate nucleus: How singularities affect global structure. In: TESAURO, G., TOURETZKY, D., and LEEN, T. (Eds.): Advances in Neural Information Processing Systems 7; pp. 133–140. Cambridge, Mass. and London: MIT Press 1995

WALTER, J. A., and SCHULTEN, K.: Implementation of self-organizing neural networks for visuo-motor control of an industrial robot. IEEE Transactions Neural Networks *4* (1), 86–95 (1993)

ZAHN, C. T.: Graph-theoretical methods for detecting and describing gestalt clusters. IEEE Trans. Comp. *C-20* (1), 68–86 (1971)

Prof. Dr. Klaus SCHULTEN[4]
Dipl. Phys. Michael ZELLER
Theoretical Biophysics Group
Beckmann Institute for Advanced Science
and Technology
University of Illinois at Urbana-Champaign
Urbana-Champaign, IL 61801, USA

---

[4] To whom correspondence should be addressed.

Polarisationsmusteranalyse bei Insekten

Von Rüdiger WEHNER (Zürich)
Mitglied der Akademie

Mit 1 Übersicht und 11 Abbildungen

Einleitung

Das Gehirn der Insekten ist dem der Primaten um Größenordnungen unterlegen: um sechs Zehnerpotenzen, wenn man die Zahl der Nervenzellen als Maßstab nimmt. Dennoch können die Träger dieser Gehirne sensomotorische Leistungen von erstaunlicher Komplexität und Präzision vollbringen – Leistungen, die wie die hier zu schildernde von ihrer algorithmischen Struktur her das Vermögen eines instrumentenfrei operierenden menschlichen Beobachters übersteigen. Den Mathematiker Douglas HOFSTADTER (1982) haben sie sogar zu neuen Begriffsbildungen angeregt: »Sphecismus« (nach der Grabwespe *Sphex* benannt) steht bei ihm für hochgezüchtete Leistungen miniaturisierter Gehirne. Schon die Pioniere der Insektenethologie wie Jean Henri FABRE (1879), der in der Abgeschiedenheit der Vaucluse eben jene Spheciden beobachtete, auf die sich HOFSTADTER bezog, der englische Entomologe und Bankier John LUBBOCK (1884), der später – wohl mehr aufgrund seiner Finanz- als seiner Forschungstätigkeit – von der englischen Krone zum Lord AVEBURY erhoben wurde, oder der Schweizer Myrmekologe, Hirnforscher und Sozialreformer August FOREL (1910) haben anhand ihrer minutiösen Beobachtungen und Aufzeichnungen reiches Belegmaterial für die Komplexität der Verhaltensabläufe vor allem sozialer Insekten zusammengetragen. Diesen Analysen konnten die formalistischen Taxiskonzepte der ersten Hälfte unseres Jahrhunderts mit ihren simplen Reiz-Reaktions-Beziehungen (FRAENKEL und GUNN 1940, JANDER 1966) nichts Gleichwertiges zur Seite stellen. Erst die Kybernetik wandte sich dann einer detaillierteren, systembezogenen Betrachtungsweise zu. Gerade am Beispiel des Insektenverhaltens versuchte sie, einzelne grundlegende Orientierungsweisen wie Kursstabilisierung oder Objektfixation durch das Wechselspiel von experimentellen Verhaltenstudien und Modellbildung zu analysieren und im Sinne technischer Wirkungssysteme zu beschreiben (REICHARDT 1969, LAND 1977). Hier kam die seit den sechziger und siebziger Jahren zunehmend erstarkende Neurophysiologie ins Spiel. Unter neuroethologischem Banner zog sie aus, die geforderten Wirkglieder im Nervensystem zu lokalisieren und damit – wenn auch zunehmend unabhängig von kybernetischen Vorgaben – das neuronale Netzwerk aufzuklären, das einer Verhaltensreaktion zugrunde liegt. Freilich zeigte sich bald, daß die Annäherung an dieses ehrgeizige Ziel langjährige, multidisziplinär angelegte Forschungsprojekte erfordert, die sich auf wohldefinierte Verhaltensweisen wie Elektro- (HEILIGENBERG 1991) und Echoortung (NEUWEILER 1990), akustische Richtungslokalisation (HUBER 1990, KONISHI 1992) oder optomotorische Flugkontrolle (HAUSEN und EGELHAAF 1989) konzentrieren. Solche neuroethologischen Untersuchungen förderten vielfach »*smart solutions*« zutage, die heute in der Robotik vermehrt als Grundlage für biologisch inspirierte technische Realisationen dienen (ALOIMONOS et al. 1988, BALLARD 1991, FRANCESCHINI et al. 1992).

Parallel zur skizzierten Entwicklung tritt seit neuestem eine von der experimentellen Humanpsychologie motivierte Betrachtungsweise auf den Plan, die den Weg durch die neuronalen Instanzen umgeht und stattdessen formal mit kognitiven Konzepten interner Abbildungen operiert (GOULD 1986, GALLISTEL 1989). Wie reizvoll die Formulierung abstrakter Verhaltensmodelle und wie kompatibel ein solches – gewissermassen ptolemäisches – Beschreibungssystem mit den experimentellen Befunden auch immer sein mag, der Biologe ist nicht an global gefaßten fiktiven, sondern an jenen konkreten Lösungen interessiert, die die Evolution in die Nervensysteme tierischer Organismen geschrieben hat. Ein solches Beispiel sei im folgenden geschildert.

Der Polarisationsmusterkompaß im Verhaltenskontext

Soziale Hymenopteren — laufende wie fliegende — kehren aus Entfernungen vom $10^4 - 10^6$fachen ihrer Körperlänge zielgerichtet zum Ausgangspunkt ihrer windungsreichen Futtersuchexkursionen zurück. Statt eine kognitive Karte ihres Geländes, statt ein neuronales Analogon einer topographischen Karte zu erwerben und einzusetzen (WEHNER und MENZEL 1990, WEHNER 1992), navigieren sie dabei nach dem Prinzip der Wegintegration, betreiben also das schon von DARWIN (1873) hypothetisierte »Dead reckoning«. Dabei werden alle rotatorischen und translatorischen Bewegungskomponenten gemessen und so miteinander verrechnet, daß das Tier jederzeit über Richtung und Entfernung zum Ausgangspunkt orientiert ist, also ständig den aktuellen Rückkehrvektor mit sich trägt. In aeronautischen Systemen wird diese Aufgabe nach dem Trägheitsnavigationsprinzip (*Inertial Navigation System*: MAYNE 1974) über doppelte Zeit-Integration von Beschleunigungssignalen gelöst. Zwar gibt es bei den mit Vestibularorganen ausgestatteten Säugetieren Hinweise darauf, daß Beschleunigungsinformation bei der Wegintegration zum Einsatz kommt (MITTELSTAEDT und MITTELSTAEDT 1980, ETIENNE et al. 1988, POTEGAL 1987), doch bedienen sich soziale Insekten eines anderen Verfahrens. Sie entnehmen die nötigen Richtungsinformationen[1] optischen Himmelsparametern: dem Sonnenazimut und den sich über das gesamte Himmelsgewölbe spannenden Streulichtmustern.

Eingangs seien zwei oft stillschweigend akzeptierte sinnesökologische Prädestinationen solcher astronomischen Parameter kurz hervorgehoben. Zum einen sind Himmelsparameter für den Insektennavigator optisch im Unendlichen angesiedelt, unterliegen also nicht dem Phänomen der Bewegungsparallaxe. Damit erfüllen sie eine für jeden visuellen Kompaß notwendige Grundbedingung: nur bei rotatorischen, aber nicht translatorischen Eigenbewegungen des Tieres retinale Bildverschiebungen auszulösen. Zum anderen läßt sich die »Feinkörnigkeit« der Kompaßskala näher spezifizieren. Während das Sonnenazimut anhand einer Punktlichtquelle bestimmt werden muß und die Genauigkeit dieser Bestimmung mit steigender Sonnenhöhe abnimmt (WEHNER 1994a), ist man bei Verwendung des großflächigen Himmelsmusters diesen Einschränkungen nicht unterworfen. Der nächste Abschnitt beschreibt die Struktur dieses Musters und die Möglichkeiten, es als Kompaß einzusetzen.

Phänomen und Problem

Aufgrund der Rayleigh-Streuung des Sonnenlichts an den Luftmolekülen der Erdatmosphäre (STRUTT 1871) ist jeder Punkt des Himmels durch eine bestimmte Polarisationsrichtung (E-Vektor-Richtung, χ; siehe Übersicht »Polarisiertes Licht«), einen bestimmten Polarisationsgrad (D) und eine bestimmte Strahlungsintensität (I) ausgezeichnet. Alle drei Parameter variieren mit der Wellenlänge (λ) des Lichts: $\chi(\lambda)$, $D(\lambda)$, $I(\lambda)$. Die idealen, durch alleinige Primärstreuung bedingten Verhältnisse (Partikeldurchmesser $d << \lambda$; COULSON 1988) sind in der realen Atmosphäre jedoch selten gegeben. Staub, Dunst und Wolkenschleier, allgemein

---

[1] Zur Verrechnung von Richtungs- und Distanzinformation siehe MÜLLER und WEHNER (1988) sowie HARTMANN und WEHNER (im Druck).

Partikel mit Durchmessern d > λ, setzen D herab, so daß der theoretische Maximalwert von D = 1,0 fast nie erreicht wird. Zudem verändern sie I, haben aber auf χ, das von allen Streulichtparametern zudem am wenigsten mit λ variiert, den geringsten Effekt (Theorie: NAGEL et al. 1978, Messung: BRINES und GOULD 1982). Damit erweist sich χ als der verläßlichste Parameter. Es erstaunt daher nicht, daß gerade er in das Kompaßsystem der Insekten Eingang gefunden hat.

Gemäß der einfachen geometrischen Regel, daß der E-Vektor in einem gegebenen Himmelspunkt P senkrecht zu der durch Beobachter, Sonne und Punkt P definierten Ebene schwingt, bilden die E-Vektor-Richtungen konzentrische Kreise um die Sonne. Der Polarisationsgrad nimmt dabei von der Sonne (D = 0) bis zum Großkreis in 90° Abstand von der Sonne (D = 1,0 bei reiner Rayleigh-Streuung) zu und dann in Richtung auf den Antisolarpunkt wieder ab. Abbildung 1 (s. S. 166) zeigt diese Verhältnisse in drei- und zweidimensionaler Darstellung. Die Verteilung aller drei Himmelslichtparameter χ, D und I ist in Abbildung 2 (s. S. 167) kartiert.

Wie schon SANTSCHI (1923) und VON FRISCH (1949) anhand origineller Pionierversuche zeigten, sind Ameisen und Bienen in der Lage, einzelnen Himmelspunkten Richtungsinformation zu entnehmen. Wollte man das Problem, das dieser Richtungsbestimmung zugrunde liegt, allgemein und ohne jegliche einschränkende Randbedingung formulieren, müßte der Navigator im gegebenen Himmelspunkt zunächst die E-Vektor-Richtung unabhängig von den genannten anderen Himmelslichtparametern bestimmen, was simultan oder sukzessiv mehrfache Messungen erforderte, und dann den in seiner Richtung bestimmten E-Vektor so in das Gesamtmuster einordnen, daß anhand dieser Einordnung jede beliebige Kompaßrichtung − z. B. relativ zum Sonnenmeridian als Nullmeridian − angegeben werden kann (zu theoretischen Konzepten vgl. KIRSCHFELD 1972, KIRSCHFELD et al. 1975, WEHNER et al. 1975, FRANTSEVICH 1979). Letztere Einordnung kann *ab initio* auf konstruktivem, sphärisch geometrischem Weg oder anhand eines internen astronomischen Almanachs erfolgen, der alle E-Vektor-Verteilungen der Himmelshemisphäre als Funktion der Sonnenhöhe enthält. Allerdings sind aufgrund der Symmetrieeigenschaften des Polarisationsmusters bei alleiniger Verwendung eines einzigen E-Vektors Doppeldeutigkeiten zu erwarten, die erst unter Zuhilfenahme anderer Streulichtparameter wie Polarisationsgrad oder spektrale Intensitätsverteilung aufgelöst werden können. Ist das Insektengehirn in der Lage, diese Probleme in ihrer Abstraktheit zu lösen und die einzelnen E-Vektoren bei beliebiger Sonnenhöhe positionsgerecht in das Gesamtmuster einzuordnen, wie es GOULD et al. (1985) vermuten? Oder bedient es sich anderer Strategien: des Einspeicherns eines Erinnerungsbilds des zuletzt gesehenen Himmelsmusters (STOCKHAMMER 1959) oder der Übersetzung des E-Vektormusters in ein Farbmuster, das dann von einem trichromatischen Farbsehsystem analysiert wird (VAN DER GLAS 1975)? In diesem Stadium vielfacher Hypothesenbildung und mangelnder experimenteller Daten, die die eine oder andere Hypothese hätten stützen können, entwarfen wir zunächst eine verzweifelt aufwendige Serie von Experimenten, deren Erfolg mehr zu erahnen als zu erwarten war, die dann aber zu einem überraschenden Ergebnis und einem neuen Problemansatz führten.

Polarisiertes Licht

Da der elektrische (E-), nicht der magnetische (M-) Vektor der elektromagnetischen Welle Licht die Sehpigment-Moleküle (Rhodopsine) in den Photorezeptoren stimuliert, ist nur seine Richtung für den Sehprozeß von Bedeutung. Dabei kommt es immer dann zur maximalen Anregung des Rhodopsinmoleküls, wenn der E-Vektor parallel zur Absorptionsachse des Moleküldipols schwingt. Die Lage dieser Absorptionsachse wird durch die Ausrichtung der Retinalgruppe im Rhodopsinmolekül bestimmt.

Betrachtet man die Schwingungen des elektrischen Vektors als Superposition zweier orthogonaler sinusförmiger Wellen, die senkrecht zur Ausbreitungsrichtung des Lichts verlaufen, ist polarisiertes Licht ganz allgemein durch eine kohärente Phasenbeziehung zwischen beiden Komponenten gekennzeichnet. Beträgt diese Phasenbeziehung $\varphi = 0°$, schwingt die Resultierende in einer Ebene: Man spricht von *linear polarisiertem* Licht (Bild 1, *oben*). Die Orientierung der Schwingungsebene relativ zur Vertikalen (0°) bezeichnet dann die Polarisations-(E-Vektor-) Richtung χ. Eine 90°-Phasenbeziehung zwischen beiden Komponenten definiert *zirkulär polarisiertes* Licht (Bild 1, *unten*), jeder andere Wert $0° < \varphi < 90°$ und $90° < \varphi < 180°$ *elliptisch polarisiertes* Licht (Bild 2). Bei ersterem rotiert der E-Vektor um die Ausbreitungsrichtung des Lichts, bei letzterem bewegt er sich auf Bahnen unterschiedlicher Elliptizität. Doppelbrechende Medien verzögern eine der orthogonalen Komponenten relativ zur anderen (*birefringent retarders*), so daß z. B. bei einer Verzögerung von 90° durch sogenannte Viertelwellenlängen-Plättchen linear polarisiertes in zirkulär polarisiertes Licht überführt wird.

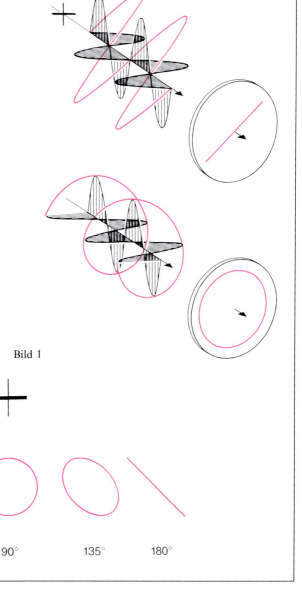

Bild 1

Bild 2

  0°   45°   90°   135°   180°

Von einigen Arthropoden ist bekannt, daß sie zirkulär polarisiertes Licht spezifischen Drehsinns entweder emittieren (biolumineszierende Larven der Leuchtkäfergattung *Photuris*: WYNBERG et al. 1980) oder aufgrund der helicoidalen Feinstruktur ihrer Cuticula reflektieren (z. B. Skarabaeiden-Käfer *Plusiotis*: NEVILLE und CAVENEY 1969, CAVENEY 1971, PACE 1972; Garnelen *Panulirus*: NEVILLE und LUKE 1971). Photorezeptoren sind allerdings nicht in der Lage, zirkulär polarisiertes von unpolarisiertem Licht zu unterscheiden. Letzteres ist durch völlige Inkohärenz der beiden orthogonalen Schwingungskomponenten ausgezeichnet. Elliptisch polarisiertes Licht erscheint Photopigmenten dagegen als partiell linear polarisiertes Licht. Ein Polarisationsgrad von 10% entspricht beispielsweise einer Elliptizität von 0,81. Viele Krebse besitzen in den Cornealinsen ihrer Komplexaugen doppelbrechende Calcitkristalle, die das einfallende linear polarisierte Licht in verschiedene Grade elliptisch polarisierten Lichts verwandeln und auf diese Weise teilweise depolarisieren (NILSSON und LABHART 1990). Diese Bemerkungen führen unmittelbar zur Frage nach der Rezeption linear polarisierten Lichts und damit nach der

Polarisationsempfindlichkeit

der Photorezeptoren. Wie bereits erwähnt, verhalten sich die Photopigmentmoleküle (Rhodopsine) wie Dipole und damit wie dichroitische Substanzen, die einfallendes Licht nur dann maximal absorbieren, wenn dessen E-Vektor parallel zur Dipolachse schwingt. Damit jedoch eine Photorezeptorzelle als ganzes dichroitisch wirken kann, dürfen die Dipolachsen der 10^9-10^{10} Rhodopsinmoleküle einer Sehzelle in dieser Zelle nicht zufällig verteilt sein.

Bereits der erste elektronenmikroskopische Querschnitt durch die Retina eines Insektenauges (FERNANDEZ-MORAN 1956) ergab einen für das Polarisationssehen entscheidenden Befund: Die Photorezeptormembranen der Sehzellen — jene Membranen also, die die Sehpigmente als interne Membranproteine enthalten — sind nicht wie bei Wirbeltieren zu Stapeln planparalleler Platten übereinander angeordnet (Bild 3 *A*), sondern zu tubulären Strukturen, sogenannten Mikrovilli, aufgerollt (Bild 3 *B*). Die Mikrovilli stehen mit ihren Achsen senkrecht zur Einfallsrichtung des Lichts. In ihrer Gesamtheit bilden sie das schon anhand lichtmikroskopischer Befunde als »Stäbchensaum« beschriebene Rhabdomer der Sehzelle. Als wenige Jahre nach Entdeckung der

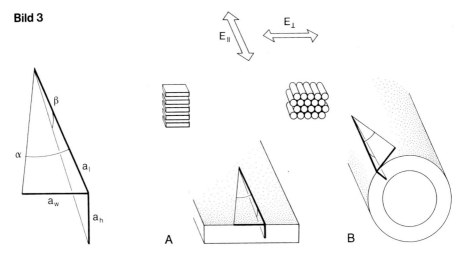

Bild 3 Schematische Anordnung der Photorezeptormembranen bei Vertebraten (*A*) und Arthropoden (*B*). $E_{\parallel}$ und $E_{\perp}$ bezeichnen E-Vektor-Richtungen parallel bzw. senkrecht zur Mikrovillusachse. Die Winkelabweichung eines Rhodopsin-Dipols von der Längsachse eines Mikrovillus ist durch α, der Neigungswinkel des Dipols relativ zur Membranebene durch β symbolisiert. a_l, a_w und a_h stehen für die Absorptionskomponenten in den drei Raumrichtungen.

Rhabdomer-Feinstruktur den Japanern KUWABARA und NAKA (1959) von der Kyushu-Universität sowie BURKHARDT und WENDLER (1960) von der Universität München unabhängig voneinander erstmals intrazelluläre elektrophysiologische Ableitungen von Sehzellen gelangen, kam man der Ursache des Dichroismus einen weiteren Schritt näher: Photorezeptoren erreichen dann ihre höchste Polarisationsempfindlichkeit, wenn der E-Vektor linear polarisierten Lichts parallel zu den Mikrovilliachsen schwingt. Dieser zunächst an Fliegen (*Lucilia, Calliphora*) erhobene Befund hat sich seither an Vertretern zahlreicher anderer Insektenordnungen — auch an Hymenopteren wie Bienen und Ameisen — bestätigt.

An dieser Stelle sei eine etwas detailliertere Betrachtung von Dichroismus D und Polarisationsempfindlichkeit P eingeschoben. Ersterer bezeichnet das Verhältnis der optischen Dichten A (*absorbance*) eines Mikrovillus bzw. des gesamten Mikrovillistapels (Rhabdomers) für parallel und senkrecht zur Mikrovilliachse polarisiertes Licht: $D = A_{\parallel}/A_{\perp}$ oder $D = A(\chi_{max})/A(\chi_{max} \pm 90°)$, wobei χ_{max} jene E-Vektor-Richtung bezeichnet, für die D maximale Werte annimmt und die in aller Regel mit der Mikrovillusachse übereinstimmt ($\chi_{max} = E_{\parallel}$). Zwei Gründe zeichnen für den Rhabdomer-Dichroismus verantwortlich. Zum einen bedingt die tubuläre Struktur der Mikrovilli auch bei zufälliger Verteilung der Rhodopsin-Dipole in der Photorezeptormembran — wie sie in den plattenförmigen Rezeptormembranen der Wirbeltiere vorliegt (BROWN 1972, CONE 1972) — einen gewissen »Form-Dichroismus« von $D \leq 2$; denn die lateralen Bereiche eines Mikrovillus können nur durch $E_{\parallel}$, aber nicht $E_{\perp}$ stimuliert werden. Zum anderen sind bei Arthropoden die Rhodopsinmoleküle mit ihren Dipolachsen mehr oder weniger parallel zur Mikrovillusachse ausgerichtet. Wie mikrospektrophotometrische Messungen von GOLDSMITH und WEHNER (1977) an isolierten Crustaceen-Rhabdomeren zeigen, lassen sich die an diesen Rhabdomeren ermittelten Dichroismuswerte von $D = 5-7$ rechnerisch darauf zurückführen, daß die Rhodopsin-Dipole mit der Mikrovillusachse einen Streuwinkel $\alpha = \pm 50°$ und mit der Membranfläche einen Neigungswinkel $\beta = 20°$ einschließen.

Der Mikrovillus-Dichroismus bildet die Grundlage der Polarisationsempfindlichkeit P von Arthropoden-Sehzellen. Diese Polarisationsempfindlichkeit läßt sich elektrophysiologisch (z. B. für *Apis*: LABHART 1980) oder optophysiologisch (ebenfalls für *Apis*: WEHNER und BERNARD 1980) als $P = S_{\parallel}/S_{\perp}$ bzw. $P = S(\chi_{max})/S(\chi_{max} \pm 90°)$ bestimmen. S bezeichnet die Empfindlichkeit *(sensitivity)* der Sehzelle. Sie wird in der Regel als reziproker Wert derjenigen Quantenzahl $[q \cdot mm^{-2} \cdot s^{-1}]$ ermittelt, die eine vorgegebene konstante Rezeptorantwort auslöst. Bei einer Vielzahl von Insektenarten bestimmt, liegen die Polarisationsempfindlichkeiten im allgemeinen bei $P = 5-15$.

Der Mikrovillus-Dichroismus muß jedoch nicht notwendigerweise zur Polarisationsempfindlichkeit des Rezeptors führen. Vertwistung der Rhabdomere (*Apis*: WEHNER et al. 1975, WEHNER und MEYER 1981; *Calliphora*: SMOLA und TSCHARNTKE 1979) oder Richtungswechsel der Mikrovilli in Längsrichtung der Sehzelle (*Cataglyphis*: RÄBER 1979, MEYER in Vorbereitung) können die Polarisationsempfindlichkeit reduzieren oder ganz eliminieren. Die funktionelle Bedeutung solcher »polarisationsblinden« Augenbereiche liegt in der Sicherung von Farbsehsystemen. Da zahlreiche terrestrische Objekte (z. B. die Blattoberflächen der Vegetationsdecke) Licht als mehr oder weniger stark linear polarisiert reflektieren, müßte diese artefizielle Polarisation beim Farbensehen immer dann zu Falschfarben führen, wenn das Farbsehsystem mit polarisationsempfindlichen Rezeptoren ausgestattet ist (WEHNER und BERNARD 1993).

Andererseits kann die Polarisationsempfindlichkeit eines Photorezeptors auf vielfältige Weise verstärkt und sogar über den Dichroismuswert hinaus gesteigert werden: z. B. durch longitudinale oder laterale Vorschaltung dichroitischer Materialien wie anderer Photorezeptoren (HARDIE 1984) oder — innerhalb derselben Photorezeptormembran — anderer Photopigmente (KIRSCHFELD und FRANCESCHINI 1977). Wie im Text näher ausgeführt, verfügen jene Augenbereiche (POL-Areale), die auf die Analyse des Polarisationsmusters am Himmel spezialisiert sind, über eine ganze Palette P-steigernder Spezialisierungen.

Verhaltensbefund: Interne E-Vektor-Karte

Konfrontiert man Ameisen (*Cataglyphis*) und Bienen (*Apis*), die bei vollem Himmelsmuster dressiert wurden, im Test nur mit einem einzigen Himmelspunkt, d. h. einem einzelnen E-Vektor, sind die Tiere zwar immer noch klar orientiert, weichen in ihren Orientierungsrichtungen jedoch signifikant um oft beträchtliche

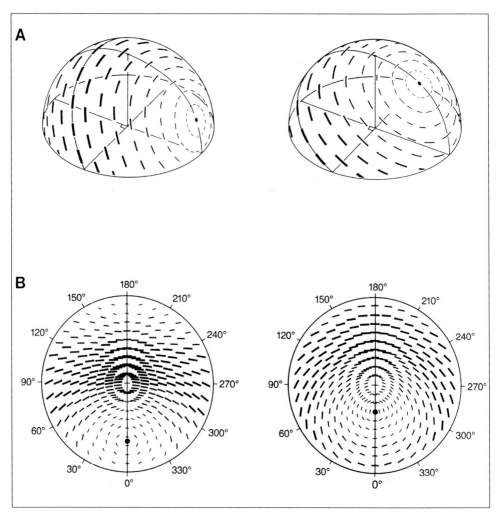

Abb. 1 (A) Drei- und (B) zweidimensionale Darstellung des E-Vektor-Musters der Himmelshemisphäre für zwei verschiedene Sonnenelevationen: 25° (*links*) und 60° (*rechts*). Ausrichtung und Stärke der schwarzen Balken markieren E-Vektor-(Polarisations-) Richtung χ und Polarisationsgrad D. Die Sonne erscheint als schwarze Scheibe. Neben dem Sonnenmeridian (Azimutposition 0°) und Antisonnenmeridian (Azimutposition 180°) ist in den dreidimensionalen Darstellungen (A) noch das Band maximaler Polarisation in 90°-Winkelabstand zur Sonne als durchgehende Linie eingetragen. Kombiniert aus WEHNER 1982, 1994a

(z. B. über 50° große) Fehlerwinkel ε von der Sollrichtung ab (Abb. 3 *A, B*); lediglich bei horizontalen E-Vektoren (χ = 90°), wie sie ausschließlich auf der Himmelssymmetrielinie (dem Sonnen- und Antisonnenmeridian) auftreten, unterbleiben die Fehleinstellungen. Für die Repräsentation des Himmelsmusters im Nervensystem des Insekts besagen diese unerwarteten systematischen Orientierungsfehler nichts anderes, als daß die Tiere den jeweiligen E-Vektor nicht in seiner aktuellen, sondern in einer um −ε verschobenen Azimutposition am Himmel vermuten (Abb. 3*C*). Nach diesem Paradigma lassen sich nun für verschiedene Himmelshöhenkreise bei verschiedenen Sonnenelevationen die insektensubjektiven Verteilungen der E-Vektoren am Himmel

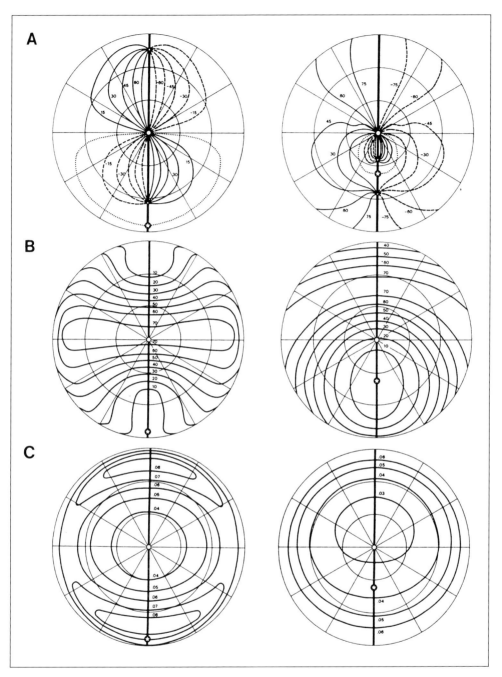

Abb. 2 Himmelskarte der Parameter (*A*) E-Vektor-(Polarisations-) Richtung χ, (*B*) Polarisationsgrad D und (*C*) Strahlungsintensität I im Ultraviolettbereich ($\lambda = 371$ nm). Die Sonnenelevation beträgt 6° (*links*) und 53° (*rechts*). Die Sternsignatur markiert die Sonne, der weiße Kreis den Zenit. (*B*) in Prozentangaben, (*C*) in relativen Einheiten. Aus WEHNER 1983

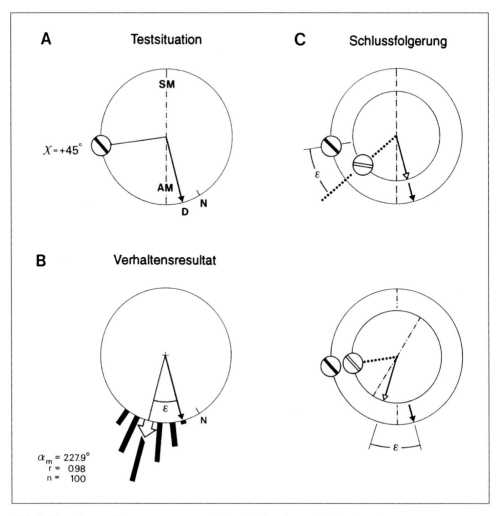

Abb. 3 Versuchsparadigma zum systematischen Nachweis von Navigationsfehlern bei Präsentation einzelner E-Vektoren (nach Dressur unter vollem E-Vektor-Muster). (*A*) Testsituation. Der schwarze Pfeil weist in Soll-(Dressur-) Richtung D. Der E-Vektor von $\chi = +45°$ wird in 60° Höhe über dem Horizont geboten. Sonnenelevation: 60°. SM, Sonnenmeridian; AM, Antisonnenmeridian; N, Norden. (*B*) Versuchsresultat bei *Apis mellifera*. Die Orientierungsrichtungen der Bienen sind als Balkenhistogramm dargestellt. Der weiße Hohlpfeil bezeichnet den Mittelwert (α_m). ε, Abweichung der mittleren Orientierungsrichtung von der Sollrichtung. (*C*) Schlußfolgerung. Auf dem äußeren Kreis ist — wie in (*A*) — die Azimutposition des gebotenen E-Vektors ($\chi = +45°$), auf dem inneren dessen Repräsentation in der E-Vektor-Matrize des Insekts dargestellt. Deckung von internem und externem Bild wird erreicht, wenn das Tier um den Fehlbetrag ε von der Sollrichtung abweicht (untere Darstellung). Modifiziert nach WEHNER und ROSSEL 1985

rekonstruieren. Das Ergebnis verblüfft durch seine Einfachheit: Zu allen Tageszeiten arbeiten Bienen und Ameisen mit einer stereotypen — und identischen — Himmelskarte, die durch die gleiche E-Vektor-Verteilung auf allen Höhenkreisen gekennzeichnet ist. Diese für beide Arten gleichermaßen gültige E-Vektor-Verteilungsfunktion (χ/ϕ-Funktion, wobei ϕ den Azimutabstand vom Sonnenmeridian angibt) ist in Abbildung 4 *A* dargestellt. Sie entspricht der Azimutverteilung der E-Vektoren mit maximalem

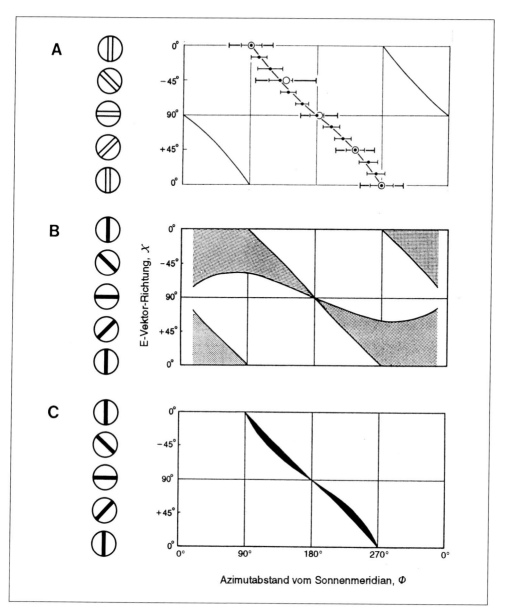

Abb. 4 Die interne Repräsentation (Matrize) des externen E-Vektor-Musters. (*A*) Die für alle Himmelshöhenkreise und Sonnenelevationen gültige interne χ/ϕ-Funktion, ermittelt anhand des Versuchsparadigmas der Abb. 3. Geschlossene Symbole gelten für *Apis mellifera,* offene für *Cataglyphis bicolor.* (*B*) Azimutpositionen der externen E-Vektoren während der Versuchsperiode (Variation von Elevation des gebotenen E-Vektors und Elevation der Sonne): externe χ/ϕ-Funktionen. (*C*) Azimutpositionen der maximal polarisierten E-Vektoren am Himmel: externe χ_{max}/ϕ-Funktionen. Kombiniert nach WEHNER und ROSSEL 1985 und WEHNER 1994a

Polarisationsgrad (Abb. 4 C) und ist bei Horizontstand der Sonne mit dem externen Muster nahezu identisch. Während bei den verschiedenen Sonnenelevationen der gesamten Versuchsperiode ein bestimmter E-Vektor auf einem gegebenen Himmelshöhenkreis ganz verschiedene Azimutpositionen einnahm (Abb. 4 B), vermuteten ihn Bienen und Ameisen stets in der gleichen Position (Abb. 4 A).

In der gewählten Versuchssituation lassen sich Fehlerwinkel ε auch dann beobachten, wenn dem Insekt im Test nicht nur einzelne E-Vektoren, sondern größere Himmelsbereiche und damit größere Polarisationsmusterausschnitte zur Verfügung stehen. In diesen Fällen stimmen die beobachteten Fehleinstellungen sowohl bei *Apis* als auch bei *Cataglyphis* mit dem arithmetischen Mittel derjenigen Fehler überein, die dem Tier bei Präsentation der einzelnen E-Vektoren des Musterausschnitts unterlaufen. Nur wenn die gebotenen Himmelsausschnitte symmetrisch zum Sonnen-/Antisonnenmeridian liegen, orientieren sich Bienen und Ameisen exakt in Sollrichtung: Die Musterhälften zu beiden Seiten der Himmelssymmetrieebene induzieren Fehler, die sich im Betrag, aber nicht im Vorzeichen entsprechen und daher annullieren (für *Apis* siehe ROSSEL und WEHNER 1984, für *Cataglyphis* siehe Abb. 5).

Hypothesenbildungen zum Kompaßmechanismus könnten von folgender Überlegung ausgehen: Bei voller Himmelssicht — d. h. im Experiment während der Dressur — erreicht das Insekt dann bestmögliche Passung zwischen seiner E-Vektor-Karte und dem externen E-Vektor-Muster, wenn es sich parallel zum Sonnen-/Antisonnenmeridian einstellt. Wenn im Test (wie in Abb. 6 B) nur ein E-Vektor zur Verfügung steht, kann das Tier diesen E-Vektor nur dann mit dem entsprechenden E-Vektor seiner internen Matrize zur Deckung bringen, wenn es um einen bestimmten Winkelbetrag ε vom Sonnen-/Antisonnenmeridian abweicht und damit den Nullpunkt seines Kompasses verstellt. Auf der Grundlage dieses Passungsvergleichs treten dann jene Navigationsfehler ε auf, die wir zu Beginn beobachtet und die es uns überhaupt erst ermöglicht hatten, das interne Himmelsbild des Insekts zu rekonstruieren.

Diese Nullpunktbestimmung sagt freilich noch nichts darüber aus, wie die einzelnen Kompaßrichtungen relativ zum Kompaßnullpunkt bestimmt werden. Sie macht jedoch verständlich, daß die Navigationsfehler nur unter dem speziellen experimentellen Paradigma — Dressur unter vollem, Test unter partiellem E-Vektor-Muster oder *vice versa* — auftreten; denn bei konstantem, wenn auch noch so kleinem und zur Himmelssymmetrieebene exzentrischem Ausschnitt aus dem Gesamtmuster arbeitet das Insekt stets mit dem gleichen Nullpunkt des Kompasses, so daß systematische Navigationsfehler unterbleiben (Abb. 7). Da die Tiere offenbar die kurzfristige, für die Dauer ihrer Futtersuchexkursionen gültige

---

Abb. 5 Navigationsfehler von *Cataglyphis fortis* bei Präsentation ausgedehnter (streifenförmiger) Himmelsmusterausschnitte. (A) Dressuranordnung. α_S, Winkelabstand des Sonnenmeridians von der Längsachse des Musterausschnitts; α_D, Dressurrichtung (Hinlaufrichtung). (B) Testanordnung. Test der Tiere unter dem Gesamtmuster. α_T, Sollrichtung (Rücklaufrichtung). (C) Versuchsergebnis für drei α_D-Werte. Die zugehörigen Soll-Rücklaufrichtungen betragen 180°, 210° bzw. 270°. Die von *Cataglyphis* gewählten Laufrichtungen sind mit Mittelwerten und Standardabweichungen angegeben. Die ausgezogenen Kurven repräsentieren die Voraussagen einer Modellrechnung, nach der *Cataglyphis* jeden einzelnen Himmelspunkt gleichwertig behandelt: Der Gesamtfehler berechnet sich als arithmetisches Mittel der von den einzelnen E-Vektoren induzierten Fehler (in 10°-Elevations- und 10°-Azimutabständen bestimmt). Nach Daten von MÜLLER (1989) ergänzt aus WEHNER (1994 b)

Invarianz der Himmelslichtverteilung als Grundannahme in ihr Kompaßsystem eingebaut haben, können sie auch mit einer Himmelskarte exakt navigieren, die mit der Außenwelt nicht exakt übereinstimmt.

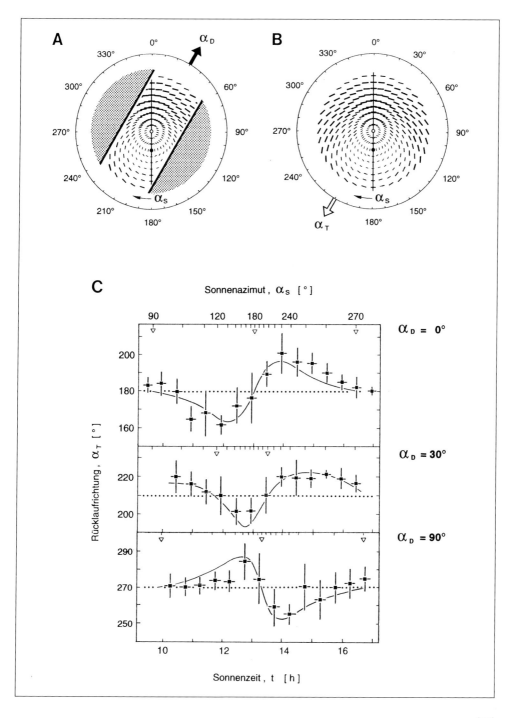

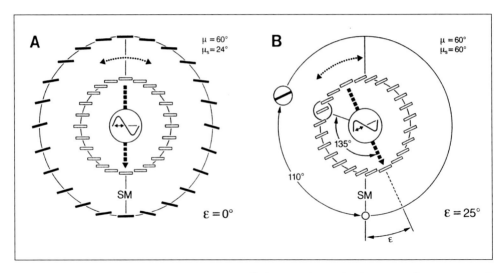

Abb. 6 Hypothese zum Kompaßmechanismus. Äußere Kreise und schwarze Balken: externe E-Vektor-Verteilung auf einem Himmelshöhenkreis von $\mu = 60°$. Innere Kreise und weiße Balken: interne E-Vektor-Matrize. Maximale Deckung zwischen Muster und Matrize bei Präsentation (A) des vollständigen Himmelsmusters und (B) eines einzelnen E-Vektors. SM, Sonnenmeridian; μ_S, Sonnenelevation; ε, Winkelabweichung zwischen Tierlängsachse und Himmelssymmetrieebene

Neuronale Elemente: Rezeptoren und Großfeldneuronen

Als Ausgangspunkt der Frage, wo im Nervensystem der Insekten die verhaltensanalytisch erschlossene E-Vektor-Karte niedergelegt ist und ob das Konzept »Karte« überhaupt eine adäquate Beschreibung des zugrunde liegenden neuronalen Mechanismus darstellt, diene ein noch von der Verhaltensphysiologie erbrachter Befund: Nur ein beschränkter dorsaler Augenbereich, der bei *Cataglyphis* weniger als hundert Ommatidien und damit weniger als 10% aller Ommatidien des Auges umfaßt, zeichnet für die E-Vektor-Analyse verantwortlich. Wird diese schmale dorsale Randregion in beiden Augen mit einer lichtundurchlässigen oder depolarisierenden Augenkappe abgedeckt, sind die Tiere nicht mehr in der Lage, dem Polarisationsmuster des Himmels Kompaßinformation zu entnehmen (*Cataglyphis*: WEHNER 1982, *Apis*: WEHNER und STRASSER 1985).

Neurophysiologisch grenzt sich diese »POL-Region« durch eine Reihe anatomischer, optischer und physiologischer Charakteristika deutlich vom übrigen Sehsystem ab (Review und Literaturzitate bei WEHNER 1994a):

1. Die E-Vektor-Analyse wird bei *Cataglyphis* und *Apis* monochromatisch nur von den Ultraviolett-(UV-) Rezeptoren geleistet, deren Zahl und Rhabdomerdurchmesser in der POL-Region vergrößert sind.
2. Im Gegensatz zur übrigen Retina, in der die Rezeptoren über ihre gesamte Länge hinweg spiralige Vertwistung (*Apis*) oder sprunghafte Änderung der Mikrovillirichtung erfahren (*Cataglyphis*), sind die UV-Rezeptoren der POL-Region durch eine streng parallele Ausrichtung ihrer Mikrovilli und damit hohe Polarisationsempfindlichkeit gekennzeichnet.

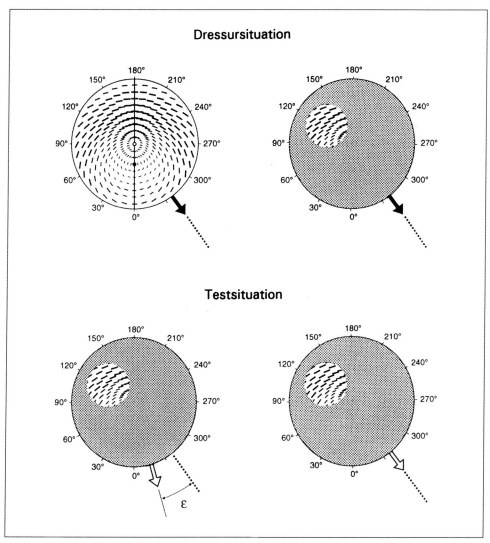

Abb. 7 Fehlerträchtige Navigationssituation. Systematische Kompaßfehler treten immer dann auf, wenn die gebotenen Himmels-(E-Vektor-Muster-)Ausschnitte bei Dressur und Test nicht übereinstimmen (*linke Spalte*; vgl. Versuchsparadigma in Abb. 3) und unterbleiben, wenn während des gesamten Orientierungsverlaufs der Musterausschnitt konstant bleibt *(rechte Spalte)*.

3. Diese Polarisationsempfindlichkeit P (siehe Übersicht) wird in der Retina noch dadurch erhöht, daß pro Ommatidium zwei Gruppen von UV-Zellen mit orthogonal orientierter Mikrovillirichtung auftreten und diese optische Kopplung der Rhabdomere unmittelbar benachbarter Sehzellen einen lateralen Polarisationsfiltereffekt ausübt. Über antagonistische synaptische Interaktionen der orthogonal orientierten Sehzellen wird dieser optische noch durch einen neuronalen P-steigernden Effekt komplementiert. Unabhängig davon, wie die Mikrovilli der Sehzellen in den übrigen Ommatidien des Auges angeordnet sind und welche Geometrie sie dem Rhabdom aufprägen, zeigt die POL-Region aller

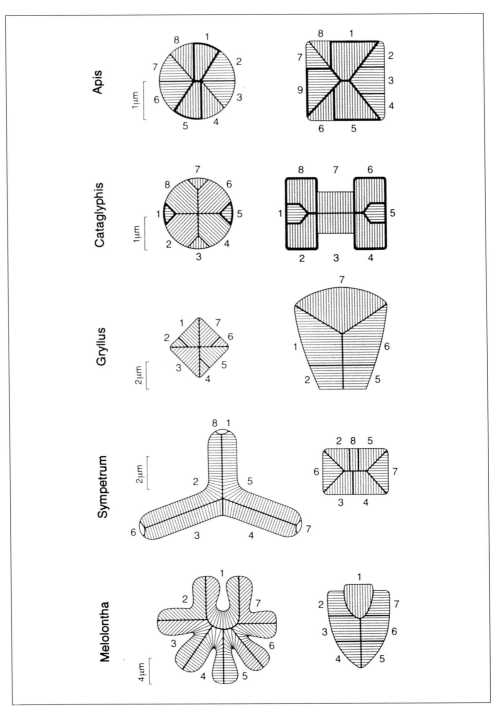

Abb. 8 Rhabdomstrukturen (Querschnitte) in der POL-Region (*rechte Spalte*) und der übrigen Retina (*linke Spalte*) des Komplexauges verschiedener Insekten (Hymenopteren *Apis* und *Cataglyphis*, Orthopteren *Gryllus*, Odonaten *Sympetrum* und Coleopteren *Melolontha*). Die Rastersignaturen markieren die Mikrovillirichtungen. Bei *Apis* und *Cataglyphis* sind die Rhabdomere der UV-Rezeptoren stark ausgezogen umrandet. Nach verschiedenen Quellen aus WEHNER 1994a

bisher untersuchten Insektenarten stereotyp die gleiche orthogonale Rhabdomerverteilung (Abb. 8). Auch in der ventralen polarisationsanalysierenden Augenregion der Wasserwanze *Notonecta,* die bei ihren Überlandflügen Wasserflächen anhand der Polarisation des reflektierten Lichts erkennt, also über eine ganz andere polarisationsempfindliche Verhaltensreaktion verfügt, sind die Mikrovilli innerhalb der Rhabdome nach einem orthogonalen Muster angelegt (SCHWIND 1983).

4. In den himmelwärts gerichteten dorsalen POL-Regionen der Hymenopteren zeigen die Analysatorrichtungen eine von frontal nach caudal variierende fächerförmige Anordnung. Kennt man die Blickrichtungen der einzelnen POL-Ommatidien – sie weisen allesamt ins kontralaterale Sehfeld – und die normale Kopfhaltung des laufenden Insekts, läßt sich der Analysatorfächer auf die Himmelshalbkugel projizieren. Das Ergebnis ist für *Cataglyphis* in Abbildung 9 dargestellt. Man beachte, daß die Bilder der Abbildung 9 *A, B* nur die Richtungen der optischen Achsen, nicht die gesamten Sehfelder repräsentieren. Letztere sind bei den Rezeptoren der POL-Region gegenüber denen des übrigen Auges leicht (bei *Cataglyphis*) bis extrem (bei *Apis* und anderen Hymenopteren sowie bei *Gryllus*) vergrößert (LABHART 1986, LABHART et al. 1984). Die genannte extreme Sehfeldvergrößerung kommt durch strukturelle Spezialisierungen der Cornealinsen zustande (AEPLI et al. 1985). Damit überblicken die POL-Regionen beider Augen einen weitaus größeren Himmelsbereich, als das Abbildung 9 suggeriert.

Die retinalen Polarisationsanalysatoren projizieren in der Medulla, dem zweiten optischen Neuropil, auf Großfeldneuronen, die die Antworten der Rezeptoren größerer Sehfeldbereiche integrieren. Solche polarisationsempfindlichen (POL-) Neuronen sind elektrophysiologisch bisher nur im POL-System der Grillen gefunden worden (LABHART 1988, LABHART und PETZOLD 1993, PETZOLD in Vorbereitung) – bei Insekten also, die aufgrund ihrer Körpergröße intrazelluläre Ableitungen von Interneuronen leichter als Bienen und Ameisen ermöglichen. Die Impulsfrequenz dieser spontanaktiven Neuronen variiert sinusoidal mit der E-Vektor-Richtung – genau genommen muß das nach der $\log \cos^2 \chi$-Funktion geschehen – mit 90°-Phasenabstand zwischen maximaler Exzitation und maximaler Inhibition, bleibt dagegen bei Intensitätsänderungen unpolarisierten wie polarisierten Lichts konstant. Einer dieser POL-Neuronentypen tritt in der Medulla in Dreizahl auf, wobei sich die drei Neuronen in ihrer E-Vektor-Vorzugsrichtung, d. h. jener E-Vektor-Richtung (χ_{max}) unterscheiden, die maximale Antworten auslöst. Offenbar konvergieren die retinalen Analysatoren aus drei Bereichen der POL-Region – dem frontalen, medialen und caudalen Bereich – auf diese drei Großfeldneuronen, so daß deren χ_{max}-Werte den mittleren χ_{max}-Werten der Analysatoren der jeweiligen retinalen Einzugsbereiche entsprechen dürften. Alle drei POL-Neuronen zeigen reiche dendritische Verzweigungen in der äußersten dorsalen Zone der ipsilateralen Medulla und projizieren, ohne im Gehirn absteigende Äste abzugeben, zur kontralateralen Medulla, wo sie großflächig über die neuronale Repräsentation eines weiten Sehfeldbereichs hinweg arborisieren.

Hypothesen zum Kompaßmechanismus

Anhand der geschilderten verhaltensanalytischen und neurophysiologischen Befunde lassen sich verschiedene Hypothesen zu Funktion und Mechanismus des E-Vektor-Kompasses aufstellen. Dabei drängen sich zunächst folgende Fragen auf:

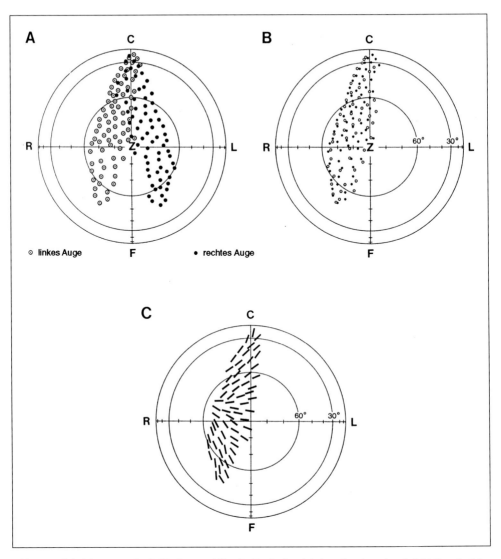

Abb. 9 Blickrichtungen der POL-Ommatidien in Zenitalprojektion der dorsalen Sehfeldhemisphäre von *Cataglyphis bicolor*. (*A*) POL-Ommatidien des linken und rechten Auges. (*B*) POL-Ommatidien des linken Auges bei einem großen Individuum (73 POL-Ommatidien von insgesamt 1118 Ommatidien pro Auge) und einem kleinen Individuum derselben Art (55 POL-Ommatidien von insgesamt 836 Ommatidien pro Auge). Trotz der unterschiedlichsten Zahl der Abtastelemente nehmen die Blickrichtungen der POL-Ommatidien unabhängig von der Körpergröße des Tieres einen gleich großen und gleich gelagerten Sehfeldbereich ein. (*C*) Analysatorrichtungen (Mikrovillirichtungen der Photorezeptoren Nr. 1 und 5; vgl. Abb. 8) der POL-Region des linken Auges. C, caudal; F, frontal; L, links; R, rechts; Z, Zenit. Nach Messungen von E. MEYER und C. ZOLLIKOFER aus WEHNER 1982

Wo im Gehirn beziehungsweise dessen optischen Loben ist die aus den Verhaltensergebnissen erschlossene E-Vektor-Karte — die das Himmelsmuster generalisiert abbildende neuronale Matrize — niedergelegt? Wie müßte das Antwortmuster des retinalen Analysatorrasters modifiziert werden, daß ein neuronales Korrelat der E-Vektor-Karte entsteht, und wie sollten die nachgeschalteten Neuronen beschaffen sein, die diese neuronale Karte lesen, d. h. ihr die nötigen Kompaßinformationen entnehmen? Bei Fragen dieser Art gilt es freilich zu bedenken, daß das Kartenkonzept, wie heuristisch sinnvoll es zur Beschreibung und Interpretation der Verhaltensbefunde auch immer sein mag, nicht automatisch impliziert, daß der Kompaßmechanismus mit einer entsprechenden neuronalen Karte operiert. Jeder wie auch immer geartete neuronale Kompaßmechanismus muß lediglich mit der E-Vektor-Karte kompatibel sein.

Im folgenden seien kurz zwei Hypothesen diskutiert, die gewissermaßen die beiden Enden einer Komplexitätsskala von Kompaßmechanismen markieren. Die erste besagt, daß das Insekt mit Hilfe seines E-Vektor-Detektionssystems lediglich einen Referenzmeridian (den Sonnen- oder Antisonnenmeridian) bestimmt (S. 170). Polarisationssensitive Großfeldneuronen könnten diese Aufgabe erfüllen: Der Navigator ist immer dann in Richtung Referenzmeridian orientiert, wenn die einander entsprechenden linken und rechten POL-Neuronen gleiche Antwort zeigen. Die übrigen Kompaßrichtungen müßten dann auf andere — visuelle oder nicht-visuelle — Weise bestimmt werden. Bei laufenden Ameisen wäre es z. B. durchaus denkbar, daß die Wegintegration primär über propriozeptive Meldungen vom Lokomotionsapparat erfolgt, wie das übrigens für Spinnen nachgewiesen ist (SEYFARTH und BARTH 1972), und die Himmelsparameter in erster Linie dazu dienen, in diesem egozentrischen Integrationssystem den Nullpunkt des Kompasses von Zeit zu Zeit über eine externe Meßgröße neu zu justieren.

Am anderen Ende des Spektrums möglicher Kompaßmechanismen steht ein Verfahren, bei dem jede einzelne Raumrichtung durch das Erregungsverhältnis der drei POL-Neuronen codiert wird. In diesem Fall würde das Insekt über eine vollständige Kompaßskala verfügen. Rotationsbewegungen zur Ermittlung der Erregungsbalance wären ebensowenig notwendig wie eine vorherige Bestimmung des Referenzmeridians, auf den sich alle Richtungsmessungen beziehen. Diese und ähnliche Hypothesen (vgl. ROSSEL 1993) sind mit dem Konzept der E-Vektor-Karte und den bisher aufgeklärten neuronalen Strukturen allesamt vereinbar. Doch wie kann man zwischen ihnen unterscheiden?

Rein induktives Vorgehen — ein reiner *bottom-up approach* — würde gewiß zu neuen POL-Neuronentypen in höheren Hirnarealen und absteigenden motorischen Zentren führen. Doch steht kaum zu erwarten, daß sich dabei der neuronale Kompaßmechanismus vor den Augen des mit der Elektrode vordringenden Neurophysiologen einfach entfaltet. *Top-down*-Modelle werden diese Analyse ergänzen müssen, um dem Experimentator konzeptionelle »Suchbilder« und Interpretationsmöglichkeiten an die Hand zu geben. Daher sei hier abschließend versucht, anhand von Computersimulationen diejenigen retinalen Analysatorraster und POL-Neuronennetzwerke zu charakterisieren, die für die eine oder andere Kompaßhypothese günstige Verhältnisse bieten (BERNARD und WEHNER in Vorbereitung). Einen anderen Weg hat Jürgen PETZOLD in unserer Arbeitsgruppe eingeschlagen, indem er den von ihm berechneten POL-Neuronen-Antworten das empirisch ermittelte Analysatorraster von *Cataglyphis* zugrunde legte (Dissertation PETZOLD, in Vorbereitung).

Als Ausgangspunkt unseres hypothetischen Ansatzes diene ein perfekt hemisphärisches Komplexauge mit kontralateral blickender POL-Region (Abb. 10). Aufgrund der generellen Geometrie des Ommatidienrasters im Komplexauge und des Rhabdomrasters in der Retina zeigt die POL-Region am dorsalen Augenrand eine regelmäßige, fächerförmige Anordnung der Analysatoren. Im *Cataglyphis*-

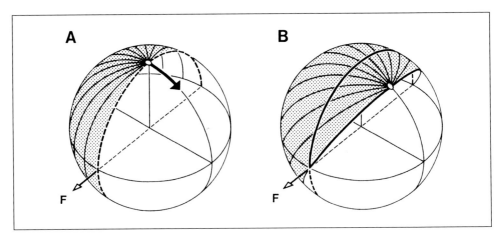

Abb. 10 Geometrie des Analysatorfächers der POL-Region in einem hypothetischen (ideal hemisphärischen) Komplexauge. (*A*) Sehfeldhälfte des rechten Auges (gerastert). (*B*) Kontralateral blickende POL-Region des rechten Auges (stark ausgezogen umrandet). Die Analysatorrichtungen (z. B. der Photorezeptoren Nr. 1 und 5 bei *Cataglyphis*) verlaufen parallel zu den Meridianen des Komplexauges. F, Frontalrichtung. Offene Kreissignatur: Zentrum des Analysatorfächers (dorsaler Augenpol)

Auge verlaufen z. B. die Mikrovilli der UV-Rezeptoren Nr. 1 und 5 (vgl. Abb. 8) parallel zu den Augenmeridianen. Letztere konvergieren am dorsalen Augenpol, der damit zum Fächerzentrum wird. Im hier vorgestellten Modellansatz wird die Azimutposition des Fächerzentrums, d. h. dessen horizontaler Winkelabstand von der Vorderachse des Tieres, variiert und der Effekt dieser Variation auf die Erregungsmodulationen verschiedener hypothetischer POL-Neuronen geprüft. Erregungsmodulationen treten an diesen Großfeldneuronen immer dann auf, wenn das Tier um seine Hochachse rotiert, also verschiedene Stellungen relativ zum Referenzmeridian des externen Musters einnimmt. Als feste Größen gehen in die Modellrechnung lediglich jene Daten ein, die nach den Gesetzen der atmosphärischen Optik und unseren bisherigen anatomischen, optischen und physiologischen Analysen des POL-Systems als gesichert gelten können: die optischen Parameter des Himmelsmusters, die Spektral-, Polarisations- und Richtungsempfindlichkeit der Rezeptoren sowie deren antagonistische Interaktionen (vgl. WEHNER 1982). Gesucht werden unter Variation von Fächergeometrie und Neuronenabgriff jene Parameter im Antwortverhalten der Großfeldneuronen, die sich hinreichend robust gegen Änderungen der Sonnenelevation und des mit ihr gekoppelten externen E-Vektor-Musters verhalten.

Dieses Vorgehen sei hier nur an der Variation eines Parameters — der gegenseitigen Lage der POL-Regionen beider Augen im Sehraum — vorgestellt. Der Azimutabstand des Fächerzentrums von der Vorderachse des Tieres beträgt im gewählten Beispiel entweder 90° (Abb. 11*A*) oder 120° (Abb. 11*B*). In ersterem Fall (vgl. Abb. 10*B*) sind die POL-Sehfelder beider Augen parallel angeordnet, in letzterem um insgesamt 60° um die Vertikalachse gegeneinander verdreht. Diese Verdrehung führt im Bereich der Antisolaren zu starken, gegenläufigen Erregungsmodulationen von POL-Neuronen des linken und rechten Auges — ein Phänomen, das sich weitgehend invariant gegenüber Änderungen der Sonnenhöhe verhält. Bei parallelen (90°-)Fächern sind die Erregungsdifferenzen zwischen linken und rechten POL-Neuronen geringer und sinken bei tiefen Sonnenständen gegen Null.

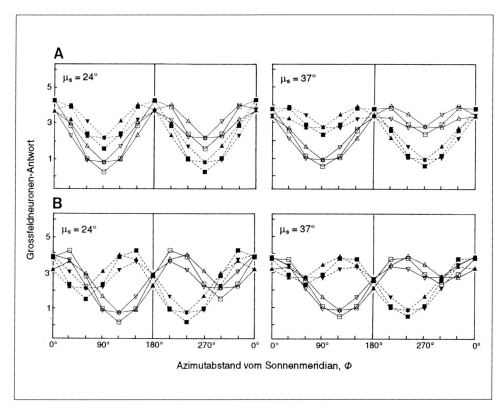

Abb. 11 Antworten von hypothetischen Großfeldneuronen, die vorzugsweise Analysatorantworten von frontalen, medialen und caudalen Bereichen der POL-Region abgreifen, bei Drehung des Tieres um seine Hochachse. Abszisse: Ausrichtung der Vorderachse (Frontalrichtung) relativ zum Sonnenazimut. Offene und geschlossene Symbole bezeichnen Neuronenantworten des linken bzw. rechten Auges. Das Zentrum des Analysatorfächers befindet sich entweder in (A) 90°-Azimutabstand von der Frontalrichtung des Tieres (wie in Abb. 10B) oder in (B) 120°-Azimutabstand. Die Elevation des kontralateral blickenden Fächerzentrums beträgt in beiden Fällen 45°. Sonnenelevation $\mu_s = 24°$ (linke Diagramme) und 37° (rechte Diagramme). Nach BERNARD und WEHNER (in Vorb.)

In der Tat entspricht der 120°-Fächer annähernd der Situation bei *Cataglyphis*. Es steht zu prüfen, inwieweit die bei ihr schon anatomisch sichtbare Konkavität des Cornearasters am fronto-dorsalen Augenrand (WEHNER 1982, S. 69) an der frontalen Spreizung der beiden POL-Sehfelder ursächlich beteiligt ist.

Das gewählte Beispiel wurde hier freilich nicht der Befunde zuliebe vorgestellt, sondern um die theoretische Vorgehensweise zu illustrieren: optimale Fächergeometrien und Verschaltungsmuster auf dem Wege von Simulationen des neuronalen Antwortverhaltens zu finden, sie mit den aktuellen Verhältnissen zu vergleichen und bei eventuellen Diskrepanzen zu fragen, welche evolutiven Einschränkungen diesen Abweichungen zugrunde liegen könnten.

Ausblick

Obwohl Ameisen und Bienen nach dem Polarisationsmuster (E-Vektor-Muster) des Himmels erfolgreich navigieren, besitzen sie keine vollständige Kenntnis dieser mit der Sonnenhöhe variierenden Muster. Beschränkungen der Aufgabe auf ökologisch relevante Teilaspekte haben es den Insekten dennoch ermöglicht, sich einen Reizparameterraum zu erschließen, an dessen Komplexität ihre Miniaturgehirne sonst wohl hätten scheitern müssen. Die nötigen Kompaßinformationen werden dem externen E-Vektor-Muster über einen räumlich distinkten, spezialisierten Teil des Sehsystems, den »Polarisationskanal«, entnommen. Dieser polarisationsempfindliche Modul verfügt über eine breite Palette optischer, anatomischer und physiologischer Spezialisierungen, die zu hohen Polarisationsempfindlichkeiten der beteiligten Rezeptoren und Folgeneuronen führen.

Wie bereits oben erwähnt (S. 175), können auch andere Augenregionen auf Polarisationssehen spezialisiert sein. Die räuberische Wasserwanze *Notonecta* nimmt mit einem ventral gerichteten POL-System die Polarisation des von Wasseroberflächen reflektierten Lichts wahr (SCHWIND 1984). Da dieses Licht stets horizontal polarisiert ist, muß das Insekt nur eine E-Vektor-Richtung berücksichtigen. In der Tat sind in seiner POL-Region die retinalen Analysatoren bei normaler Flughaltung alle horizontal angeordnet. Im technischen Sprachgebrauch könnte man die POL-Retina daher als »Paßfilter« für die genannte uniforme E-Vektor-Verteilung der Außenwelt bezeichnen. Bei Ameisen und Bienen liegen die Verhältnisse dagegen komplizierter, da im E-Vektor-Muster der Himmelshemisphäre alle überhaupt möglichen E-Vektor-Richtungen vertreten sind und zudem das statische Analysatorraster in der POL-Region des Auges nicht alle Versionen des dynamischen E-Vektor-Musters am Himmel nachzeichnen kann.

Wenn Starrheit den Insekten bereits morphologisch in die Augen geschrieben ist, scheint das Phänomen der stereotypen E-Vektor-Karte diesen Eindruck auch neuronal zu bestätigen. Schon HOFSTADTER (1982) verband mit seinem eingangs zitierten »Sphecismus« die Auffassung, Insektenverhalten werde zwar von hoch organisierten, doch inflexibel starren Routinen beherrscht. Aber auch in diesem Punkt überraschen Ameisen und Bienen mit dem Ausmaß ihrer »sensorischen Intelligenz«. Informationen, über einen Kanal aufgenommen, können über einen anderen abgerufen werden. Selbst der Himmelskompaß von *Cataglyphis,* ein scheinbar so einheitliches und rigides System, liefert ein Beispiel solcher Flexibilität. Die Tiere sind nämlich in der Lage, nicht nur mit dem geschilderten Polarisationskanal nach den E-Vektor-Gradienten, sondern auch mit einem — räumlich getrennten — Spektralkanal nach den Spektralgradienten am Himmel zu navigieren. Werden diese Sinneskanäle experimentell am gleichen Tier wechselweise blockiert, läßt sich der Informationstransfer vom einen zum anderen Kanal im Verhaltenstest direkt nachweisen. Auch für eine andere visuelle Aufgabe (Objekterkennung) sind kürzlich bei Bienen mit Hilfe äußerst raffinierter experimenteller Manipulationen ähnliche sensorische Interaktionsleistungen nachgewiesen worden (ZHANG et al. 1995). Da im Normalverhalten die experimentell getrennt angesteuerten visuellen Sinneskanäle simultan stimuliert werden, stellt sich auch hier SINGERS (1995) Frage, wie die über denselben Aspekt der Außenwelt parallel prozessierten Informationen zentralnervös zusammengebunden werden.

Die miniaturisierten Gehirne der Insekten sind also nicht nur klein genug, um neurophysiologische Zugriffe zu erleichtern, sondern auch komplex genug, um den Neurobiologen zu den zentralen Fragen seiner Disziplin zu führen.

Literatur

AEPLI, F., LABHART, T., and MEYER, E. P.: Structural specializations of the cornea and retina at the dorsal rim of the compound eye in hymenopteran insects. Cell Tiss. Res. *239*, 19–24 (1985)

ALOIMONOS, J., WEISS, I., and BANDYOPADHYAY, A.: Active vision. Int. J. Computer Vis. *2*, 333–356 (1988)

BALLARD, D. H.: Animate vision. Artificial Intelligence *48*, 57–86 (1991)

BRINES, M. L., and GOULD, J. L.: Skylight polarization patterns and animal orientation. J. Exp. Biol. *96*, 69–91 (1982)

BROWN, P. K.: Rhodopsin rotates in the visual receptor membrane. Nature *236*, 35–38 (1972)

BURKHARDT, D., und WENDLER, L.: Ein direkter Beweis für die Fähigkeit einzelner Sehzellen des Insektenauges, die Schwingungsrichtung polarisierten Lichtes zu analysieren. Z. vergl. Physiol. *43*, 687–692 (1960)

CAVENEY, S.: Cuticle reflectivity and optical activity in scarab beetles: the role of uric acid. Proc. R. Soc. London *178 B*, 205–225 (1971)

CONE, R. A.: Rotational diffusion of rhodopsin in the visual receptor membrane. Nature *236*, 39–43 (1972)

COULSON, K. L.: Polarization and Intensity of Light in the Atmosphere. Hampton/Virginia: A. Deepak Publ. 1988

DARWIN, C.: Origin of certain instincts. Nature *7*, 417–418 (1873)

ETIENNE, A. S., MAURER, R., and SAUCY, F.: Limitations in the assessment of path dependent information. Behaviour *106*, 81–111 (1988)

FABRE, J. H.: Souvenirs entomologiques. 1. Série. Paris: C. Delagrave 1879

FERNANDEZ-MORAN, H.: Fine structure of the insect retinula as revealed by electron microscopy. Nature *177*, 742–743 (1956)

FOREL, A.: Das Sinnesleben der Insekten. Eine Sammlung von experimentellen und kritischen Studien über Insektenphysiologie. München: E. Reinhardt 1910

FRAENKEL, G. S., and GUNN, D. L.: The Orientation of Animals. Kineses, Taxes and Compass Reactions. New York: Dover Publ. 1940

FRANCESCHINI, N., PICHON, J. M., and BLANES, C.: From insect vision to robot vision. Phil. Trans. R. Soc. Lond. B *337*, 283–294 (1992)

FRANTSEVICH, L. I.: Theoretical model of polarotaxis. Z. News (Kiev) *197*, 3–10 [Russisch] (1979)

FRISCH, K. VON: Die Polarisation des Himmelslichts als orientierender Faktor bei den Tänzen der Bienen. Experientia *5*, 142–148 (1949)

GALLISTEL, C. R.: Animal cognition: the representation of space, time and number. Annu. Rev. Psychol. *40*, 155–189 (1989)

GLAS, H. W. VAN DER: Polarization induced colour patterns: a model of the perception of the polarized skylight by insects. I. Tests in choice experiments with running honeybees, *Apis mellifera*. Neth. J. Zool. *25*, 476–505 (1975)

GOLDSMITH, T. H., and WEHNER, R.: Restrictions on rotational and translational diffusion of pigment in the membranes of a rhabdomeric photoreceptor. J. Gen. Physiol. *70*, 453–490 (1977)

GOULD, J. L.: The locale map of honey bees: do insects have cognitive maps? Science *232*, 861–863 (1986)

GOULD, J. L., DYER, F. C., and TOWNE, W. F.: Recent advances in the study of the dance language of honey bees. Fortschr. Zool. *31*, 141–161 (1985)

HARDIE, R. C.: Properties of photoreceptors R 7 and R 8 in dorsal marginal ommatidia in the compound eyes of *Musca* and *Calliphora*. J. Comp. Physiol. A *154*, 157–165 (1984)

HARTMANN, G., and WEHNER, R.: The ant's path integration system: a neural architecture. Biol. Cybernetics *73*, 483–497 (1995)

HAUSEN, K., and EGELHAAF, M.: Neural mechanisms of visual course control in insects. In: STAVENGA, D. G., and HARDIE, R. C. (Eds.): Facets of Vision; pp. 391–424. Berlin, Heidelberg: Springer 1989

HEILIGENBERG, W.: Neural Nets in Electric Fish. Cambridge, MA: MIT Press 1991

HOFSTADTER, D. R.: Metamagical themas. Can inspiration be mechanized? Scient. Amer. *247*, 18–31 (1982)

HUBER, F.: Cricket neuroethology: Neuronal basis of intraspecific acoustic communication. Adv. Study Behav. *19*, 299–356. New York, London: Academic Press 1990

JANDER, R.: Die Phylogenie von Orientierungsmechanismen der Arthropoden. Zool. Anz. Supp. *29*, 266–306 (1966)

KIRSCHFELD, K.: Die notwendige Anzahl von Rezeptoren zur Bestimmung der Richtung des elektrischen Vektors linear polarisierten Lichtes. Z. Naturf. *27c*, 578–579 (1972)

KIRSCHFELD, K., and FRANCESCHINI, N.: Photostable pigments within the membrane of photoreceptors and their possible role. Biophys. Struct. Mechan. *3*, 191–194 (1977)

KIRSCHFELD, K., LINDAUER, M., and MARTIN, H.: Problems of menotactic orientation according to the polarized light of the sky. Z. Naturf. *30c*, 88–90 (1975)

KONISHI, M.: The neural algorithm for sound localization in the owl. Harvey Lectures *86*, 47–64 (1992)

KUWABARA, M., and NAKA, K.: Response of a single retinula cell to polarized light. Nature *184*, 455–456 (1959)

LABHART, T.: Specialized photoreceptors at the dorsal rim of the honeybee's compound eye: polarizational and angular sensitivity. J. Comp. Physiol. *141*, 17–30 (1980)

LABHART, T.: The electrophysiology of photoreceptors in different eye regions of the desert ant, *Cataglyphis bicolor*. J. Comp. Physiol. *A 158*, 1–7 (1986)

LABHART, T.: Polarization-opponent interneurons in the insect visual system. Nature *331*, 435–437 (1988)

LABHART, T., and PETZOLD, J.: Processing of polarized light information in the visual system of crickets. In: WIESE, K., et al. (Eds.): Sensory Systems of Arthropods; pp. 158–169. Basel, Boston: Birkhäuser 1993

LABHART, T., HODEL, B., and VALENZUELA, I.: The physiology of the cricket's compound eye with particular reference to the anatomically specialized dorsal rim area. J. Comp. Physiol. *A 155*, 289–296 (1984)

LAND, M. F.: Visually guided movements in invertebrates. In: STENT, G. S. (Ed.): Function and Formation of Neural Systems; pp. 161–177. Berlin: Dahlem Konferenzen 1977

LUBBOCK, J.: Ants, Bees and Wasps. London: Kegan, Paul, Trench, Trubner 1884

MAYNE, R.: A system concept of the vestibular organs. In: KORNHUBER, H. H. (Ed.): Handbook of Sensory Physiology, Vol. VI/2; pp. 493–580. Berlin: Springer 1974

MITTELSTAEDT, M. L., and MITTELSTAEDT, H.: Homing by path integration in a mammal. Naturwiss. *67*, 566 (1980)

MÜLLER, M.: Mechanismus der Wegintegration bei *Cataglyphis fortis* (Hymenoptera, Formicidae). Diss. Univ. Zürich 1989

MÜLLER, M., and WEHNER, R.: Path integration in desert ants, *Cataglyphis fortis*. Proc. Natl. Acad. Sci. USA *85*, 5287–5290 (1988)

NAGEL, M. R., QUENZEL, H., KWETA, W., and WENDLING, R.: Daytime Illumination. New York, San Francisco, London: Academic Press 1978

NEUWEILER, G.: Auditory adaptations for prey capture in echolocating bats. Physiol. Rev. *70*, 615–642 (1990)

NEVILLE, A. C., and CAVENEY, S.: Scarabaeid beetle exocuticle as an optical analogue of cholestric liquid crystals. Biol. Rev. *44*, 531–562 (1969)

NEVILLE, A. C., and LUKE, B. M.: Form optical activity in Crustacean cuticle. J. Insect Physiol. *17*, 519–526 (1971)

NILSSON, D.-E., and LABHART, T.: Polarization properties of the cornea in eyes of decapod crabs. Proc. Neurobiol. Conf. Göttingen *18*, 191 (1990)

PACE, A.: Cholestric liquid crystal-like structure of the cuticle of *Plusiotis gloriosa*. Science *176*, 678–680 (1972)

POTEGAL, M.: The vestibular navigation hypothesis: a progress report. In: ELLEN, P., and THINUS-BLANC, C. (Eds.): Cognitive Processes and Spatial Orientation in Animal and Man; pp. 28–34. Dordrecht: Martinus Nijhoff 1987

RÄBER, F.: Retinatopographie und Sehfeldtopologie des Komplexauges von *Cataglyphis bicolor* (Formicidae, Hymenoptera) und einiger verwandter Formiciden-Arten. Diss. Univ. Zürich 1979

REICHARDT, W.: Movement perception in insects. In: REICHARDT, W. (Ed.): Processing of Optical Data by Organisms and by Machines; pp. 465–493. New York: Academic Press 1969

ROSSEL, S.: Navigation by bees using polarized skylight. Comp. Biochem. Physiol. *104 A*, 695–708 (1993)

ROSSEL, S., and WEHNER, R.: How bees analyse the polarization patterns in the sky: experiments and model. J. Comp. Physiol. A *154*, 607–615 (1984)

SANTSCHI, F.: L'orientation sidérale des fourmis et quelques considérations sur leurs différentes possibilitées d'orientation. Mém. Soc. Vaudoise Sci. Nat. *4*, 137–175 (1923)

SCHWIND, R.: Zonation of the optical environment and zonation in the rhabdom structure within the eye of the backswimmer, *Notonecta glauca*. Cell Tiss. Res. *232*, 53–63 (1983)

SCHWIND, R.: The plunge reaction of the backswimmer *Notonecta glauca*. J. Comp. Physiol. A *155*, 319–321 (1984)

SEYFARTH, E. A., and BARTH, F. G.: Compound slit sense organs on the spider leg: mechanoreceptors involved in kinesthetic orientation. J. Comp. Physiol. *78*, 176–191 (1972)

SINGER, W.: Funktionelle Organisation der Großhirnrinde. Nova Acta Leopoldina NF *72*/294, 61–78 (1995)

SMOLA, U., and TSCHARNTKE, H.: Twisted rhabdomeres in the dipteran eye. J. Comp. Physiol. *133*, 291–297 (1979)

STOCKHAMMER, K.: Die Orientierung nach der Schwingungsrichtung linear polarisierten Lichtes und ihre sinnesphysiologischen Grundlagen. Erg. Biol. *21*, 23–56 (1959)

STRUTT, J. W. (Lord RAYLEIGH): On the light from the sky, its polarization and colour. Phil. Mag. *41*, 107–120, 274–279 (1871)

WEHNER, R.: Himmelsnavigation bei Insekten. Neurophysiologie und Verhalten. Neujahrsbl. Naturforsch. Ges. Zürich *184*, 1–132 (1982)

WEHNER, R.: Arthropods. In: PAPI, F. (Ed.): Animal Homing; pp. 45–144. London: Chapman and Hall 1992

WEHNER, R.: The polarization-vision project: championing organismic biology. In: SCHILDBERGER, K., and ELSNER, N. (Eds.).: Neural Basis of Behavioural Adaptation; pp. 103–143. Stuttgart, New York: G. Fischer 1994a

WEHNER, R.: Himmelsbild und Kompaßauge – Neurobiologie eines Navigationssystems. Verh. Dtsch. Zool. Ges. *87*, 9–37 (1994b)

WEHNER, R., BERNARD, G. D., and GEIGER, E.: Twisted and non-twisted rhabdoms and their significance for polarization detection in the bee. J. Comp. Physiol. *104*, 225–245 (1975)

WEHNER, R., and BERNARD, G. D.: Intracellular optical physiology of the bee's eye. II. Polarizational sensitivity. J. Comp. Physiol. *137*, 205–214 (1980)

WEHNER, R., and BERNARD, G. D.: Photoreceptor twist: a solution to the false-color problem. Proc. Natl. Acad. Sci. USA *90*, 4132–4135 (1993)

WEHNER, R., and MENZEL, R.: Do insects have cognitive maps? Annu. Rev. Neurosci. *13*, 403–414 (1990)

WEHNER, R., and MEYER, E.: Rhabdomeric twist in bees – artefact or *in vivo* structure? J. Comp. Physiol. *142*, 1–17 (1981)

WEHNER, R., and ROSSEL, S.: The bee's celestial compass – a case study in behavioural neurobiology. Fortschr. Zool. *31*, 11–53 (1985)

WEHNER, R., and STRASSER, S.: The POL area of the honey bee's eye: behavioural evidence. Physiol. Entomol. *10*, 337–349 (1985)

WYNBERG, H., MEIJER, E. W., HUMMELEN, J. C., DEKKERS, H. P. J. M., SCHIPPERS, P. H., and CARLSON, A. D.: Circular polarization observed in bioluminescence. Nature *286*, 641–642 (1980)

ZHANG, S. W., SRINIVASAN, M. V., and COLLETT, T.: Convergent processing in honeybee vision: multiple channels for the recognition of shape. Proc. Natl. Acad. Sci. USA *92*, 3029–3031 (1995)

Prof. Dr. Rüdiger WEHNER
Zoologisches Institut
Winterthurerstraße 190
CH-8057 Zürich

Signaltransduktion lichtinduzierter Prozesse in Pflanzen

Von Eberhard SCHÄFER, Hanns FROHNMEYER und Tim KUNKEL
(Freiburg im Breisgau)

Mit 4 Abbildungen und 1 Tabelle

Einleitung

Licht ist die dominante Energiequelle für das Leben auf unserem Planeten. Pflanzen haben im Laufe der Evolution eine große Vielzahl von Photorezeptoren entwickelt, um genaue Informationen über Lichtqualität, -quantität, -richtung und -verteilung zu erhalten. Die Pflanze paßt sich an den jeweiligen Lichtgenuß an, um die Abstimmung zwischen der Verwendung eigener Reservestoffe und der Energiegewinnung durch die Photosynthese möglichst effizient zu gestalten. Besonders augenfällig ist dies beim jungen Keimling und seiner Anpassung in Form der Skotomorphogenese (Wachstum und Gestaltbildung in Dunkelheit) und der Photomorphogenese (Wachstum und Gestaltbildung im Licht). Die Umsteuerung zwischen diesen beiden Entwicklungsstrategien erfolgt vor allem durch differentielle Transkription, Translation und durch Proteinmodifikation.

Im Rahmen dieses Beitrags möchten wir uns auf die Steuerung der Transkription konzentrieren.

Im ersten Teil sollen an einem ausgewählten Beispiel die für die Verarbeitung der Lichtsignale notwendigen Genabschnitte beschrieben werden. Anschließend werden die Vielzahl der an diese Elemente bindenden Proteinfaktoren diskutiert und der Kenntnisstand über die unterschiedlichen Signaltransduktionswege beschrieben.

Im letzten Teil möchten wir die Frage diskutieren, wie und warum Pflanzen mit hoher Präzision die Umweltinformation Licht aufnehmen, wie sehr allgemeine Signaltransduktionswege diese Information weitergeben und schließlich wie dies bei den Zielgenen zu einer zeitlich und räumlich hochgradig spezifischen Antwort führt.

Die Photorezeptoren

Pflanzen haben zur Aufnahme und Verarbeitung der Umweltinformation Licht verschiedene Photorezeptorsysteme entwickelt, von denen zur Zeit die Phytochrome die am besten untersuchten sind (Abb. 1).

Phytochrome sind Chromoproteine, die als Dimere vorliegen (Molekulargewicht des Monomers ca. 120 kDa) und pro Monomer in einer autokatalytischen Reaktion (LAGARIAS et al. 1989, KUNKEL et al. 1993) ein offenkettiges Tetrapyrol kovalent binden. Sie werden im Dunkeln in der physiologisch inaktiven Rotlicht absorbierenden Form (Pr) synthetisiert. Absorption von Licht führt zur Transformation in die aktive Dunkelrotlicht absorbierende Form (Pfr), die wieder nach Absorption von Licht in die inaktive Form umgewandelt wird. Diese Photoreversibilität ist photochemisch, aber auch in ihrer physiologischen Bedeutung das besondere Charakteristikum der Phytochrome. Molekularbiologische Untersuchungen zeigen, daß *Arabidopsis thaliana* fünf für Phytochrom codierende Gene besitzt (PHY A-E). Genetische Untersuchungen (PARKS und QUAIL 1991, REED et al. 1993) sowie Analysen mittels Überexpression verschiedener Phytochrome zeigen, daß unterschiedlichen Phytochromtypen unterschiedliche Rollen bei der Photomorphogenese zukommen (WHITELAM und SMITH 1991).

Neben den Phytochromen ist die Charakterisierung von Blau/UV-Photorezeptoren in den letzten Jahren weit fortgeschritten. Ein Vertreter dieser Familiie (HY 4) konnte vor kurzem kloniert werden (AHMAD und CASHMORE 1994). Die abgeleitete

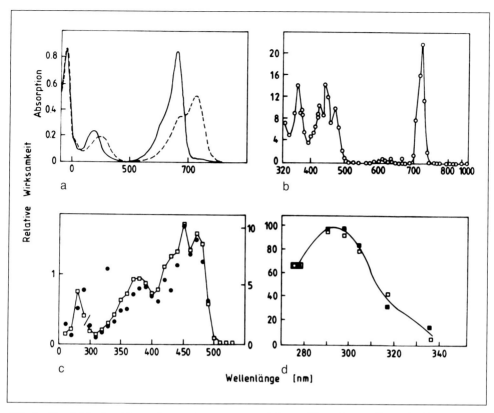

Abb. 1 Vergleich der Absorptionsspektren von gereinigtem Phytochrom (Pr und Pfr) (*a*), einem Wirkungsspektrum für die Hemmung des Hypokotylwachstums von Salatkeimlingen im Dauerlicht (*b*), Wirkungsspektrum für den Phototropismus von Haferkoleoptilen (●) und Alfalfahypokotylen (□) *(c)* sowie für die UV induzierte Synthese von Flavonoid-Glykosiden in Petersilie-Zellkulturen und der Anthocyanakkumulation in Maiskoleoptilen *(d)*. Nach SCHÄFER et al. 1991

Proteinsequenz zeigt im N-terminalen Bereich Homologien zu Photolyasen (BATSCHAUER 1993) und eine C-terminale Extension. Es scheint aber auch von dieser Photorezeptor-Klasse mehrere unterschiedliche Mitglieder zu geben (BATSCHAUER pers. Mitteilung), die auch möglicherweise unterschiedliche Funktionen bei Wachstum, Phototropismus und Genregulation haben (LISCUM und HANGARTER 1991, SHORT und BRIGGS 1994). Diese Photorezeptoren tragen zwei Chromophore der Flavin- bzw. Pterinfamilie, die die Absorption und Wirksamkeit bei Blau- und UV-Licht möglich machen.

Es ist bei höheren Pflanzen noch immer ungeklärt, ob Blau- und UV-A-Rezeptoren verschiedene Rezeptor-Klassen darstellen, worauf Mutantenanalysen hindeuten (YOUNG et al. 1992).

Die kürzesten Wellenlängen am Rande des sichtbaren Lichtspektrums werden durch die Klasse UV-B-Rezeptoren perzipiert, die bisher nur über die Wirkungsspektren mit einem Maximum bei ca. 290 nm charakterisiert worden sind (WELLMANN 1983).

Die Genregulation am Beispiel der Chalkonsynthase

Neben den Genen der kleinen Untereinheit der Ribulose-1,5-biphosphat-Carboxylase und den Genen der Chlorophyll a, b bindenden Proteine sind die Chalkonsynthasen die am besten untersuchten lichtregulierten Gene.

Chalkonsynthasen werden in einem geordneten zeitlichen und räumlichen Muster reguliert, welches einer strengen Entwicklungshomöostasis unterliegt (EHMANN et al. 1991, KAISER et al. 1995a, b). Wir konnten feststellen, daß in jungen Keimlingen die Photoregulation häufig dominant über Phytochrom, in älteren Keimlingen oder Pflanzen aber über Blau/UV-A- bzw. UV-B-Rezeptoren erfolgt (BATSCHAUER et al. 1991, FROHNMEYER et al. 1992, KRETSCH und SCHÄFER unveröffentlicht).

In Petersilie-Zellsuspensionskulturen, die nur ein Chalkonsynthasegen besitzen, konnten SCHULZE-LEFERT et al. (1989) zeigen, daß man einen lichtinduzierten *in vivo footprint* erhält, d. h. eine lichtinduzierte Änderung der spezifischen Wechselwirkungen zwischen Proteinen und DNA-Abschnitten. Durch diese Untersuchungen konnte insbesondere ein ca. 50 bp-Element des Promotors *(unit I)* charakterisiert werden. Spätere Untersuchungen zeigen, daß dieses Promotorelement notwendig und hinreichend nicht nur für die Lichtregulation (WEISSHAAR et al. 1991, ROCHOLL et al. 1994), sondern auch für die gewebespezifische Expression in transgenen *Arabidopsis*-Pflanzen ist (KAISER et al. 1995a, b). Die Analyse in stabil transformierten Tabak- und *Arabidopsis*-Keimlingen zeigte überraschenderweise, daß dieses Element für die Signaltransduktionserkennung von PHY A, Blau/UV-Rezeptor und UV-B-Rezeptor notwendig ist und der entsprechende Wechsel der Photorezep-

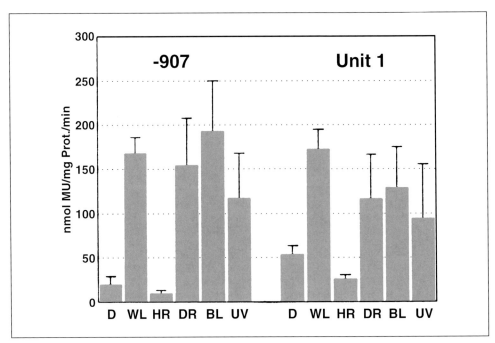

Abb. 2 Die Lichtregulation von transgenen *Arabidopsis*-Keimlingen, die mit einem *unit* I bzw. vollständigen Promotor der Chalkonsynthase fusioniert mit dem bakteriellen uidA-Gen transformiert wurden (KAISER et al. 1995b)

torbenutzung bei der Keimlingsentwicklung nachvollzogen wird (KAISER et al. 1995a, b). Das Expressions- und Regulationsmuster dieses Transgens in Tabak und *Arabidopsis* folgt dabei genau den Mustern der Genexpression der Empfängerpflanzen und ist qualitativ und quantitativ stark unterschiedlich zum Muster in der Spenderpflanze (Senf). Das heißt, der Promotor dieses Fremdgens muß die DNA bindenden Proteine und ihr Regulationsmuster in der fremden Pflanze erkennen und verarbeiten können (Abb. 2).

Transfaktoren und ihre Regulation

In den letzten Jahren konnten auch in Pflanzen eine Reihe von DNA bindenden Proteinfaktoren charakterisiert werden. Die Sequenzanalyse der *unit* I bestehend aus einer Box I und einer Box II des Chalkonsynthasepromotors legt nahe, daß an die Box II, die eine große Homologie zur G-Box aufweist (SCHINDLER et al. 1992), trans-aktivierende Faktoren der bZip-Familie (MEIER und GRUISSEM 1994) und an die Box I myb homologe Proteine (MARTIN et al. 1991) binden. WEISSHAAR et al. (1991) konnten mehrere bZip-Faktoren klonieren (CPRF 1-3) und ihre Bindung an die Box II *in vitro* nachweisen. In einem funktionellen Nachweis in Hefezellen konnten wir zeigen, daß diese Faktoren die Transkription eines Reportergens (Petersilie-Chalkonsynthasepromotor-GUS-Fusion) steigern, wohingegen GBF homologe Proteine (GBF 1 und 2) die Transkription verringern können (FROHNMEYER et al. unveröffentlicht). Dies zeigt einerseits die transkriptionskontrollierende Aktivität dieser Faktoren, andererseits aber auch eine unerwartete Spezifität. In einem ähnlichen Ansatz konnten MARTIN et al. (1994) zeigen, daß myb-Proteine aus *Antirrhinium* ein Reportergen über die Bindung an eine Box I homologe Promotorsequenz reguliert. In Pflanzen sind wiederum eine Vielzahl von myb-Faktoren bekannt, und kürzlich konnte auch aus Petersilie ein Box I bindender myb-homologer Faktor kloniert werden (WEISSHAAR pers. Mitteilung). Die spezifische Rolle der einzelnen myb-Faktoren und ihre Interaktion mit Box I bzw. *unit* I des Chalkonsynthasepromotors ist aber bisher nicht weiter untersucht worden.

Die Kommunikation zwischen Photorezeptor im Cytosol und den Zielgenen erfolgt möglicherweise auch über einen lichtgesteuerten Transport von Transkriptionsfaktoren aus dem Cytosol in den Zellkern (Abb. 3).

Dies konnte in evakuolisierten Protoplasten mit Hilfe eines Antikörperkotransportsystems für G-Box bindende Faktoren nachgewiesen werden (HARTER et al. 1994a).

Überraschenderweise konnten wir mit Antikörpern gegen GBF 1 aus *Arabidopsis* zeigen, daß ca. 80% der Proteinmenge im Cytosol und nur 20% im Kern lokalisiert ist (HARTER et al. 1994a). Sowohl die Cytosolfraktion als auch die Kernfraktion zeigt spezifische Bindungsaktivität an die Box II, wobei die gebildeten DNA-Proteinkomplexe aber unterschiedlich sind. Diese Bindung ist über Phosphorylierung und Belichtung *in vivo* und *in vitro* steuerbar, so daß vermutet werden kann, daß die Signaltransduktion über eine lichtabhängige Proteinphosphorylierung abläuft (HARTER et al. 1994b). *In-vitro*-Versuche mit aus evakuloisierten Petersilie-Protoplasten (FROHNMEYER et al. 1994) isoliertem Cytosol zeigen, daß eine durch Phytochrom gesteuerte Signaltransduktionskette in membranfreiem Cytosol ablaufen kann, wohingegen eine Blau/UV-Licht abhängige Proteinphosphorylierung in

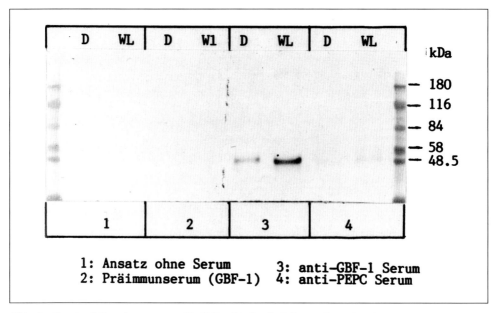

Abb. 3 Der Antikörperkotransport für G-Box bindende Faktoren in evakuolisierten Protoplasten von Petersiliezellen ist lichtabhängig (HARTER et al. 1994a). Etiolierte evakuolisierte Protoplasten einer Petersilie-Zellsuspensionskultur wurden lysiert, supplementiert mit einem ATP-regenerierenden System und GBF-1-Praeimmunserum *(1)*, GBF-1-Antiserum *(2)* oder PEP-Carboxylase-Antiserum *(3)*. Während der 40 min Inkubation wurden die Protoplasten mit Weißlicht bestrahlt (WL) oder im Dunkeln (D) gehalten, anschließend die Kerne isoliert, gewaschen mit Proteinase K (1 mg/ml) für 15 min behandelt. Die Kernproteine wurden durch SDS-PAGE aufgetrennt und die schwere Kette der Antikörper mit einem IgG spezifischen Antikörper nachgewiesen (HARTER et al. 1994a)

gewaschenen Membranfraktionen beobachtet werden konnte (HARTER et al. 1994b).

Zentrale Fragen sind nun, ob dies für alle G-Box bindenden Proteine zutrifft oder ob selektiv einzelne Mitglieder transportiert werden und warum keine DNA-Proteinkomplexe im Dunkeln gebildet werden, obwohl myb-Faktoren (scheinbar konstitutiv im Zellkern exprimiert) und G-Box bindende Faktoren im Kern lokalisiert sind?

Analyse der Signaltransduktion

Mit Hilfe von Mikroinjektionen in phytochromdefizienten Mutanten der Tomate *(aurea)* und pharmakologischen Experimenten in einer photomixotrophen Sojazellkultur konnten NEUHAUS et al. (1993) und BOWLER et al. (1994a, b) erste mögliche zentrale Elemente der Signaltransduktion charakterisieren. Es zeigte sich dabei, daß die Injektion von PHYA, GTPγS oder Choleratoxin den Mutanten-Phänotyp zellautonom heilen kann. Dies führte zur Hypothese, daß die Wirkung von Phytochrom A über ein trimäres G-Protein erfolgt. Für die Steuerung der Anthocyanakkumulation bzw. Chalkonsynthasepromotoraktivität konnten als weitere Elemente cGMP und durch Genistein hemmbare Kinasen charakterisiert werden. Für Gene des Photosystems II ist ein Ca^{2+}-Calmodulinweg, und für Photosystem I sind beide Wege notwendig (Tab. 1).

Tab. 1 Phytochrom-Injektionen in etiolierte Tomatenkeimlinge der *aurea*-Mutante

Phytochromtyp	Startmaterial	Physiologische Antwort	Beteiligte Botenstoffe
Hafer PHYA	etiolierte Keimbildung	Anthocyanbildung (1,2)	$cGMP$ (2)
		Plastidenentwicklung (1)	$cGMP$ und Ca^{2+}/Calmodulin (2)
		Expression von Photosynthesegenen (1,2)	Ca^{2+}/Calmodulin (1)
		Weiß- und Dunkelrotlicht abhängige (Zelluläre) Antworten (1,2,3)	
Reis PHYA Phycocyanobilin-Addukt	in Hefe exprimiertes Protein	Anthocyanbildung (3) Plastidenentwicklung (3) Expression von Photosynthesegenen (3)	— — —
Tabak PHYB Phycocyanobilin-Addukt	in Hefe exprimiertes Protein	Anthocyanbildung (3) Plastidenentwicklung unvollständig (3) Expression von Photosynthesegenen (3)	— — —
PHYA oder B Apoproteine	in Hefe exprimiertes Protein	keine physiologische Aktivität (3)	

Für die unterschiedlichen experimentellen Ansätze wurden 150–450 Einzelzellen im unteren Bereich des Hypokotyls injiziert. Eine physiologische Antwort konnte bei 5–17% der injizierten Zellen beobachtet werden. Die Auswertung der Versuche erfolgte entweder durch Beobachtung der Fluoreszenz (Chlorophylle und Anthocyane) oder mittels eines »Reportergens« (β-Glucuronidase), das mit Promotorabschnitten von lichtregulierten Genen fusioniert wurde. (1) NEUHAUS et al. 1993; (2) BOWLER et al. 1994; (3) KUNKEL, T., NEUHAUS, G., CHUA, N.-H., und SCHÄFER, E. 1995 (in Vorbereitung).

Bei Untersuchungen mit monochromatischem Licht stellten wir fest, daß im Rotlicht die von NEUHAUS et al. (1993) und BOWLER et al. (1994a) beschriebenen Wege ablaufen, aber im UV-Licht sowohl in der Petersilie als auch in der Sojazellkultur die Chalkonsynthaseregulation Ca^{2+}-Calmodulin abhängig ist (FROHNMEYER et al. eingereicht). Da UV-Licht auch das Phytochromsystem anregt, muß nicht nur ein Wechsel der Signaltransduktionswege postuliert werden, sondern auch eine Abschaltung des Phytochrom gesteuerten cGMP-Weges angenommen werden (Abb. 4). Darüber hinaus konnten wir für die Regulation der Chalkonsynthase im UV-Licht in der Petersilie die Beteiligung mehrerer unterschiedlicher Pertussis und Choleratoxin sensitiver G-Proteine indirekt nachweisen (BRIGGS, FROHNMEYER, SCHÄFER unveröffentlicht).

Die unterschiedliche Verschaltung der photorezeptorabhängigen Signaltransduktionsketten wird noch dadurch kompliziert, daß mehrere Phytochrome dieselben Gene steuern können. Mikroinjektionen von PHYB in phytochromdefiziente Tomatenkeimlinge *(aurea)* kann PS II-Gene aktivieren, aber nicht die Anthocyanakkumulation der Chalkonsynthase. Diese Mikroinjektionsbefunde konnten durch Untersuchungen in PHYA$^-$ bzw. PHYB$^-$-Mutanten von *Arabidopsis* bestätigt werden (Tab. 1). In PHYB$^-$-Keimlingen läßt sich Anthocyanakkumulation im dunkelroten Licht nachweisen, wohingegen dies in PHYA$^-$-Keimlingen nicht möglich ist. (KUNKEL et al. unveröffentlicht). In PHYA$^-$- und PHYB$^-$-Linien sowie in PHYA$^-$/PHYB$^-$-Doppelmutanten ist aber eine Indikation der Chalkonsynthasepromotoraktivität sowohl im Blau- als auch im UV-Licht möglich.

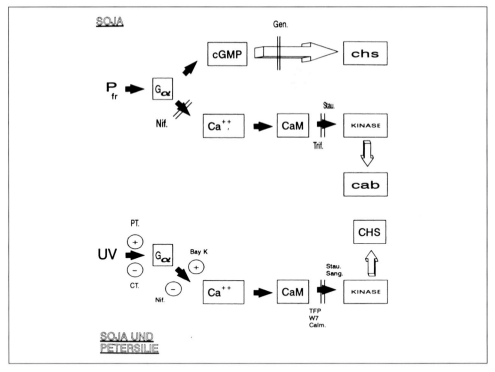

Abb. 4 Arbeitshypothese über die Beteiligung von sekundären Botenstoffen an Phytochrom- (Pfr) und UV-Licht (UV) induzierten Signaltransduktionsketten, die in Soja- und Petersilie-Zellkulturen die transkriptionelle Stimulierung von Chalkonsynthase (Chs) oder dem Chlorophyll a/b bindenden Protein (cab) bewirken. Abkürzungen für sekundäre Botenstoffe: cGMP − zyklisches Guanosinmonophosphat, CaM − Calmodulin, G_α − α-Untereinheit trimärer G-Proteine. Effektoren mit reprimierender Wirkung (−); mit stimulierender Wirkung (+); Bay K: Bay K 8644; Calm.: Calmidazolium; CT.: Choleratoxin; Gen.: Genistein; Nif.: Nifedipin; Sang.: Sangivamycin; Stau: Staurosproin Trof., TFP: Trifluoperazin

Zusammenfassung und Ausblick

Wie kann man die geschilderten Ergebnisse in Einklang bringen?

Die Information Licht wird über spezifische Photorezeptoren simultan aufgenommen und von diesen spezifisch verarbeitet. Selbst von PHYA und PHYB kann die Information wahrscheinlich nicht über die Anregung eines gemeinsamen G-Proteins weitergegeben werden, da sonst die Antwort gleich sein müßte. Die Deutungsmöglichkeit, daß dasselbe G-Protein in unterschiedliche Zustände überführt wird, die einmal die Aktivierung beider Wege (cGMP und Ca^{2+}-Calmodulin) und das andere mal nur den Ca^{2+}-Calmodulin-Weg ermöglicht, ist zwar denkbar, doch eher unwahrscheinlich. Unabhängig davon, ob im Rotlicht über Phytochrom der cGMP-Weg oder über UV-Licht der Ca^{2+}-Calmodulin-Weg aktiviert wird, führt dies zur Regulation der Chalkonsynthasepromotoraktivität. Die Ausprägung dieser Wege ist zell- und entwicklungsspezifisch. Der Kopplungspunkt auf DNA-Ebene ist bei der Chalkonsynthaseregulation, unabhängig davon, welcher Weg gewählt wurde, die *unit* I im Promotor. Eine bestimmte Zusammensetzung der bindenden Faktoren im Zellkern erlaubt erst die Aktivierung. Dies ist sowohl durch eine Aktivierung der Proteine über Phosphorylierung als auch durch eine Konzentrationsveränderung nach Transport der Faktoren vom Cytosol in den Zellkern möglich. Die Vielzahl der möglichen Faktorenkombinationen und die unterschiedlichen Regulationswege erlauben eine extreme Flexibilität. Überraschend ist daher primär die Präzision der Signalübertragung. Hier ist sicherlich eine Netzwerksregulation einerseits über die Entwicklungssteuerung (Entwicklungshomöostasis), aber auch die gegenseitige Beeinflussung der Wege verantwortlich. BOWLER et al. (1994 b) konnten eine reziproke negative Regulation des cGMP und des Ca^{2+}-Calmodulin abhängigen Signaltransduktionsweges beobachten. Wir sehen eine negative Regulation des Phytochromweges durch den UV-B-Weg. Dies scheint uns aber erst der Anfang der Beobachtungen zu sein, denn insbesondere bei der Phytochromwirkung brauchen wir noch effiziente Abschaltmechanismen, um nach einer Induktion die Signaltransduktion stoppen zu können. Darüber hinaus ist es sehr wahrscheinlich, obwohl man bisher erst ein Gα aus Pflanzen klonieren konnte, daß doch viele spezifische Gαβγ-Kombinationen wie in tierischen Systemen für die Spezifität der Signaltransduktion verantwortlich sind.

Literatur

AHMAD, M., and CASHMORE, A. R.: Hy4 gene of *A. thaliana* encodes a protein with characteristics of a blue-light photoreceptor. Nature *366*, 162–166 (1993)

BATSCHAUER, A.: A plant gene for photolyase: An enzyme catalyzing the repair of UV-light-induced DNA damage. Plant J. *4*, 705–709 (1993)

BATSCHAUER, A., EHMANN, B., and SCHÄFER, E.: Cloning and characterization of a chalcone synthase gene from mustard and its light dependent expression. Plant Mol. Biol. *16*, 175–185 (1991)

BOWLER, C., NEUHAUS, G., YAMAGATA, H., and CHUA, N.-H.: Cyclic GMP and calcium mediate phytochrom phototransduction. Cell *77*, 73–81 (1994a)

BOWLER, C., YAMAGATA, H., NEUHAUS, G., and CHUA, N.-H.: Phytochrome signal transduction pathways are regulated by reciprocal control mechanisms. Genes Dev. *8*, 2188–2202 (1994b)

EHMANN, B., OCKER, B., and SCHÄFER, E.: Development- and light-dependent regulation of the expression of two different chalcone synthase transcripts in mustard cotyledons. Planta *183*, 416–422 (1991)

FROHNMEYER, H., EHMANN, B., KRETSCH, T., ROCHOLL, M., HARTER, K., NAGATANI, A., FURUYA, M., BATSCHAUER, A., HAHLBROCK, K., and SCHÄFER, E.: Differential usuage of photoreceptors for chalcone synthase gene expression during development. Plant J. *2*, 899–906 (1992)

FROHNMEYER, H., HAHLBROCK, K., and SCHÄFER, E.: A light-responsive in vitro transcription system from evacuolated parsley protoplast. Plant J. *5*, 437–449 (1994)

HARTER, K., KIRCHER, S., FROHNMEYER, H., KRENZ, M., NAGY, F., and SCHÄFER, E.: Light-regulated modification and nucelar translocation of cytosolic G-box binding factors in parsley. Plant Cell *6*, 545–559 (1994a)

HARTER, K., FROHNMEYER, H., KIRCHER, S., KUNKEL, T., MÜHLBAUER, S., and SCHÄFER, E.: Light induces rapid changes of the phosphorylation pattern in the cytosol of evacuolated parsley protoplasts. Proc. Natl. Acad. Sci. USA *91*, 5038–5042 (1994b)

KAISER, T., and BATSCHAUER, A.: Cis-acting elements of the CHS1 gene from white mustard controlling spacial patterns of expression. Plant Mol. Biol. (in press)

KAISER, T., EMMLER, K., KRETSCH, T., WEISSHAAR, B., SCHÄFER, E., and BATSCHAUER, A.: Promoter elements of the mustard CHS1 gene sufficient for light regulation in transgenic plants. Plant Mol. Biol. (in press)

KUNKEL, T., TOMIZAWA, K.-I., KERN, R., FURUYA, M., CHUA, N.-H., and SCHÄFER, E.: *In vitro* formation of a photoreversible adduct of phycocyanobilin and tobaco apophytochrome B. Eur. J. Biochem. *215*, 587–594 (1993)

LAGARIAS, J. C., and LAGARIAS, D. M.: Selfassembly of phytochrome holoprotein *in vivo*. Proc. Natl. Acad. Sci. USA *86*, 5778–5780 (1989)

Liscum, E., and Hangarter, R.-P.: Genetic evidence that the red-absorbing form of phytochrome B modulates gravitropism in *Arabidopsis thaliana* reveal activities of multiple photosensory systems during light-stimulated apical-hook opening. Planta *191*, 214–221 (1993)

Meier, I., and Gruissem, W.: Novel conserved sequence motifs in plant G-box binding proteins and implications for interactive domains. Nucl. Acid Res. *22*, 470–478 (1994)

Neuhaus, G., Bowler, C., Kern, R., and Chua, N.-H.: Calcium/calmodulin-dependent and -independent phytochrome signal transduction pathways. Cell *73*, 937–952 (1993)

Parks, B., and Quail, P. H.: Hy8, a new class of *Arabidopsis* long hypocotyl mutants deficient in functional phytochrome a. Plant Cell *5*, 39–48 (1993)

Reed, J. W., Nagpal, P., Poole, D. S., Furuya, M., and Chory, J.: Mutations in the gene for the red/far-red light receptor phytochrome B alter cell elongation and physiological responses throughout *Arabidopsis* development. Plant Cell *5*, 147–157 (1993)

Rocholl, M., Talke-Messerer, C., Kaiser, T., and Batschauer, A.: Unit 1 of the mustard chalcone synthase promoter is sufficient to mediate light responses from different photoreceptors. Plant Sci. *97*, 189–198 (1994)

Sablowski, R. W. M., Moyano, E., Culianez-Marcia, F. A., Schluch, W., Martin, C., and Bevan, M.: A flower-specific myb protein activates transcription of phenylpropanoid biosynthetic genes. EMBO J. *13*, 128–137 (1994)

Schäfer, E., Batschauer, A., Cashmore, A. R., Ehmann, B., Frohnmeyer, H., Hahlbrock, K., Kretsch, T., Merkle, T., Rocholl, M., and Wehmeyer, B.: Photocontrol of gene expression. In: Herrmann, R. G., and Larkais, B. (Eds.): Plant Molecular Biology 2; pp. 487–497. New York: Plenum Press 1991

Schindler, U., Menkens, A. E., Beckmann, H., Ecker, J. R., and Cashmore, A. R.: Heterodimerization between light-regulated and ubiquitously expressed *Arabidopsis* GBF bZIP proteins. EMBO J. *11*, 1261–1273 (1992)

Schulze-Lefert, P., Dangl, J. L., Becker-André, M., Hahlbrock, K., and Schulz, W.: Inducible *in vivo* DNA footprints define sequences necessary for UV light activation of the parsley chalcone synthase gene. EMBO J. *8*, 651–656 (1989)

Short, T. W., and Briggs, W. R.: The transduction of blue light signals in higher plants. Ann. Rev. Plant Physiol. Plant Molec. Biol. *45*, 143–171 (1994)

Weisshaar, B., Amstrong, G. A., Block, A., Da Costa e Silva, O., and Hahlbrock, K.: Light-inducible and constitutively expressed DNA-binding proteins recognizing a plant promoter element with functional relevance in light responsiveness. EMBO J. *10*, 1777–1786 (1991)

Wellmann, E.: UV irradiation in photomorphogenesis. In: Mohr, H., and Shropshire, W. (Eds.): Encyclopedia of Plants Physiology, 16B: Photomorphogenesis; pp. 745–756. Berlin, Heidelberg, New York: Springer 1983

Whitelam, G. C., and Harberd, N. P.: Action and function of phytochrome family members revealed through the study of mutant and transgenic plants. Plant Cell Environ. *17*, 615–625 (1994)

Young, J. C., Liscum, E., and Hangarter, R. P.: Spectraldependence of light-inhibited hypocotyl elongation in photomorphogenetic mutants of *Arabidopsis*. Evidence for a UV-A photosensor. Planta *188*, 106–114 (1992)

Prof. Dr. Eberhard Schäfer
Albert-Ludwigs-Universität Freiburg
Institut für Biologie II, Botanik
Schänzlestraße 1
D-79104 Freiburg/Br.

Der semantische Aspekt von Information und seine evolutionsbiologische Bedeutung

Von Bernd-Olaf Küppers (Jena)

Mit 5 Abbildungen und 2 Tabellen

1. Vorbemerkungen

Die Begriffe, Methoden und Konzepte der modernen Physik und Chemie sind für das Verständnis der Lebensvorgänge von zentraler Bedeutung. Sie bilden die Grundlage des sogenannten reduktionistischen Forschungsprogramms, demzufolge sich auch die komplexen Erscheinungen des Lebendigen — zumindest im Prinzip — vollständig auf die bekannten Gesetzmäßigkeiten der Physik und Chemie zurückführen lassen.

Tatsächlich hat sich das reduktionistische Forschungsprogramm bisher als außerordentlich tragfähig erwiesen. Wenn der physikalisch-chemischen Methode in der Biologie gelegentlich Grenzen gesetzt sind, so sind diese offenbar nicht von grundsätzlicher Art, sondern allein in der Komplexität der Lebenserscheinungen begründet.

Wollte man hieraus jedoch den Schluß ziehen, die theoretisch angeleitete Biologie sei eigentlich nur eine höhere und komplexere Form von Physik und Chemie, so würde man den eigentlichen Charakter der modernen Biologie verkennen. Denn es gibt eine Reihe von wissenschaftlichen Disziplinen, die für das Verständnis der Lebenserscheinungen ebenfalls grundlegend sind, die sich aber nicht ohne weiteres der Physik oder Chemie zuordnen lassen. Hierzu gehören so wichtige Disziplinen wie die Systemtheorie, die Informationstheorie, die Kybernetik und die Spieltheorie (Tab. 1).

Das begriffliche Instrumentarium dieser Wissenschaften umfaßt den gesamten Bereich biologisch relevanter Erscheinungen, angefangen bei der Ganzheit und hierarchischen Ordnung des Lebendigen (Systemtheorie), der Planmäßigkeit und

Tab. 1 Die Strukturwissenschaften und ihre Grundbegriffe

Systemtheorie
(Ganzheit, hierarchische Ordnung, ...)

Informationstheorie
(Plan- und Zweckmäßigkeit, Funktionalität, ...)

Kybernetik
(Regulation, Selbststeuerung, ...)

Spieltheorie
(Intensionalität, Strategie, ...)

Komplexitätstheorie
(Aperiodizität, Zufälligkeit, ...)

Katastrophentheorie
(Singularität, Phasensprung, ...)

Semiotik
(Zeichen, Kommunikation, ...)

Chaostheorie
(Nichtlinearität, Selbstähnlichkeit, ...)

Synergetik
(Kooperativität, Makrodetermination ...)

Funktionalität seiner Strukturen (Informationstheorie) bis hin zur Kooperativität und Makrodeterminiertheit der Systembestandteile (Synergetik). Hierbei handelt es sich zudem um Merkmale, die über die Lebenserscheinungen hinaus ganz allgemein für komplexe Phänomene charakteristisch sind.

Es ist vor allem der universelle Anwendungsbereich, durch den sich Disziplinen wie die Kybernetik, die Spieltheorie oder die Informationstheorie auszeichnen; denn sie eignen sich zur Beschreibung komplexer physikalischer Phänomene ebenso wie zur Beschreibung sozialer oder wirtschaftlicher Zusammenhänge. Damit nehmen diese Disziplinen eine eigentümliche Zwitterstellung zwischen den Natur- und den Geisteswissenschaften ein. Sie sind wohl am besten als »Strukturwissenschaften« zu bezeichnen. Unter diesen Sammelbegriff fallen alle Wissenschaftszweige, die sich mit abstrakten Strukturen der Wirklichkeit befassen, und zwar unabhängig von der Frage, wo diese Strukturen vorkommen, ob sie in unbelebten oder belebten, in natürlichen oder künstlichen Systemen anzutreffen sind.

Die wachsende Bedeutung der Strukturwissenschaften für die Erforschung des Komplexen beruht auf einer konzeptionellen Verschiebung innerhalb der Naturwissenschaften: Nicht die unmittelbaren Materieeigenschaften, sondern die darauf aufbauenden Strukturen, deren Wechselwirkungen und Organisationsformen haben sich für das Verständnis komplexer Systeme als wesentlich erwiesen. Auf diese Weise tragen die Strukturwissenschaften in zunehmendem Maße zu einer »Entmaterialisierung« der Naturwissenschaften bei, wodurch wiederum enge Brückenschläge zu den Geisteswissenschaften möglich werden. Umgekehrt ist zu beobachten, daß sich die Geisteswissenschaften aus ihrer hermeneutischen, auf das Einzigartige und das historisch Besondere gerichteten Tradition des Verstehens zu lösen beginnen, um neue methodische Wege einzuschlagen, die zu nomothetischen Erklärungen im Sinne der Strukturwissenschaften führen.

So scheint sich denn auch die gegenwärtig zu beobachtende Annäherung zwischen den Naturwissenschaften und den Geisteswissenschaften im Rahmen der Strukturwissenschaften zu vollziehen, wobei die Biologie zum Modellfall für diese Annäherung geworden ist (siehe KÜPPERS 1992a). Gleichzeitig erhält die zentrale wissenschaftsphilosophische Frage, ob und inwieweit sich die Biologie auf die Physik reduzieren läßt, durch die gegenwärtige Entwicklung der Strukturwissenschaften eine ganz neue Qualität. Denn bei der Erforschung der Lebenserscheinungen haben sich für die Naturwissenschaften zum Teil neuartige Fragestellungen ergeben, die ein eigenständiges begriffliches Instrumentarium erfordern, und die offenbar nur mit neuen methodischen Ansätzen und theoretischen Konzepten, wie sie von den Strukturwissenschaften bereitgestellt werden, zu lösen sind.

Für den sich hier anbahnenden wissenschaftlichen Wandel ist das Problem der Entstehung und Evolution biologischer Information, das im Mittelpunkt der Frage nach dem Ursprung des Lebens steht, geradezu beispielhaft. Insbesondere der mit den Begriffen der Plan- und Zweckmäßigkeit verknüpfte Begriff der »semantischen« Information scheint den traditionellen Begriffsrahmen der Physik und Chemie zu transzendieren und nach neuen Konzepten zu verlangen, wie sie offenbar nur aus den Strukturwissenschaften kommen können. Ein solcher strukturwissenschaftlicher Ansatz, mit dem sich der semantische Aspekt von Information objektivieren und präzisieren läßt, soll im folgenden entwickelt und im Hinblick auf seine evolutionsbiologische Bedeutung untersucht werden.

2. Der Begriff der biologischen Information

Nahezu alle Lebensvorgänge, vom Stoffwechsel bis zur Vererbung, können als materielle Kommunikations- und Informationsprozesse aufgefaßt werden, deren Wurzeln bis auf die Ebene der biologischen Makromoleküle zurückreichen. Und zwar bestehen die Träger der biologischen Information aus einer einheitlichen Klasse von biologischen Makromolekülen, den Nukleinsäuren (DNA beziehungsweise RNA), die wiederum nach einem einheitlichen und zugleich einfachen Grundprinzip aufgebaut sind.

Die natürlichen Nukleinsäuren bestehen aus nur vier Klassen von Grundbausteinen (Nukleotide), die zu langen Kettenmolekülen zusammengesetzt sind, etwa der Form

AGCCATCTGCCGGGTTATAGCTACGGAG. ...,

wobei hier für die einzelnen Kettenglieder die Initialen ihrer chemischen Bezeichnungen stehen (zum Beispiel: **A**denosintriphosphat).

In der sequentiellen Abfolge der Nukleotide eines Erbmoleküls ist die gesamte Bauanweisung eines Lebewesens verschlüsselt. Des weiteren gehen von den Nukleinsäuren alle Prozesse aus, die der reproduktiven Erhaltung des Organismus dienen. Oder anders ausgedrückt: Die Erbmoleküle stellen für den lebenden Organismus eine spezifische Randbedingung (Information) dar, unter der die

Tab. 2 Parallelen zwischen der genetischen Molekularsprache und der menschlichen Sprache. In Anlehnung an EIGEN 1979

Genetische Schrifteinheit	Größe der Einheit	Einheiten pro Organismus	Begrenzung (Interpunktion)	Funktion	Analoge Spracheinheit
Nukleotid	Einzelsymbol	vier	Molekülstruktur	primäres Kodierungssymbol	**Buchstabe** oder **Maschinensymbol**
Codon	Nukleotid-Triplett	64	Nukleotide	Translationseinheit (Symbol für Aminosäure)	**Phonem** oder **Morphem**
Cistron (Gen)	100–1 000 Codons	viele tausend	Codons Start: AUG Stop: UAA, UAG, UGA	Kodierungseinheit für Protein	**Wort** oder **einfacher Satz**
Scripton (Operon)	bis zu 15 Cistrons	viele tausend	Promotor (Operator) Terminator	Transkriptionseinheit (m-RNA)	**Satz** (zusammengesetzter)
Replicon	bis zu vielen hundert Scriptons	mehrere (bzw. eine)	Replikator Terminator	Reproduktionseinheit	**Absatz**
Segregon (Chromosom)	mehrere Replicons	wenige (bzw. eine)	Zentromer Telomer	meiotische Einheit	**Absatz**
Genom	wenige Segregons	eine	Zellkernmembran	mitotische Einheit	**Gesamttext**
Genotyp	Genom plus zytoplasmatische Informationsträger	eine	Zellmembran	Gesamtinformation	**Gesamttext** und **Kommentare**

Gesetze der Physik und Chemie im lebenden Organismus operational werden. Der Begriff der Randbedingung ist hier im Sinn einer Auswahlbedingung zu verstehen, durch die die Vielzahl physikalisch möglicher Prozesse auf die im lebenden Organismus tatsächlich ablaufenden Prozesse eingegrenzt wird (POLANYI 1968, KÜPPERS 1992b).

Da durch die materielle Struktur der Erbmoleküle der Aufbau eines lebenden Systems bis in alle Einzelheiten instruiert wird, erscheint es gerechtfertigt, für das Prinzip der Instruktion den Begriff der »genetischen (beziehungsweise biologischen) Information« einzuführen. Information wird hier also im Sinn von »Bauanweisung«, »Plan- und Zweckmäßigkeit«, »Funktionalität« und so weiter aufgefaßt.

Der Begriff der Information hat sich für die Biologie als so fruchtbar erwiesen, daß die Konzepte der Speicherung, Übertragung, Verarbeitung und Erzeugung von Information inzwischen zu unverzichtbaren Eckpfeilern der modernen Biologie geworden sind. Daneben besitzt der Informationsbegriff in der Biologie noch einen weiteren, überaus interessanten Aspekt aufgrund der Tatsache, daß zwischen den Strukturprinzipien der genetischen Informationsträger und denen der menschlichen Sprache umfangreiche Parallelen bestehen (RATNER 1977, EIGEN 1979, EBELING und FEISTL 1982, KÜPPERS 1990). Diese Parallelen sind so weitreichend, daß sie nicht auf einer zufälligen Koinzidenz beruhen können (vgl. Tab. 2). Vielmehr ist zu vermuten, daß, trotz aller Komplexitätsunterschiede, sowohl die genetische Molekularsprache als auch die menschliche Sprache Ausdruck ein und desselben universellen Informationsprinzips sind, das für den Aufbau, den Erhalt und die Evolution komplexer Systeme unabdingbar ist (KÜPPERS 1995).[1]

Die in den Nukleinsäuren gespeicherten Informationen lassen sich demnach als »Schriftsätze« einer Molekularsprache auffassen, die man mit Hilfe moderner Sequenzierverfahren heute bereits bis in alle Einzelheiten zu entziffern und in ihrer Funktionalität zu verstehen gelernt hat. Tatsächlich besitzt die genetische Molekularsprache, in Analogie zur menschlichen Sprache, eine, über ihre syntaktischen Merkmale hinausgehende *semantische* Dimension. Allerdings tritt der semantische Aspekt der genetischen Information erst auf der phänotypischen Ebene in Erscheinung. Denn erst im Zuge der phänotypischen Expression, bei der die in den Genen gespeicherte Information über die Ausbildung funktionell wirksamer Proteinstrukturen pragmatisch relevant wird, erhält diese ihre Semantik, das heißt einen Sinn und eine Bedeutung für die Lebensfunktionen des Organismus. Man kann dieses Argument noch verschärfen und behaupten, daß überhaupt erst in der Semantik biologischer Information die Besonderheiten des Lebendigen zum Ausdruck kommen.

Nun sind aber Begriffe wie »Semantik«, »Sinn« und »Bedeutung« mit vielen Konnotationen belastet, so daß hier von Beginn an begriffliche Unklarheiten

---

[1] Die These, daß es sich beim Aufbauprinzip der Nukleinsäuren um ein sprachanaloges Informationsprinzip handelt, ist insbesondere von Seiten einer konstruktivistischen Wissenschaftsphilosophie kritisiert worden (vgl. JANICH 1992). Dieser Auffassung zufolge ist Information kein *Natur*gegenstand, sondern ein *Kultur*gegenstand, der nur für die Prozesse der zwischenmenschlichen Kommunikation, nicht aber für die Prozesse der natürlichen Erscheinungswelt relevant ist.

Man kann jedoch zeigen, daß die Kritik weder aus wissenschaftstheoretischer noch wissenschaftshistorischer Sicht haltbar ist (vgl. hierzu KÜPPERS 1996). Genau genommen handelt es sich beim Informationsbegriff zunächst nur um einen abstrakten Strukturbegriff im Sinne der Strukturwissenschaften. Erst in seiner Anwendung auf natürliche Strukturen wird das Abstraktum »Information« zu einem Konkretum und damit zu einem Naturgegenstand, der wiederum in der Struktur der Nukleinsäuren seinen materiellen Ausdruck findet.

auftreten. Will man dennoch diese, ihrer Natur nach vieldeutigen Begriffe in eine Theorie der biologischen Information aufnehmen, so muß man sie zunächst einmal inhaltlich eingrenzen. Denn Begriffe wie »Sinn« und »Bedeutung« bezeichnen ja nicht unmittelbar gegebene Phänomene, von denen eine wissenschaftliche Analyse direkt ausgehen kann, sondern zunächst nur den Inhalt einer Frage, die an bestimmte Phänomene gestellt wird.[2]

So nehmen die Begriffe »Sinn« und »Bedeutung« als Bestimmungen der biologischen Semantik in erster Linie auf die Frage nach der »Funktionalität« lebender Strukturen Bezug, wobei im Hintergrund immer die weiterführende Frage steht, inwieweit sich die Strukturen und Prozesse eines lebenden Systems für die Erfüllung der Lebensfunktionen als zweckmäßig erweisen. In vergleichbarer Weise sprechen wir ja auch im Alltag von einer »sinnvoll« konstruierten Maschine oder einem »sinnvoll« geplanten Handlungsprogramm. Damit wollen wir zum Ausdruck bringen, daß die Einzelteile der Maschine beziehungsweise die Einzelschritte des Handlungsprogramms in ihren funktionalen Eigenschaften auf die Funktion des Gesamtkomplexes genau abgestimmt sind. Der Unterschied zwischen den natürlichen und den künstlichen Systemen besteht allerdings darin, daß die letzteren einer vom Menschen gesetzten Ziel- oder Zweckvorstellung entsprechen, während wir für die natürlichen Systeme nur die bloße Tatsache der Zweckmäßigkeit (Teleonomie) anerkennen, ohne dahinter zugleich auch die Existenz eines Endzwecks oder einer Endursache (Teleologie) zu vermuten.

Abgesehen von solchen begrifflichen Differenzierungen ist es für die Entwicklung einer biologischen Informationstheorie offenbar notwendig, daß sich der Begriff der Information auch durch ein quantitatives Maß darstellen läßt. Auf der rein syntaktischen Ebene, das heißt losgelöst vom Aspekt der semantisch-pragmatischen Relevanz, kann man die in einem Informationsträger enthaltene Information beispielsweise durch das Informationsmaß von SHANNON angeben. Dieses ist im wesentlichen durch die Wahrscheinlichkeit gegeben, mit der das Eintreffen einer Nachricht (Zeichenfolge) aus einer Menge möglicher Nachrichten zu erwarten ist. Dabei wird die in einer Nachricht enthaltene Information um so höher bemessen, je unwahrscheinlicher ihr Eintreffen war.

Betrachtet man eine Menge von Nachrichten $S = \{S_1, \ldots, S_n\}$, auf der eine Wahrscheinlichkeitsverteilung $P = \{p_1, \ldots, p_n\}$ mit der Nebenbedingung $\sum_{k=1}^{n} p_k = 1$ gegeben ist, so ist

$$I_k = -ld(p_k) \quad (k = 1, \ldots, n) \qquad [1]$$

offenbar ein sinnvolles Maß für den Informationsgehalt der Nachricht S_k (SHANNON und WEAVER 1949).

Die Eingangswahrscheinlichkeiten p_k werden durch das Vorwissen des Empfängers festgelegt. Sie sind aber für alle Beobachter, die über die gleichen Voraussetzungen und Methoden des Wissenserwerbs verfügen, objektiv bestimmte Größen, so daß man sagen kann, daß die durch das Shannonsche Informationsmaß gegebene Information in objektiver Weise subjektbezogen ist (siehe von WEIZSÄCKER 1971).

Es ist charakteristisch für das Informationsmaß von SHANNON, daß es auf einer Wahrscheinlichkeitsverteilung definiert ist. Des weiteren wird hier vom semanti-

---

[2] Die in der Sprachphilosophie übliche Unterscheidung zwischen »Sinn« und »Bedeutung« soll hier nicht weiter berücksichtigt werden.

schen Gehalt der Information vollständig abgesehen. Wenn man also im Rahmen der Shannonschen Theorie von der »Erzeugung« von Information spricht, so ist damit der Informationsgewinn gemeint, der sich aufgrund einer Beobachtung einstellt, sofern hierdurch die ursprüngliche Wahrscheinlichkeitsverteilung

$$P = \{p_1, \ldots, p_n\} \quad \text{mit} \quad \sum_{k=1}^{n} p_k = 1 \quad \text{und} \quad p_k > 0 \qquad [2]$$

modifiziert und auf die Wahrscheinlichkeitsverteilung

$$Q = \{q_1, \ldots, q_n\} \quad \text{mit} \quad \sum_{k=1}^{n} q_k = 1 \quad \text{und} \quad q_k \geq 0 \qquad [3]$$

eingegrenzt wird. Das hierfür von SHANNON angegebene Maß

$$H(P) - H(Q) = \sum_{k=1}^{n} p_k I_k - \sum_{k=1}^{n} q_k I_k \qquad [4]$$

hat jedoch die unangenehme Eigenschaft, daß es auch zu negativen Werten führen kann, was mit der Vorstellung vom Informationsgewinn als einem Zuwachs von Information nicht sinnvoll in Einklang gebracht werden kann. In dieser Hinsicht stellt die von RÉNYI (1970) auf der Basis des Shannonschen Informationsmaßes gegebene Definition für den Informationsgewinn,

$$H(P|Q) = \sum_{k=1}^{n} [p_k I_k - q_k I_k], \qquad [5]$$

eine wesentliche Verbesserung dar, da diese Funktion immer die Beziehung

$$H(P|Q) \geqq 0 \qquad [6]$$

erfüllt.

Der Unterschied zwischen den Definitionen [4] und [5] besteht darin, daß in [4] die Differenz zwischen zwei Mittelwerten gebildet wird, während in [5] zunächst der Informationsgewinn bezogen auf jede einzelne Nachricht ermittelt und anschließend der Mittelwert gebildet wird. Die Differenz [4] zweier Mittelwerte ist naturgemäß aber weniger aussagekräftig als der Mittelwert [5] der Differenzen.

Mit der von RÉNYI eingeführten Definition für den Informationsgewinn steht bereits ein adäquates Maß zur Verfügung, um die evolutive Entstehung von biologischer Information quantitativ zu beschreiben. Denn es wird sich zeigen, daß die selektive Selbstorganisation biologischer Systeme, die schließlich zur Ausbildung informationstragender Strukturen führt, immer mit der Einschränkung einer Wahrscheinlichkeitsverteilung im Sinne von Gleichung [5] verbunden ist (siehe Abschnitt 3). Dieser, auf die Erwartungswahrscheinlichkeiten bezogene Aspekt der biologischen Informationsentstehung stellt demnach im wesentlichen ein statistisches Problem dar.

3. Das Problem der biologischen Informationsentstehung als statistisches Problem

Physikalisch gesehen führt die Frage nach der Entstehung biologischer Information zunächst auf das Problem der Auswahl funktionell wirksamer Biopolymere aus einer großen Vielfalt physikalisch äquivalenter Strukturen (Phase der selektiven

Selbstorganisation). Hierbei wird die abiotische, das heißt die spontane und nichtinstruierte Entstehung von Biopolymeren aus den entsprechenden Monomeren bereits als ein prinzipiell möglicher Naturvorgang vorausgesetzt (Phase der chemischen Evolution).

Eine einfache Abschätzung der *A-priori*-Wahrscheinlichkeiten für die zufällige Synthese eines *informationstragenden* Biopolymers macht das Ausmaß des statistischen Problems der Lebensentstehung deutlich. Betrachtet man die Sequenz eines Biopolymers der Kettenlänge v, das aus λ Klassen von Monomeren aufgebaut ist, so gibt es

$$N = \lambda^v \qquad [7]$$

Sequenzalternativen.

Selbst für die kleinsten katalytisch aktiven Proteinmoleküle (Beispiel: Cytochrom *c*) ist N schon von der Größenordnung 10^{120}. Damit ist offenkundig, daß funktionell wirksame Biopolymere weitaus mehr Sequenzalternativen besitzen, als unter den präbiotischen Bedingungen einer Zufallssynthese auf der Erde entstehen können. Es gilt offenbar immer

$$Z \ll N, \qquad [8]$$

wobei Z die Zahl der unter präbiotischen Bedingungen maximal realisierbaren und N die Zahl der theoretisch möglichen Sequenzalternativen eines Biopolymers ist.

Aus Beziehung [8], die für jedes denkbare präbiotische Szenarium gilt, folgt, daß die Erwartungswahrscheinlichkeit für das zufällige Auftreten eines *informationstragenden* Biopolymers beliebig klein ist. Das hierdurch aufgeworfene statistische Problem der biologischen Informationsentstehung relativiert sich allerdings in dem Maße, wie unter den möglichen Sequenzalternativen eines Biopolymers der Anteil derjenigen Sequenzen wächst, welche ebenfalls über ein informationstragendes Sequenzmuster verfügen. Da dieser Anteil aber wegen der überastronomischen Größe von N weder empirisch noch theoretisch einigermaßen zuverlässig bestimmt werden kann, besitzen jene Lösungsansätze offenbar die größte Erklärungskapazität, die von den ungünstigsten statistischen Voraussetzungen ausgehen, wonach nur *eine* Sequenz unter allen Sequenzalternativen funktionell wirksam ist.

Ein solcher umfassender Lösungsansatz ist in den letzten zwei Jahrzehnten von EIGEN entwickelt worden (EIGEN 1971, EIGEN und SCHUSTER 1979). Ausgangspunkt der Theorie ist ein Modellsystem für die selektive Selbstorganisation von biologischen Makromolekülen, das sich auch experimentell überprüfen läßt (Abb. 1). Um das System formal zu beschreiben, führen wir folgende Bezeichnungen ein: $S = \{S_i\}$ sei eine Verteilung von selbstreproduktiven Biopolymeren. Die Konzentration der molekularen Spezies S_i sei x_i. Ferner sei E_i der Reproduktionsparameter der Spezies S_i, während sich der Reproduktionsparameter W_i speziell auf die Produktion *fehlerfreier* Kopien beziehen soll ($W_i \leq E_i$). Definierte Konzentrationsverhältnisse (zum Beispiel konstante Gesamtkonzentration) lassen sich in dem System mittels eines kontinuierlichen und unspezifischen Verdünnungsflusses einstellen.

Schon auf der Grundlage allgemeiner Überlegungen kann man zeigen, daß es in begrenzten Systemen, die nichtlineare Wachstumsraten aufweisen, zwangsläufig zu selektiven Konzentrationsverschiebungen kommt (EIGEN 1976). Für das Modell-

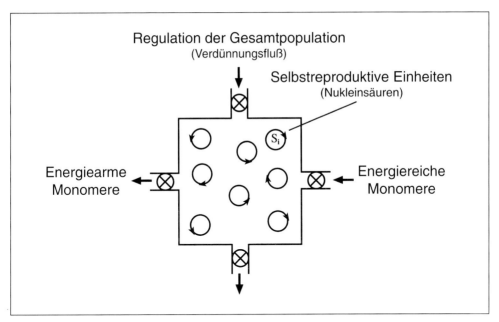

Abb. 1 Modellsystem für die Untersuchung molekularer Selbstorganisationsprozesse. In der Reaktionskammer einer Durchflußzelle befinden sich Nukleinsäuren, die laufend auf- und abgebaut werden. Der Aufbau erfolgt über energiereiche Monomere, die dem System ständig von außen zugeführt werden. Die energiearmen Abbauprodukte werden hingegen permanent abgeführt. Über einen variierbaren Verdünnungsfluß können in dem System zu jeder Zeit definierte Reaktionsbedingungen eingestellt werden. Modellsysteme dieser Art ermöglichen die theoretische wie experimentelle Analyse molekularer Selektions- und Evolutionsprozesse.

system in Abbildung 1 wird die Selektionsdynamik durch folgendes System von Differentialgleichungen beschrieben:

$$\dot{x}_i = (W_i - \bar{E}) x_i \quad (i = 1, \ldots, n) \tag{9}$$

mit

$$\bar{E}(t) = \frac{\sum_{i=1}^{n} E_i x_i}{\sum_{i=1}^{n} x_i} \tag{10}$$

als der mittleren »Überschußproduktivität«. Die Gleichungen [9] sind einfache Bilanzgleichungen für die Produktionsraten unter folgenden Annahmen:
— Die Reproduktion der Spezies S_i erfolgt autokatalytisch und
— die Mutationsraten sind so klein, so daß die Rückmutationen (siehe unten) vernachlässigbar sind.

Die Lösungsvielfalt solcher Selektionsgleichungen ist für die verschiedensten Reproduktionsmechanismen und Organisationsformen untersucht worden (vgl. EIGEN und SCHUSTER 1979, KÜPPERS 1985). Sie gibt wesentlichen Aufschluß über die Prinzipien der molekularen Selektion und Evolution.

Das von EIGEN entwickelte Selektionsmodell zeigt, wie es in einer zufälligen Verteilung von biologischen Makromolekülen zu selektiven Konzentrationsverschiebungen und evolutiven Optimierungsprozessen kommt. Und zwar stellt die Größe $\bar{E}$ einen sich selbst adjustierenden Schwellenwert dar, durch den die Selbstorganisation des Systems gesteuert wird. Nach Gleichung [9] wachsen nämlich alle Spezies S_i mit $W_i > \bar{E}$ an, während alle Spezies S_i mit $W_i < \bar{E}$ aussterben. Durch den Segregationsprozeß wird die mittlere Produktionsrate $\bar{E}$ ständig zu höheren Werten verschoben, bis sie den Wert W_{max} der Spezies mit dem höchsten Reproduktionsparameter annimmt:

$$\bar{E} \to W_{max} \qquad [11]$$

In diesem Fall wird $\dot{X}_i = 0$ und das Selektionsgleichgewicht ist erreicht.

Die W_i sind offenbar die Selektionswerte der Verteilung $S = \{S_i\}$ und die selektive Selbstorganisation des Systems ist dadurch gekennzeichnet, daß sich der Mittelwert der Selektionswerte selbsttätig auf ein höheres Niveau hebt, bis das Selektionsgleichgewicht erreicht ist. Das Selektionsgleichgewicht ist charakterisiert durch eine Stammsequenz S_k und die daraus hervorgehende stationäre Mutantenverteilung. Es handelt sich hierbei allerdings um ein *dynamisches* Gleichgewicht, das bezüglich selektiv vorteilhafter Mutanten metastabil ist. Immer, wenn unter den Mutanten der selektierten Stammsequenz S_k eine selektiv günstigere Variante S_{k+1} auftritt, bricht das ursprüngliche Gleichgewicht zusammen, und es stellt sich ein neues Gleichgewicht um die Sequenz S_{k+1} ein. Im Zuge der Selbstorganisation durchläuft somit das System eine Folge von metastabilen Gleichgewichtszuständen

$$W_{max1} < W_{max2} < \cdots < W_{opt}, \qquad [12]$$

bis im Idealfall das Optimum erreicht ist.

Die Grundstruktur der Selektionsgleichungen [9] ändert sich nicht wesentlich, wenn man den Einfluß von Mutanten mit berücksichtigt. Es treten in diesem Fall zwar zusätzliche Terme in Gleichung [9] auf, die den Informations*rückfluß* (Beitrag der Mutanten zur Stammsequenz aufgrund von Rückmutationen) beschreiben, doch lassen sich die Konzentrationsvariablen x_k mittels geeigneter Transformationen auch durch ihre Normalmoden y_i ersetzen und die um die Mutationsterme erweiterten Selektionsgleichungen wieder auf den durch Gleichung [9] gegebenen Grundtyp zurückführen (THOMPSON und MCBRIDE 1974):

$$\dot{y}_i = (\lambda_i - \bar{\lambda}) y_i \quad (i = 1, \ldots, n) \qquad [13]$$

Die Größe λ_i ist hier der Selektionswert der durch die Normalmode y_i definierten Verteilung. Allerdings ist die Zielscheibe der Selektion nun nicht mehr die einzelne Sequenz, sondern eine aus der Stammsequenz und ihren zugehörigen Mutanten hervorgehende Verteilung von Sequenzen (MCCASKILL 1984, EIGEN et al. 1988). EIGEN hat hierfür den Begriff der »Quasispezies« eingeführt (vgl. EIGEN 1992).

Die wesentlichen Aspekte der molekularen Selektions- und Evolutionsdynamik lassen sich auch am Modell des sogenannten Sequenzraumes erläutern. Der Sequenzraum wird aufgebaut, indem die kombinatorisch möglichen Sequenzalternativen eines biologischen Makromoleküls der Kettenlänge v den Punkten eines Koordinatensystems zugeordnet werden, und zwar so, daß unter allen Sequenzen die Verwandtschaftsverhältnisse erhalten bleiben (RECHENBERG 1973, HAMMING 1980). Die Topologie solcher v-dimensionalen Sequenzräume ist in den letzten Jahren intensiv untersucht worden. Die Arbeiten haben wesentliche Einblicke in die

Feinstruktur selektiver Selbstorganisationsprozesse geliefert (EIGEN 1985, SCHUSTER und SIGMUND 1985).

Für die folgenden Betrachtungen reicht es aber völlig aus, ein weniger komplexes Modell des Sequenzraumes zu betrachten. In dem in Abbildung 2 dargestellten Modell werden alle kombinatorisch möglichen Sequenzen S_i (unter Vernachlässigung der wahren Abstandsverhältnisse) in einer Ebene angeordnet, über der wiederum der zu jeder Sequenz gehörende Selektionswert W_i aufgetragen ist. Auf diese Weise wird über dem Sequenzraum ein Wertegebirge aufgebaut, dessen Oberfläche die Optimierungvorgänge anschaulich darzustellen vermag.

Danach läßt sich die Selbstorganisation eines Systems durch eine Bahnkurve auf der Optimierungsfläche beschreiben, die entsprechend dem Entwicklungsgradienten [12] von einem niedriger gelegenen (relativen) Maximum zu einem der höher gelegenen (relativen) Maxima führt. Die Richtung der Optimierungsroute ist hierbei allerdings nur insofern vorgegeben, als sie immer »bergauf« führen muß. Auf diese Weise durchläuft das System eine Folge von metastabilen Gleichgewichtszuständen, bis das Optimum erreicht ist, das dem höchsten Selektionswert aller kombinatorisch möglichen Sequenzalternativen entspricht. Die Dynamik des Systems wird dabei in Übereinstimmung mit FISHERS Fundamentaltheorem der natürlichen Selektion allein vom differentiellen Reproduktionsverhalten der Verteilung bestimmt (KÜPPERS 1979b), wobei sich der Informationsgewinn nach dem von RÉNYI gegebenen Informationsmaß [5] berechnet.

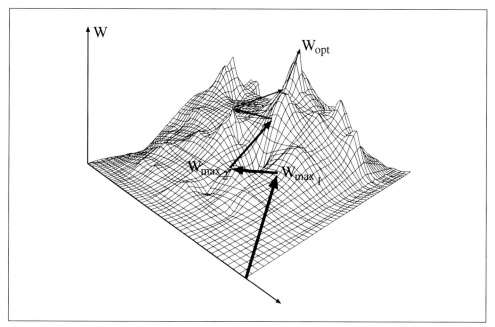

Abb. 2 Stark vereinfachtes Modell einer Optimierungsfläche für molekulare Selektions- und Evolutionsprozesse. Man erhält solche Optimierungsflächen, indem man jeder Sequenzalternative eines Biopolymers der Kettenlänge v einen Punkt in einer Ebene zuordnet und darüber den zugehörigen Selektionswert aufträgt. Allerdings lassen sich nur in einem v-dimensionalen Sequenzraum die Verwandtschaftsverhältnisse aller Sequenzen richtig abbilden und nur für diesen Fall beschreibt die Optimierungsroute auf der Optimierungsfläche auch wirklich einen zusammenhängenden Weg. Trotz dieser Einschränkungen lassen sich an dem vereinfachten Modell die prinzipiellen Aspekte des statistischen Aspekts der biologischen Informationsentstehung bereits gut verdeutlichen.

Das in Abbildung 2 dargestellte Modell der Optimierungsfläche weist aber auch auf eine grundsätzliche Schwierigkeit hin. Und zwar sind die in Gleichung [9] auftretenden Selektionswerte W_i durch die kinetischen Parameter der Reproduktion A_i, Reproduktionsgenauigkeit Q_i sowie Stabilität D_i entsprechend folgender Beziehung

$$W_i = A_i Q_i - D_i \qquad [14]$$

näher bestimmt.

Im allgemeinen sind A_i, Q_i und D_i Funktionen, die von den Konzentrationsvariablen $x_{k \neq i}$ sowie der Zeit t abhängen. Die Selektionswerte sind demnach zeitabhängige Funktionen der Art

$$W_i = W_i(x_{k \neq i}(t), t). \qquad [15]$$

Unter konstanten Umweltbedingungen gibt es in kopplungsfreien Systemen auch stets konstante Selektionswerte und damit feste Optimierungsflächen.

Die Annahme konstanter Selektionsbedingungen stellt aber wegen der in Gleichung [15] angezeigten Zeitabhängigkeit der Selektionswerte W_i eine Idealisierung dar, die bei realen Systemen grundsätzlich nicht erfüllt ist. Denn jede molekulare Spezies trägt über ihre physikalisch-chemischen Eigenschaften zu den physikalisch-chemischen Eigenschaften des Gesamtsystems bei, so daß die mit der Selbstorganisation des Systems einhergehende Konzentrationsverschiebung die Systembedingungen der Selektion sukzessive modifiziert und dadurch die Optimierungsfläche ständig überformt wird.

Es ist daher außerordentlich schwierig, wenn nicht sogar unmöglich, das Ergebnis der Selektion aus den Anfangsbedingungen abzuleiten. Und zwar ist das Problem vergleichbar mit jenen bekannten Schwierigkeiten, die bei der Berechnung der Faltungsstrukturen von Proteinen auftreten. Auch bei der Proteinbiosynthese, das heißt dem schrittweisen Aufbau eines Proteins am Ribosom, wird die Optimierungsfläche, in diesem Fall eine Potentialfläche, sukzessive modifiziert. So wird durch jede neu zur Kette hinzutretende Aminosäure die Potentialfläche und damit die Lage der Energieminima verändert, so daß die endgültige Optimierungsfläche erst am Ende aller Faltungsschritte definiert ist.

Die Unbestimmtheiten, die bei derartigen Selbstorganisationsprozessen auftreten, sind offenbar nicht von prinzipieller Art, sondern sie resultieren allein aus der enormen Komplexität der Systembedingungen und der damit verbundenen Grenzen der Berechenbarkeit. Wenn auch das Ergebnis der Selektion wegen der starken inneren Rückkopplungen nicht berechenbar ist, so ist es doch aufgrund des systemimmanenten Wertmaßstabes im Prinzip festgelegt.

In dieser Hinsicht unterscheidet sich das Eigensche Modell in grundlegender Weise von den Modellen der sogenannten neutralen Selektion, wie sie von KIMURA entwickelt wurden (KIMURA und OHTA 1971, KIMURA 1983). Diesen Modellen zufolge kommt es in einer Verteilung von selbstreproduktiven Sequenzen selbst dann zur Selektion einer Spezies S_i, wenn die Selektionswerte W_i entartet sind ($W_1 = ... = W_n$). Dieser zunächst überraschende Befund ist dadurch zu erklären, daß in einer Population, die unter Wachstumsbegrenzung steht, nach und nach einzelne Spezies aufgrund von Fluktuationskatastrophen aussterben und auf diese Weise die betreffende Verteilung schließlich schrittweise bis auf *eine* Spezies eingeschränkt wird. Da hier die »Selektion« nicht das Resultat einer naturgesetzlich wirkenden Auslese ist, sondern aus einem zufälligen Driftverhalten resultiert, sind die Zeitskalen für die Selektion in diesem Fall allerdings beträchtlich größer.

Der wesentliche Unterschied zwischen den Selektionsmodellen von EIGEN und KIMURA besteht jedoch darin, daß in dem Modell von EIGEN das Ergebnis der Selektion – zumindest im Prinzip – aus den materiellen Eigenschaften des Systems abgeleitet werden kann, während in dem Modell von KIMURA das Ergebnis der Selektion *grundsätzlich* unbestimmt ist. In beiden Fällen kommt es zur selektiven Einschränkung einer Wahrscheinlichkeitsverteilung und damit zu einem Informationsgewinn gemäß Gleichung [5]. Während jedoch in dem Modell von EIGEN der Prozeß der Informationsentstehung einer selektiven Bewertung unterliegt, bleibt in dem Modell von KIMURA der semantische Aspekt von Information vollständig undefiniert.

4. Das Problem der biologischen Informationsentstehung als semantisches Problem

Die Theorie der Selbstorganisation biologischer Makromoleküle beschreibt auf überzeugende Weise, nach welchen Prinzipien aus einer nahezu unbegrenzten Vielfalt physikalisch äquivalenter Strukturen bestimmte Sequenzen selektioniert werden. Wenn hier von physikalisch »äquivalenten« Strukturen die Rede ist, so bezieht sich dies ausschließlich auf das Sequenzmuster solcher Strukturen und die Annahme, daß alle Sequenzmuster eines Biopolymers (annähernd) die gleiche *A-priori*-Wahrscheinlichkeit besitzen, aus einer spontanen und nicht-instruierten Synthese hervorzugehen.

In einer solchen, aus Zufallsprodukten bestehenden Verteilung kann es nur dann zu einer naturgesetzlichen Auswahl kommen, wenn sich die Strukturen in ihren Selektionswerten unterscheiden. Wenn aber entsprechend Gleichung [14] die Selektionswerte W_i nur durch die dynamischen Parameter A_i, Q_i und D_i definiert sind, so wird die Selektion allein durch das differentielle Reproduktionsverhalten der Verteilung bestimmt. Dies bedeutet, daß durch die Selektionswerte W_i zwar eine Werteebene festgelegt wird, die die Dynamik der Optimierung steuert, nicht aber ein semantischer Referenzrahmen, an dem sich der eigentliche Inhalt der Information ausrichten könnte.

Damit bleibt die zentrale Frage, wie es in der Evolution zu einer Steigerung der biologischen Komplexität und Funktionalität kommen konnte, weiterhin offen. An die Stelle präziser theoretischer Begründungen treten hier zumeist nur unverbindliche Plausibilitätsbetrachtungen, in denen die Komplexitätserweiterung als eine für die Evolution vorteilhafte Konsequenz adaptiven Verhaltens dargestellt wird (Nischenbildung, Spezialisierung und so weiter). Solche Argumente setzen jedoch die Existenz einer komplexen und differenzierten Umwelt voraus. Die so strukturierte Umwelt ist aber im wesentlichen eine biotische Umwelt, deren Existenz ja gerade erklärt werden soll.

In der Zirkularität solcher Erklärungsversuche wird in ersten Konturen ein Problem sichtbar, das man als das »semantische« Problem der biologischen Informationsentstehung bezeichnen kann. Dabei geht es im wesentlichen um die Frage, wie im Zuge einer selektiven Selbstorganisation der Materie *sinnvolle* genetische Programme entstehen und sich selbsttätig zu immer komplexeren Programmstrukturen weiterentwickeln konnten, ohne sich bereits auf irgendwelche präexistenten semantischen Strukturen zu beziehen.

Das hier angesprochene Problem läßt sich mit Hilfe eines Computerexperiments noch weiter verdeutlichen (KÜPPERS 1990). Zu diesem Zweck repräsentieren wir die verschiedenen Sequenzen eines informationstragenden Makromoleküls jeweils durch Buchstabensequenzen der menschlichen Sprache. Ziel des Experiments ist es, mittels eines selektiven Optimierungsverfahrens, wie es in Abschnitt 3 diskutiert wurde, aus einer sinnlosen Anfangssequenz eine sinntragende Buchstabenfolge zu erzeugen. Eine solche »Zielsequenz« sei die Folge:

ORDNUNG AUS CHAOS.

Die Startsequenz sei die zusammengewürfelte Folge:

ULOWTRSMIKLABTYZC.

Wir geben die Startsequenz in binärer Kodierung einem Computer ein, und zwar mit der Maßgabe, sie immer wieder zu kopieren, wobei die Produkte ebenfalls wieder kopiert werden sollen (Selbstreproduktivität). Um unter den Buchstabensequenzen eine gewisse Variabilität zu erzeugen, soll die Reproduktion mit einer gewissen Fehlerrate behaftet sein (Mutabilität). Ferner führen wir einen Bewertungsmaßstab ein: Jede Folge, die um 1 Bit besser mit der Zielsequenz übereinstimmt als die übrigen Varianten, darf sich diesen gegenüber um einen bestimmten Faktor schneller reproduzieren (differentielle Reproduktion).

Damit es in dem System zu einer echten Selektionskonkurrenz kommt, muß die Gesamtpopulation konstant gehalten werden (Wachstumsbegrenzung). Zu diesem Zweck lassen wir die Verteilung zunächst auf 100 Sequenzen anwachsen, um dann nach einem zufälligen Verfahren wieder 90 Sequenzen aus dem Speicher des Computers zu eliminieren. Die restlichen Sequenzen dürfen wieder auf 100 Kopien anwachsen, bevor sie erneut reduziert werden. Durch Iteration dieser Prozedur läßt sich die Gesamtzahl der Sequenzen im Mittel konstant halten (Abb. 3).

Wir haben damit in unserem Computerexperiment mehr oder weniger dieselben Bedingungen eingestellt, wie sie dem in Abschnitt 3 diskutierten Selektionsmodell zugrunde liegen. Auch liegen hier, wie man sich leicht überzeugen kann, vergleichbare statistische Ausgangsbedingungen vor; denn die Zielsequenz besitzt schon annähernd 10^{26} Sequenzalternativen.

Der Verlauf einer solchen Computersimulation ist in Abbildung 4 dokumentiert. Das Experiment zeigt in aller Deutlichkeit, daß das selektive Auswahlverfahren einem reinen Zufallsverfahren bei weitem überlegen ist. Denn bereits in der 30. Reproduktionsgeneration hat sich ein Selektionsgleichgewicht eingestellt, das aus 6 korrekten Kopien der Zielsequenz sowie der daraus hervorgehenden stationären Mutantenverteilung besteht. Sind bei einem zufälligen Auswahlverfahren im Mittel 10^{26} Versuche nötig, um die Zielsequenz zu treffen, so stellt sich unter den Selektionsbedingungen der Computersimulation die Zielsequenz bereits nach 30 Iterationsschritten ein, was einem Stichprobenumfang von weniger als 10^4 Sequenzen entspricht.

Das Simulationsexperiment macht auf exemplarische Weise deutlich, welche enorme Bedeutung die selektiven Optimierungsmechanismen in bezug auf das statistische Problem der biologischen Informationsentstehung besitzen. Andererseits wird aber auch deutlich, daß sich sinnvolle Strukturen offenbar nur in Relation zu einem bereits sinntragenden Kontext entwickeln können, der im vorliegenden Fall durch die Zielsequenz gegeben ist. Folglich stellt das Computerexperiment keine *A-priori*-Simulation, sondern lediglich eine *A-posteriori*-Simulation dar: In bezug auf eine bereits vorliegende sinnvolle Sequenz wird nämlich nur

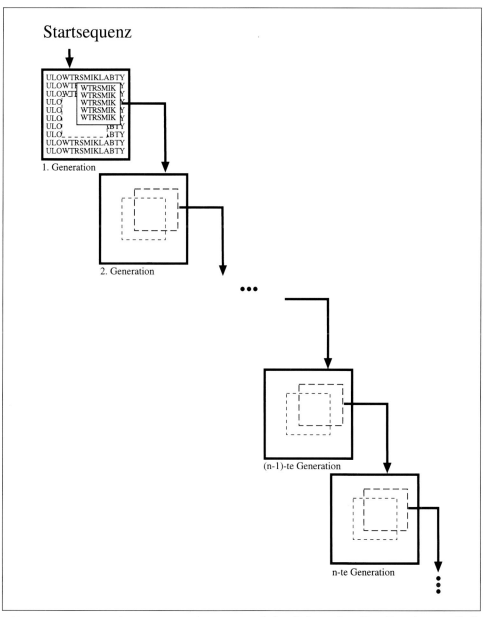

Abb. 3 Computerexperiment zur Erzeugung semantischer Information. Das Experiment soll die evolutive Entwicklung sinnvoller Buchstabensequenzen, ausgehend von einer Zufallssequenz, simulieren. Zu diesem Zweck wird die Startsequenz einem »Selektionsdruck« unterworfen: Sie darf zunächst bis auf 100 Kopien anwachsen, wird dann aber auf 10 Kopien reduziert, um in der folgenden Reproduktionsgeneration erneut auf 100 Kopien anzuwachsen und so weiter (Einzelheiten siehe Text). Der Einbau von Kopierfehlern sowie die Zuweisung eines Reproduktionsvorteils für solche mutierten Sequenzen, die mit der im Experiment vorgegebenen Zielsequenz besser übereinstimmen als ihre Stammsequenz, führen zu einer schrittweisen Optimierung im Hinblick auf die Zielsequenz. Das Computerexperiment simuliert die sogenannte Reihen-Transfer-Technik, mit der in zahlreichen Reagenzglasversuchen die selektive Selbstorganisation von biologischen Makromolekülen untersucht worden ist (vgl. KÜPPERS 1979a). Läßt man das Experiment dagegen in einem einzelnen Computer ablaufen, so simuliert es den in Abbildung 1 beschriebenen »Evolutionsreaktor«.

1. Generation	UROWTRSMIKLABTYZS
	OLDWTRSMIKLABTYZC
	ULOWTRSMIKS BTXZC
	ULOWTRSMAKSACTYZC
	ULOWTRSMIKSABTYZC
	ULOWTRSMIKLABAOZS
	ULOWTRGMIKLABTYZS
	ULONTRSMIKLABTOZC
	ULOWURSMIKLABTAOC
	ULOWTNGMIKLABTYZC
15. Generation	ORHNING AVSKCKGOS
	ORHNYNG IVS KHSOS
	ORHNKNGKAUSLCLLZC
	GRDKANZ IUSACCIOZ
	URDAGNG IUSKCCAOZ
	HADZUAGUGAUZKKAOS
	UZDNUNGHAUG BZIOS
	HRDGANGKAASBCGAOZ
	ORGNBNEAUG HCABOS
	FRGSUNGIAUSVCJMTR
30. Generation	ORDNUNG AUS CHAOS
	ORDNUNG AUS CHAOS
	ORDNUNG AUS CHAOS
	ORDNUNG AUS CHAOS
	ORDNUNG AUS CHAOS
	ORDNUNG AUS CHAOS
	ORDNUNO AUS CHAOS
	ORDNUNG AUS ZHAOS
	ORDNANG AUS CHAOS
	ORDNUNG IUS CHAAS

Abb. 4   Ergebnis der in Abb. 3 beschriebenen Computersimulation

retrospektiv gezeigt, wie sich diese mittels eines selektiven Optimierungsverfahrens aus einer zufälligen Anfangssequenz entwickeln kann.

Im Rahmen einer *A-priori*-Simulation müßte man hingegen ohne Vorgabe einer Zielsequenz aus sinnlosen Buchstabenfolgen sinnvolle Folgen erzeugen können. Einen solchen Versuch haben EBELING und FEISTL (1982) unternommen, indem sie zum Beispiel von wesentlich schwächeren Bedingungen für die interne Informationsstruktur ausgegangen sind. Aber auch diese Experimente haben letztlich gezeigt, daß es offenbar nicht möglich ist, in die Simulationsmodelle eine innere Zieloptimierung einzubauen, ohne dabei auf intern oder extern vorhandene Informationsstrukturen zurückzugreifen.

Die Schwierigkeiten, die hier offenbar werden, hängen damit zusammen, daß es

Information als *absolute* Größe nicht gibt, sondern Information immer nur *relativ*, das heißt in bezug auf einen bereits informationstragenden Kontext definiert ist (KÜPPERS 1995). Schon in der einfachen nachrichtentechnischen Behandlung des Problems wird der Wechselbezug von Sender und Empfänger, von Information und informationstragendem Kontext, als eine unauflösbare Einheit vorausgesetzt. Denn bereits die bloße Registrierung einer vom Sender ausgehenden Zeichenfolge als Folge von »Zeichen«, setzt beim Empfänger ein Vorwissen voraus, das auf einen gemeinsamen semantischen Referenzrahmen verweist. Zugleich wird deutlich, daß in bezug auf den Informationsbegriff der syntaktische Aspekt vom semantisch-pragmatischen Aspekt nicht wirklich getrennt werden kann, da über die Kontextabhängigkeit von Information der syntaktischen Struktur selbst bereits eine Semantik zugeordnet wird.

Die Kontextabhängigkeit ist ein allgemeines Kennzeichen von Information. Dementsprechend besitzt auch die genetische Information keinen Informationsgehalt an sich, sondern ihre Semantik wird erst durch den Kontext des physikalisch-chemischen Milieus festgelegt, in welchem sie funktional wirksam wird. Die Funktionalität eines Biopolymers hängt eben nicht nur von der Primärstruktur ab, sondern auch von den besonderen physikalisch-chemischen Randbedingungen, unter denen sich die Primärstruktur zur funktionell wirksamen Tertiärstruktur auffaltet. Erst die physikalisch-chemischen Randbedingungen geben einer an und für sich mehrdeutigen Information einen eindeutigen Sinn (vgl. MONOD 1971).

Dies gilt in gleicher Weise für die Entfaltung der genetischen Information im Verlauf morphogenetischer Prozesse. Auch die phänotypische Expression des genetischen Materials ist ein kontextgebundener Prozeß, bei dem die Semantik der Erbinformation erst mit der Entfaltung des Kontextes schrittweise ausdifferenziert wird. Umgekehrt erhält der informationstragende Kontext seine Feinstruktur erst sukzessive mit jedem Differenzierungsschritt der Erbinformation. Diese enge Rückkopplung zwischen der genetischen Information und ihrem Kontext ist für alle Prozesse der biologischen Gestaltbildung charakteristisch.

Im Darwinschen Modell der biologischen Evolution wird der informationstragende Kontext von der Umwelt repräsentiert. Sie stellt gleichsam eine externe Informationsquelle dar, welche die in den Genen verschlüsselte Information auf der phänotypischen Ebene selektiv bewertet. Nur für den Fall, daß die genetische Information eines Organismus von der Umwelt als dem Empfänger der Information »verstanden« wird, kann der betreffende Organismus überleben und sich weiterentwickeln.

Das Prinzip der Kontextabhängigkeit wirft aber sofort eine wichtige Frage auf: Wie informationsreich muß denn der Kontext sein, damit in ihm auf evolutivem Weg Information erzeugt werden kann? Oder anders ausgedrückt: Wieviel Information muß ein informationstragender Kontext enthalten, damit er die von ihm empfangene Information »verstehen« kann?

Solche Fragen gehen bereits weit über den Rahmen einer biologischen Betrachtungsweise hinaus. Sie führen in ein begrifflich so unklares Terrain, daß es ratsam erscheint, den evolutionsbiologischen Hintergrund an dieser Stelle auszublenden und zunächst nur den rein informationstheoretischen Gesichtspunkt weiter zu verfolgen. Wir stellen also in den Mittelpunkt der nachfolgenden Betrachtungen die allgemeine Frage: Wieviel Information ist erforderlich, um eine andere Information zu verstehen?

Da es hier offenbar um das »Sinnverstehen« einer Information geht, muß zunächst einmal die Kernfrage geklärt werden, ob und inwieweit sich »Sinn« und »Bedeutung« überhaupt objektivieren und formalisieren lassen. Die Ebene, auf der eine solche Untersuchung ansetzen muß, ist offenbar die der menschlichen Sprache; denn »Sinn« und »Bedeutung« von Phänomenen sind wohl zuallererst über ihre sprachlichen Manifestationen intersubjektiv mitteilbar und damit objektivierbar. Da andererseits zwischen der menschlichen Sprache und der genetischen Molekularsprache weitgehende Parallelen bestehen, gibt es hier zugleich einen genuinen Anknüpfungspunkt zum Informationsbegriff der Biologie.

In der Vergangenheit hat es verschiedene Versuche gegeben, den semantischen Aspekt sprachlich gefaßter Informationen zu formalisieren (BAR HILLEL und CARNAP 1953, CARNAP und BAR HILLEL 1964, HINTIKKA und PIETARINEN 1966). So haben beispielsweise BAR HILLEL und CARNAP den semantischen Gehalt von Information auf den logischen Aufbau sprachlicher Aussagen bezogen, indem sie den Informationsgehalt einer Aussage danach bemaßen, wieviel logisch mögliche Aussagen durch die betreffende Aussage ausgeschlossen werden. In Analogie zur Shannonschen Theorie wird Information hier als ein Mittel für die Beseitigung von Unsicherheit aufgefaßt. Andere Ansätze versuchen, den semantischen Aspekt über seinen pragmatischen Aspekt zu objektivieren und zu formalisieren. In solchen Modellen wird der Gehalt einer Information danach bestimmt, welche Wirkung sie in pragmatischer Hinsicht beim Empfänger auslöst (MCKAY 1969).

Die bisherigen Ansätze haben aber noch keine *allgemeinen* Kriterien für die Bestimmung von Semantik liefern können, da sie entweder von den spezifischen Eigenschaften der Sprache abhängen oder die Semantik nur indirekt, und zwar über ihre pragmatische Relevanz erfassen. Es gibt vermutlich nur einen Zugang zum semantischen Aspekt von Information, der von solchen Einschränkungen frei ist und der eine allgemeine Eigenschaft semantischer Information offenlegt, ohne zugleich auf ihren tatsächlichen semantischen Gehalt Bezug zu nehmen: Dieser Ansatz geht von der »Komplexität« semantischer Strukturen aus (KÜPPERS 1995).

Im folgenden soll ein mathematisches Konzept der Komplexität eingeführt werden, das auf die zur Diskussion stehende Problematik direkt angewendet werden kann. Zu diesem Zweck betrachten wir abstrakte Folgen, die aus den Elementen **A, B, C,** ... aufgebaut sind (die folgenden Ausführungen gelten ohne Einschränkungen auch für Binärfolgen). Bei den Elementen **A, B, C,** ... kann es sich um die Symbole irgendeiner Sprachstruktur handeln oder um die symbolische Darstellung der Bauelemente einer materiellen Struktur.

Wenn wir uns der Einfachheit halber auf zwei Elemente **A** und **B** beschränken, so lassen sich im wesentlichen zwei Klassen von Strukturen unterscheiden, und zwar Strukturen, die geordnet sind, wie die Folge

(a) **A B A B A B A B A B A B A B A B** ......

und Strukturen, die offenbar ungeordnet sind, wie die Folge

(b) **A A B A B A A A B A B B B B B A B A** ....

KOLMOGOROV (1965, 1968) und CHAITIN (1966) haben unabhängig voneinander auf der Basis solcher Strukturbetrachtungen eine Theorie der algorithmischen Komplexität entwickelt, die der Tatsache Rechnung trägt, daß uns die Folge (a) als einfach und die Folge (b) als komplex erscheint. Danach gilt: Für eine Binärfolge S ist die

Komplexität K durch die Länge L des kürzesten Algorithmus p gegeben, mit dem sich S generieren läßt:

$$K_C(S) = \min_{C(p)=S} L(p), \qquad [16]$$

wobei $C = C(p)$ eine partiell rekursive Funktion ist mit der Binärsequenz p als Argument. Der Definition [16] entsprechend ist der Übergang zwischen komplexen und nicht-komplexen Folgen fließend. Des weiteren sind Folgen mit maximaler Komplexität offenbar Zufallsfolgen. Allerdings bezieht sich die Zufälligkeit nicht auf die Entstehungsgeschichte solcher Folgen, sondern allein auf deren Sequenzmuster.

Im Rahmen der Komplexitätstheorie wird die Definition [16] auch als Maß für die algorithmische Information einer Binärfolge angesehen. Das algorithmische Informationsmaß hat gegenüber dem Informationsmaß von SHANNON den Vorteil, daß es sich unmittelbar auf den Informationsgehalt einer einzelnen Folge bezieht und nicht mehr von der Wahrscheinlichkeitsverteilung anderer Folgen abhängt. Anders als in der Theorie von SHANNON wird der Informationsgehalt einer Folge hier nicht an ihrer Erwartungswahrscheinlichkeit (Neuigkeitswert) gemessen, sondern allein daran, ob die Folge komprimierbar ist oder nicht. In Folgen mit maximalem Informationsgehalt ist die Information irreduzibel verschlüsselt und nicht weiter komprimierbar.

Wir betrachten nun Strukturen der menschlichen Sprache, und zwar solche, die Sinn und Bedeutung tragen, also zum Beispiel Folgen der Form

(a) **DIE LEOPOLDINA IST EINE ALTEHRWÜRDIGE AKADEMIE.**

oder

(b) **DIE LEOPOLDINA IST IN HALLE ANSÄSSIG.**

Ein charakteristisches Merkmal solcher semantischer Folgen besteht offenbar darin, daß sie sich nicht sinngerecht fortsetzen lassen, wenn nicht zusätzliche Informationen zur Verfügung stehen. Aus der bloßen Analyse der Buchstabenfolge

(c) **DIE LEOPOLDINA IST** ......

geht jedenfalls nicht hervor, wie die Folge zu ergänzen ist, ob im Sinn der Folge (a) oder (b).

Die Tatsache, daß es nicht möglich ist, von der syntaktischen Struktur einer Folge auf den semantischen Gehalt zu schließen, deutet bereits an, daß sinntragende Folgen offenbar eine maximale Komplexität besitzen. Wären solche Folgen nicht von maximaler Komplexität, so müßte es im Prinzip möglich sein, Algorithmen anzugeben, mit denen sich die Folgen sinngerecht fortsetzen ließen. Unter *syntaktischen* Aspekten sind sinntragende Folgen demnach Zufallsfolgen, die nicht wesentlich komprimierbar sind.

Freilich handelt es sich bei der Behauptung, daß es keine sinnerzeugenden Algorithmen gibt, nur um ein Vermutungswissen. Es ist nämlich aus prinzipiellen Gründen nicht möglich, die Nichtexistenz verborgener Algorithmen, insbesondere solcher, mit deren Hilfe sich sinnvolle Sequenzen generieren lassen, zu beweisen (KÜPPERS 1987, 1990). Vielmehr ist nur die entgegengesetzte Beweisrichtung möglich: Findet sich ein Algorithmus für eine sinntragende Folge, der kompakter ist als die Folge selbst, so ist die betreffende Folge nicht von maximaler Komplexität.

Semantische, das heißt sinn- und bedeutungstragende Strukturen scheinen demnach syntaktische Strukturen vorauszusetzen, deren Komplexität maximal ist. Dies ist ein notwendiges, nicht aber bereits hinreichendes Merkmal semantischer Strukturen. Denn es gibt offenbar Folgen, die die Merkmale einer Zufallsfolge aufweisen, mithin Folgen maximaler Sequenz zu sein scheinen, die aber weder Sinn noch Bedeutung tragen (wie zum Beispiel die Startsequenz der vorhergehenden Computersimulation).

Auch wenn man im Einzelfall die Zufälligkeit einer Folge nicht beweisen, sondern nur widerlegen kann, so kann man doch zumindest den Anteil der Zufallsfolgen an der Menge aller Folgen berechnen. Eine entsprechende Überlegung zeigt, daß dieser Anteil sehr groß ist, mithin fast alle Binärfolgen zufällig sind (SOLOMONOFF 1964). Genauer: Unter allen n-stelligen Binärsequenzen S ist nur etwa jede tausendste Sequenz *nicht* zufällig mit einer algorithmischen Komplexität $K(S) < n - 10$. Wirft man beispielsweise eine Münze n-mal, so ist die Wahrscheinlichkeit eine Zufallsfolge vom Grad $K(S) \geq n - 10$ zu erzielen größer als 0,999.

Der Anteil der aperiodischen Folgen nimmt mit wachsender Länge n exponentiell zu. Mit erdrückend hoher Wahrscheinlichkeit sind demnach die sinntragenden Sequenzen tatsächlich Sequenzen maximaler Komplexität. Gleichzeitig bedeutet dies, daß die Bedingung der Aperiodizität keine Einschränkung hinsichtlich der Vielfalt sinntragender Sequenzen darstellt, da für die Kodierung sinnvoller Informationen ein nahezu unbegrenzter Vorrat an Sequenzen zur Verfügung steht.

Zusammenfassend gilt: In Folgen, die eine semantische Information tragen, ist die Information offenbar irreduzibel verschlüsselt und nicht weiter komprimierbar. Dementsprechend gibt es keine Algorithmen, die zum Aufbau sinnvoller Sequenzen führen und die weniger komplex sind als die von ihnen erzeugten Folgen. Allerdings handelt es sich bei dieser Behauptung nur um ein Vermutungswissen. Denn es ist grundsätzlich nicht möglich, die Nichtexistenz solcher kompakten, sinnerzeugenden Algorithmen zu beweisen.

Das Ergebnis dieser Überlegungen soll nun auf die Frage angewendet werden, wieviel Information erforderlich ist, um eine andere Information zu verstehen. Wir betrachten dazu folgendes Modell: Ein Sender **S** möge eine Nachricht S aussenden, die für einen Empfänger **E** einen Sinn und eine Bedeutung enthält. Die Nachricht S sei von maximaler Komplexität $K(S)$. Eine unabdingbare Voraussetzung jeglichen Verstehens besteht offenbar darin, daß ein Empfänger die von ihm empfangene Nachricht als solche erkennt und in seinen Empfangsstrukturen speichert. Nur wenn der Empfänger **E** über ein »Gedächtnis« verfügt, das ihm die empfangene Folge S in ihrer Gesamtheit verfügbar macht, kann **E** die Folge S auch verstehen. Wenn S von maximaler Komplexität ist, so benötigt **E** offenbar $K(S)$ bits, um S zu speichern, zuzüglich c Bits Instruktionen, die sich auf den Vorgang der Registrierung und Speicherung beziehen. Mit anderen Worten: Wenn S von maximaler Komplexität ist, ist S nicht komprimierbar und eine Darstellung von S in den Empfangsstrukturen von **E** setzt einen Algorithmus voraus, der mindestens von derselben Komplexität ist wie S. Es gilt:

$$K(E) \geqq K(S) + c. \qquad [17]$$

Die Frage, wieviel Information erforderlich ist, um eine andere Information zu verstehen, läßt sich nun dahingehend beantworten, daß die zum Verständnis nötige Information entsprechend Relation [17] wenigstens denselben Komplexitätsgrad besitzen muß wie die Information, die verstanden werden soll. Würde nämlich der Empfänger über einen Algorithmus verfügen, mit dem er die zu verstehende Information rekonstruieren kann, ohne die Sequenz in ihrem vollen Umfang zu empfangen, so stünde dies im Widerspruch zu der Annahme, daß die auf den Empfänger übertragene Information eine Information *maximaler* Komplexität ist.

Die hier abgeleiteten Erkenntnisse besitzen einen weitgehend abstrakten Charakter, so wie es für die strukturwissenschaftliche Methode kennzeichnend ist. Daher ist es außerordentlich schwierig, von hier aus wieder auf den konkreten Anwendungsfall zurückzuschließen. Im vorliegenden Fall haben wir den semantischen Aspekt der biologischen Information ja nur präzisieren können, indem wir unsere ursprüngliche Fragestellung in eine abstrakte informationstheoretische Fragestellung transformiert und den biologischen Gesichtspunkt völlig ausgeklammert haben. Abschließend soll nun ein vorsichtiger Versuch unternommen werden, die vorhergehenden Überlegungen wieder mit dem Problem der biologischen Informationsentstehung in Verbindung zu bringen.

5. Gibt es ein Perpetuum mobile 3. Art?

Informationstheoretisch gesehen ist die Übertragung von Information auf einen Empfänger **E** zugleich ein Vorgang der Informationserzeugung. Dies gilt selbst für den Fall, daß die Erwartungswahrscheinlichkeit einer Nachricht S_k den Wert $p_k = 1$ besitzt. In diesem Fall hat zwar der Neuigkeitsgehalt entsprechend Gleichung [1] den Wert Null, aber die Nachricht kann auch als Bestätigungsinformation für die Erwartungswahrscheinlichkeit $p_k = 1$ aufgefaßt werden und auf diese Weise die Informationsstrukturen des Empfängers bereichern. Die »Erwartungshaltung« des Empfängers setzt also bereits ein semantisches Vorwissen voraus, das in der Wechselwirkung zwischen Sender und Empfänger ständig modifiziert wird.

Nun zeigen aber die Überlegungen in Abschnitt 4, daß in einem geschlossenen System von Sender und Empfänger die Komplexität der zwischen Sender und Empfänger ausgetauschten Informationen nicht zunehmen kann, da eine Verständigung nur im Rahmen der, durch die jeweiligen Empfangsstrukturen vorgegebenen Komplexität möglich ist. Dies wird noch einmal deutlich, wenn man eine idealisierte Darstellung der Sender-Empfänger-Beziehung betrachtet. Zum Beispiel läßt sich der Informationsaustausch zwischen einem Sender **S** und einem Empfänger **E** als Wechselwirkung zwischen zwei Turingmaschinen **U**' und **U** beschreiben (Abb. 5): Es seien p und p' Programme für **U** und **U**' mit den Komplexitäten $K(p)$ und $K(p')$. Ferner sei die von **U**' übertragene Binärfolge S' eine Eingabe für **U** mit der Komplexität $K(S')$. Die Komplexität der Folge S' sei maximal. Die Maschine **U** führe mit Hilfe von p und S' eine Berechnung durch, deren Ergebnis die Ausgabe S sei. S wiederum werde von **U** auf **U**' übertragen und sei eine Eingabe für **U**'. Die Komplexität der Binärfolge S sei maximal.

Da die Folge S von maximaler Komplexität ist, kann sie von **U** nur mit einem Gesamtprogramm P, bestehend aus dem Programm p und der Eingabe S', berechnet werden, das mindestens ebensoviele Binärzeichen enthält wie die Binärdarstellung von S selbst. Würde es ein kürzeres Programm P geben, so stünde dies im

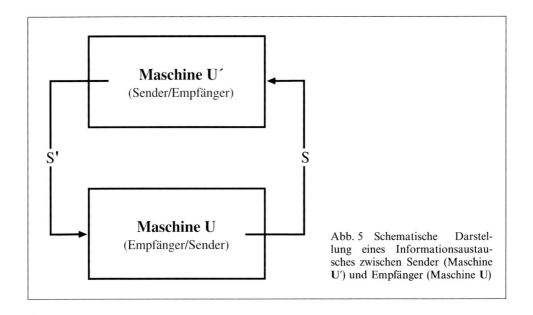

Abb. 5 Schematische Darstellung eines Informationsaustausches zwischen Sender (Maschine U′) und Empfänger (Maschine U)

Widerspruch zu der Annahme, daß S eine Folge mit maximaler Komplexität ist. Es ist also

$$K(P) \geq K(S) \quad \text{mit} \quad K(P) = K(S') + K(p). \tag{18}$$

Andererseits läßt sich zeigen, daß es immer auch universelle Maschinen **U** mit einem optimalen Algorithmus gibt, so daß

$$K(P) = K(S') + K(p) = K(S) \tag{19}$$

ist (KOLMOGOROV 1965). Des weiteren gilt die symmetrische Beziehung

$$K(P') = K(S) + K(p') = K(S'). \tag{20}$$

Es lassen sich nun zwei Fälle unterscheiden: (a) $K(p) = K(p')$ und (b) $K(p) \neq K(p')$. Die Bedingung (a) kann auch so verstanden werden, daß hier die Maschinen **U** und **U**′ zusammenfallen und durch eine einzige Maschine repräsentiert werden. In diesem Fall folgt aus den Gleichungen [19] und [20] unmittelbar

$$K(S) = K(S'). \tag{21}$$

Für den Fall (b) läßt sich ohne Einschränkung der Allgemeinheit $K(p) > K(p')$ annehmen. Aus den Gleichungen [19] und [20] folgt dann

$$K(S) = K(S') - K(p') > K(S'). \tag{22}$$

Da aber immer $K(p') \geq 0$ gilt, führt der Fall (b) zu einem Widerspruch.

Es gibt demnach keine komplexitätserzeugende Maschine **U**, die mehr Komplexität erzeugt, als sie als Eingangsgröße besitzt. Dieses Resultat folgt unmittelbar aus der Definition der algorithmischen Komplexität. Es stellt zugleich eine präzisierte

Fassung des in Abschnitt 4 diskutierten Prinzips der Kontextabhängigkeit von Information dar; denn die »Berechnung«, die von Maschine U durchgeführt wird, entspricht offenbar dem oben beschriebenen Vorgang des »Verstehens« einer Information durch den Empfänger.

Die Behauptung, daß es kein »Perpetuum mobile« der Komplexitätserzeugung geben kann, steht im Einklang mit unserer grundlegenden Erfahrung, derzufolge es keinen natürlichen Prozeß gibt, der zu einer Bereicherung ohne Ursache, einer Schöpfung aus dem Nichts führt. In dieser Hinsicht dienen denn auch die physikalischen Sätze über die »Unmöglichkeit eines Perpetuum mobile 1. Art und 2. Art« allein dem Zweck, die Physik von metaphysischen Annahmen über die Wirklichkeit freizuhalten und sie so im eigentlichen Sinn als Erfahrungswissenschaft zu begründen. Allerdings handelt es sich hierbei um *kontrafaktische* Erfahrungssätze, das heißt Erfahrungssätze, die sich auf Vorgänge in der Wirklichkeit beziehen, von denen behauptet wird, daß sie grundsätzlich *nicht* möglich seien, wie die Konstruktion von periodisch arbeitenden Maschinen, die mehr Energie liefern als ihnen zugeführt wird (Perpetuum mobile 1. Art) oder die Wärme vollständig in mechanische Arbeit verwandeln (Perpetuum mobile 2. Art).

Es liegt daher nahe, dem Prinzip von der »Unmöglichkeit eines Perpetuum mobile der Komplexitätserzeugung« für die Grundlegung der Biologie eine ähnliche Rolle zuzuweisen, wie sie seine physikalischen Analoga für die Grundlagen der Physik besitzen. Allerdings bezieht sich die Behauptung, daß es keine »kreativen« Maschinen gibt, die ihre Komplexität selbsttätig steigern können, zunächst nur auf die Programmkomplexität, wie sie mittels Definition [16] eingeführt wurde. Man mag daher bezweifeln, daß sich die am Maschinenmodell gewonnenen Einsichten überhaupt in sinnvoller Weise auf die materialen Vorgänge der belebten Natur beziehen lassen.

Aber schon SCHRÖDINGER (1944) hat seinerzeit plausible Gründe dafür angeben können, daß sich die Programmkomplexität der Gene tatsächlich in der materialen Komplexität biologischer Strukturen widerspiegelt. Er ging dabei von einer der Kristallographie entliehenen Vorstellung aus, derzufolge die Aperiodizität und damit die Komplexität im strukturellen Aufbau des Organismus eine direkte Konsequenz der Aperiodizität einer Mikrostruktur (der Gene) ist, durch die der Aufbau der Makrostruktur instruiert wird. Die Aperiodizität der Mikrostruktur entspricht nun aber gerade der Programmkomplexität der Gene, so daß hier in der Tat ein genuiner Anknüpfungspunkt vorzuliegen scheint, um den Begriff der algorithmischen Komplexität mit dem der materialen Komplexität zu verbinden.

Unter diesem Gesichtspunkt scheint die Frage durchaus berechtigt zu sein, ob denn die biologische Evolution, wie gemeinhin angenommen wird, als ein Perpetuum mobile 3. Art anzusehen ist. Gibt es kreative Systeme der Natur, die sich selbsttätig zu höherer Komplexität hin entwickeln? Ist die Evolution ein schöpferischer Prozeß im Sinn einer *creatio ex nihilo?* — Oder muß die Evolution als ein kontextgebundener Prozeß der Komplexitätserzeugung interpretiert werden, der über den vom Kontext vorgegebenen Schwellenwert nicht hinausführt?

Im Licht der vorhergehenden Überlegungen scheint einiges dafür zu sprechen, daß die Evolution wohl eher im letzteren Sinn als ein extrem komplexer Signalwandlungsprozeß anzusehen ist, in dessen Verlauf sich biologische Komplexität schrittweise in Wechselwirkung mit ihrem Kontext ausdifferenziert, denn als Prozeß einer Schöpfung aus dem Nichts.

Literatur

BAR HILLEL, J., and CARNAP, R.: Semantic information. Br. J. Philo. Sci. *4*, 144 (1953)
CARNAP, R., and BAR HILLEL, Y.: An outline of a theory of semantic information. In: BAR HILLEL, Y. (Ed.): Language and Information. Massachusetts 1964
CHAITIN, G.: On the length of programs for computing finite binary sequences. J. Assoc. Comput. Machinery *13*, 547 (1966)
EBELING, W., and FEISTL, R.: Physik der Selbstorganisation und Evolution. Berlin 1982
EIGEN, M.: Self-organization of matter and the evolution of biological macromolecules. Naturwissenschaften *58*, 465 (1971)
EIGEN, M.: Wie entsteht Information? Ber. Bunsenges. Phys. Chem *80*, 1060 (1976)
EIGEN, M.: Sprache und Lernen auf molekularer Ebene. In: PEISL, A., und MOHLER, K. (Eds.): Der Mensch und seine Sprache. Berlin 1979
EIGEN, M.: Macromolecular Evolution: Dynamical Ordering in Sequence Space. Ber. Bunsenges. Phys. Chem. *89*, 658 (1985)
EIGEN, M.: Virus-Quasispezies oder die Büchse der Pandora. Spektrum der Wissenschaft *12*, 42 (1992)
EIGEN, M., MCCASKILL, J., and SCHUSTER, P.: Molecular Quasi-Species. J. Phys. Chem. *92*, 6881 (1988)
EIGEN, M., and SCHUSTER, P.: The Hypercycle. Heidelberg 1979
HAMMING, R. W.: Coding and Information Theory. Englewood Cliffs 1980
HINTIKKA, J., and PIETARINEN, J.: Semantic information and inductive logic. In: HINTIKKA, J., and SUPPES, P. (Eds.): Aspects of Inductive Logic. Amsterdam 1966
JANICH, P.: Ist Information ein Naturgegenstand? In: JANICH, P.: Grenzen der Naturwissenschaft. München 1992
KIMURA, M.: The Neutral Theory of Molecular Evolution. Cambridge 1983
KIMURA, M., and OHTA, T.: Theoretical Aspects of Population Genetics. Princeton 1971
KOLMOGOROV, A. N.: Three approaches to the quantitative definition of information. Problemy Peredachi Informatsii *1*, 3 (1965)
KOLMOGOROV, A. N.: Logical basis for information theory and probability theory. IEEE Trans. Inform. Theory, Vol. *14*, 663 (1968)
KÜPPERS, B.-O.: Towards an experimental analysis of molecular self-organization and precellular Darwinian evolution. Naturwissenschaften *66*, 228 (1979a)
KÜPPERS, B.-O.: Some remarks on the dynamics of molecular self-organization. Bull. Math. Biol. *41*, 803 (1979b)
KÜPPERS, B.-O.: Molecular Theory of Evolution. 2. Ed. Heidelberg 1985
KÜPPERS, B.-O.: On the prior probability of the existence of life. In: KRÜGER, L., GIGERENZER, G., and MORGAN, M. S. (Eds.): The Probabilistic Revolution, Vol 2. Ideas in the Sciences. Cambridge/Mass. 1987
KÜPPERS, B.-O.: Information and the Origin of Life. Cambridge/Mass. 1990
KÜPPERS, B.-O.: Wohin führen die Wissenschaften? Jahrbuch 1991 des Wissenschaftszentrums Nordrhein-Westfalen, 14 (1992a)
KÜPPERS, B.-O.: Understanding complexity. In: BECKERMANN, A., FLOHR, H., and KIM, J. (Eds.): Emergence or Reduction? Berlin 1992b
KÜPPERS, B.-O.: The context-dependence of biological information. In: KORNWACHS, K., and JACOBY, K. (Eds.): Information − New Questions to a Multidisciplinary Concept. Berlin 1995
KÜPPERS, B.-O.: Zur konstruktivistischen Kritik am Informationsbegriff der Biologie. In: HOGREBE, W. (Ed.): Subjektivität. Paderborn 1996
MCCASKILL, J. S.: A localization threshhold for macromolecular quasispecies from continuously distributed replication rates. J. Chem. Phys. *80* (10), 5194 (1984)
MCKAY, D. M.: Information, Mechanism and Meaning. Cambridge/Mass. 1969
MONOD, J.: Zufall und Notwendigkeit. München 1971
POLANYI, M.: Life's irreducible structure. Science *160*, 1308 (1968)
RATNER, V. A.: Molekulargenetische Steuerungssysteme. Stuttgart 1977
RECHENBERG, I.: Evolutionsstrategie. Stuttgart-Bad Cannstatt 1973
RÉNYI, A.: Probability Theory. Amsterdam 1970
SCHRÖDINGER, E.: What is Life? Cambridge 1944
SCHUSTER, P., and SIGMUND, K.: Dynamics of Evolutionary Optimization. Ber. Bunsenges. Phys. Chem. *89*, 668 (1985)

SHANNON, C. E., and WEAVER, W.: The Mathematical Theory of Communication. Urbana 1949
SOLOMONOFF, R. J.: A formal theory of inductive inference. Inform. Contr.Vol. *7*, 1 and 224 (1964)
THOMPSON, C. J., and MCBRIDE, J. L.: On Eigen's theory of selforganization of matter and the evolution of biological macromolecules. Math. Biosci. *21*, 127 (1974)
WEIZSÄCKER, C. F. VON: Die Einheit der Natur. München 1971

        Prof. Dr. Dr. Bernd-Olaf KÜPPERS
        Friedrich-Schiller-Universität Jena
        Institut für Philosophie
        Zwätzengasse 9
        D-07740 Jena

Molekülkonformation und biologisches Signal

Von Gunter S. Fischer (Halle/Saale)
Mitglied der Akademie

Mit 12 Abbildungen und 3 Tabellen

1. Einführung und Definition des Problems

Die molekulare Ebene der Wirkung von Substanzen auf zelluläre Vorgänge scheint oft hinreichend charakterisiert, wenn man die Strukturformeln der beteiligten Verbindungen aufschreiben kann, sich aus den Versuchsergebnissen eine Bruttoreaktionsgleichung ableiten läßt und auch kinetische Abläufe durch Geschwindigkeitsgesetze und freie Aktivierungsenthalpien beschrieben werden können. In der Chemie offenkettiger Verbindungen kann man jedenfalls durch diese Kenntnisse recht gute, oft sogar quantitative Beziehungen zwischen Struktur und Wirkung erzeugen und damit Vorhersagen über experimentell noch nicht verifizierte, reaktive Substanzkombinationen erhalten. Auf einer vergleichbaren Ebene des Wissens lassen sich bereits viele Signalketten im biologischen Regulationsgeschehen befriedigend genau beschreiben. Allerdings merkt man sehr schnell, daß diese Kenntnisse nicht ausreichen, um mit einiger Genauigkeit z. B. die submolekulare Ebene der Reaktion kennenzulernen oder Effektoren der Signalkette mit den gewünschten Eigenschaften zu konstruieren. Dafür ist bereits der erste und scheinbar einfachste Schritt, mit dem eine Signalkette gestartet wird, die Bildung eines Komplexes zwischen einem Liganden und dem Rezeptor, ein im Detail recht undurchsichtiger Vorgang.

Die Ursachen dafür liegen in der Vielgestaltigkeit des Begriffes »Molekülstruktur« und in der Umwandlungsdynamik, die unabdingbar mit einer solchen Strukturvielfalt verbunden ist.

Als Erfahrungsschatz muß man verbuchen, daß die aus dem Chemikalienkatalog bezogene Verbindung zwar im Kristallverband die auf dem Etikett vermerkte Strukturformel aufweist, das eigentlich reaktive Molekül in zellulärer Umgebung aber doch anders aufgebaut sein könnte.

In Abbildung 1 sind eine Reihe von Strukturebenen angeführt, um die herum sich unsere Betrachtungen aufbauen. Die so definierten Subspezies befinden sich jeweils in einem Energieminimum im Strukturraum und sind durch Energiebarrieren voneinander getrennt.

Die experimentellen Wissenschaften haben es demnach schwer, die reaktive

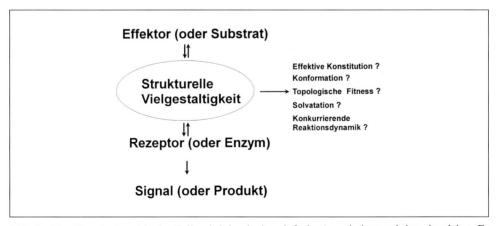

Abb. 1 Eine Signalantwort in der Zelle wird durch eine einfache Assoziationsreaktion eingeleitet. Es sind eine Reihe von Informationen über die reagierenden Moleküle notwendig, um diesen Reaktionsschritt charakterisieren zu können.

Struktur eines Moleküls in zellulärer Umgebung exakt zu definieren. Dazu kommt, daß diese unterschiedlich sein kann, wenn sich der Reaktionspartner ändert. Das hat natürlich die Wissenschaftsspötter und die Anwälte der einfachen Interpretationen auf den Plan gerufen. Eine brillante Zuspitzung dieses Dilemmas in den heutigen Naturwissenschaften ist dem Schriftsteller Walter VOGT gelungen:

Was die Erforschung mittelgroßer Gegenstände, wie Mensch, betrifft, über deren Vorhandensein keine Zweifel möglich sind, scheint die Forschung die seltsame Eigenheit zu entwickeln, sich auch bei so bequemen — weil zweifellos vorhandenen — Forschungsobjekten auf Dinge zu werfen, die es genau wie die Elementarteilchen, die Schwerkraft usw. usf. nicht gibt.
Man nennt diese Dinge zum Beispiel Strukturen.

Walter VOGT, »Wiesbadener Kongreß«

Dem Chemiker sind die unterschiedlichen Strukturebenen natürlich seit langem bekannt, und des öfteren bezieht er sie in die Erklärung von Reaktivitäten mit ein. Ihre eigentliche Bedeutung erhalten sie aber erst bei Umsetzungen unter Beteiligung von Biopolymeren. Nur dort sind niedrige freie Aktivierungsenthalpien für Reaktionsabläufe mit hohen Selektivitäten für die Molekülerkennung verknüpft, so daß auch kleine strukturelle Unterschiede in den Edukten für den Ablauf der Umsetzung relevant werden können.

Schon sehr einfach gebaute Moleküle präsentieren sich unter den für eine zelluläre Umgebung typischen äußeren Bedingungen als eine verwirrende Mannigfaltigkeit potentiell reaktiver Subspezies. So besteht das N-Methylpyruvamid aus 14 Atomen und ist in ähnlicher Struktur z. B. in coenzymatischer Funktion bei α-Aminosäuredecarboxylasen als posttranslational angeheftete, chemische Modifikation der Polypeptidkette anzutreffen. Im wäßrigen Milieu kann dieses molekulare »Chamäleon« in nicht weniger als drei verschiedenenen Molekülformen auftreten, von denen jede wiederum in zwei und mehr Konformeren mit einer Umwandlungsbarriere $\gg kT$ existiert (Abb. 2).

Die Komplexität wird scheinbar astronomisch hoch, wenn man zu Molekülen mit Zehntausenden von Atomen übergeht, wie sie etwa Polypeptide darstellen. Für Polypeptide aus natürlichen Quellen stehen im Prinzip nur 20 gencodierte Aminosäuren zur Verfügung. Zwar erscheint damit auf den ersten Blick die Zahl der zum Aufbau einer Polypeptidkette zur Verfügung stehenden Bausteine ziemlich begrenzt und deswegen in der Strukturvorhersage mindestens bei Oligopeptiden beherrschbar. Allerdings wird zunehmend klar, daß dies nur die Ausgangsbasis für eine viel größere Basis an chemischen Bausteinen darstellt, da die meisten der gencodierten Aminosäuren posttranslational modifiziert werden können. So kommt man gegenwärtig auf eine Zahl von weit über 100 chemisch differenten, monomeren Einheiten (KRISHNA und WOLD 1994) und damit bereits auf ganz niedriger Strukturebene in Schwierigkeiten für Vorhersagen von reaktiven Edukten. Die Flexibilität innerhalb kürzerer oligomerer Ketten ist in der Regel so hoch, daß die Ausbildung einer einheitlichen Struktur verhindert wird. Andererseits ist sie nicht groß genug, um angreifenden Molekülen bei einer einfachen Assoziationsreaktion mit einem Makromolekül ein strukturell einheitliches Rotationsellipsoid zu präsentieren. Noch komplizierter muß man sich die Verhältnisse nach einer Kettenverlängerung in Richtung auf ein Polypeptid vorstellen, weil nun im Molekül zunehmend mit der Kettenlänge flexible und strukturell rigide Bereiche nebeneinander auftreten können.

Die große Bedeutung der Polypeptide für den Ablauf aller biologischen Ereignisse hat dazu geführt, daß man den Konformationsumwandlungen und

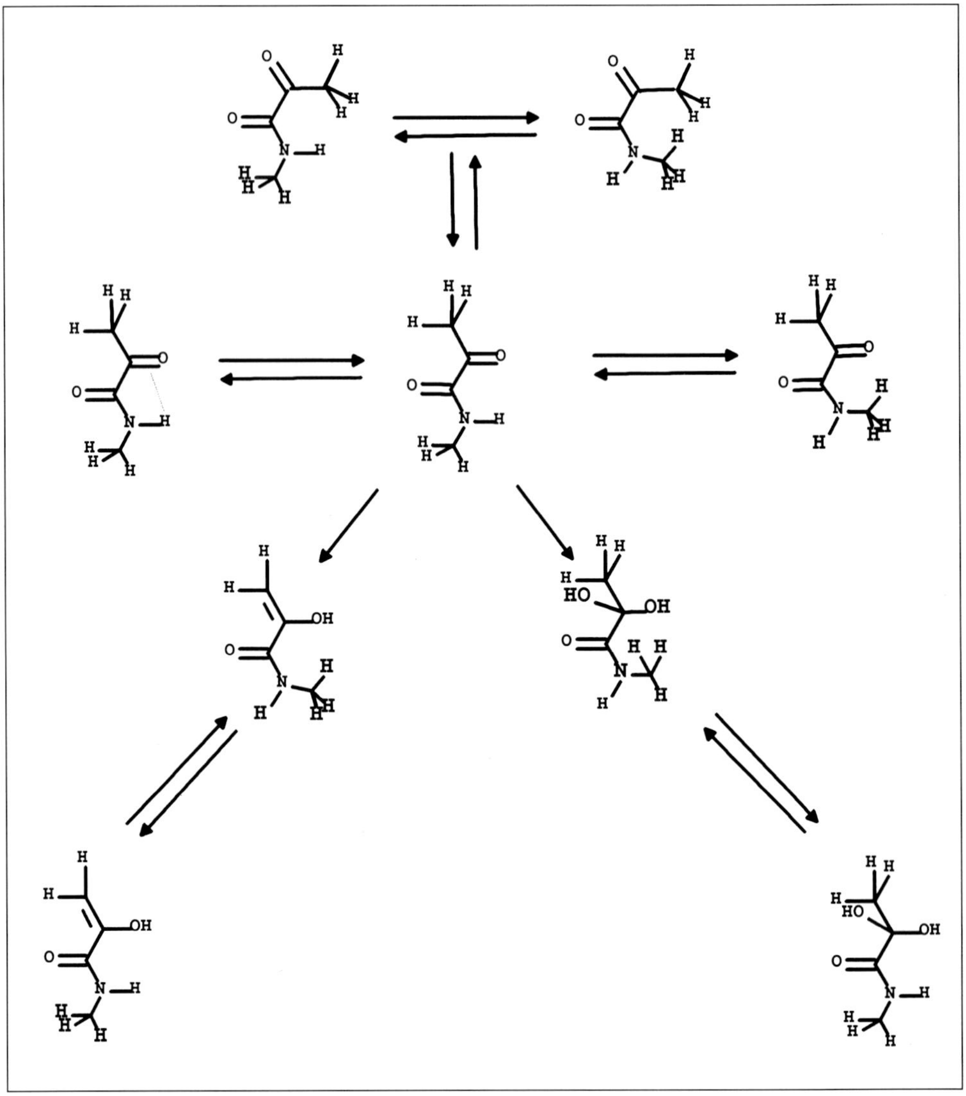

Abb. 2 Verschiedene molekulare Formen und einige Konformere von Brenztraubensäure-N-methylamid in wäßriger Lösung

chemischen Modifikationen dieser Moleküle besondere Aufmerksamkeit schenkt. Wissenschaftlich gesehen gehört dieses Gebiet heute zu den Frontbereichen der Biochemie und ist ein besonders gutes Beispiel für eine multidisziplinär ausgerichtete Forschung. Der Begriff der »Proteinfaltung« faßt alle Teilprobleme, z. B. das der molekularen und kinetischen Beschreibung des Reaktionsweges von einer linearen Polypeptidkette bis zum biologisch aktiven, gefalteten Protein oder den Zusammenhang zwischen der Aminosäuresequenz und dem dreidimensionalen, thermodynamisch stabilen Endzustand der Faltung, zusammen. Bis vor wenigen Jahren war man infolge der ungeheuren Komplexität und der damit verbundenen analytischen Probleme auf *In-vitro*-Experimente angewiesen und hatte auch genügend Hinweise darauf, daß die Proteinfaltung in der Zelle nicht wesentlich anders als im Reagenzglas abläuft.

Im Jahre 1984 konnten wir aber Enzyme auffinden, die die chemisch-physikalischen Grundprozesse bei der Strukturbildung in einem Polypeptid, nämlich die Konformationsumwandlungen, spezifisch und kraftvoll beschleunigen (G. FISCHER et al. 1984).

Das Grundproblem bei der Analyse von Konformationsumwandlungen während der Proteinfaltung besteht darin, die Kooperativität des Faltungsprozesses durch geeignete experimentelle Anordnungen zu unterlaufen, so daß nun möglichst Einzelvorgänge ein analytisch auswertbares Signal ergeben. Es ist von großem Vorteil, daß die Natur dafür selbst eine Sonde bereitgestellt hat. Es ist das Prolin und seine durch posttranslationale Oxidationen in der Peptidkette zustandekommenden Derivate 3-Hydroxyprolin, 4-Hydroxyprolin und 3,4-Dihydroxyprolin. Prolin ist die einzige Iminosäure unter den gencodierten Aminosäuren. Sie gibt Anlaß zu Konformationsumwandlungen, die bei molekularen Erkennungsprozessen und bei der Proteinfaltung in der Reaktionsdynamik von Umorientierungen der übrigen in einer Peptidkette vorhandenen chemischen Bindungen weitgehend entkoppelt sind.

2. Prolylpeptidbindungen als molekulare Schalter

Verfolgt man Umstrukturierungsprozesse an Polypeptidketten, so kann man oft langsame Reaktionsschritte mit Halbwertszeiten von Minuten bis mehreren Stunden feststellen. Bei der Rückfaltung von Kohlensäureanhydrase II aus humanen Erythrozyten ist dieser langsame Prozeß mit der Wiederkehr der enzymatischen Aktivität verbunden. Andere analytische Signale, die üblicherweise Sekundärstrukturformation oder die Bildung hydrophober Cluster begleiten, zeigen schon nach wenigen Sekunden keine Änderung mehr an (KERN et al. 1995). Dies deutet darauf hin, daß die hauptsächlichen Strukturierungsprozesse für die Ausbildung des nativen Enzyms bereits abgeschlossen sind, daß aber diese globale Faltung noch nicht dafür ausreicht, das aktive Zentrum des Enzyms aufzubauen.

Die molekulare Ursache für diesen lokalen Prozeß, der zudem langsam ist, wird in der Isomerisierung der Peptidbindung N-terminal zum Prolin gesehen. Die beiden Konformeren und die für die Isomerisierung verantwortliche Rotation um den Peptidbindungswinkel ω sind in Abbildung 3 zu sehen.

Die Herkunft der hohen Rotationsbarriere von ca. 20 kcal/mol und der damit verbundenen geringen Isomerisierungsgeschwindigkeit ist auf atomarer Ebene die Delokalisierung des freien Elektronenpaars am Stickstoffatom (Abb. 3b). Die beiden in Abbildung 3a gezeigten konformeren Formen, in denen prinzipiell jedes prolinhaltige Peptid auftreten kann, stellen sich nicht nur in der Papierebene unterschiedlich dar; sie sind auch chemisch voneinander verschieden. Die Messung dieser unterschiedlichen Eigenschaften der nebeneinander im Gleichgewicht vorliegenden molekularen Formen gelingt aber nur selten, weil sie sich immer noch relativ leicht ineinander umwandeln und weil mit der Zahl der n Prolinreste im Molekül, die Zahl der isomeren Molekülformen mit bis zu 2^n Spezies sehr unübersichtlich wird.

Mit Hilfe von Oligopeptiden, die eine zum Oxopeptid isostere Thioxo-Prolylpeptidbindung -Xaa ψ[CS−N] Pro- enthalten, können die unterschiedlichen Molekül-

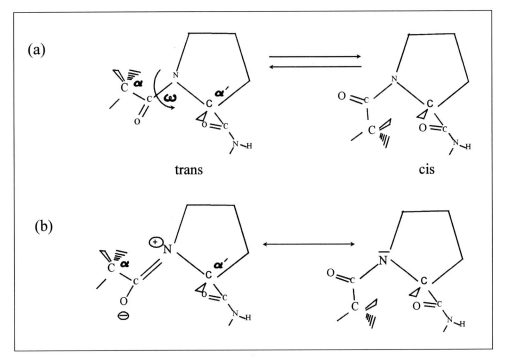

Abb. 3 Die beiden isomeren Formen der Prolylpeptidbindung *(a)* und die zum partiellen Doppelbindungscharakter der C—N-Bindung beitragenden mesomeren Grenzformen *(b)*

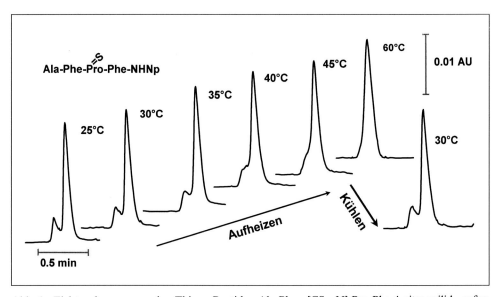

Abb. 4 Elektropherogramm des Thioxo-Peptides Ala-Phe-ψ[CS—N]-Pro-Phe-4-nitroanilid, aufgenommen bei verschiedenen Temperaturen an einer Kapillarelektrophorese mit UV/Vis-Detektion. Die für Konformere typische Reversibilität der Bandenaufspaltung wird nach dem Abkühlen deutlich, wenn vorher die gleiche Probe aufgeheizt worden war.

eigenschaften anhand der Wanderungsgeschwindigkeit von *cis*- und *trans*-Isomeren im elektrischen Feld einer Kapillarelektrophorese direkt gezeigt werden (Abb. 4).

Da die Mobilität eines Moleküls bei konstantem Masse/Ladungs-Verhältnis von seiner äußeren Form abhängig ist, muß das *cis*-Isomere, das dem schneller wandernden, kleinen Peak in Abbildung 4 entspricht, eine hydrodynamisch günstigere Form aufweisen. Man kann diese Eigenschaft, unabhängig vom Experiment, durch eine CV-Kraftfeldberechnung, getrennt für das *cis*- und das *trans*-Isomere, berechnen. Dabei wird ein großes Ensemble von energiegünstigen Konformationen erhalten. Für fast jeden Vertreter dieser globalen Konformationen findet man in der Rechnung für die Gruppe der *cis*-Konformere eine geringere zugängliche äußere Oberfläche und eine geringere Hydratationsenergie als für die Gruppe der *trans*-Konformationen. Dies sind alles Eigenschaften, die für eine geringere hydrodynamische Reibung und damit für eine schnellere Wanderung sprechen, wie sie letztlich auch im Experiment sichtbar werden (MEYER et al. 1994).

In diesem analytischen System läßt sich auch überzeugend demonstrieren, daß biologische Erkennungsprozesse konformationsspezifisch sein können und daß die darauf aufbauende Selektivität der Erkennung sehr groß ist. Das Experiment, das in Abbildung 5 abgebildet ist, benutzt dazu als makromolekulares Rezeptormolekül die Protease Subtilisin Carlsberg. Diese Protease hydrolysiert mit hoher Effektivität

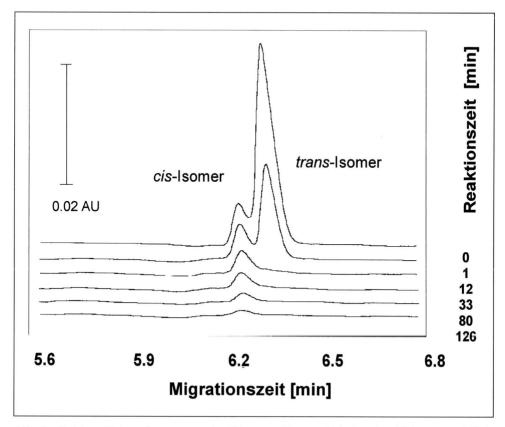

Abb. 5 Gedehnte Elektropherogramme des Thioxopeptides von Abb. 4 nach Addition von Subtilisin Carlsberg, aufgenommen zu verschiedenen Zeitpunkten nach Addition der Protease

ein Substrat vom Typ Ala-Phe-ψ[CS−N]-Pro-Phe-4-nitroanilid an der 4-Nitroanilid-Bindung unter Abspaltung von 4-Nitroanilin. Wie Abbildung 5 zeigt, wird von der Protease nur der *trans*-Anteil des Thioxo-Peptides umgesetzt. Der *cis*-Anteil kann erst nach langer Reaktionszeit gespalten werden; allerdings nicht etwa durch direkte Hydrolyse dieses Konformeren, sondern erst nach einer langsamen *cis* → *trans*-Umwandlung nach einem Umweg über das *trans*-Isomer (MEYER et al. 1994).

Die hier an der thioxylierten Prolylbindung aufgezeigten Besonderheiten lassen sich auch mit Hilfe von Oligopeptiden demonstrieren, die die »normalen« Prolylbindungen enthalten. Dies ist nur experimentell aufwendiger, da alle Isomerisierungsgeschwindigkeiten ca. 80-fach größer sind.

In nativen Proteinen gestaltet sich der Nachweis der im Gleichgewicht befindlichen *cis/trans*-Isomeren äußerst schwierig und gelingt nur ausnahmsweise (EVANS et al. 1987, KÖRDEL et al. 1990). Besser charakterisiert sind die Hauptisomere für ein in der Polypeptidkette befindliches Prolin durch die Aufklärung der dreidimensionalen Struktur kristallisierter Proteine z. B. mit Hilfe der Röntgenstrukturanalyse. Hier zeigt es sich, daß Proline in Proteinen sowohl eine *cis*- als auch eine *trans*-Prolylbindung besitzen können. In Abbildung 6 ist eine neuere Analyse der Brookhaven-Datenbase für Proteinstrukturen über die Häufigkeit der verschiedenen Winkel ω N-terminal zum Prolin zu sehen. Die konformere Aufteilung der in die Berechnung einbezogenen 2 349 Prolylbindungen weist einen Anteil von 5,1% *cis* auf. Weitergehende Analyse ergibt, daß vorzugsweise die Natur der in Nachbarschaft zum Prolin befindlichen Aminosäure -Xaa- in -Xaa-Pro- die Wahrscheinlichkeit für das Auftreten einer *cis*-Bindung in einem nativen Protein bestimmt. Die typischen weitreichenden Interaktionen, die durch die Faltung der Polypeptidkette möglich werden, können lokale Einflüsse nicht ausschalten und

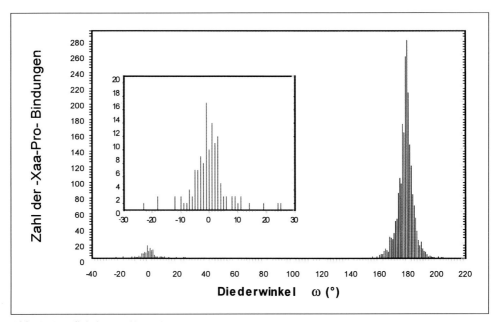

Abb. 6 Häufigkeitsverteilung des Winkels ω für 2 349 Prolylpeptidbindungen in 188 Proteinen. Die Auflösung der Proteinstrukturen ist ≦ 2,5 Å

sind vielleicht nur für einzelne Aminosäuren, wie für das Prolin (d. h. die Pro-Pro-Einheit) und das Tryptophan, dominierend.

Während wir recht gut über konformere Prolylbindungen in Oligopeptiden und nativen Proteinen informiert sind, wissen wir über den Zustand dieser Bindungen in transienten Formen der Proteine in der Zelle nur sehr wenig. Soweit die spärlichen Informationen verallgemeinert werden können, entsprechen denaturierte Proteinketten in ihrer Konformerenverteilung etwa den Oligopeptiden, während Faltungsintermediate bisher kaum charakterisiert wurden (SCHMID 1993).

Immerhin kennt man bereits heute eine Reihe von biologischen Prozessen, bei denen vorübergehend Abweichungen vom thermodynamisch bestimmten *cis/trans*-Gleichgewicht auftreten. Die in Tabelle 1 zusammengefaßten Daten können belegen, daß es durchweg wichtige, das Gesamtgeschehen einer lebenden Zelle tangierende Ereignisse sind.

Tab. 1   Zelluläre Prozesse, die zu *cis/trans*-Populationen führen, die sich nicht im Gleichgewicht zu den aktuellen äußeren Bedingungen befinden

Ereignis	Richtung der Gleichgewichtseinstellung
Proteinsynthese	trans → cis
Membrantransport	trans → cis
Proteolytische Prozessierung	cis → trans
Kollagen-Helix-Bindung	cis → trans
Rezeptorbindung	trans → cis, cis → trans

Hat man noch die oben aufgeführte hohe Rotationsbarriere für die *cis/trans*-Isomerisierung im Gedächtnis, kann man gut verstehen, daß die Evolution Enzyme hervorgebracht hat, die genau diese Isomerisierung katalysieren können. Diese Enzyme bezeichneten wir als Peptidyl-Prolyl-*cis/trans*-Isomerasen (Abk.: PPIasen), wobei bereits der Name dokumentiert, daß diese Enzyme selektiv zur Prolinerkennung befähigt sind. In der Tat werden von den bisher geprüften Prolinderivaten und -homologen nur wenige als Angriffspunkt und Erkennungsregion von PPIasen akzeptiert.

3. Enzymkatalysierte Prolylisomerisierung

Die Enzymklasse der PPIasen, eingeordnet in der Enzymnomenklatur unter den Isomerasen (EC-Nummer 5.2.1.8), besteht bisher aus vier untereinander nicht in der Aminosäuresequenz verwandten Familien (Abb. 7).

Zwei davon, nämlich die Parvuline und die Triggerfaktoren, sind erst kürzlich aufgefunden worden. Aminosäuresequenzen von Cyclophilinen und FK506 bindenden Proteinen aus verschiedenen organismischen Quellen und Geweben sind bereits über 70 an Zahl bekannt (FISCHER 1994). Über die Chemie und Biologie der PPIasen wurden seit ihrer Entdeckung 1984 nahezu 700 Arbeiten veröffentlicht. Zu dem ungewöhnlich großen Interesse an dieser Enzymklasse trugen verschiedene Umstände bei. *Erstens* können PPIasen den einfachsten Prozeß katalysieren, der zwei in ihrer chemischen Reaktivität unterschiedliche Moleküle voneinander trennen kann — die Rotation um eine formale Einfachbindung. Deshalb hofft man, daß grundlegende Prinzipien der Enzymkatalyse an diesen leicht isolierbaren, robusten und gut charakterisierbaren Modellenzymen aufgeklärt werden können.

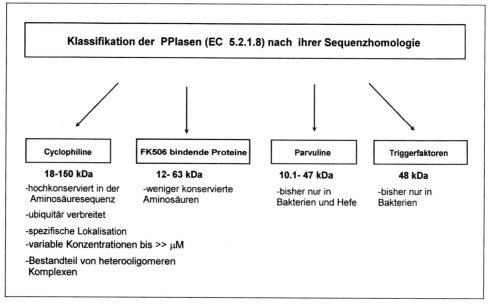

Abb. 7

Zweitens ist die Katalyse der Proteinfaltung, die typisch für PPIasen ist, eine durchaus ungewöhnliche Eigenschaft, für die es *in vitro* viele, *in vivo* bereits einige Beweise gibt.

Von besonderer Bedeutung ist der Befund, daß in T-Lymphozyten gefundene cytosolische PPIasen, wie FKBP12 und Cyp18, als cytosolische Rezeptoren des immunsuppressiven Peptidomakrolids FK506 bzw. des zyklischen Undekapeptids Cyclosporin A gelten. FK506 bindet an FKBP12 und inhibiert dessen Isomeraseaktivität im nanomolekularen Konzentrationsbereich, und Cyclosporin A kann die gleiche Funktion an Cyp18 ausüben (FISCHER et al. 1989, HARDING et al. 1989, SIEKIERKA et al. 1989). Diese beiden niedermolekularen Verbindungen enthalten von Iminosäuren abgeleitete Peptidbindungen, kommen in *cis/trans*-Isomeren vor und haben in der Medizin eine immense Bedeutung. Beide unterdrücken sie die zelluläre Immunantwort im Säugerorganismus durch Einwirkung auf die gleiche Signalkaskade und können so Autoimmunerkrankungen beeinflussen und die Abstoßung von Organtransplantaten durch den Wirtsorganismus effektiv verhindern. Auf die molekularen Hintergründe dieses Eingriffs in die Signaltransduktion in T-Zellen komme ich weiter unten ausführlicher zu sprechen.

Obwohl die molekularen Details über die Rolle der PPIasen im zellulären Geschehen noch weitgehend im Dunklen liegen, weil es leider noch an spezifischem analytischem Handwerkszeug fehlt, um auf diese Wirkungsebene vorzudringen, gibt es doch Informationen über zelluläre Bindeproteine für PPIasen. Dies sind solche Proteine, die intrazellulär an PPIasen gebunden sind oder die bei artifiziellem Bindungstest eine hohe Affinität für PPIasen aufweisen. Aus verschiedenen Gründen kann man aber nicht zwingend annehmen, daß diese Proteine auch die potentiellen intrazellulären Substrate für PPIasen repräsentieren.

Tabelle 2 zeigt eine Zusammenstellung dieser Bindeproteine, die gleichzeitig in ihrer Vielfalt ein beeindruckender Hinweis darauf sind, daß diese Enzyme in sehr

Tab. 2 Zelluläre Bindeproteine von Peptidyl-prolyl-*cis/trans*-Isomerasen

Cyclophiline	Ligand	Lokalisierung	Wirkung
Cyp18/Cyp41	Hsp90	Cytoplasma	Steroidrezeptor-Funktion
Cyp18	HIV-1 p55 gag	HIV-1-Virion	Replikation
Cyp18	Calcineurin	Cytoplasma	Signaltransduktion?
Cyp28	Sigma-Rezeptor	Lebermembran	Opiatrezeptor-Funktion
Cyp23	64 kDa-Glycoprotein	Zelloberfläche	??
Cyp23	CAML-Protein	Cytoplasma (T-Zelle)	Calciumfreisetzung
FKBP			
FKBP12	TGF-β-Rezeptor Typ I	Cytoplasmatische Domäne	TGF-β-Antwort
FKBP12	Ryanodin-Rezeptor	Sarkoplasmatische Retikulum	Calciumfreisetzung
FKBP46	Casein-Kinase II	Zellkern	??
FKBP59	Hsp90	Cytoplasma	Steroidrezeptor-Funktion
Triggerfaktoren			
TF48	50 S UE (Ribosom)	Cytoplasma	Proteinfaltung
Parvuline			
Par 10	??	Cytoplasma	??

vielen biologischen Prozessen eine Rolle spielen. Wenn man die enzymatische Funktion der PPIasen betrachtet, die sich infolge der Häufigkeit des Prolins an vielen unterschiedlichen Proteintargets auswirken kann, wird eine solche Diversität verständlich.

Die dreidimensionale Struktur z. B. des Cyp18 spricht ebenfalls dafür, daß langkettige Peptide die zellulären Angriffspunkte für PPIasen darstellen. Die in Abbildung 8 blau markierten Kettenabschnitte des Proteins sind phylogenetisch voll konserviert und haben eine viel größere Ausdehnung, als es dem Dipeptid Ala-Pro entspricht, das in der Abbildung im aktiven Zentrum des Enzyms lokalisiert ist (KE et al. 1993).

4. Molekulare Erkennung in mehreren Ebenen: der Cyp18/Cyclosporin A-Komplex

Wenn Cyclosporin A die enzymatische Aktivität von Cyp18 inhibiert, bildet sich ein 1:1-Komplex, der strukturell gut charakterisiert ist. Es fällt dabei besonders auf, daß die Struktur des gebundenen Cyclosporin A sich grundlegend von der Struktur des Cyclopeptids im Kristallverband oder von der, die in Chloroformlösungen auftritt, unterscheidet (Abb. 9).

Besonders augenfällig ist es, daß die Peptidbindung MeLeu^9-MeLeu^{10} im PPIase-Komplex in *trans*-Konformation vorliegt, während im Kristallverband die *cis*-Konformation dominiert. Wie wir heute wissen, wird diese Peptidbindung nicht direkt im Isomerisierungszentrum des Enzyms gebunden. Sie stellt vielmehr eine Art P_2'-Subsite für die Bindung dar, wie man sie für Endoproteasen ebenfalls häufig findet. Immerhin hat ihre Konformation große Auswirkungen auf die Kinetik der Enzyminhibierung (KOFRON et al. 1992).

Man beobachtet bei diesem Prozeß bis zu drei kinetische Phasen, in deren Verlauf die Bindung zwischen Enzym und Inhibitor, formal gesehen, zunehmend fester wird (Tab. 3).

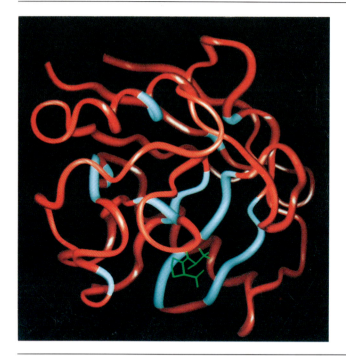

Abb. 8 Die Kristallstruktur von cytosolischem Cyclophilin 18 (Cyp18) aus T-Lymphozyten im Komplex mit dem substratanalogen Inhibitor Ala-Pro (grünes Molekül) (KE et al. 1993). Durchgängig in der Aminosäuresequenz konservierte Abschnitte in der Polypeptidkette sind als blaue Bereiche zu sehen.

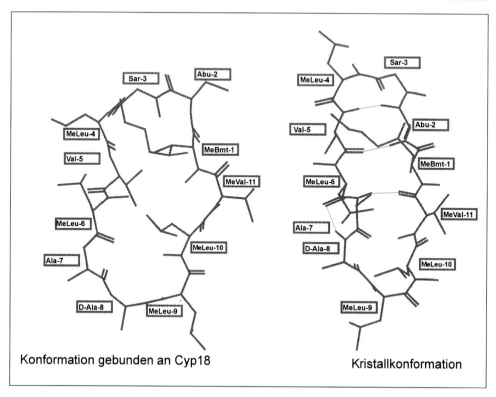

Abb. 9 Cyclosporin A in verschiedenen Konformationen

Tab. 3 Zeitabhängige Inhibierungskonstanten bei der reversiblen Interaktion von Cyclophilin 18 mit Cyclosporin A

Lösungsmittel	Inhibierungskonstante Ki (nM)		
	t = 0 min	t = 10 min	t = > 30 min
EtOH/Wasser (50/50)	60 ± 20	5,3 ± 0,9	2,6 ± 0,6
Dimethylsulfat	54 ± 11	4,5 ± 0,8	2,6 ± 0,5
Tetrahydrofuran	sehr groß	2,9 ± 0,7	2,9 ± 0,7

Offensichtlich wird dabei, daß Cyclosporin A mit einer cis-MeLeu^9-MeLeu^{10}-Konformation die PPIase nicht inhibieren kann. Erst nach der Isomerisierungsreaktion am Enzym oder frei in Lösung entsteht der Komplex, der nun seinerseits in einer ziemlich langsamen Phase der Inhibitionskinetik weiteren räumlichen Umorientierungen unterliegt, wobei die Assoziation der Bindungspartner stärker wird. Die Konformerenverteilung ist von der Art des Lösungsmittels abhängig, in der Cyclosporin A vor Zugabe zu dem wäßrigen Inhibitionsassay gelöst war. Da die Isomerisierungsgeschwindigkeiten wiederum langsam sind, bleibt nach Applikation des Cyclopeptides aus einem nichtwäßrigen Solvent in die wäßrige PPIase-Lösung ein konformatives »Gedächtnis« am Cyclosporinmolekül für seine Vorgeschichte erhalten. Deswegen sind auch die Inhibierungskonstanten in Tabelle 3, die man aus den einzelnen kinetischen Phasen errechnen kann, abhängig von der Art des Lösungsmittels, in dem sich das Cyclosporin A vorher befunden hat. Dieser Befund verdient Beachtung, wenn man die pharmakologische Wirkung von Verbindungen dieser Art untersuchen möchte.

Das Peptidomakrolid FK 506 zeigt ein ähnliches Verhalten bei der Inhibierung von FKBP12 (ZARNT et al. 1995).

Ein Ende der Komplexität in der biologischen Wirkung dieser PPIase-Inhibitoren ist mit diesen Betrachtungen aber noch lange nicht erreicht. Die naheliegende Annahme, daß die Inhibierung der Enzymaktivität die Signaltransduktion in T-Zellen bewirkt, konnte durch Untersuchungen zur Auswirkung von Gendeletionen auf die Toxizität von Immunsuppressiva in Mikroorganismen und durch die Untersuchung von chemischen Derivaten der immunsuppressiven Moleküle nicht bestätigt werden. Vielmehr kann der einmal gebildete Cyp18/Cyclosporin A- bzw. der FKBP12/FK506-Komplex $in\ vivo$ eine Wirkung auf weitere Zellbestandteile ausüben. In Abbildung 10 ist dies symbolisiert, und es wird gleichzeitig deutlich, daß in diesem Modell die niedermolekularen Liganden der PPIasen allein keinerlei immunsuppressive Wirkung besitzen. Als gemeinsames Zielobjekt für beide Komplexe wurde die Proteinphosphatase Calcineurin identifiziert, die bei Kontakt mit einem Oberflächenbereich, bestehend aus Ligandatomen und Molekülteilen der PPIase, ihrerseits in der Phosphataseaktivität inhibiert wird (FRIEDMAN und WEISSMAN 1991, LIU et al. 1991).

Das vereinfachte Modell für die immunsuppressive Wirkung von Cyclosporin A bzw. FK 506, sowie einem weiteren FKBP12-Inhibitor, dem Rapamycin, ist in Abbildung 11 wiedergegeben.

Faßt man alle bisher vorgestellten Ebenen zusammen, die für die Einleitung einer Signalantwort in einem biologischen System durch eine einfache Reaktion zwischen einem Protein und einem niedermolekularen Liganden notwendig sind, so ist man

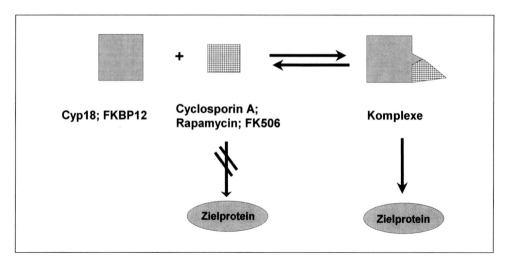

Abb. 10 Schematische Darstellung der Cyclosporin A-Wirkung bei der Immunsuppression

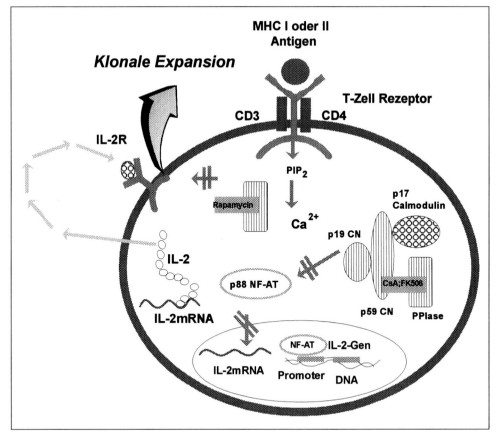

Abb. 11 Gegenwärtig diskutiertes, molekulares Modell für die Unterdrückung der zellulären Immunantwort durch die drei hochaffinen PPIase-Liganden Cyclosporin A, FK506 und Rapamycin. (IL-2 — Interleukin 2, CN — Calcineurin, PIP_2 — Phosphatidylinositol-4,5-diphosphat)

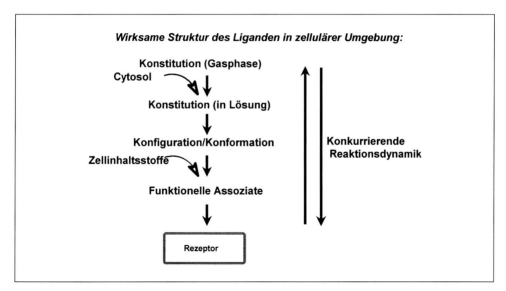

Abb. 12   Verschiedene Ebenen der biologischen Wirkung eines Peptidliganden

über die unerwartete Mannigfaltigkeit der zu erwartenden strukturellen und dynamischen Effekte überrascht (Abb. 12).

Man erfährt, daß eingehende strukturelle Charakterisierung der Liganden wichtig, die Bestimmung ihrer Konformationsdynamik nicht nur im isolierten *In-vitro*-Testsystem, sondern auch in der Zelle notwendig ist. Letztendlich ist auch die Relation der Bindungskinetik an den Rezeptor zu den inneren kinetischen Vorgängen in den Edukten ein Schlüssel für die wirklichen Abläufe in der Zelle. Die äußere Form eines Moleküls und ihre zeitlichen Veränderungen sind entscheidende Kenngrößen bei allen Formen der molekularen Erkennung in biologischen Systemen. Deren weitere Charakterisierung erfordert allerdings hochselektive, schnelle und empfindliche Analysenmethoden, die gegenwärtig nur im Ansatz sichtbar werden.

Literatur

EVANS, P. A., DOBSON, C. M., KAUTZ, R. A, HATFULL, G., and FOX, R. O.: Proline isomerism in staphylococcal nuclease characterized by NMR and site-directed mutagenesis. Nature *329*, 266–268 (1987)

FISCHER, G.: Peptidyl-prolyl *cis/trans* isomerases and their effectors. Angew. Chem. Int. Ed. Eng. *33*, 1415–1436 (1994)

FISCHER, G., BANG, H., and MECH, C.: Determination of enzymatic catalysis for the *cis/trans*-isomerization of peptide binding in proline-containing peptides. Biomed. Biochim. Acta *43*, 1101–1111 (1984)

FISCHER, G., WITTMANN-LIEBOLD, B., LANG, K., KIEFHABER, T., and SCHMID, F. X.: Cyclophilin and peptidyl-prolyl *cis/trans* isomerase are probably identical proteins. Nature *337*, 476–478 (1989)

FRIEDMAN, J., and WEISSMAN, I.: Two Cytoplasmic Candidates for Immunophilin Action Are Revealed by Affinity for a New Cyclophilin — One in the Presence and One in the Absence of CsA. Cell *66*, 799–806 (1991)

HARDING, M. W., GALAT, A., UEHLING, D. E., and SCHREIBER, S. L.: A receptor for the immunosuppressant FK506 is a *cis/trans* peptidyl-prolyl isomerase. Nature *341*, 758–760 (1989)

KE, H. M., MAYROSE, D., and CAO, W.: Crystal structure of cyclophilin-A complexed with substrate Ala-Pro suggests a solvent-assisted mechanism of *cis/trans* isomerization. Proc. Natl. Acad. Sci. USA *90*, 3324–3328 (1993)

KERN, G., KERN, D., SCHMID, F. X., and FISCHER, G.: A kinetic analysis of the folding of human carbonic anhydrase II and its catalysis by cyclophilin. J. Biol. Chem. *270*, 740–745 (1995)

KOFRON, J. L., KUZMIC, P., KISHORE, V., GEMMECKER, G., FESIK, S. W., and RICH, D. H.: Lithium chloride perturbation of *cis/trans* peptide bond equilibria — effect on conformational equilibria in cyclosporin-A and on time-dependent inhibition of cyclophilin. J. Am. Chem. Soc. *114*, 2670–2675 (1992)

KÖRDEL, J., FORSEN, S., DRAKENBERG, T., and CHAZIN, W. J.: The rate and structural consequences of proline *cis/trans* isomerization in calbindin D9k: NMR studies of the minor (*cis*-Pro43) isoform and the Pro43Gly mutant. Biochemistry *29*, 4400–4409 (1990)

KRISHNA, R. G., and WOLD, F.: Post-translational modification of proteins. Meth. Enzym. *250*, 265–298 (1994)

LANG, K., SCHMID, F. X., and FISCHER, G.: Catalysis of protein folding by prolyl isomerase. Nature *329*, 268–270 (1987)

LIU, J., FARMER, J. D. JR., LANE, W. S., FRIEDMAN, J., WEISSMAN, I., and SCHREIBER, S. L.: Calcineurin is a common target of cyclophilin-cyclosporin A and FKBP-FK506 complexes. Cell *66*, 807–815 (1991)

MEYER, S., JABS, A., SCHUTKOWSKI, M., and FISCHER, G.: Separation of *cis/trans* isomers of a prolyl peptide bond by capillary zone electrophoresis. Electrophoresis *15*, 1151–1157 (1994)

RAHFELD, J. U., RÜCKNAGEL, K. P., SCHELBERT, B., LUDWIG, B., HACKER, J., MANN, K., and FISCHER, G.: Confirmation of the existence of a third family among peptidyl-prolyl *cis/trans* isomerases — Amino acid sequence and recombinant production of parvulin. FEBS Lett. *352*, 180–184 (1994)

SCHMID, F. X.: Prolyl Isomerase: enzymatic catalysis of slow protein-folding reactions. Annu. Rev. Biophys. Biomol. Struct. *22*, 123–143 (1993)

SIEKIERKA, J. J., HUNG, S. H., POE, M., LIN, C. S., and SIGAL, N. H.: A cytosolic binding protein for the immunosuppressant FK506 has peptidyl-prolyl isomerase activity but is distinct from cyclophilin. Nature *341*, 755–757 (1989)

ZARNT, T., LANG, K., BURTSCHER, H., und FISCHER, G.: Time-dependent inhibition of peptidyl prolyl *cis/trans*-isomerases by FK506 is probably due to *cis/trans* isomerization of the inhibitor's imide bond. Biochem. J. *305*, 159–164 (1995)

Prof. Dr. Gunter S. FISCHER
Otto-Kanning-Straße 11
D-06120 Halle (Saale)

Nova Acta Leopoldina NF 72, Nr. 294, 237–256 (1996)

Informationsspeicherung in frequenzselektiven Materialien

Von Urs P. WILD (Zürich)

Mit 16 Abbildungen

Informationsspeicherung in frequenzselektiven Materialien

Ein einfarbiges Bild (Abb. 1 a) kann man als Verteilung eines bestimmten Farbstoffes in einer x,y-Ebene auffassen. Um ein einziges Bild mit der maximal möglichen optischen Auflösung zu reproduzieren, ist eine Angabe der Farbstoffkonzentration

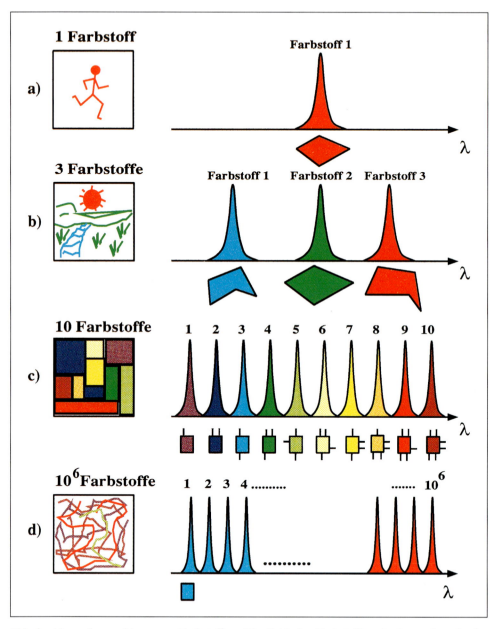

Abb. 1 Absorptionsspektren von Farbstoffen. Die Zahl der Farbstoffe mit einer sehr scharfen Absorptionsbande bestimmt die Anzahl der verschiedenen Bilder, die sich in einer einzigen Folie eines Polymers speichern lassen. Unser Ziel ist es, frequenzselektive Materialien zu »synthetisieren«, in welchen bis zu einer Million verschiedener »Absorptionsbanden« unterschieden werden können.

in jedem Pixel einer Größe von ca. $1 \times 1\ \mu^2$ nötig. Es stellt sich nun die Frage, wie sich die Informationsspeicherkapazität weiter vergrößern läßt. Das ist prinzipiell sehr einfach und in Abbildung 1 $b-d$ dargestellt: Mit einem Farbfilm als Speichermedium kann in den drei Farbstoffkomponenten je eine unabhängige Informationsebene gespeichert werden. Die Informationsdichte erhöht sich um einen Faktor 3 (Abb. 1 b). Ein gewiegter Chemiker könnte nun einen Satz von 10 verwandten Farbstoffen synthetisieren, die alle sehr ähnliche photophysikalische Eigenschaften haben und die sich im Absorptionsspektrum jeweils leicht unterscheiden (Abb. 1 c).

Eine Erhöhung der Speicherdichte um den Faktor 10 wäre die Folge. Unsere Ziele sind nun viel weiter gesteckt. Wir möchten eine Erhöhung der Speicherdichte um einen Faktor eine Million anstreben. Frequenzselektive Materialien bieten hier eine Lösung an: Sie arbeiten genau nach dem oben diskutierten Schema. Das »Synthetisieren« solcher Materialien ist dabei sehr einfach: Man steckt zum Beispiel eine Folie aus Polyvinylbutyral, die den Farbstoff Chlorin enthält, in superflüssiges Helium. Bei einer Temperatur von 1,8 K ist die nähere Umgebung des Farbstoffmoleküls starr und unbeweglich. Das Molekül mit seiner Umgebung kann als Supermolekül aufgefaßt werden. Die Linienbreite eines solchen Supermoleküls kann enorm schmal werden und die Limite erreichen, die durch die Unschärferelation bestimmt ist (Abb. 2).

Kleine Unterschiede in der Umgebung des Farbstoffmoleküls führen zu Supermolekülen, die an leicht verschiedenen spektralen Positionen absorbieren. Gesamthaft kann die Einhüllende aller dieser homogenen Linien – die inhomogene Bande – um einen Faktor einer Million breiter als eine einzelne homogene Linie sein. Bevor wir aber diese auch technisch interessanten Eigenschaften weiterverfolgen, möchten wir vorerst die Methode der Einzelmolekülspektroskopie kennenlernen, die es ermöglicht, das Verhalten eines einzelnen Moleküls bei kryogenen Temperaturen zu verstehen. Das Verhalten von frequenzselektiven Materialien läßt sich dann sehr gut aus den Eigenschaften der einzelnen Moleküle ableiten.

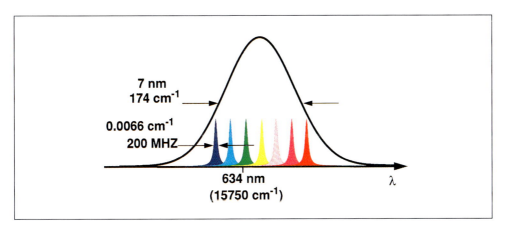

Abb. 2 Homogene und inhomogene Bandenbreite. Das Molekül Chlorin hat eine Fluoreszenzlebenszeit von 5 ns. Aus der Unschärferelation läßt sich ableiten, daß die entsprechende Absorptionslinie (Nullphononlinie $S_1 \leftarrow S_0$) eine minimale Breite von 30 MHz oder 0,001 cm^{-1} erreichen kann. Bei 1,8 K wurden im Experiment eine homogene Linienbreite von 0,0066 cm^{-1} (200 MHz) und eine einhüllende inhomogene Bandenbreite von 174 cm^{-1} beobachtet. Theoretisch wäre ein Verhältnis von 1 zu 1 Million bei einer Temperatur um 0 K asymptotisch erreichbar. Experimentell ist bei 1,8 K immer noch ein Verhältnis von 1 zu 25 000 bestimmt worden.

Einzelmolekül-Spektroskopie

In den letzten sechs Jahren haben mehrere Forschergruppen ultrasensitive Methoden entwickelt, die es ermöglichen, einzelne Moleküle bei tiefen Temperaturen spektroskopisch nachzuweisen und ihre Eigenschaften zu untersuchen (MOERNER und KADOR 1989, ORRIT und BERNARD 1990, WILD et al. 1992). Geeignete Systeme für solche Experimente sind Pentacen in p-Terphenyl oder Perylen und Terrylen in n-Alkan — Shpolskii-Matrizen. In diesen kristallinen oder mikrokristallinen Matrizen kann schon bei einer Temperatur von 1,8 K die durch die Unschärferelation bestimmte Linienbreite erreicht werden. Ein experimenteller Aufbau, mit dem solche Messungen im blauen Spektralbereich durchgeführt werden, ist in Abbildung 3 wiedergegeben.

Überlegen wir uns, was geschieht, wenn wir in unserer Probe nur ein sehr kleines Volumen anregen, dessen Größe durch den Fokus des Laserstrahls bestimmt ist. Eine entsprechende Simulation dieses Verhaltens ist in Abbildung 4 dargestellt.

Sind in diesem Volumen 10^7 Moleküle enthalten, so ist nur die gesamte inhomogene Linienbreite erkennbar. Sie hat oft die Form einer Gaußschen Kurve. Bei 10^5 Molekülen ist bereits eine gewisse Struktur erkennbar. Bei 10^3 Molekülen wirkt die Linienform stark verrauscht. Man spricht von statistischer Feinstruktur. Sie wird durch die zufällige Verteilung der Moleküle innerhalb der inhomogenen Bande bedingt. Hat man schließlich noch 10 Moleküle im Fokus, so erscheinen die 10 einzelnen Signale eindeutig getrennt. Es ist also möglich, einzelne Moleküle im Spektrum abzuzählen. Jede Linie entspricht genau einem Molekül — oder genauer, einem Supermolekül, das aus dem eigentlichen Farbstoffmolekül und den Molekülen in seiner näheren Umgebung gebildet wird. Man kann auch die einzelnen Farbstoffmoleküle als »Spione« betrachten, die ihre nähere Umgebung auskundschaften. Bei der Entwicklung der Einzelmolekülspektroskopie war es eine große Überraschung, daß uns diese »Spione« sehr interessante und abwechslungsreiche Nachrichten überbringen. Wir werden sehen, daß die Umgebung die Eigenschaften der Farbstoffmoleküle ganz wesentlich prägt und sich so die Eigenschaften der verschiedenen Supermoleküle in ganz unerwarteter Art unterscheiden. Gemessene Einzelmolekülspektren sind in Abbildung 5 wiedergegeben.

Die dargestellten Bereiche sind Ausschnitte, die der vollen Breite der inhomogenen Bande entnommen sind. In den beiden äußeren Flanken sind nur sehr wenige, im Mittelteil viele einzelne Moleküle zu beobachten. Die statistische Feinstruktur im Zentrum ist zweimal aufgenommen worden, und man erkennt die sehr gute Übereinstimmung der beiden Spektren. Die Amplitudeninformation der inhomogenen Bandenintensität drückt sich in diesem Spektrum durch die Dichtefunktion — Anzahl Moleküle/MHz — aus. Bei mehrfachem Durchstimmen mit einem Laser ergeben sich experimentell im wesentlichen immer die gleichen Spektren; die Spektren sind reproduzierbar. Wärmt man jedoch die Probe auf 50 K auf, dann finden in der Umgebung jedes Farbstoffmoleküls Reorientierungsprozesse statt. Kühlt man die Probe dann wieder auf 1,8 K ab, haben sich Moleküle innerhalb der inhomogenen Bande neu verteilt. Eine solche individuelle Verteilung ist nicht reproduzierbar. Konstant bleibt jedoch die Gesamtzahl der Einzelmoleküle, die sich innerhalb der inhomogenen Bande aufhalten. Was sind nun die wichtigsten Voraussetzungen, um einzelne Moleküle experimentell zu beobachten?

— Die Konzentration der Farbstoffmoleküle muß klein sein. Typischerweise wird im System Pentacen/p-Terphenyl mit einer Konzentration von 10^{-8} mol/mol gearbeitet.

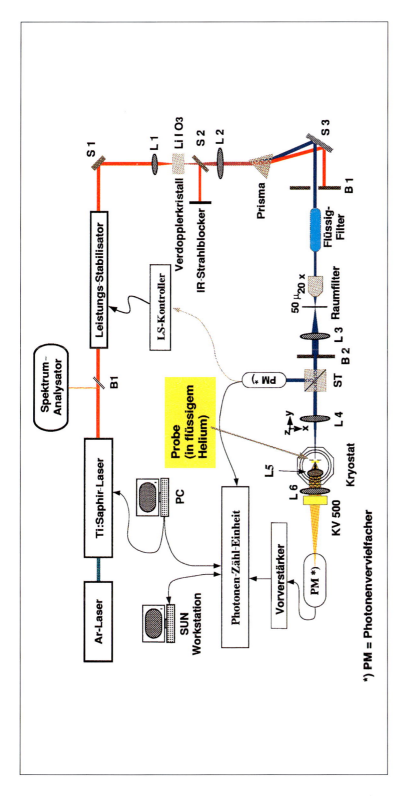

Abb. 3 Apparatur zum Messen von Einzelmolekülspektren. Ein von einem Argon-Ionen-Laser gepumpter Einmoden-Ti:Saphir-Laser emittiert monochromatisches Licht einer Linienbreite von 1 MHz. Die Wellenlänge dieses Lichtes kann von ca. 700 – 1000 nm durchgestimmt werden. In einem LiIO$_3$-Kristall wird die Wellenlänge verdoppelt und dann in diversen Raum- und spektralen Filtern »gereinigt«. Die eigentliche Probe befindet sich in einem Helium-Kryostaten bei einer Temperatur von ~,8 K und wird hinter einer Lochblende angeregt. Die von der Probe emittierten Fluoreszenzquanten werden spektral gefiltert (KV 500) und fallen über eine Linsenoptik auf einen Photomultiplier und werden dann in einem Photonen-Zählsystem verarbeitet. Die ganze Apparatur wird von zwei Rechnern automatisch gesteuert.

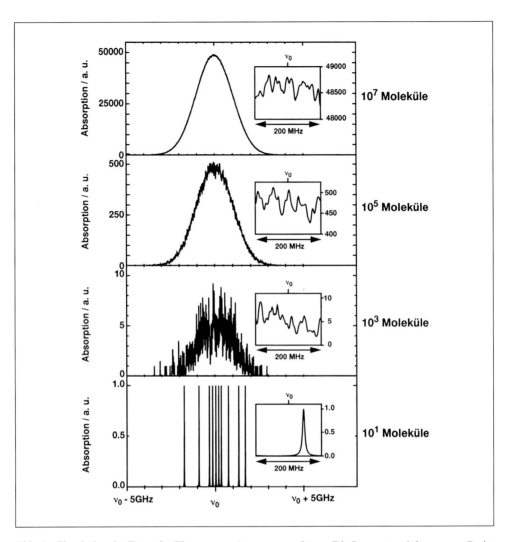

Abb. 4 Simulation der Form der Fluoreszenz-Anregungsspektren. Die Parameter: inhomogene Breite ($\cong$ 3–4 GHz), homogene Breite ($\cong$ 10 MHz) sind typisch für Pentacen in p-Terphenyl bei 1,8 K. Bei 10^7 Molekülen, die sich im betrachteten Volumen befinden, hat die Kurve die Form der inhomogenen Bandenbreite. Bei 10^3 Molekülen ist statische Feinstruktur erkennbar. Bei 10 Molekülen schließlich entspricht jede Linie dem Signal von einem einzelnen Molekül.

— Das zu untersuchende Volumen muß sehr klein sein (1–100 μm³). Um ein so kleines Volumen zu spektroskopieren, haben MOERNER und KADOR (1989) die Fokussiermethode, ORRIT und BERNARD (1990) die optische Fibermethode und WILD et al. (1992) die Lochblendenmethode entwickelt.
— Die einzelnen Moleküle müssen sehr schmalbandig absorbieren. Es wird jeweils nur die Nullphononenlinie des $S_0 \leftarrow S_1$-Übergangs angeregt und die in der Folge emittierte Fluoreszenz gesamthaft registriert. Durch Zählen der einzelnen Photonen läßt sich eine enorme Detektionsempfindlichkeit erreichen. Ursprünglich wurden praktisch alle Untersuchungen an dem System Pentacen/p-Terphenyl ausgeführt. Heute sind bereits etwa 20 verschiedene Son-

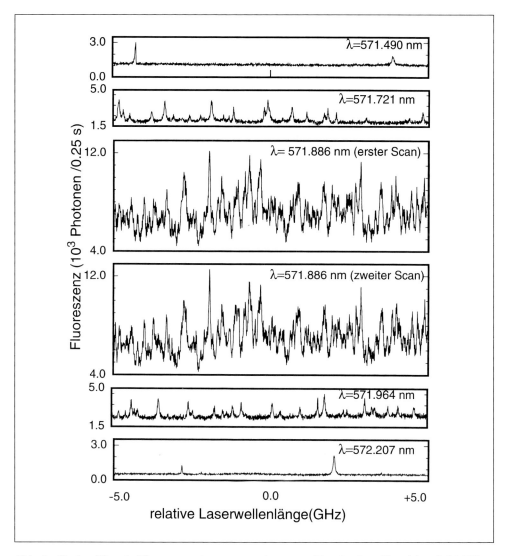

Abb. 5 Hochauflösende Fluoreszenz-Anregungsspektren von Terrylen in n-Hexadekan bei 1,7 K an verschiedenen Positionen in bezug auf das Zentrum der inhomogenen Bande. Die beiden Kurven im Zentrum sind mit einem zeitlichen Abstand von sechs Minuten aufgenommen worden und zeigen eindrücklich die Reproduzierbarkeit der statistischen Feinstruktur. Die im »roten« und »blauen« Flügel der inhomogenen Bande aufgenommenen Spektren zeigen isolierte Linien, die einzelnen Molekülen zuzuschreiben sind. (MOERNER et al. 1994)

den/Wirt-Kombinationen bekannt, und über weitere neue Systeme wird praktisch monatlich berichtet.
— Die photophysikalischen Parameter der Sondenmoleküle müssen recht spezifische Werte haben. So soll die Fluoreszenz-Lebenszeit relativ kurz sein. Bei einer Lebenszeit von 10 ns wäre bei intensiver Anregung eines Moleküls denkbar, daß es pro Sekunde 100 Millionen Photonen aussendet. Auf die Nachweisempfindlichkeit wirken sich eine hohe Übergangswahrscheinlichkeit vom ersten angeregten Singlettzustand in den tiefsten Triplettzustand und

eine lange Triplettlebensdauer besonders ungünstig aus. Bei einer Quantenausbeute der Triplettbildung von 0,1 und einer Triplettlebensdauer von 1 Sekunde verbringt das Sondenmolekül praktisch die ganze Zeit im Triplettzustand, und die Zahl der ausgesendeten Fluoreszenzquanten sinkt auf 10 Photonen/s. Zieht man in Betracht, daß die Empfindlichkeit des Detektionssystems etwa 1% und die Dunkelzählrate 10 Photonen/s ist, so wird im ersten Fall eine Detektion mit gutem Signal-zu-Rausch-Verhältnis sehr einfach, im zweiten Fall gänzlich unmöglich.

Einzelmolekül-Spektroskopie: Der Stark-Effekt

Die enorm schmalen Linien der einzelnen Moleküle machen es möglich, den Einfluß von relativ schwachen äußeren Störungen zu untersuchen. Besonders interessant sind äußere elektrische Felder. Jedes nicht zentrosymmetrische Molekül hat ein elektrisches Dipolmoment im elektronischen Grundzustand und ein etwas verschiedenes Dipolmoment im ersten angeregten Singlettzustand. Bringt man die Probe zwischen zwei Elektroden in ein elektrisches Feld, so ändert sich die Übergangsenergie proportional zur extern angelegten Spannung. Man spricht von einem linearen Stark-Effekt. Die von uns verwendeten Farbstoffmoleküle sind zwar an sich meist zentrosymmetrisch und haben somit kein elektrisches Dipolmoment. Die Deformationen, die sich beim Einbau der Farbstoffmoleküle in die Matrix ergeben, genügen aber schon, und dem gesamten Supermolekül kann ein nachweisbares Dipolmoment zugeordnet werden. In Abbildung 6 ist in einer zweidimensionalen Darstellung die Fluoreszenzintensität als Funktion der Anregungsfrequenz und des elektrischen Feldes aufgetragen. Jede Gerade im Bild entspricht genau einem Molekül. Der Stark-Koeffizient in MHz/(V/cm) ist aus der Steigung der entsprechenden Spur des Moleküls ablesbar.

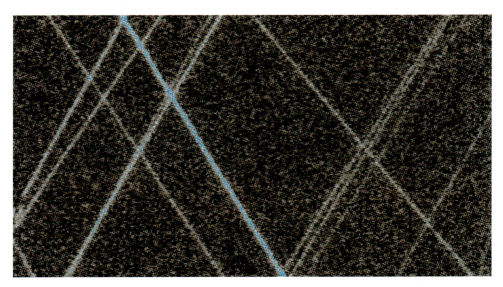

Abb. 6 Linearer Stark-Effekt einzelner Perylen-Moleküle in n-Nonan bei 1,8 K. Abszisse: Laserscan; während 5 min wurde die Laserfrequenz ausgehend von 445,54 nm um 12,1 GHz erhöht. Ordinate: Elektrische Feldstärke; Bereich −6,7 bis +6,7 kV/cm (Falschfarbendarstellung der Fluoreszenzintensität)

Einzelmolekül-Spektroskopie: Der Druck-Effekt

Ein Chromophor-Molekül ist also von Matrix-Molekülen umgeben, welche die genaue Lage des Absorptionsmaximums bestimmen. Was geschieht nun, wenn wir eine solche Probe durch Anlegen von hydrostatischem Druck zusammenpressen? Pressen ist hier wohl ein zu starker Ausdruck; die maximale Druckänderung beträgt nur 500 hPa oder etwa 0,5 atm. Trotzdem, die Matrix wird komprimiert und die Distanzen von den Umgebungsmolekülen zum Farbstoffmolekül verkleinern sich um einen sehr kleinen Betrag. Die Änderung der entsprechenden Wechselwirkungsenergie wirkt sich direkt auf die Lage der Absorptionslinie aus. Eine halbe Atmosphäre Druckunterschied führt zu dem sehr gut nachweisbaren Frequenzshift von 500 MHz. Diese Frequenzänderungen sind völlig reversibel und variieren auch leicht von Molekül zu Molekül. Die große Frequenzauflösung dieser Spektroskopie erlaubt es also, ein einziges Molekül als Drucksonde in einem Festkörper zu benutzen.

Einzelmolekül-Spektroskopie: Bi- und Multistabilität

Es war sehr überraschend, neben den bisher beschriebenen stabilen Einzelmolekülen auch noch Moleküle zu entdecken, die ihre spektrale Lage mit einer Zeitkonstante von mehreren Sekunden oder auch schneller verändern. In Abbildung 8 ist die Zeitentwicklung eines Fluoreszenzanregungsspektrums

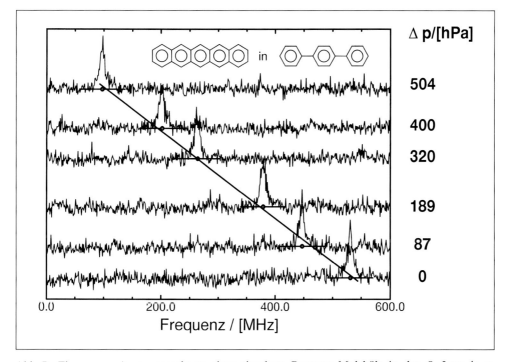

Abb. 7 Fluoreszenz-Anregungspektren eines einzelnen Pentacen-Moleküls in der O_1-Lage in p-Terphenyl bei einer Wellenlänge von 592,327 nm und 1,8 K als Funktion des hydrostatischen Druckes. Die Druckdifferenzen beziehen sich auf das tiefste Spektrum, das bei einem absoluten Druck von 15 hPa gemessen wurde. Die durchgezogene Linie zeigt die lineare Druckabhängigkeit der Linienzentren, die mit einem schwarzen Punkt eingezeichnet sind. (CROCI et al. 1993)

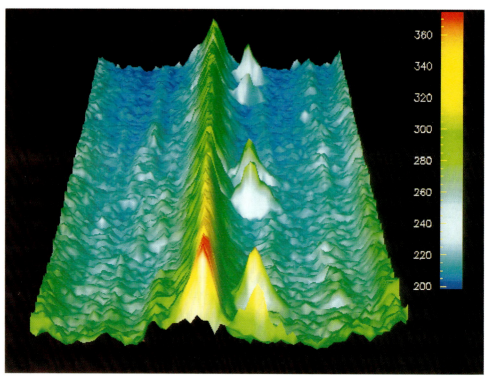

Abb. 8 Molekulare Bistabilität. Terrylen in n-Hexadekan. In der Abbildung sind die Fluoreszenz-Anregungsspektren, die je einen Bereich von 1 GHz bei 572,206 nm umfassen (horizontale Achse), als Funktion der Zeit (nach hinten, Bereich 0 bis 5 683 s) dargestellt. Es ist sehr gut erkennbar, wie die Einzelmolekül-Resonanzkurve während des Experimentes etwa sechsmal für kurze Zeit um ungefähr 150 MHz nach rechts springt (Falschfarbendarstellung der Fluoreszenzintensität).

während einer Experimentierdauer von 5 683 Sekunden dargestellt. Während dieser Zeit »bricht« das Molekül etwa sechsmal aus seiner Normallage aus und kehrt jeweils nach kurzer Zeit wieder zurück. Eine theoretische Beschreibung dieses Verhaltens ist über Zweiniveausysteme in der Umgebung des Moleküls möglich. Bemerkenswert ist die Fotostabilität des untersuchten Moleküls: In diesem Experiment hat es zwischen 10^9 und 10^{10} Photonen absorbiert und sich dabei nicht fotochemisch zersetzt!

Einzelmolekül-Mikroskopie

Lichtemittierende Einzelmoleküle lassen sich auch unter einem optischen Mikroskop betrachten (GÜTTLER et al. 1994, JASNY et al. 1995). Natürlich gestattet es das optische Auflösungsvermögen nicht, Rückschlüsse auf die Form der Moleküle zu ziehen. Die einzelnen Moleküle werden als *Airy*-Scheiben dargestellt, deren Durchmesser von den optischen Eigenschaften des Mikroskops abhängen. Der große Vorteil des Mikroskops liegt vielmehr darin, daß mehrere Moleküle gleichzeitig und unter identischen Bedingungen untersucht werden können. In Abbildung 9 ist das Signal eines einzelnen Moleküls von Terrylen, das sich innerhalb des Probendurchmessers von 100 μm befindet, als Falschfarbenbild dargestellt. Der Vorteil der simultanen Detektion ist besonders in Abbildung 10

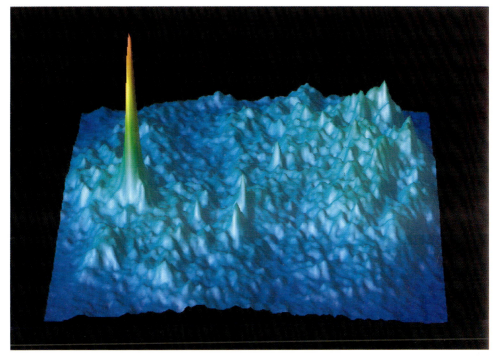

Abb. 9 Fluoreszenzmikroskopie-Aufnahme eines einzelnen Moleküls von Terrylen in n-Hexadekan. Die Fluoreszenz-Emission einer Probe von 100 µm Durchmesser ist dargestellt bei einer festen Laseranregung der Wellenlänge 572,379 nm, einer Intensität von 20 mW · cm^{-2} und einer Datenintegrationszeit von 10 s. Die einzelne Spitze im Diagramm ist einem einzelnen Molekül zuzuschreiben und umfaßt 47 000 Photonen. Die Pixelauflösung war 0,7 × 0,5 µm (Falschfarbendarstellung der Fluoreszenzintensität). (PLAKHOTNIK et al. 1994)

augenfällig. Beim Anregen mit Licht einer festen Frequenz reduziert sich die Anzahl der einzelnen, in Falschfarben dargestellten Moleküle, in den ersten 100 Sekunden um etwa die Hälfte. Durch Auszählen und Verfolgen des Verhaltens der einzelnen Moleküle kann so eine neuartige »Digitale Fotochemie« entwickelt werden.

Spektrales Lochbrennen

Die einzelnen Moleküle von frequenzselektiven Materialien, die sich zum Aufzeichnen von großen Datenmengen eignen, müssen nun im wesentlichen die Eigenschaften haben, die wir im vorausgehenden Kapitel diskutiert haben. Der Hauptunterschied besteht darin, daß sie zusätzlich die Fähigkeit haben müssen, eine Fotoreaktion einzugehen (MOERNER 1988). Ein geeignetes Molekül dieser Art ist das Supermolekül Chlorin in der Polymermatrix Polyvinylbutyral bei kryogenen Temperaturen (Abb. 11). Die beiden H-Atome im Zentrum des Farbstoffmoleküls sind relativ gut von der Umgebung abgeschirmt und können unter Lichteinfluß auch bei tiefsten Temperaturen noch ihre Positionen wechseln. Aus dem ursprünglich stabilen Tautomer I, welches im Bereich 625 – 645 nm absorbiert, ensteht das Tautomer II, das sein Absorptionsmaximum bei 580 nm hat. Bei tiefen Temperaturen ist auch dieses Tautomer stabil. Beim Einstrahlen in seine Absorptionsbande

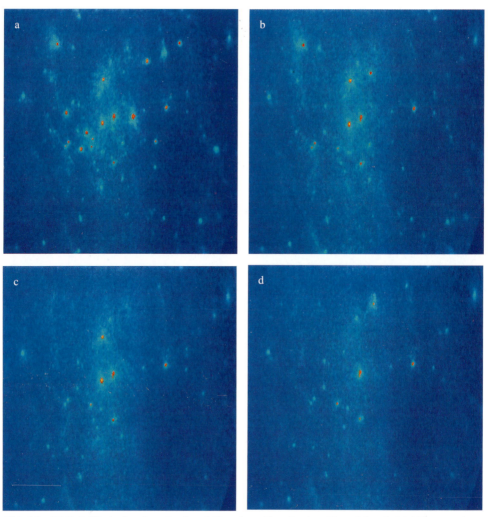

Abb. 10 Digitale Photochemie unter dem Mikroskop. Terrylen in n-Hexadekan bei 1,8 K unter einer Anregungsintensität von 200 mW · cm^{-2} bei einer Wellenlänge von 572,79 nm. Es wird eine Fläche von 200 × 200 mm^2 als Funktion der Zeit dargestellt. Es ist gut ersichtlich, wie einzelne Moleküle als Folge von lichtinduzierten Prozessen im Laufe der Zeit verschwinden (Falschfarbendarstellung der Fluoreszenzintensität). *(a)* 0 s, *(b)* 7 s, *(c)* 49 s und *(d)* 140 s

oder beim Aufwärmen der Probe auf 100 K wandelt es sich jedoch wieder in das Tautomer I zurück. Belichten der Probe mit breitbandigem Licht im Bereich von 580 nm oder Aufwärmen der Probe sind somit Verfahren, die zum Löschen von Information führen und es dadurch gestatten, eine bestimmte Probe mehrfach zu verwenden.

Aufgrund der Ausführungen über Einzelmoleküle verstehen wir jetzt sogleich, daß beim Einstrahlen in die inhomogene Bande im Bereich von 625 – 645 nm immer nur eine Subpopulation des Tautomers I angeregt wird, die schmalbandig das Licht der Lasereinstrahlung absorbiert. Als Resultat dieser Fotoreaktion bleibt im Absorptionsspektrum eine sehr schmale Einbuchtung — ein spektrales Loch — zurück. Prinzipiell können solche spektralen Löcher sehr dicht — bestimmt durch

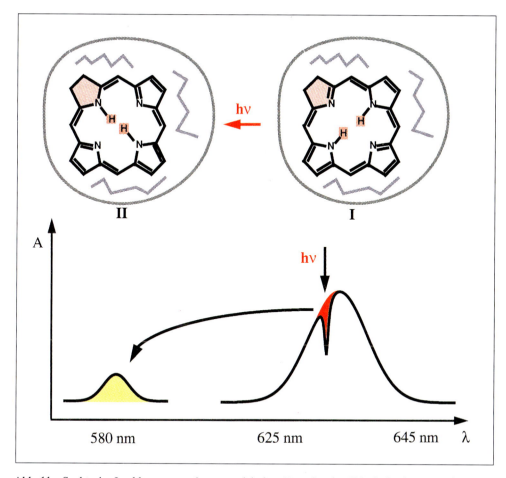

Abb. 11 Spektrales Lochbrennen und supermolekulare Fotochemie. Chlorin in einer Polyvinylbutyral-Matrix. Beim Anregen innerhalb der inhomogenen Bande führt die Subpopulation des Tautomers I eine Fotoreaktion durch. Die beiden inneren H-Atome wechseln ihre Lage. Das neue Tautomer II absorbiert bei 580 nm. Am Ort der Einstrahlung bei 625 nm bleibt ein Loch in der inhomogenen verbreiterten Bande zurück: ein »spektrales Loch«. (BURKHALTER et al. 1983)

das Verhältnis von inhomogener zu homogener Linienbreite — gespeichert werden. Dieser Faktor bestimmt zugleich die Zunahme der Informationsdichte, die sich in einem frequenzselektiven Material erreichen läßt.

Als besonders vorteilhaft hat es sich nun erwiesen, wenn man in diesen Materialien nicht direkt Bilder, sondern vielmehr Hologramme abspeichert (RENN et al. 1985, 1990). Entscheidend ist, daß das Auslesen eines Hologramms völlig untergrundsfrei erfolgen kann. Es ist ein sehr interessantes wissenschaftliches Problem, Hologramme in solchen frequenzselektiven Materialien zu speichern. Durch die Frequenzselektivität ergeben sich ganz neue Möglichkeiten für das Gebiet der Holographie. So haben BERNET et al. (1995) neuartige FPS-Hologramme *(Frequency and Phase Swept Holograms)* entwickelt. Beim Schreiben solcher Hologramme wird gleichzeitig die Lichtfrequenz und die relative Phase zwischen Referenz- und Objektstrahl geändert. Was bei normalen Materialien zum Auslöschen der Information führt, eröffnet bei frequenzselektiven Materialien

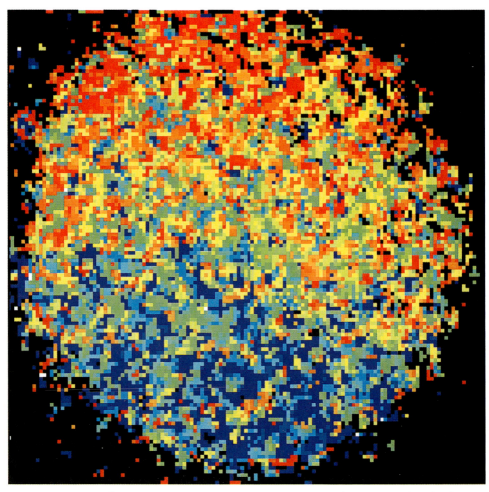

Abb. 12 Doppler-Effekt der rotierenden Sonne. In Falschfarben ist die Frequenz einer bestimmten Spektrallinie der Sonne (630,15 nm) als Funktion ihrer Lage aufgetragen. Die Sonne dreht sich ca. einmal pro Monat um ihre eigene Achse. Der relative Unterschied an den entgegengesetzten Punkten der Sonnenoberfläche beträgt 0,007 nm, was einer Rotationsgeschwindigkeit von 3,5 km/s entspricht. (KELLER et al. 1994)

überraschende Effekte. So können je nach der Beziehung zwischen Frequenz und Phase Hologramme erzeugt werden, die sich durch besonders große Effizienz bei der Rekonstruktion oder durch geringes Übersprechen aus benachbarten Kanälen auszeichnen. Auch kann die Stabilität gegenüber dem Ausbleichen der Hologramme beim Auslesen wesentlich verbessert werden.

Anwendungen von frequenzselektiven Materialien

Frequenzselektive Materialien: Das Sonnenspektrum

In astronomischen Beobachtungen der Sonne ist es von größtem Interesse, gleichzeitig räumliche und spektrale Information zu erhalten. Mit den üblichen konventionellen Detektoren ist es jedoch nur möglich, entweder die ganze Sonne durch ein Interferenzfilter ortsaufgelöst bei einer bestimmten Wellenlänge zu betrachten oder dann einen bestimmten Ort der Sonne auf ein Spektrometer abzubilden und so ein Spektrum aufzunehmen. Mit frequenzselektiven Materialien ist das Vorgehen prinzipiell einfacher: Die Sonne wird direkt auf das frequenzselektive Material im Kryostaten abgebildet. Während der Aufnahme, die einige Minuten dauert, wird gleichzeitig örtliche und spektrale Information aufgezeichnet. Das Auslesen dieser Information erfolgt dann sequentiell in einem zweiten Schritt. Die Wellenlänge des Lasers wird über die inhomogene Bande des frequenzselektiven Materials durchgestimmt, und gleichzeitig wird die entstehende Bildinformation gespeichert. Wir erhalten einen Datenkubus mit den drei Dimensionen Ort x, y und dem Spektrum λ. Ein solcher Datenkubus kann nun wie folgt analysiert werden: Für eine bestimmte Sonnenlinie (neutrale Eisenlinie bei 630,15 nm) wird als Funktion des Ortes genau die Zentralfrequenz bestimmt. Die spektrale Lage dieser Linie wird durch ein Falschfarbenbild dargestellt (Abb. 12). Da sich die Sonne ungefähr einmal pro Monat um ihre Achse dreht, weisen die einzelnen Spektrallinien eine ortsabhängige Doppelverschiebung auf. Das enorme spektrale Auflösungsvermögen der frequenzselektiven Materialien macht es möglich, diese Doppler-Verschiebung auszumessen. Der Unterschied zwischen entgegengesetzten Punkten im »blauen« und »roten« Gebiet der Sonnenoberfläche beträgt 0,007 nm.

Frequenzselektive Materialien: Informationsspeicherung

In Abbildung 13 ist eine experimentelle Anordnung zur Registrierung von Bild-Hologrammen dargestellt. Die frequenzselektive Probe befindet sich zwischen zwei Glasplatten, die je eine durchsichtige elektrisch leitende Beschichtung aufweisen, in einem Kryostaten bei einer Temperatur von 2 K. An die Elektroden kann eine Hochspannung HV gelegt werden, die in der Probe ein homogenes elektrisches Feld erzeugt. Das Laserlicht wird in einem Strahlteiler in einen Referenzstrahl und einen Objektstrahl aufgeteilt. Der Referenzstrahl wird über Spiegel auf die Probe gerichtet, während der Objektstrahl vorerst das abzubildende Diapositiv passiert. Wenn mehrere Bilder in Folge gespeichert werden sollen, kann das Diapositiv durch einen kleinen Flüssigkeitskristall-Fernseher ersetzt werden. Die entsprechende Bildinformation kann dann schneller gewechselt werden; allerdings reduziert sich die Bildauflösung. Objekt- und Referenzstrahl werden auf der Probe zur Interferenz gebracht und erzeugen dort ein Intensitätsmuster, das in der Form von lokalen Änderungen des Absorptionskoeffizienten und des Brechungsindexes in der frequenzselektiven Probe gespeichert wird.

Solche Hologramme können nun bei bestimmten Werten der optischen Lichtfrequenz und des angelegten elektrischen Feldes gespeichert werden. Das Auslesen der Hologramme ist besonders einfach. Das gespeicherte Bild erscheint auf der Kamera, sobald der Referenzstrahl auf die ursprüngliche Wellenlänge gestellt und an die Probe das entsprechende elektrische Feld gelegt wird. In einem Experiment haben Kohler et al. (1993) 2000 Hologramme in einer Probe der Größe 25×25 mm gespeichert.

Die Registrierung jedes Hologrammes erforderte bei einer Laserintensität von $50\ \mu\text{W} \cdot \text{cm}^{-2}$ eine Belichtungszeit von 5 s. Die Geschwindigkeit des Auslesens der Hologramme war wesentlich schneller und wurde durch die elektrische Kapazität der Probe bestimmt. Acht Hologramme, die im E-Feld gespeichert waren, konnten

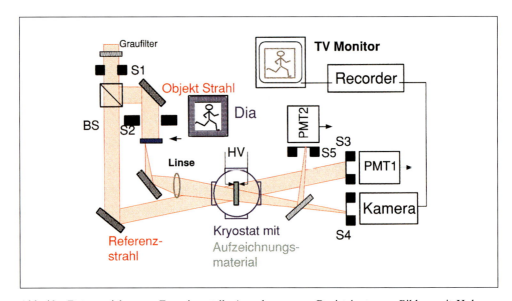

Abb. 13 Datenspeicherung: Experimentelle Anordnung zum Registrieren von Bildern mit Holographie. Die Bild-Hologramme von Diapositiven werden in frequenzselektiven Materialien bei kryogenen Temperaturen gespeichert. Die Eigenschaften dieser Materialien ermöglichen es, Bilder bei verschiedenen Wellenlängen und bei verschiedenen Werten des extern angelegten elektrischen Feldes (HV) zu speichern. Gesamthaft können wir von einer vierdimensionalen Datenspeicherung sprechen: x,y-Koordination des Bildes, optische Wellenlänge λ, elektrisches Feld. In Experimenten sind bis jetzt 2000 Bilder eines Films (Abb. 14) oder auch 6000 digitale Muster (Abb. 15) gespeichert worden. (WILD et al. 1985, RENN und WILD 1987)

gut in 1 ms ausgelesen werden. Die ganze Sequenz von 2000 Hologrammen — mit 25 Bildern pro Sekunde abgespielt — ergab eine Spieldauer vom 80 s. Mit einer modifizierten Speichertechnik haben MANILOFF et al. (1995) sogar 6000 verschiedene Bit-Muster in der Form von Hologrammen abgespeichert.

Frequenzselektive Materialien: Informationsverarbeitung

Normale lichtempfindliche Materialien speichern nur gewisse Aspekte von Licht. So geht bei einer Aufzeichnung in Silberhalogeniden die Polarisation des Lichtes und weitgehend auch seine spektrale Zusammensetzung verloren. Ebenso ist — bedingt durch die Kornstruktur der klassischen Materialien — die optische Auflösung begrenzt. Einzig unsere frequenzselektiven Materialien lassen es zu, sämtliche Eigenschaften des Lichtes, wie Intensität, Polarisation und spektrale Eigenschaften, in einem molekular dispersen Medium abzuspeichern. Die Fotochemie des Systems speichert die Eigenschaften des Lichtes vollumfänglich. Es liegt deshalb nahe, aus den Prinzipien der optischen Datenverarbeitung zu lernen. WILD et al. (1990) haben ein Prinzip entwickelt, das es möglich macht, logische Operationen mit Bildern durchzuführen, die als Hologramme in einem frequenzselektiven Material gespeichert sind. Das Prinzip ist in Abbildung 15 dargestellt.

Vorerst werden bei der optischen Frequenz v und den elektrischen Feldstärken E_1 und E_2 zwei Hologramme der Ausgangsdaten gespeichert — in unserem Fall ein horizontaler und ein vertikaler Balken. Stellt man nun die elektrische Feldstärke auf

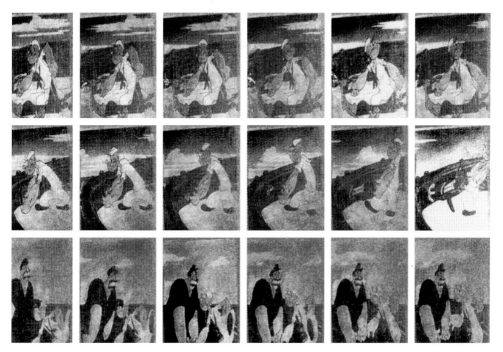

Abb. 14 Datenspeicherung. 3 Sequenzen von je 6 Bildern aus dem »Popeye-Film«, der in einer einzigen Folie einer Größe von von ca. 25 × 25 mm von Chlorin in Polyvinylbutyral bei 2 K gespeichert wurde. (KOHLER et al. 1993)

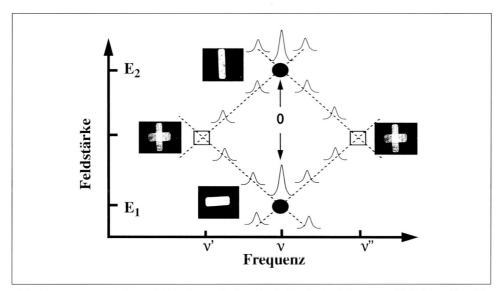

Abb. 15 Datenverarbeitung. Methode zur direkten logischen Verknüpfung von Bildinformation. Die bei einer festen Frequenz und den elektrischen Feldern E_1 und E_2 registrierten Bildhologramme (horizontale und vertikale Streifen) werden mit Hilfe des Stark-Effektes zur Superposition gebracht. Da sich am Kreuzungspunkt die Amplituden (und nicht die Intensitäten) des Lichtes addieren, können aus der sich ergebenden Überlagerung logische Operationen (AND, XOR) abgeleitet werden. (WILD et al. 1990)

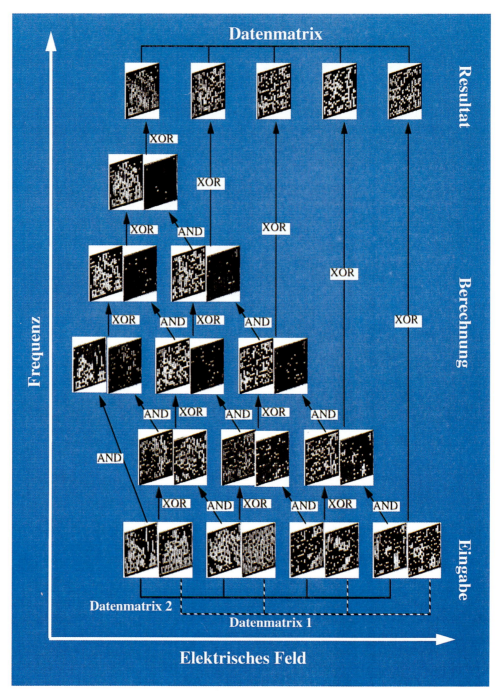

Abb. 16 Datenverarbeitung. Demonstrationsbeispiel der in Abb. 15 beschriebenen Methode. Das Resultat der AND- oder XOR-Operation wird jeweils neu gespeichert. Eine Bildebene enthält ein Bit-Muster von je 400 Zahlen in einem 20×20 Raster. Es ist die Addition von je 400 4-Bit-Zahlen dargestellt, die als Resultat zu 400 5-Bit-Zahlen führt. Um dies zu erreichen, sind 23 optische Operationen, die gesamthaft 9 200 logische Vergleiche beinhalten, durchzuführen.

den Mittelwert von E_1 und E_2, so bewirken die Stark-Verschiebungen der einzelnen Moleküle Kreuzungspunkte bei der optischen Frequenz v' und v''. Stellt man die Auslesefrequenz des Lasers auf die Werte v' oder v'', kann man »gleichzeitig« die beiden gespeicherten Bilder auslesen. Da nun aber beim holographischen Auslesen die Lichtamplituden und nicht die Lichtintensitäten addiert werden, können wir im resultierenden Bild interessante Interferenzeffekte beobachten. Falls die Ausgangshologramme die relative Phasendifferenz 0 hatten, erscheinen Orte, die in beiden Hologrammen hell sind, im Resultathologramm mit der Intensität 4 $((1 + 1)^2 = 4)$. Falls die Ausgangshologramme mit entgegengesetzter Phase geschrieben worden sind, ist das Resultathologramm an den Orten, an denen beide Ausgangshologramme hell sind, nun dunkel $((1 - 1)^2 = 0)$. Basierend auf diesen Eigenschaften können somit Bilder, die in frequenzselektiven Materialien gespeichert sind, direkt parallel logisch verknüpft werden. Unser Informationsspeicher ist also gleichzeitig ein paralleler Datenprozessor, den wir auch als »Molekularen Computer« bezeichnen können. Eine Demonstration dieser Eigenschaft — eine Addition von je 400 Zahlen mit 4 Bit Genauigkeit — ist in Abbildung 16 dargestellt.

In einer Bildebene wird je ein Muster von 400 Bits als 20×20 Muster aufgezeichnet. Zwischen jeweils zwei dieser Muster wird nach dem oben erwähnten Verfahren entweder eine AND- oder XOR-Operation durchgeführt. Die resultierende Intensitätsverteilung wird geeignet diskrimiert und wieder neu im frequenzselektiven Material gespeichert. Nach gesamthaft 23 optischen Operationen, die 9 200 logische Vergleiche beinhalten, erhalten wir das Resultat der Addition in 5-Bit-Ebenen. Die hier aufgeführten Anwendungen sind heute noch keinesfalls ausgereift und weisen noch etliche leichter und weniger leicht zu behebende Mängel auf. Es liegt jedoch im Wesen der Forschung an einer Universität, daß Ideen präsentiert und neue Wege aufgezeichnet werden, die möglicherweise später eine Anwendung finden können.

Danksagung

Meinen Mitarbeitern Dr. A. Renn, Dr. A. Rebane, S. Bernet, M. Pirotta, H. Bach, T. Irngartinger, M. Traber, P. Nyffeler und B. Lambillotte möchte ich meinen Dank aussprechen für ihre Begeisterung und Ausdauer, die sich nicht selten in die Abend- und Nachtstunden ausdehnte.

Literatur

Bernet, S., Altner, S. B., Graf, F. R., Maniloff, E. S., Renn, A., and Wild, U. P.: Frequency and Phase Swept Holograms in Spectral Hole-Burning Materials. Applied Optics. To be published (1995)

Burkhalter, F. A., Suter, G. W., Wild, U. P., Samoilenko, V. D., Rasumova, N. V., and Personov, R. I.: Hole Burning in the Absorption Spectrum of Chlorin in Polymer Films: Stark Effect and Temperature Dependence. Chem. Phys. Lett. *94*, 483–487 (1983)

Croci, M., Mueschenborn, H.-J., Güttler, F., Renn, A., and Wild, U. P.: Single Molecule Spectroscopy: Pressure Effect on Pentacene in p-Terphenyl. Chem. Phys. Lett. *212*, 71–77 (1993)

Güttler, F., Irngartinger, T., Plakhotnik, T., Renn, A., and Wild, U. P.: Fluorescence Microscopy of Single Molecules. Chem. Phys. Lett. *217*, 393–397 (1994)

Jasny, J., Sepiol, J., Irngartinger, T., Traber, M., Renn, A., and Wild, U. P.: Fluorescence Microscopy in Superfluid Helium: Single Molecule Imaging. To be published (1995)

Keller, C. U., Graff, W., Rosselet, A., Gschwind, R., and Wild, U. P.: First Light for an Astronomical 3-D Photon Detector. Astron. Astrophys. *289*, 41–42 (1994)

KOHLER, B., BERNET, S., RENN, A., and WILD, U. P.: Storage of 2000 Holograms in a Photochemical Hole-burning System. Optics Letters *18*, 2144–2146 (1993)

MANILOFF, E. S., ALTNER, S. B., BERNET, S., GRAF, F. R., RENN, A., and WILD, U. P.: Recording of 6000 Holograms by Use of Spectral Hole-Burning. Applied Optics *34*, 4140–4148 (1995)

MOERNER, W. E. (Ed.): Persistent Spectral Hole Burning: Science and Applications. Berlin: Springer 1988

MOERNER, W. E., and KADOR, L.: Optical Detection and Spectroscopy of Single Molecules in a Solid. Phys. Rev. Lett. *59*, 2535–2538 (1989)

MOERNER, W. E., PLAKHOTNIK, T., IRNGARTINGER, T., CROCI, M., PALM, V., and WILD, U. P.: Optical Probing of Single Molecules of Terrylene in a Shpol'skii Matrix: A Two-State Single-Molecule Switch. J. Phys. Chem. *98*, 7382–7389 (1994)

ORRIT, M. and BERNARD, J.: Single Pentacene Molecules Detected by Fluorescence Excitation in a p-Terphenyl Crystal. Phys. Rev. Lett. *65*, 2716–2719 (1990)

PLAKHOTNIK, T., MOERNER, W. E., IRNGARTINGER, T., and WILD, U. P.: Single Molecule Spectroscopy in Shpol'skii Matrices. Chimia *48*, 31–32 (1994)

RENN, A., MEIXNER, A. J., and WILD, U. P.: Hole Burning and Holography III: Electric Field Induced Interference of Holograms. J. Chem. Phys. *93*, 2299–2307 (1990)

RENN, A., MEIXNER, A. J., WILD, U. P., and BURKHALTER, F.: Holographic Detection of Photochemical Holes. Chem. Phys. *93*, 157–162 (1985)

RENN, A. and WILD, U. P.: Spectral Hole Burning and Hologram Storage. Appl. Optics *26*, 4040–4042 (1987)

WILD, U. P., BUCHER, S. E., and BURKHALTER, F. A.: Hole Burning, Stark Effect, and Data Storage. Appl. Optics *24*, 1526–1530 (1985)

WILD, U. P., GÜTTLER, F., PIROTTA, M., and RENN, A.: Single Molecule Spectroscopy: Stark Effect of Pentacene in p-Terphenyl. Chem. Phys. Lett. *193*, 451–455 (1992)

WILD, U. P., RENN, A., DE CARO, C., and BERNET, S.: Spectral Hole Burning and Molecular Computing. Appl. Optics *29*, 4329–4331 (1990)

Prof. Dr. Urs P. WILD
Laboratorium für Physikalische Chemie
Universitätstraße 22
ETH-Zentrum
CH-8092 Zürich

Positron Tomography in Solid State Physics

By Martin PETER, Mitglied der Akademie, Abhay SHUKLA,
Ludger HOFFMANN and Alfred A. MANUEL (Genève)

With 9 Figures

1. Introduction

Angular Correlation of (Positron) Annihilation Radiation (ACAR) is an experimental technique which permits the study of the electronic density in condensed matter. In this technique, one shoots positrons into a sample where they annihilate with electrons. Each annihilation event produces a pair of γ rays. These rays carry together the energy $(2m_e c^2)$ of the two annihilated particles, and also their momentum. If the momentum is zero, the two γ rays are exactly antiparallel — otherwise they emerge at a small angle. The distribution of these angles gives us information on the momentum distribution of the electrons in the sample studied. In addition to the angular distribution, one can also measure the lifetime of the positron in a solid, that is, the time which elapses between the entry of the positron and the emergence of the annihilation radiation. This time lies between picoseconds and nanoseconds, and it is easy to see that it will become longer if the spatial electronic density diminishes in the place where the positrons are located. Since defects often result in spots with diminished density, lifetime measurements have become a popular method for the study of the physical and metallurgical state of matter. High temperature superconductors are a challenge to many theoretical and experimental solid state physicists. They were discovered nine years ago, but their high transition temperature (T_c) (the present record is 166 K) is yet unexplained. Amongst the many puzzles they pose is one regarding the degree of order inside their crystals. But it has also been questioned whether the electric current is carried in these compounds by ordinary conduction electrons or by some other mechanism. These questions make it clearly interesting to investigate these compounds with positrons: Are they full of voids? Do they have a Fermi surface (FS) and a predictable band structure like all ordinary conductors do? The experimental investigation of high temperature superconductors has turned out to be an order of magnitude more difficult than expected from experience with metals and intermetallic compounds. This statement holds for many different techniques, and in particular also for positrons. Progress in two domains has however now made possible the acquisition of meaningful new knowledge.

On one hand, it turned out that oxides can have a variable oxygen concentration, and that these fluctuations can be controlled, with a corresponding improvement of the results of our measurements. On the other hand, we have made progress in the evaluation of intrinsically noisy data, and in the computer assisted discrimination between essential and incidental information. Therefore, our present report begins with a brief description of our present methods of information processing (section 2), and ends with the exposition of some new insights into the nature of ceramic superconductors (sections 3 and 4).

2. The Inverse Problem

In this section we are concerned with different approaches for the resolution of the inverse problem which occurs whenever data available experimentally are to be used to determine properties of a physical phenomenon which are not directly accessible. The data are the known consequences of some unknown causes which we need to determine.

We write,

$$\int_a^b K(x, y) \Phi(x) \, dx + N(x) = D(y) \quad [1]$$

This equation is an example of the Fredholm equation of the first kind. The problem is to determine the unknown function $\Phi(x)$ for a known kernel $K(x, y)$ and known function $D(y)$, $N(y)$ being a random function with known standard deviation σ_y representing the statistical noise. Let us illustrate this with examples which will be taken up later. The first example is that of the positron annihilation lifetime experiment where the inverse problem consists in determining the life-times from the measured decay curve. $D(y)$ is the measured decay curve, y here is the variable representing time. $K(x, y)$ is the kernel of the equation which in the case of the lifetime problem is given by $x^{-1} \exp(-yx^{-1})$, x being the variable which represents lifetime. $\Phi(x)$ is the unknown intensity function which determines the intensity as a function of lifetime for a given experiment. For the second example we take the case of linear data corresponding to a square function of unknown width buried in random noise. The kernel generates a square step of varying width and the unknown function $\Phi(x)$ picks out one (or more) widths with certain intensities to create the measured data. This example will be put to use to extract information about FS breaks in two-dimensional ACAR (2D-ACAR) data.

As we are concerned with discrete numerical solutions for Equation [1] we shall write it as a system of linear algebraic equations where f_j represents the values of $F(x)$ at certain reference points. The example of lifetime data is represented graphically in Figure 1, and Equation [1] becomes:

$$\sum_{\mu=1}^{nmod} k_{j\mu}\phi + \eta_j = d_j, \quad j = 1 \ldots n \text{ dat, or in matrix form, } K\Phi + N = D \quad [2]$$

This is an ›ill-posed problem‹ according to TIKHONOV and ARSENINE (1976), among the pioneers in the resolution of such inverse problems. In the case of a physical experiment as opposed to the general case, the existence of a solution is usually

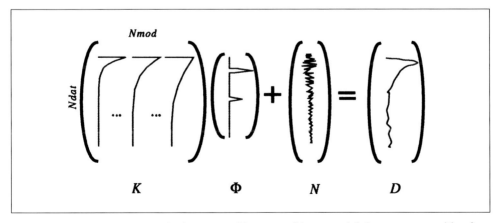

Fig. 1 An example leading to the inverse problem: a multiexponential decay curve resulting from a positron lifetime measurement

guaranteed and in some cases even the uniqueness may be assured. K is usually not a square matrix, because Φ and D need not have the same dimension.

However if we assume n mod = n dat we can then, in principle, solve Equation [2] by inverting the matrix K,

$$\Phi = K^{-1}D. \qquad [3]$$

This procedure in general leads to a meaningless result because small errors in the process of inversion or in the measurement of D lead to very big errors in Φ. $D(y)$ is not very sensitive to local variations in $\Phi(x)$ because the integration with the kernel smooths them out. However small changes in $D(y)$ can induce big variations in $\Phi(x)$ as determined by the inversion of K (TURCHIN et al. 1971). In the following sections we shall look at some methods to resolve the inverse problem.

2.1 Bayes' Theorem

In analyzing data from physical experiments, probabilistic concepts come into play quite naturally, because statistical error is random in nature and can be characterized only in a probabilistic manner. Furthermore, experimental data never have infinite resolution and in particular in the case of ill-posed problems one is forced to make inferences about various possible results or forms for the vector Φ given a certain data-set D and an experiment described by the kernel K and the noise N. These inferences are best expressed as conditional probabilities, $p(\Phi|D)$. Lastly, as we have said before, the ›ill-posed‹ nature of the problem can be tackled by the process of regularization. This regularization can be brought about by introducing a priori information about the unknown quantity Φ in the form of a ›prior‹ probability distribution. These probability distributions will be linked together by the Bayes' theorem to obtain meaningful information about Φ (SKILLING 1990, TURCHIN et al. 1971).

The strategy is to make certain inferences about Φ and calculate the associated probabilities. In other words, we wish to calculate the conditional probability $p(\Phi|D)$ as a function of Φ. This is not directly accessible from the data which gives us the conditional probability $p(D|\Phi)$ often known as the ›likelihood‹. The likelihood depends on the characteristics of the measuring system and in the case where the probability density of the experimental noise is given by $p_n(N)$ we have,

$$p(D|\Phi) = p_n(D - K\Phi) \qquad [4]$$

For normally distributed noise this gives the distribution

$$p(D|\Phi) = \prod_{j=1}^{ndat} (2\pi\sigma_j^2)^{-1/2} \exp\left\{-\frac{1}{2\sigma_j^2}\left[d_j - \sum_{\mu=1}^{nmod} k_{j\mu}\phi_\mu\right]^2\right\} \qquad [5]$$

To jump from $p(D|\Phi)$ to $p(\Phi|D)$ we need the a priori probability density $p(\Phi)$. This term also known as the ›prior‹ reflects the fact that we know only D and helps us to decide on an estimate for Φ, the ›real‹ Φ being unknown. We can now use Bayes' theorem to extract the a posteriori probability density $p(\Phi|D)$. Indeed we have

$$p(\Phi|D) = \frac{p(\Phi)\, p(D|\Phi)}{p(D)}. \qquad [6]$$

$p(D)$ is a constant normalizing factor. The a posteriori probability depends on the experimental data as well as the on the prior probability but of course may depend much more on the one (which is generally the case, when the data are ›good‹) or on the other. The usual strategy of smoothing data or minimizing the least square error between data and reconstruction is a Bayesian strategy with a constant, trivial prior. The prior exerts a regularizing influence which makes its choice an important step.

2.2 Linear Filtering

The action of a linear filter can be written generally as

$$\phi_\mu = \sum_{j=1}^{ndat} f_{\mu j} d_j, \quad \text{or in matrix form,} \quad \Phi = FD \qquad [7]$$

where F is defined as the *linear filter matrix* of size $n\,mod \cdot n\,dat$. The problem is to find a suitable set of coefficients $f_{\mu j}$ to satisfy a certain criterion, generally realized by the extremalization of a particular function. The linear filters described below act on the data D in this manner.

In nonlinear approaches, the calculated ϕ depends *non-linearly* on the input values d_j (and ϕ_μ if the approach is iterative).

A Bayesian Linear Filter

We first define C_Φ and C_N, the square $n\,dat \cdot n\,dat$ autocorrelation matrices of the models and of the noise respectively with $C_\Phi = \sum_v p_v \Phi_v \Phi_v^T$ and $C_N = \sum_v p_v N_v N_v^T$. The first approach (TURCHIN et al. 1971) is used in the event where one presumes known the correlation matrix C_Φ of the a priori ensemble. This is the identity matrix in the event when one knows nothing. Out of the different sets of prior probabilities $\{p_v\}$ possible for the set of admissible vectors $\{\Phi_v\}$ forming the a priori ensemble and leading to the given C_Φ, we choose the set that minimizes the information contained in it about Φ. This is the set $\{p_v\}$ which maximizes the expression:

$$-\sum_v p_v \ln p_v \qquad [8]$$

and leads to a distribution density of the form

$$p(\Phi) \propto \exp\left(-\frac{1}{2}(\Phi^T C_\Phi^{-1} \Phi)\right). \qquad [9]$$

For the purposes of this method only, the data and the kernel are transformed according to Equation [10] to take into account the fact that the standard deviations of errors may be different for each component of the data.

$$d_j' = \frac{\sigma_{GM}}{\sigma_j} d_j, \quad \text{and} \quad k_{j\mu}' = \frac{\sigma_{GM}}{\sigma_j} k_{j\mu}, \qquad [10]$$

where σ_{GM} is the geometric mean of the set $\{\sigma_j\}$. However for reasons of simplicity we will continue to use the earlier notation (K and D instead of K' and D').

Using the expressions for $p(D|\Phi)$ (Equation [6]), $p(\Phi)$ (Equation [9]) and Bayes' Theorem we maximize $p(\Phi|D)$ with respect to Φ giving

$$\Phi_R = \frac{C_\Phi K^T}{C_\Phi K^T K + C_N} \qquad [11]$$

where, for uncorrelated noise, $C_N = \sigma_{GM}^2 I$, I being the identity matrix of dimension n mod.

A General Optimal Linear Filter

A linear filter (HOFFMANN et al. 1993) is designed to solve the inverse problem (Equation [2]) using the following procedure: a filter matrix F is constructed given a criterion according to which it should be optimal and using the knowledge about Φ and N. In the present case, F is designed to satisfy a minimization criterion where the mean square error between the ›real‹ Φ and the one extracted by the filter from the data is minimized. One may also minimize the mean square error between data and reconstruction directly but clearly one does not then solve the inverse problem (PRATT 1972).

The minimization criterion is written as

$$\sum_v p_v \langle |F(K\Phi_v + N) - \Phi_v|^2 \rangle_N \; minimum. \qquad [12]$$

The sum is over all linear combinations (each corresponding to a Φ_v and with an associated probability p_v) of the n mod admissible models, averaged over all noise configurations N contained in the data D. The expression of the filter F is obtained after taking the derivative of Equation [12] with respect to F, and setting it to zero to satisfy the minimization criterion. The terms containing the first power of N are neglected since the mean of the distribution of N is assumed to be zero. Solving Equation [12] leads to the expression of the general filter F, and the inverse problem is solved by the expression of the regularized solution Φ_R:

$$\Phi_R = FD, \text{ where } F = \frac{C_\Phi K^T}{K C_\Phi K^T + C_N}. \qquad [13]$$

In the special cases where the noise is uncorrelated, the mean over all possible noise configurations leads to a diagonal matrix C_N with σ_j^2 on the diagonal (σ_j is the standard error in d_j). It is interesting to note that C_Φ is an identity matrix when we are completely ignorant, that is all possible combinations of the n mod different models are admissible and equiprobable. In this case C_Φ is identity for the same reasons as C_N. Even if we restrict the $\{\Phi_v\}$ set to those Φ_v having a limited number of nonzero elements, (limiting the number of models M_v present in D) C_Φ is an identity matrix. We remark that using a $\{\Phi_v\}$ set where $v = 1 \ldots n$ mod and each Φ_v corresponds to the presence of one of the n mod models forming the columns of the matrix K also leads to an identity matrix for C_Φ. This filter (Equation [13]) has a general character, in the sense that other linear filters can be derived from it and is optimal in the sense that it satisfies Equation [12].

One of the special cases of the general filter is the classical Wiener filter (TIKHONOV and ARSENINE 1976). Its matrix elements are of the form $f_{ij} = f(i-j)$, where $F \cdot D$ is a convolution product. For a square F matrix of size n dat $\cdot$ n dat, Equation [12] can be simplified after a unitary transformation (PRATT 1972) in the Fourier space where F becomes diagonal and the matrix operation $F \cdot D$ transforms to scalar filtering. The only information required for the construction of the Wiener filter is the power spectra of Φ_v and N. The Wiener filter considers models which are translation invariant, and is therefore less selective than the general filter.

Another special case is a scalar product, to which the general filter is reduced when K is an identity matrix and for large constant noise with standard deviation σ. In this case the denominator of F is reduced to σ^2 and the filtered result is a projection of the data D on the models.

The data transformation induced by the finite experimental resolution function with which the experiment measures the models M can also be expressed as a special case of the general filter. In this case $K \cdot \Phi$ is a simple convolution product. The rows of the kernel K contain the experimental resolution function, centered on the diagonal of K.

Equivalence of the Two Linear Approaches

The two linear approaches give similar recipes (Equation [13] and Equation [11]). In fact the filters found by the two methods are identical, which can be proved easily. For that we have to include the transformation of D and K according to Equation [10], which may be written in matrix form as $K' = \Sigma K$ and $D' = \Sigma D$ where Σ is a diagonal matrix with elements σ_{GM}/σ_j (we assume uncorrelated noise). Let us assume that both filtered data according to Equation [13] and Equation [11] are identical, which is expressed by

$$C_\Phi K^T(KC_\Phi K^T + C_N)^{-1} D = (C_\Phi K^T \Sigma^2 K + \sigma_{GM}^2 I)^{-1} C_\Phi K^T \Sigma(\Sigma D). \quad [14]$$

After cross-multiplication one obtains

$$C_\Phi K^T \Sigma^2 C_N = \sigma_{GM}^2 C_\Phi K^T. \quad [15]$$

Equation [15] is satisfied, since C_N may be written as $\sigma_{GM}^2 \Sigma^{-2}$. The optimal filter then, is equivalent to the one given by a Bayesian approach when the correlation matrix C_Φ for the given problem is known. Henceforward we will not distinguish between the two and simply refer to the linear filter.

2.3 Non-linear Approaches

A Bayesian Method: the Maximum Entropy Technique

In this approach (reviewed by SIVIA 1990, SKILLING 1990) we seek solutions to the inverse problem in the form of a positive additive density (PAD). It can be shown that the best prior probability distribution for a PAD is given by

$$\Pr(\Phi) \propto \exp(\alpha S(\Phi, R)) \quad [16]$$

where S is the generalized Shannon-Jaynes entropy, R an initial reference vector with respect to which the entropy is calculated (taken to be a constant as shown by LIVESEY et al. 1986), and α a Lagrange multiplier (which is an inverse measure of the spread of the values of Φ about R). S is given by

$$S = \sum_{\mu=1}^{nmod} \left(\phi_\mu - r_\mu - \phi_\mu \log \frac{\phi_\mu}{r_\mu} \right). \tag{17}$$

Using Bayes' theorem once more, the a posteriori probability distribution $p(\Phi|D)$ becomes

$$\Pr(\Phi|D) \propto \exp\left(\alpha S - \frac{1}{2} \chi^2 \right) \tag{18}$$

where we have used the definition

$$\chi^2 = \sum_{j=1}^{ndat} \frac{\left(d_j - \sum_{\mu=1}^{nmod} k_{j\mu}\phi_\mu \right)^2}{\sigma_j^2}. \tag{19}$$

The solutions are found by maximizing the a posteriori probability with respect to Φ, which amounts to maximizing the argument of the exponential term in Equation [18]. One may look for the most probable solution, or one corresponding to an adequate value for the χ^2, or a set of solutions with the associated probabilities (the posterior ›bubble‹) (SKILLING 1990). Various algorithms may be employed, adapted to the specific nature of the problem (BRYAN 1990, SKILLING and BRYAN 1984). We have used this method to develop a program (MELT) which extracts lifetimes and corresponding intensities from a decay curve (SHUKLA et al. 1993).

A Non-linear Iterative Filter Derived from the Linear One-Step Filter

The two Bayesian approaches differ in their expressions for prior probabilities. In the linear Bayesian approach the information content of the prior probability ensemble $\{p_v\}$ is minimized (or its ›entropy‹ maximized) to arrive at the expression for $p(\Phi)$. The Maximum Entropy technique too maximizes an entropy as defined by Equation [17], where it is expressed using the *components* of Φ. However we must remember that the prior ensemble here is restricted to PAD's so that the component ϕ_μ of Φ_R may be interpreted as the probability for the corresponding model to be present, whereas in the linear approach the regularized solution is not necessarily a PAD. This means that for problems where the solution is effectively a PAD, some way will have to be found of eliminating any negative components in the regularized solution Φ_R. Also, on the application of the linear, one-step filter on data where the solution is not necessarily a PAD, we find that the regularized solution contains wide features and parasite oscillations, for small signal to noise ratios. Here again one would like to reinforce significant features in the solution. We use iterative techniques where the solution is progressively modified.

We suppose that the prior ensemble $\{\Phi_\mu\}$ is composed of the n mod solutions which each correspond to the presence of one of the models included in the kernel matrix K with the associated prior probability ensemble $\{p_\mu\}$. On applying the filter to data, we can modify the prior probability ensemble by diminishing the probabilities p_μ of those models which are supposedly present with negative intensities, so as to introduce the PAD constraint. At each iteration we decrease these p_μ by a factor depending on the ratio of negative intensities to positive intensities. The matrix C_Φ remains diagonal but is no more equal to identity. This process can be iterated till the negative Φ_μ components are eliminated.

Another method of progressive modification of prior probabilities was tried, and is also valid for the case where the PAD constraint does not exist. Here we suppose that the amplitude ϕ_μ represents the amplitude of probability (AP) for the presence of the μth model such that the prior probabilities $\{p_\mu\}$ for each iteration are given by $\{\phi_\mu^2\}$ where Φ is the outcome of the previous step. The process is continued till the solution is stable, leading to the regularized solution Φ_R. This tends to reinforce the stronger features in the data and suppress the features induced by noise.

In both cases the progressive modification of prior probabilities has a sharpening effect on the significant features in Φ_R. The AP constraint can separate closely spaced features more efficiently than the PAD constraint but may on the other hand suppress significant features if they are present with small amplitudes. For small signal to noise ratios (approaching unity), the iterative procedure does not improve the solution.

The iterative procedure with the AP constraint has been applied to the extraction of FS breaks in 2D-ACAR spectra. We have used this procedure to filter the 1St Brillouin zone (BZ) of experimental data (see section 4 for example). Figure 2 provides an example on simulated data explaining the working of the filter.

In this procedure, the 2D-ACAR data (Fig. 2 a) is first pre-filtered by a high-pass Fourier filter so as to remove the smooth, largely isotropic modulation. Then the particular region of the 2D-ACAR spectrum that we wish to study, for example the 1st BZ, is chosen (the area shown in Fig. 2 b). The columns of the Kernel matrix are constructed as square functions of increasing width to represent a discontinuity which varies in position. These are also convoluted with a resolution function and the filter is constructed using Equation [13]. Since the method is applicable to one-dimensional data, slices through the two-dimensional data are summed to give a vector (the slices are parallel to the y direction and 9 channels wide in the x direction in Fig. 2 b). In a final pre-filtering stage, a second order polynomial fit to the data is subtracted from it thus removing modulations other than FS discontinuities to a large extent. The filter is then applied to this vector followed by a single iteration using the AP constraint. Since the signal to noise ratio is small, more iterations may suppress significant features. The resulting intensity vectors are then assembled into a matrix which indicates the position and intensities of discontinuities in a given direction (Fig. 2 d).

3. Positron Lifetime Measurements in $Y_{1-x}Pr_xBa_2Cu_3O_{7-\delta}$

Sample preparation is an important parameter in lifetime measurements in ($YBa_2Cu_3O_{7-\delta}$) YBCO. The purity and microstructure of the samples depend on the entire preparation process but in the case of YBCO the final oxygenation stage is also important because the superconducting properties depend critically on the amount of oxygen present in the unit cell. The critical temperature varies with the

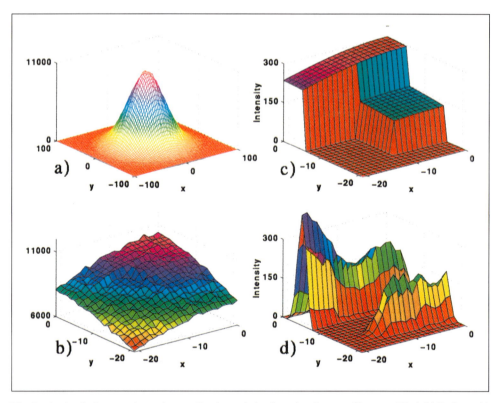

Fig. 2 A simulation to show the application of the iterative inverse filter to 2D-ACAR data. (a) A ›pseudo‹ 2D-ACAR spectrum (201 × 201 channels) is constructed by superposing a pattern containing two breaks at different positions and with different intensities onto a Gaussian function and adding random Gaussian noise. (b) A central core from this spectrum which will be analyzed using the inverse filter. (c) The actual step pattern which is buried in the region shown in (b). (d) The output from the filter showing that it predicts quite accurately the position and the intensity of the breaks.

oxygen content and so does the structure, the striking fact being the tetragonal to orthorhombic transition at an oxygen content of about 6.5 per unit cell. This transition is due to the disappearance of unidimensional Cu−O ›chains‹ present in the well oxygenated structure (JORGENSEN et al. 1987). Details on the preparation of samples are given in SHUKLA (1995). The first set of lifetime measurements reported here were performed on samples which underwent a slow-cooling during the final oxygenation stage. The second set of measurements were performed on ›quenched samples‹ using the alternative method of annealing at a given temperature under O_2 and then quenching the sample to room temperature to fix the oxygen content.

3.1 Temperature Dependent Lifetime Measurements

Temperature dependent lifetime measurements were performed on the $Y_xPr_{1-x}Ba_2Cu_3O_{7-\delta}$(YPrBCO) samples and the spectra were analyzed using the MELT program (SHUKLA et al. 1993). The resolution function was a single Gaussian of FWHM ~ 285 ps. For all samples except $Y_xPr_{1-x}Ba_2Cu_3O_{7-\delta}$(PrBCO), in the 40 K – 300 K temperature range we find at least two components (apart from the

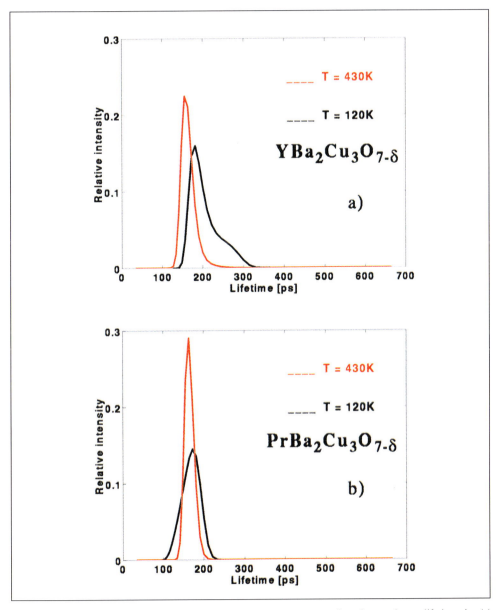

Fig. 3 The intensity curve obtained from the MELT program for the positron lifetime in (a) $YBa_2Cu_3O_{7-\delta}$ and (b) $PrBa_2Cu_3O_{7-\delta}$. In $PrBa_2Cu_3O_{7-\delta}$ there is only one component at both temperatures, with a lifetime of 165 ps. For $YBa_2Cu_3O_{7-\delta}$ at lower temperatures there is more than one component while at $T = 430$ K only one component persists.

source component) in the spectrum. We deduce this from the intensity distributions for the lifetimes obtained by MELT, which are much wider or clearly indicate two maxima. As an example see Figure 3 a.

However these components are very closely spaced and attempts to separate them are unstable and the errors on the result very large. We accordingly analyze only the variation of the mean life-time (τ_m) as a function of temperature, as this quantity is

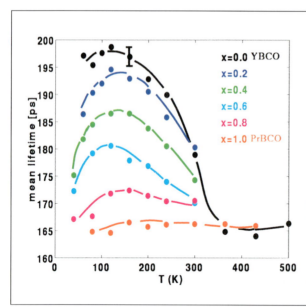

Fig. 4 Mean lifetime as a function of temperature for different concentrations of Pr ($x = 0.0$ to $x = 1.0$), in $Y_{1-x}Pr_xBa_2Cu_3O_{7-\delta}$. The lines are a guide for the eye. The error on each value of the mean lifetime ist ± 2 ps.

determined quite precisely. The variation of τ_m as a function of temperature for all six samples is presented in Figure 4 (from SHUKLA et al. 1995).

It can be seen that:
- All samples except PrBCO show a strong variation in τ_m with temperature. All other samples, especially those with intermediate substitution of Pr ($0,0 < x < 1,0$) have a maximum in τ_m in the range 120 K – 160 K with the lifetime decreasing for both higher and lower temperatures. However, at a given temperature, τ_m decreases as the Pr content increases.
- YBCO has a high mean lifetime (~ 195 ps) at low temperature and this lifetime decreases monotonically when the temperature is increased beyond ~ 160 K, to about 180 ps at room temperature. PrBCO however, shows no variation of τ_m (165 ps) and a single component is found at all temperatures (Fig. 3b). Theoretical calculations for YBCO predict a bulk lifetime in the range 157 – 165 ps (JENSEN et al. 1989, McMULLEN et al. 1991, ISHIBASHI et al. 1991). Adopting the hypothesis that the high lifetime at lower temperatures for YBCO is a manifestation of traps, and the decrease as the temperature increases a manifestation of thermal detrapping, we decided to measure the lifetime at higher temperatures. As expected we found that τ_m decreases to attain ~ 164 ps at temperatures higher than 360 K and that it remains constant thereafter (till 500 K). What is more, the shape of the intensity curve indicates that we now have a single component (Fig. 3a), indicating a progressive delocalization of the positron.

Let us assume that there are two kinds of defects in our samples. For the moment we shall not speculate on the nature of these traps but only make qualitative assumptions about their binding energies. The first trap is a ›shallow‹ trap with a low binding energy such that there may be detrapping at temperatures around or below 100 K. The second trap is a ›deep‹ trap (relative to the first, shallow, one) with a binding energy more than two or three times larger. With such a configuration three lifetimes would exist in the sample, the first two (corresponding to the bulk and the shallow trap) being practically identical and the last one (corresponding to the deep trap) being somewhat longer. These are not the measured lifetimes which further depend on the trap concentrations and the detrapping rates. At low temperatures, the shallow trap is an efficient trap since the detrapping rate is small, the binding energy being higher than the thermal energy. In this case, positrons are trapped by both shallow and deep traps, depending on the relative concentrations and τ_m reflects this. As the temperature is increased, shallow traps cease progressively to be efficient trapping sites and τ_m increases because more and more positrons can annihilate in the deep traps. τ_m reaches a maximum in the range 120 K – 160 K and then as the temperature is increased still further, thermal energy is sufficient to allow detrapping from the deep traps giving rise to the fall in τ_m. It is significant that with increasing temperature, τ_m reaches a constant value which is a plausible bulk lifetime for the materials measured. Finally, the traps either progressively diminish in number as the Pr concentration is increased or cease to be efficient trapping centers.

Quenching results in the ›freezing‹ of the configuration of the oxygen and there have been several reports of changes in the structural properties and critical temperatures of quenched $YBa_2Cu_3O_{7-\delta}$ with $0.7 > \delta > 0.4$ with room-temperature aging (see for example VEAL et al. 1990). Since the total oxygen content does not change, it is proposed that the changes observed are due to ordering of the oxygen leading to the formation of empty Cu – O ›chains‹ with several vacant oxygen sites or clusters of oxygen vacancies. This ordering is also accompanied by a rise in T_C and by the tetragonal-orthorhombic transition for appropriate values of δ.

Samples of YBCO and PrBCO were quenched and the T_c obtained was 91 K which is similar to that obtained for the slow-cooled sample (90 K) indicating similar oxygen content. The results of the lifetime measurements are shown in Figure 5 where we compare YBCO and PrBCO slow-cooled (same as in Fig. 4) and quenched samples:

- The only sample to show strong temperature dependance is slow-cooled YBCO. All others have τ_m practically constant with temperature except small variations at low temperatures.
- Whereas for YBCO there is a big difference between slow-cooled and quenched samples, for PrBCO these two are practically identical. All samples have in principle a similar, high ($\delta \sim .05$) oxygen content. We conclude that oxygen ordering is critical for lifetime variations in YBCO. In PrBCO however ordering does not seem to occur.

3.2 A Proposition for the Nature of the Trapping Sites

Oxygen vacancies are obvious candidates for trapping sites in YBCO as suggested by von STETTEN et al. (1988). The vacancy due to a missing oxygen is known to exist in YBCO which readily forms with a deviation from the stoichiometry quantified by the δ in $YBa_2Cu_3O_{7-\delta}$. The oxygen mono-vacancy is at best a weak trap for the positron with a lifetime (~ 170 ps) only slightly higher than the bulk lifetime (~ 160 ps) (JENSEN et al. 1989). The isolated oxygen vacancy or a small sized vacancy cluster are the most plausible shallow traps in YPrBCO.

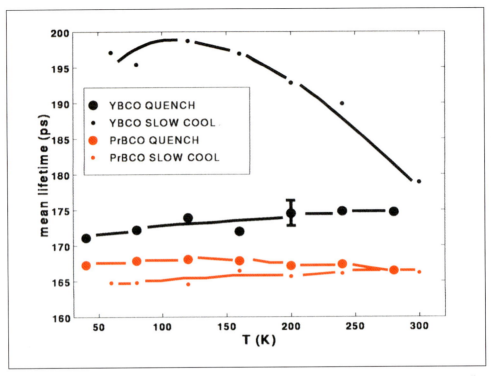

Fig. 5 Mean lifetime as a function of temperature for different oxygenation treatments (slow-cooling and quenching) for $YBa_2Cu_3O_{7-\delta}$ and $PrBa_2Cu_3O_{7-\delta}$. The error on each value of the mean lifetime is ± 2 ps.

It is more difficult to pinpoint the nature of the deep trap. JENSEN et al. (1989) have speculated that it could be due to metallic vacancies while HENTRICH et al. (1992) and recently USMAR et al. (1994) proposed positron trapping in twin boundaries. In our view the most plausible candidates for the deep traps are clusters of oxygen vacancies. According to calculations (ISHIBASHI et al. 1991) such clusters would account for the rise in lifetime measured. If ordering of the vacancies occurs leading to the formation of sizeable concentrations of clusters (the concentration of which should depend on the oxygenation) then as pointed out by NIEMINEN (1991) the positron will have a strong preference towards the oxygen deficient regions in inhomogeneous samples because the positron chemical potential decreases with decreasing oxygen content. In such regions it will be more effectively localized giving rise to longer lifetimes. What is more, with clusters and isolated vacancies creating traps with different binding energies, strong variation of lifetime with temperature could result due to trapping and detrapping. We believe that larger oxygen vacancy clusters are the deeper traps in YBCO.

Now the measurements on the samples having undergone a quench and the slow-cooled ones can be reconciled as follows: In YBCO there is a fundamental difference between slow-cooled and quenched samples with similar oxygen content and this difference is probably due to clustering of isolated oxygen vacancies during the slow-cooling in an ordering process with the net result that different kinds of vacancies are present. In PrBCO, on the contrary there is no difference between the

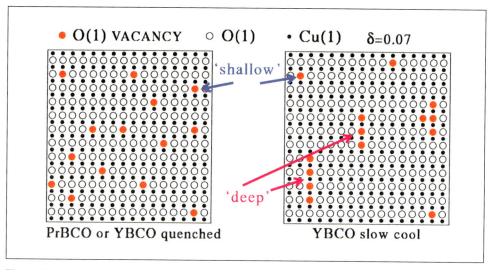

Fig. 6 Schematic representation of the layer containing Cu−O 'chains' in $YBa_2Cu_3O_{7-\delta}$ and $PrBa_2Cu_3O_{7-\delta}$ according to the interpretation we assign to our lifetime measurements. (a) In $PrBa_2Cu_3O_{7-\delta}$ and in quenched $YBa_2Cu_3O_{7-\delta}$ the O vacancies are isolated corresponding to shallow traps. (b) In slow-cooled $YBa_2Cu_3O_{7-\delta}$ some isolated vacancies tend to form clusters due to an ordering process. Both shallow (isolated vacancies) and deep (clusters) traps are present.

slow-cooled and quenched sample. This implies that in PrBCO, O vacancies do not tend to order. These conclusions are summarized schematically in Figure 6.

There is some other experimental evidence in support of ordering and formation of clusters of oxygen vacancies. Inelastic neutron scattering measurements by MESOT et al. (1993) point to the formation of three different types of phases, which vary in intensity depending on the value of δ, and identify two of them as local regions of metallic character and the third as a semiconducting phase. Several studies have revealed the existence of inhomogeneous regions in YBCO. We cite EDWARDS et al. (1994) (reverse bias scanning tunnelling microscopy) and YU et al. (1988) (X-ray diffraction study of YBCO single crystals). Disorder to order transitions have been observed in quenched samples as a function of aging. Numerical simulations (DE FONTAINE et al. 1990, POULSEN et al. 1991) also support this interpretation. Differences between quenched and slow cooled samples have been observed by BEYERS et al. (1989) and LEVINE and DÄUMLING (1992) in an electron diffraction study.

Finally, since we have seen that at $T \geq 400$ K positrons are delocalized in YBCO it would be worthwhile to measure the 2D-ACAR spectrum in YBCO in these conditions to see if this trend is reproduced in single crystals and also with the hope that delocalization may give rise to sharper FS features.

4. 2D-ACAR in YBCO

For the 2D-ACAR measurements discussed here we used an untwinned single crystal YBCO sample with $T_c = 93$ K. In the following YBCO300, YBCO400 and YBCO450 signify 2D-ACAR measurement at $T = 300$ K, $T = 400$ K and

$T = 450$ K respectively. The measurements at $T \geq 400$ K confirm lifetime measurements since we obtain broader 2D-ACAR spectra with respect to the $T = 300$ K measurement indicating that positrons are indeed delocalized.

We used the inverse filtering technique described earlier (section 2 and Fig. 2) to extract information about the FS breaks present in the data. The results are shown in Figure 7.

The horizontal plane situates the FS break in part of the momentum space measured by the 2D-ACAR spectrum. The vertical axis represents its intensity. Only breaks perpendicular to the $p_{[010]}$ axis are shown in these figures. We first applied this filter to the theoretical spectrum (MASSIDDA 1990) (Fig. 7 a) convoluted with a Gaussian function to account for the experimental resolution. The two features seen represent expected FS breaks. At $p_{[010]} \sim 0.6$ mrad there is a break all along $p_{[100]}$ which rapidly diminishes in intensity for large $p_{[100]}$. This corresponds to a part of the FS known as the ›ridge‹. At $p_{[010]} = 2.5$ mrad there is a smaller peak

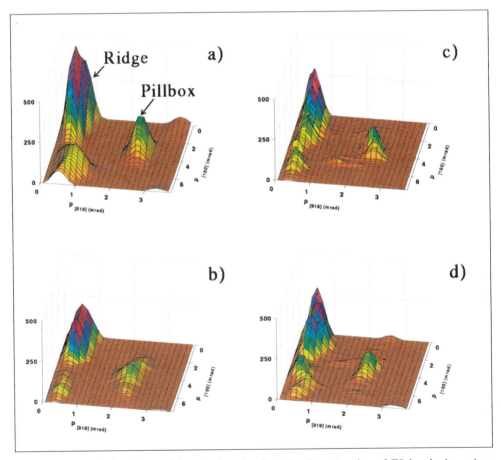

Fig. 7 Results obtained by applying the iterative filter for the extraction of FS breaks in various 2D-ACAR spectra in $YBa_2Cu_3O_{7-\delta}$. (a) Theory. Experiment at (b) $T = 400$ K, (c) $T = 450$ K and (d) $T = 300$ K. The structures seen represent the intensity of breaks in momentum space. A quarter of the BZ measures 3.15×3.15 mrad, so the region covered here is bigger. The intense structure situated at $p_{[010]} \sim 0.6$ mrad corresponds to the ridge FS. The smaller peak situated at $p_{[010]} \sim 2.5$ mrad corresponds to the pillbox FS.

which corresponds to a part of the FS known as the ›pillbox‹. In YBCO400 (Fig. 7b) both features are visible with reduced intensities. For YBCO450 (Fig. 7c) the picture obtained is much the same confirming that the two measurements are practically identical and that both the ridge and the pillbox FS have been measured in a reproducible manner. For $p_{[100]} > 5$ mrad we even seem to detect the broadening of the ridge seen in theory. However this may be induced by noise as the signal is weak in this region. An earlier measurement, YBCO300 (Fig. 7d) also clearly shows the ridge FS but the pillbox FS does not appear convincingly. A smooth and wide modulation has smothered the peak seen in the high temperature measurements. The ridge is also a little weaker in intensity. We believe that due to shallow trapping, the positron does not sample the chain FS features as efficiently as in YBCO400 and YBCO450. Since the pillbox FS is a low intensity break and very localized compared to the ridge FS, it is harder to detect.

The observed ridge FS in YBCO400 and YBCO450 is essentially similar to earlier results (HAGHIGHI et al. 1991, SMEDSKJAER et al. 1991, PETER et al. 1992). The break is centered at $p_{[010]} = 0.6$ mrad and the variation of intensity along $p_{[100]}$ compares well with theory. As for the intensity of the breaks, on comparing the volume of the signal representing the ridge shown in Figure 7 between theory and experiment, we find that the theoretical break is more than twice as strong.

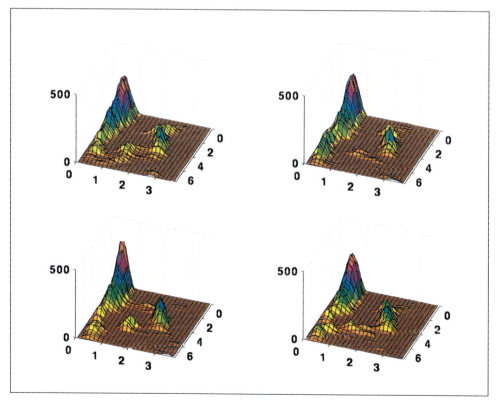

Fig. 8 Simulations to test the stability of the pillbox FS. Random Gaussian noise patterns were super-imposed on the data and the iterative filter applied to each pattern. The pillbox was seen to be stable to these variations. The results of four such simulations are shown. The axis labels are the same as for Fig. 7.

To ensure that the structure we see is not noise induced, we simulated the effect of different noise patterns on the stability of the pillbox signal in experimental data. We used YBCO400 since this measurements has lower statistics than the others and therefore is a stricter test. The standard deviation of the channel-wise noise was estimated taking into account the statistics and the pretreatment of the data. Random Gaussian noise was superimposed on the already noisy data and the filter applied to a number of such configurations. We always found a stable pillbox signal in the result while noise induced structures were smaller and unstable. Results for four such simulations each with a different noise configuration are shown in Figure 8 (p. 105).

5. Conclusions

Angular correlation of positron annihilation is a powerful technique for the study of the momentum density of electrons in condensed matter. Compared to other techniques which measure the same quantity (angle resolved photoemission, Compton scattering) it has specific advantages (volume penetration, signal strength) but the interpretation of the spectra obtained is a difficult problem. Not only is there a statistical noise component due to limited number of counts, but also the significant expected signal has to be separated from components which come from other causes (contribution from conduction electrons as against contribution from core electrons, components from trapped positrons, for instance). A discrimination of the significant signal components based on experience and intuition is often efficient, but unsatisfactory from the point of view of scientific rigor and reproducibility. The modern approach to filter theory starts from Bayes' theorem, which gives the basis of inductive reasoning, but at the price of the demand of a prior probability distribution which to some extent formalizes intuition and previous experience. Since inverse problems are often unstable, additional knowledge is introduced in the form of regularizing procedures. In particular, in the case of positive and additive distributions (PADs), Maximum Entropy provides such a principle. But we have learned that good results are also obtained with linear filtering with minimal deviation from an expected correlation function (generalized Wiener filters), and we have gained experience with certain iterative procedures designed to enforce features of interest. The recent surge of interest in signal filtering, which occurred not only in Geneva but also in the other positron groups (DUGDALE et al. 1994, O'BRIEN et al. 1995), has lead to progress in the application of positron annihilation to the study of high T_c superconductors. These new materials, essentially copper oxides, are ceramics with electronic mobilities which range from the (traditional) insulator to conductivities transcending the values of copper. Their crystalline structure and chemical composition shows many spatial variations, and many transitions as a function of composition, temperature etc. A renewed and refined study of positron lifetime in YBCO has shown the presence of both shallow and deep traps for positrons, and we now believe that these traps are due to different local arrangements of oxygen deficiencies. Special care with the thermal treatment of samples influences the nature of these traps and reduces their influence on the measured positron spectra. Measurement at high temperatures also reduces the influence of traps. In these spectra new fine details of the Fermi surface of our ceramics were identified for the first time. It appears once more that the electron

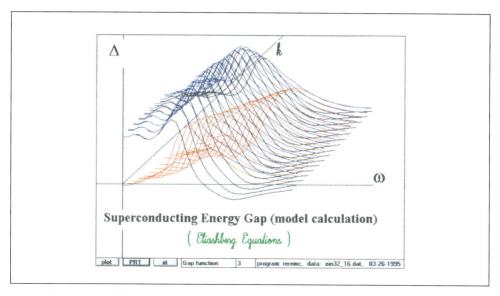

Fig. 9 Positron Annihilation shows that high T_c superconductors have band structures in good agreement with calculations based on a quasi independent particle hypothesis. This gives us hope that the superconducting pairing parameter $D(\Omega, k)$, can be calculated by the conventional Eliashberg equations, as a function of frequency Ω and wave number k. One will have to take into account a complicated band structure and perhaps such effects as ionic dielectric shielding. The figure shows one of our model calculations for $D(\Omega, k)$ (PETER et al. 1995).

momentum distribution (EMD) observed with positron is in amazingly good agreement with the EMD predicted by band structure theory. Attempts to explain high T_c superconductivity by models which ignore this EMD are therefore not likely to succeed. However, part of our agreement may be due to the fact that positrons are very sensitive to the EMD, but not to the energy distribution of the conduction electrons, and that correlation effects are expected to modify primarily this energy distribution. Perhaps these correlations also affect the intensity of the ACAR signal, which might explain why the observed signal is often much weaker than predicted. However, this effect might also be due to traps. It is also because of their insensitivity to energy that positrons have not yet seen any significant difference between samples in the normal and the superconducting state, and the subtle mechanism which leads to superconductivity at ever higher temperatures has so far remained a mystery. Maybe the day will come when energy-selected positrons will detect the superconducting energy gap as a function of momentum, and when this gap will resemble what can be calculated from the Eliashberg equations (Fig. 9).

Literature

BEYERS, R., AHN, B. T., GORMAN, G., LEE, V. Y., PARKIN, S. S. P., RAMIREZ, M. L., ROCHE, K. P., VAZQUEZ, J. E., GÜR, T. M., and HUGGINS, R. A.: Oxygen ordering, phase separation and the 60-K and 90-K plateaus in $YBa_2Cu_3O_x$. Nature *340*, 619–621 (1989)

BRYAN, R. K.: Solving oversampled data problems by maximum entropy. In: FOUGÈRE, P. F. (Ed.): Maximum Entropy and Bayesian Methods; pp. 221–232. Dordrecht: Kluwer Academic Publishers 1990

DUGDALE, S. B., ALAM, M. A., FRETWELL, H. M., BIASINI, M., and WILSON, D.: Application of maximum entropy to extract Fermi surface topology from positron annihilation measurement. J. Phys. Condens. Matter 6, L435–L443 (1994)

EDWARDS, H. L., BARR, A. L., MARKERT, J. T., and DE LOZANNE, A. L.: Modulations in the CuO Chain Layer of $YBa_2Cu_3O_{7-\delta}$: Charge Density Waves? Phys. Rev. Lett. 73, 1154–1157 (1994)

DE FONTAINE, D., CEDER, G., and ASTA, M.: Low-temperature long-range oxygen order in $YBa_2Cu_3O_z$. Nature 343, 544–546 (1990)

HAGHIGHI, H., KAISER, J. H., RAYNER, S., WEST, R. N., LIU, J. Z., SHELTON, R., HOWELL, R. H., SOLAR, F., STERNE, P. A., and FLUSS, M. J.: Direct Observation of Fermi Surface in $YBa_2Cu_3O_{7-\delta}$. Phys. Rev. Lett. 67, 382–385 (1991)

HENTRICH, D., KLUIN, J.-E., and HEHENKAMP, T.: Temperature and Volume Dependence of Positron Lifetime in $Y_1Ba_2Cu_3O_{6+x}$. Phys. Stat. Sol. B 172, 99–108 (1992)

HOFFMANN, L., SHUKLA, A., PETER., M., BARBIELLINI, B., and MANUEL, A. A.: Linear and non-linear approaches to solve the inverse problem: applications to positron annihilation experiments. Nucl. Instr. Meth. A 335, 276–287 (1993)

ISHIBASHI, S., YAMAMOTO, R., DOYAMA, M., and MATSUMOTO, T.: Positron lifetime in oxide superconductors $YBa_2(Cu_{1-x}M_x)_3O_{7-\delta}$ (M = Fe, Ni, Zn). J. Phys. Condens. Matter 3, 9169–9184 (1991)

JENSEN, K. O., NIEMINEN, R. M., and PUSKA, M. J.: Positron states in $YBa_2Cu_3O_{7-x}$. J. Phys. Condens. Matter 1, 3727–3732 (1989)

JORGENSEN, J. D., BENO, M. A., HINKS, D. G., SODERHOLM, L., VOLIN, K. J., HITTERMAN, R. L., GRACE, J. D., SCHULLER, I. K., SEGRE, C. U., ZHANG, K., and KLEEFISCH, M. S.: Oxygen ordering and the orthorhombic-to-tetragonal phase transition in $YBa_2Cu_3O_{7-x}$. Phys. Rev. B 36, 3608–3616 (1987)

LEVINE, L. E., and DÄUMLING, M.: Experimental And Theoretical Studies Of Oxygen Ordering In Quenched and Slow-Cooled $YBa_2Cu_3O_{7-\delta}$. Phys. Rev. B 45, 8146–8149 (1992)

LIVESEY, A. K., LICINIO, P., and DELAYE, M.: Maximum entropy analysis of quasielastic light scattering from colloidal dispersions. J. Chem. Phys. 84, 5102–5107 (1986)

MASSIDDA, S.: Theoretical Calculation of Electron-Positron Momentum Density in $YBa_2Cu_3O_{7-\delta}$. Physica C 169, 137–145 (1990)

MCMULLEN, T., JENA, P., KHANNA, S. N., LI, Y., and JENSEN, O.: Positron Trapping at Defects in Copper Oxide Superconductors. Phys. Rev. B. 43, 10422–10430 (1991)

MESOT, J., ALLENSPACH, P., STAUB, U., FURRER, A., and MUTKA, H.: Neutron Spectroscopic Evidence for Cluster Formation and Percolative Superconductivity in $ErBa_2Cu_3O_x$. Phys. Rev. Lett. 70, 865-868 (1993)

NIEMINEN, R. M.: Positron trapping in oxide superconductors. J. Phys. Chem. Solids 52, 1577–1587 (1991)

O'BRIEN, K. M., BRAND, M. Z., RAYNER, S., and WEST, R. N.: The enhancement of Fermi-surface images in positron ACAR spectra. J. Phys. Condens. Matter 7, 925–938 (1995)

PETER, M., MANUEL, A. A., HOFFMANN L., and SADOWSKI, W.: On the Fermi Surface of $YBa_2Cu_3O_{7-\delta}$. Europhys. Lett. 18, 313–317 (1992)

PETER, M., WEGER, M., SANTI, G., and JARLBORG, T.: Direct solutions of the Eliashberg equations with ionic dielectric shielding. Preprint 1995

POULSEN, H. F., ANDERSEN, N. H., ANDERSEN, J. V., BOHR, H., and MOURITSEN, O. G.: Relation between superconducting transition temperature and oxygen ordering in $YBa_2Cu_3O_{6+x}$. Nature 349, 594–596 (1991)

PRATT, W. K.: Generalized Wiener Filtering Computation Techniques. IEEE Trans. on Computers C 21/7, 636–641 (1972)

SHUKLA, A.: Positron annihilation in $Y_{1-x}Pr_xBa_2Cu_3O_{7-\delta}$. Ph. D. Thesis no. 2744, Geneva University 1995

SHUKLA, A., PETER, M., and HOFFMANN, L.: Analysis of positron lifetime spectra using quantified maximum entropy and a general linear filter. Nucl. Instr. Meth. A 335, 310–317 (1993)

SHUKLA, A., HOFFMANN, L., MANUEL, A. A., WALKER, E., BARBIELLINI, B., and PETER, M.: Positron trapping in $Y_{1-x}Pr_xBa_2Cu_3O_{7-\delta}$ and the Fermi surface of $YBa_2Cu_3O_{7-\delta}$. Phys. Rev. B 51, 6028–6034 (1995)

SIVIA, D. S.: Bayesian Inductive Inference Maximum Entropy & Neutron Scattering. Los Alamos Science, 180–205 (1990)

SKILLING, J.: Quantified maximum entropy. In: FOUGÈRE P. F. (Ed.): Maximum Entropy and Bayesian Methods; pp. 341–350. Dordrecht: Kluwer Academic Publishers 1990

SKILLING, J., and BRYAN, R. K.: Maximum entropy image reconstruction: general algorithm. Mon. Not. R. Astr. Soc. 211, 111–124 (1984)

SMEDSKJAER, L. C., BANSIL, A., WELP, U., FANG, Y., and BAILEY, K. G.: Positron studies of metallic YBa$_2$Cu$_3$O$_{7-x}$. J. Phys. Chem. Solids 52, 1541–1549 (1991)

STETTEN, E. C. VON, BERKO, S., LI, X. S., LEE, R. R., BRYNESTAD, J., SINGH, D., KRAKAUER, H., PICKETT, W. E., and COHEN, R. E.: High Sensitivity of Positrons to Oxygen Chain Disorder in YBa$_2$Cu$_3$O$_{7-x}$. Phys. Rev. Lett. 60, 2198–2201 (1988)

TIKHONOV, A., and ARSENINE, V.: Méthodes de résolution de problèmes mal posés. Moscow: Mir 1976

TURCHIN, V. F., KOZLOV, V. P., and MALKEVICH, M. S.: The use of mathematical-statistics methods in the solution of incorrectly posed problems. Math. Stat. Methods 13/6, 681–840 (1971)

USMAR, S. G., BIASINI, M., MOODENBAUGH, A. R., XU, Y., and FRETWELL, H. M.: Positron States in Pure and Fe Doped Polycrystalline YBa$_2$Cu$_3$O$_{7-\delta}$ Superconductors. J. Phys. Condens. Matter 6, 10487–10497 (1994)

VEAL, B. W., YOU, H., PAULIKAS, A. P., SHI, H., FANG, Y., and DOWNEY, J. W.: Time-dependent superconducting behavior of oxygen-deficient YBa$_2$Cu$_3$O$_x$: Possible annealing of oxygen vacancies at 300 K. Phys. Rev. B 42, 4770–4773 (1990)

YU, H., AXE, J. D., KAN, X. B., HASHIMOTO, S., MOSS, S. C., LIU, J. Z., CRABTREE, G. W., and LAM, D. J.: Phase constitution and thermal expansion of YBa$_2$Cu$_3$O$_{7-\delta}$ single crystals. Phys. Rev. B 38, 9213–9216 (1988)

Prof. Dr. Martin PETER
Département de Physique
de la Matière Condensée
Université de Genève
24 Quai E. Ansermet
1211 Genève 4
Switzerland

Das Zentrum der Milchstraße — ein Labor für Aktive Galaxienkerne?

Peter G. Mezger (Bonn)
Mitglied der Akademie

Mit 11 Abbildungen

Vom Urknall bis zur Entkopplung von Strahlung und Materie

Nach den Vorstellungen der modernen Astrophysik begann das Weltall vor 12 bis 16 Milliarden Jahren sich aus einem Zustand extrem hoher Dichte und Temperatur auszudehnen, wobei Temperatur und Dichte mit wachsender Ausdehnung des Weltalls sanken. Der britische Astrophysiker Fred HOYLE verspottete diese von George GAMOW auf der Grundlage von EINSTEINS Allgemeiner Relativitätstheorie entwickelte Idee als »Big Bang« (zu deutsch »Urknall«), ein Name, der haften blieb. Unsere derzeitige Kenntnis der Hochenergiephysik erlaubt es, die physikalischen Vorgänge im Urknall ab Bruchteile einer Sekunde nach Beginn der Expansion zu verstehen. Aus dem primordialen Feuerball — einer Art Ursuppe aus Photonen und Elementarteilchen — »froren« erst die schweren Protonen und Neutronen, später auch die ca. 1000mal leichteren Elektronen aus. Diese Elementarteilchen sind die Bausteine der Materie des heutigen Weltalls. Etwa drei Minuten später hatten sich aus Protonen — die den Atomkern des leichtesten und häufigsten Elements Wasserstoff bilden — durch Anlagerung von weiteren Protonen und Neutronen die Kerne des Wasserstoffisotops Deuterium und die Heliumisotope ^{3}He und ^{4}He gebildet. Weitere dreihunderttausend Jahre später — die Temperatur war jetzt auf ca. 3000 K abgesunken — vereinigten sich Atomkerne und Elektronen zu Wasserstoff- und Heliumatomen. Damit entfiel die Wechselwirkung von Strahlung und Materie durch Photonenstreuung an freie Elektronen, die bisher für ein thermodynamisches Gleichgewicht gesorgt hatte, fast vollständig. Das Weltall wurde »durchsichtig«, Materie und Strahlung »entkoppelten«. Während die Photonen des »Überrests des primordialen Feuerballs« das expandierende Weltall zu jeder Zeit gleichmäßig erfüllen und heute als Schwarzkörperstrahlung mit einer Temperatur von 2,7 K beobachtet werden, begann die Materie, sich unter dem Einfluß der Schwerkraft zusammenzuballen und Masseansammlungen zu bilden, die in ihrer Vielfalt den gesamten Bereich von Sternen und Planeten über Milchstraßensysteme bis zu den größten bekannten Strukturen des Weltalls überdecken.

Die chemische Entwicklung der Materie

Galaxien wie die Spiralgalaxien M51 (Abb. 1) und NGC 4565 (Abb. 2) bilden die Bausteine des Weltalls und enthalten etwa 100 Milliarden Sterne.

Diese Sterne sind Plasmakugeln — d. h. das ursprünglich aus Atomen und Molekülen bestehende Gas ist voll ionisiert —, die durch die Schwerkraft so lange zusammengedrückt werden, bis bei Temperaturen um 100 Millionen K und Dichten von einigen 100 g·cm^{-3} im Zentrum des Sterns jeweils vier Wasserstoffkerne zu einem Heliumkern verschmelzen. Dabei werden 0,7% der Masse der vier Protonen in Energie umgewandelt. Druck und Temperatur stellen sich dabei so ein, daß Kernverschmelzungen auch weiterhin mit einer solchen Rate ablaufen, daß der Druck gerade ausreicht, um der Schwerkraft entgegenzuwirken und den Stern im hydrostatischen Gleichgewicht zu halten — so lange jedenfalls wie der Wasserstoffvorrat reicht. Diesem sogenannten Wasserstoffbrennen folgt dann, in mehreren Stufen, die Verschmelzung von Heliumkernen zu immer schwereren Elementen. Bei den massereichen Sternen führt diese Abfolge von Kernverschmelzungen zu immer schwereren Elementen bis hin zum Aufbau des kompaktesten Atomkerns, dem des Elements Eisen, dem dann der Kollaps des ausgebrannten Eisenkerns folgt. Dieser

Abb. 1 M51, eine Spiralgalaxie in einer Entfernung von 23 Millionen Lichtjahren, wird ziemlich genau von oben gesehen. Die Spiralarme heben sich durch die Leuchtkraft vieler junger, massereicher Sterne ab, die das umgebende interstellare Gas ionisieren und so zum Leuchten bringen. Dunkle Stellen in der Flächenhelligkeit werden durch Absorption des Sternlichts durch davor liegende Staubwolken bewirkt.

Abb. 2 Die Spiralgalaxie NGC 4565 in einer Entfernung von 30 Millionen Lichtjahren wird von der Seite gesehen. Der dunkle Streifen in der Symmetrieebene ist die Schicht aus interstellarem Staub, in der das Sternlicht absorbiert wird.

wiederum hat bei massereichen Sternen eine Supernova-Explosion zur Folge, wobei — abhängig von der Masse des ausgebrannten Sterns — ein Neutronenstern oder auch ein Schwarzes Loch zurückbleibt. Bei dieser Explosion werden die schwersten Elemente bis zum Uran gebildet, und gleichzeitig wird die mit schweren Elementen angereicherte Sternhülle nach außen geschleudert, wodurch die ursprünglich nur aus Wasserstoff und Helium bestehende interstellare Materie allmählich mit schwereren Elementen angereichert wird. Diesem als »chemische Entwicklung« der interstellaren Materie bezeichneten Prozeß verdanken wir letztlich die Entstehung der Planeten ebenso wie die des organischen Lebens.

Die Entstehung der Galaxien

ist eines der größten noch ungelösten Probleme der modernen Astrophysik. Die Isotropie oder »Glattheit« der 2,7 K-Hintergrundstrahlung ließ sich mit der beobachteten Vielfalt der großräumigen Strukturen der Materie im Weltall bisher noch nicht in Einklang bringen. Ziemlich sicher ist, daß die Vorläufer der heutigen Sternsysteme, die sogenannten »Proto-Galaxien«, in der ersten Milliarde Jahre nach dem Urknall aus der expandierenden Materie näherungsweise als rotierende Kugeln aus Wasserstoff- und Heliumgas auskondensiert sind. Bei der durch Ausdehnung des Weltalls bedingten Abkühlung des Gases muß dann einmal der Fall eintreten, wo die Eigengravitation der Gaskugeln zur dominierenden Kraft wird, der dann nur noch die durch die Rotation der Kugeln oder Ellipsoide erzeugte, radial nach außen gerichtete Fliehkraft entgegenwirkt. Auf großen Skalen — typische Durchmesser von Sternsystemen betragen etwa 100 000 Lichtjahre — entstehen so die bekannten scheibenförmigen Sternsysteme mit der zentralen Ausbuchtung (im Englischen als *Galactic* bzw. *Nuclear Bulge* bezeichnet). Auf kleinräumigen Skalen entstehen Protosterne und aus diesen Sterne, deren Entwicklung man heute — bis auf die Endphasen — als gelöstes Problem betrachten darf.

Spiralgalaxien, wie die in Abbildung 1 und 2 gezeigten, bilden die große Mehrheit aller Sternsysteme im Weltall. Sie bestehen aus der in Abbildung 2 — aber auch in der schematischen Darstellung unserer Milchstraße Abbildung 3 *a* — deutlich sichtbaren Scheibenkomponente und der zentralen Aufbauchung. Deutlich sichtbar ist in beiden Bildern auch die dünne Schicht interstellarer Materie, die aus Gas und kleinsten Staubteilchen besteht und einige Prozent der Gesamtmasse des Sternsystems ausmacht. Diese Staubteilchen absorbieren sehr effektiv das Licht der dahinter liegenden Sterne, weshalb diese Schicht in Abbildung 2 dunkel erscheint.

Aus der interstellaren Materie entstehen auch heute noch Sterne. In unserer Milchstraße werden beispielsweise ca. 2–3 Sonnenmassen pro Jahr in Sterne transformiert. Circa 90% aller Sterne entstehen in der Galaktischen Scheibe. Die herrliche Spiralstruktur der Galaxie M51 (Abb. 1) beruht nicht auf einer höheren Sterndichte, sondern auf einer — gegenüber den Zwischenarmgebieten — vielfach erhöhten »induzierten« Entstehungsrate speziell massereicher, heißer, leuchtkräftiger, aber auch relativ kurzlebiger Sterne.

Galaxien sind durch Rotation gegen einen Kollaps in Richtung auf ihr Zentrum stabilisiert. In unserem Milchstraßensystem endet die Spiralstruktur bei einer Entfernung von etwa 10 000 Lichtjahren vom Zentrum (= galaktozentrischer Radius) und

der Zentralbereich unserer Milchstraße

beginnt. In dem Radienbereich zwischen ca. 8 000 und 4 500 Lichtjahren sinkt die Flächendichte des interstellaren Gases auf mit den Methoden der Radiospektroskopie kaum mehr nachweisbare Werte ab. Weiter innen wird dann zunächst atomarer

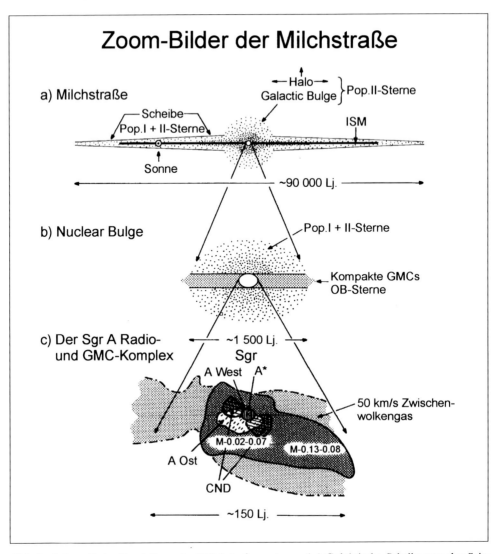

Abb. 3 Schematische Darstellung des Milchstraßensystems. *(a)* Galaktische Scheibe von der Seite gesehen. Diese Scheibe ist in einen im Bild nicht gezeigten nahezu kugelförmigen Halo eingebettet, der mindestens etwa die gleiche Masse an Sternen wie die galaktische Scheibe hat. Die zentrale Aufbauchung der Sterne *(Galactic Bulge)* umschließt eine ausgeprägte Balkenstruktur von Sternen und Gas (siehe auch Abb. 4). *(b)* Der Zentralbereich *(Nuclear Bulge)*, der eine intensive Radio- und Infrarot-Strahlung emittiert, hat einen Durchmesser von etwa 1 500 Lichtjahren. Hier ist die Balkenstruktur kaum mehr ausgeprägt, Gas und Sterne rotieren auf nahezu kreisförmigen Bewegungen um das Galaktische Zentrum. *(c)* Der Radio- und Wolkenkomplex Sgr A hat einen Durchmesser von etwa 150 Lichtjahren. Es besteht aus der Synchrotronpunktquelle Sgr A*, die im dynamischen Zentrum liegt und in die H^+-Region Sgr A West eingebettet ist. Östlich davon liegt die ausgedehnte Synchrotronquelle Sgr A Ost, die ihrerseits in eine kompakte Riesen-Molekülwolke eingebettet ist (siehe auch Abb. 5 und 6).

Wasserstoff und − bei Entfernungen um 900 bis 600 Lichtjahren − fast ausschließlich nur noch molekularer Wasserstoff beobachtet.

Die Modellierung der (aus der beobachteten Dopplerverschiebung abgeleiteten) Kinematik der nur etwa $\sim 100-150$ Lichtjahre dünnen Gasscheibe ebenso wie die Interpretation der Flächenhelligkeit des integrierten Sternlichts im Nahen Infrarot, die mit dem Satelliten COBE kartiert wurde, weisen auf eine Balkenstruktur von Sternen und Gas im Zentralbereich hin, die sich mindestens bis zu galaktozentrischen Radien von 600 Lichtjahren erstreckt (Abb. 4).

Weiter nach innen bewegen sich Gas und Sterne näherungsweise auf Kreisbahnen. Diesen Bereich mit einem Durchmesser von ~ 1500 Lichtjahren (Abb. 3b) bezeichnen wir im folgenden als *Nuclear Bulge* oder Kernbereich. Die interstellare Materie des Kernbereichs macht etwa 10% der Gesamtmasse der interstellaren Materie der Milchstraße aus, ist aber um das Tausendfache stärker zusammengedrängt. Ähnliches gilt auch für die Sterndichte. Die Intensität des interstellaren Strahlungsfeldes wächst in Richtung des Zentrums dramatisch an. In den

inneren 150 Lichtjahren

(Abb. 3c) finden sich außerdem noch eine Reihe sehr kompakter Molekülwolken mit jeweils einigen hunderttausend Sonnenmassen an Staub und Gas, die teilweise vor und teilweise hinter dem Galaktischen Zentrum liegen. Neben diesem Wolkenkomplex gibt es noch den Sagittarius A (Sgr A) Radiokomplex, der aus der ausgedehnten Synchrotronquelle Sgr A Ost, dem ionisierten Gasnebel Sgr A West und der kompakten Synchrotronquelle Sgr A* besteht, wobei letztere mit größter Wahrscheinlichkeit im dynamischen Zentrum der Milchstraße plaziert ist.[1] Zum Glück der irdischen Astronomen liegt die Wolke längs der Sichtlinie zum SgrA Radiokomplex hinter dem Zentrum (Abb. 4). Doch trotz dieses glücklichen Umstands sind die Möglichkeiten, das galaktische Zentrum zu beobachten, durch Staub und Gas in der galaktischen Scheibe (siehe Abb. 3a) sehr stark eingeschränkt: Im Radio-/Infrarot(IR)-Bereich ist das Zentrum nur im Wellenlängenbereich 30 cm $\leq \lambda \leq 1\mu m$, $(4,1 \cdot 10^{-6}$ eV $\leq$ E $\leq 1,2$ eV), im Röntgenbereich ab Photonenenergien ≥ 1 keV ($\lambda \leq 1,2$ nm) sichtbar.

Die inneren 15 Lichtjahre: Die zentrale Aushöhlung

An den ionisierten Gasnebel Sgr A West, eine sogenannte HII Region, schließt sich dann eine rotierende Scheibe aus neutralem molekularen Gas und Staub mit einer Gesamtmasse von etwa 10 000 Sonnenmassen an, die als »Circum Nuclear Disk« (CND) bezeichnet wird (siehe Abb. 3c). Diese Scheibe ist gegen die Sichtlinie um $\sim 70°$ geneigt. Ihr sehr scharf ausgeprägter Innenrand, der bei einer Entfernung

---

[1] Ionisierte Gasnebel (HII Regionen) emittieren eine breitbandige Kontinuumstrahlung, als Frei-frei-Strahlung bezeichnet, die entsteht, wenn Elektronen im Coulombfeld der Ionen eines thermischen Plasmas abgelenkt werden. Die Synchrotronstrahlung, manchmal auch Magnetobremsstrahlung genannt, entsteht, wenn beinahe bis zur Lichtgeschwindigkeit beschleunigte Elektronen in Magnetfeldern abgebremst werden. Diese Strahlung wurde erstmals in Elektronenbeschleunigern, den sogenannten Synchrotronmaschinen beobachtet.

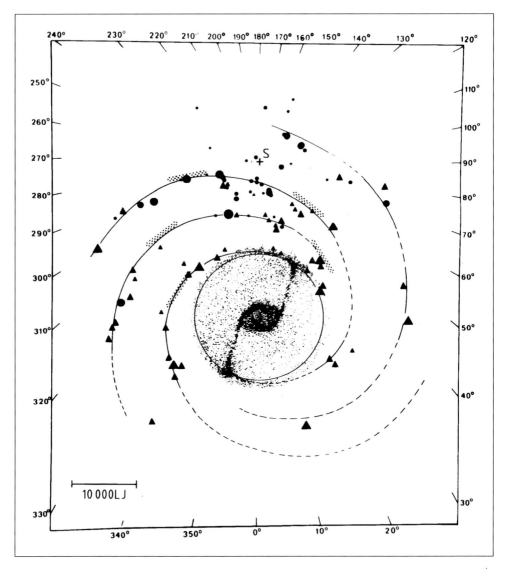

Abb. 4 Die Spiralstruktur der Milchstraße, aus Radio- und optischen Beobachtungen der Riesen-H^+-Regionen abgeleitet. Kreise bezeichnen optisch beobachtete und Dreiecke radioastronomisch beobachtete H^+-Regionen, die Größe der Symbole ist ein Maß für die Ultraviolett-Photonen-Produktionsrate der anregenden Sterne. GZ bezeichnet die Lage des Galaktischen Zentrums und S die des Sonnensystems. Innerhalb der zentralen 20 000 Lichtjahre ist in diesem Bild die aus radiospektroskopischen Daten und NIR-Kartierungen abgeleitete Balkenstruktur durch die Flächendichte des Gases dargestellt (adaptiert von GEORGELIN und GERHARD).

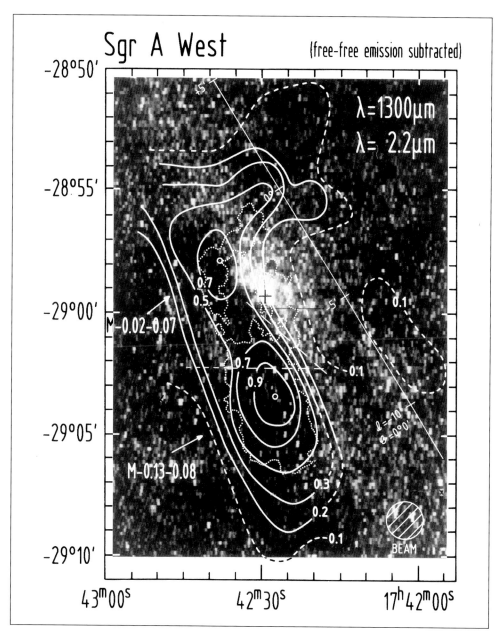

Abb. 5 Zusammengesetztes Bild der Staubemission bei 1300 μm = 1,3 mm Wellenlänge und der Sternemission bei 2,2 mm Wellenlänge. Durchgezogene und gestrichelte Linien stellen die mit einem Winkelauflösungsvermögen von 90 Bogensekunden mit dem IRTF 3 m-Teleskop auf Hawaii beobachtete Staubemission dar. Gepunktete Kurven zeigen die Bereiche sehr intensiver Staubemission an, wie sie mit dem IRAM 30 m-Teleskop mit einem Winkelauflösungsvermögen von 11 Bogensekunden beobachtet wurden. In Richtung auf das Zentrum beobachtet man zwar eine intensive Staubemission, aber keine merkbare Abschwächung der λ 2,2 μm-Sternstrahlung – ein Zeichen dafür, daß dieser Teil der Staubwolke hinter dem Zentrum liegt.

von ~ 5 Lichtjahren vom Zentrum liegt, wird deshalb näherungsweise als Ellipse beobachtet (Abb. 6).

Er umschließt die bereits erwähnte HII Region Sgr A West. Da beim Übergang vom CND auf Sgr A West die Flächendichte von Gas und Staub um Faktoren ~ 10 – 100 abfällt, spricht man zu Recht von der »zentralen Aushöhlung« (Central Cavity). Das durch seine Radio-frei-frei-Strahlung sichtbare ionisierte Gas scheint die zentrale Aushöhlung ziemlich gleichmäßig auszufüllen. Doch etwa 4% der Masse des ionisierten Gases (das sich allerdings in der Frei-frei-Emission durch

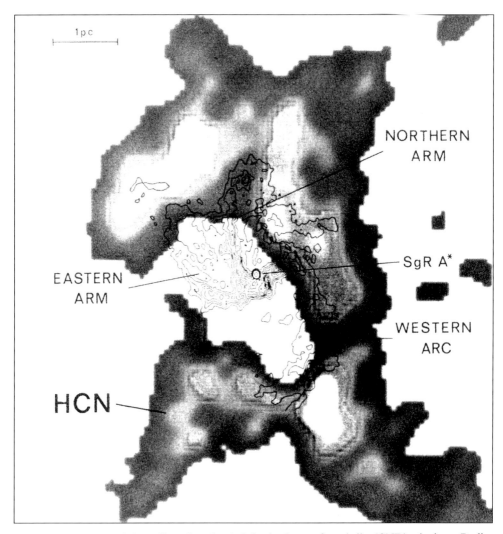

Abb. 6 Der Innenrand der radiospektroskopisch beobachteten Gasscheibe (CND) mit einem Radius von ~ 5 Lichtjahren. Diese Scheibe mit einer Gesamtmasse von ~ 10 000 Sonnenmassen rotiert um das Galaktische Zentrum. Sie ist um ~ 70° gegen die Sichtlinie geneigt. Die zentrale Aushöhlung ist mit ionisiertem Gas gefüllt, das im Radiobereich eine intensive Frei-frei-Strahlung emittiert. Etwa ein Drittel des emittierten Radioflusses stammt dabei von einem Plasma mit hoher Raumdichte, das die im Bild sichtbare Struktur einer Balkenspirale hat, die auch als »Minispirale« bezeichnet wird. Die intensive Punktquelle nördlich des Balkens ist Sgr A* (adaptiert von GÜSTEN et al.).

seine ca. zehnmal höhere Dichte von der ausgedehnten Gaskomponente abhebt) bilden die in Abbildung 6 gezeigte Struktur, die als »Minispirale« bezeichnet wird. Ob massereiche Sterne oder ein Schwarzes Loch die Energie in den zentralen Lichtjahren erzeugen — sie wird als Strahlung im optischen und im ultravioletten Bereich emittiert und deshalb letztendlich vom Staub in der zentralen Aushöhlung als Infrarotstrahlung remittiert werden. Die UV-Strahlung ionisiert darüber hinaus noch das Gas. Aus dem integrierten IR-Spektrum ergibt sich für die zentralen drei Lichtjahre eine Leuchtkraft von 20 Millionen Sonnenleuchtkräften. Aus der Frei-frei-Strahlung der HII Region Sgr A West erhält man die Anzahl der pro Sekunde erzeugten UV-Photonen. Aus beiden Größen zusammen ergibt sich die Effektiv-Temperatur der Strahlungsquelle(n); sie hat den relativ niedrigen Wert von $3 - 3{,}5 \cdot 10^4$ K.

Aktive Galaxienkerne

Der bekannte armenische Physiker Viktor AMBARTSUMIAN hatte Anfang der fünfziger Jahre den Blick der Astronomen für unerwartete physikalische Vorgänge in Galaxienkernen geschärft. Obwohl seine Voraussage auf einer falschen Hypothese beruhte, erwiesen sich seine Vorhersagen als richtig: Das Phänomen der Aktiven Galaxienkerne, wo in Volumina von weniger als einem Lichtjahr Durchmesser Energien freigesetzt werden, die bis zum Tausendfachen der Leuchtkraft der Mutter-Galaxie betragen, beschäftigt die Astrophysiker seit mehr als dreißig Jahren.

Die Aktivität von Galaxienkernen manifestiert sich in verschiedenen Erscheinungsformen, die man in die Kategorien mit wachsender zentraler Leuchtkraft Seyfert-Galaxien (hohe Turbulenz des ionisierten Gases im Zentralbereich), Radiogalaxien (Synchrotron-Strahlung, Jet-Struktur) bis zu den Quasaren (Quasistellare Radioquellen) einteilt. Als Energieerzeugungs-»Maschine« hat das Modell eines massereichen Schwarzen Lochs, das von einer rotierenden Gasscheibe umgeben ist, in der Materie langsam nach innen auf das Schwarze Loch zuwandert und schließlich von diesem verschluckt wird, bisher alle Kritik überstanden. Auch die sogenannten »Star-burst«-Galaxien werden zu den Aktiven Galaxienkernen gezählt. Sie verdanken ihre (relativ bescheidene) Leuchtkraft einer gegenüber dem Durchschnitt um ein Vielfaches erhöhten Entstehungsrate speziell von massereichen, leuchtkräftigen und kurzlebigen Sternen.

Schwarzes Loch mit Akkretionsscheibe als Energiequelle

Ein Schwarzes Loch ist dadurch charakterisiert, daß seine eigene Schwerkraft die Materie auf einen so engen Raum zusammengepreßt hat, daß keine Photonen mehr die (durch den so definierten Schwarzschild-Radius bestimmte) Oberfläche verlassen können. Das Schwarze Loch ist damit für seine Umwelt nur noch indirekt, nämlich durch die Wirkung seiner Schwerkraft, wahrnehmbar. Ist das Schwarze Loch von einer rotierenden Scheibe aus Staub und Gas umgeben (siehe Abb. 7), dann kann unter bestimmten physikalischen Bedingungen Materie in Richtung auf den Innenrand der Scheibe transportiert und schließlich von dem Schwarzen Loch eingefangen werden. Der Innenrand der Scheibe erhitzt sich dabei auf Temperaturen bis zu einer Million Grad Kelvin (K) und mehr und strahlt die so erzeugte Energie in erster Näherung als Schwarzkörperstrahlung ab. Das Bemerkenswerte an diesem Prozeß ist einmal sein extrem hoher Wirkungsgrad. Die maximal verfügbare Energie ist nach der Einsteinschen Formel mit der Masse M durch $E = M \cdot c^2$ verbunden. Davon kann ein Anteil $\varepsilon \leq 1$ freigesetzt werden; ε ist also der Wirkungsgrad eines bestimmten Prozesses. Bei der Vernichtung von Materie und Antimaterie wird zum Beispiel die gesamte Energie freigesetzt, also ist $\varepsilon = 1$. $\varepsilon = 0{,}007$ ist der Wirkungsgrad der Kernfusion, bei der z. B. im Sterninnern vier Protonen zu einem ^{4}He-Kern verschmelzen werden. Rechnungen haben gezeigt, daß Materie, die vom Innenrand der Scheibe auf ein rotierendes Schwarzes Loch stürzt, mit einem Wirkungsgrad von maximal 30% (d. h. $\varepsilon = 0{,}3$) in Strahlungsenergie umgewandelt werden kann. Zum anderen ist bemerkenswert, daß – im Gegensatz zur Wasserstoff-Fusion in einem Stern – die Energieerzeugung bei Einfall von Materie in ein Schwarzes Loch durch Änderung der Akkretions(einfall)rate beliebig geändert, ja sogar auf Null reduziert werden kann.

Auch bei den leuchtstärksten Quasaren laufen der auf das Schwarze Loch hin gerichtete Materietransport sowie der Energieerzeugungsprozeß über differentielle (KEPLER) Rotation und innere Reibung der Gasscheibe auf Längenskalen von Lichtjahren ab, die bestenfalls einige tausend Sonnenmassen an Staub und Gas enthalten. Quasare schlucken aber pro Jahr bis zu 10 Sonnenmassen an Materie, um ihren Energiebedarf zu decken. Bei einer geschätzten Aktivitätsphase von 10 bis 100 Millionen Jahren würde das Schwarze Loch bis zu einer Milliarde Sonnenmassen an Materie verschlingen. Die von der Schwerkraft zusammengepreßte Schicht der interstellaren Materie, die um das galaktische Zentrum rotiert, läßt sich als Fortsetzung einer zentralen Scheibe betrachten, die sich über Tausende von Lichtjahren erstreckt und ein natürliches Reservoir bildet (Abb. 2 und 3a). Allerdings reichen bei größerem Abstand vom Zentrum Reibung und differentielle Rotation nicht mehr aus, um Drehimpuls nach außen und Materie nach innen zu befördern. Eine Balkenstruktur könnte diese wichtige Rolle übernehmen.

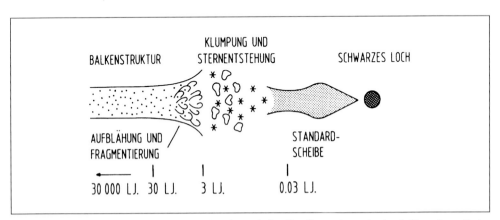

Abb. 7 Modell einer Schwarzes Loch/Akkretionsscheibe-Konfiguration, wie sie als Energiequelle im Zentrum aktiver Galaxienkerne vermutet wird. Die äußere Scheibe – von einer Balkenstruktur angetrieben – transportiert Materie in Richtung auf das Zentrum. Im Zentralbereich, bei Entfernungen von einigen zehntel Lichtjahren, wird die Scheibe gravitationsinstabil, fragmentiert und bildet Sterne. Die Standardscheibe um das zentrale Schwarze Loch bildet die eigentliche Energiequelle. Entfernungen sind logarithmisch dargestellt.

Sternentstehung und Akkretion

Abbildung 7 weist aber noch auf ein anderes Problem hin. Bei Entfernungen von einigen zehntel Lichtjahren kann die Scheibe gravitationsinstabil werden und in kleinere Bruchstücke fragmentieren, aus denen Sterne entstehen. Ob Sternentstehung mit nachfolgender Kernverschmelzung oder Akkretion durch das zentrale Schwarze Loch die Energieerzeugung dominieren, hängt in sehr komplexer Weise von den physikalischen Parametern der Scheibe ab.

Daß massereiche, heiße und leuchtkräftige Sterne in den zentralen Lichtjahren um das Zentrum unserer Milchstraße entstanden sind, zeigen vor allen Dingen die von verschiedenen deutschen und amerikanischen Beobachtergruppen mit hohem Winkelauflösungsvermögen im Nahen Infrarot (NIR) erhaltenen Bilder. Ein ursprünglich mit Sgr A* identifiziertes NIR-Objekt wurde dabei mit noch höherem Winkelauflösungsvermögen in sechs sogenannte HeI/HI-Sterne aufgelöst, deren Prototyp der variable Stern η-Carinae mit einer Masse von mehr als 100 Sonnenmassen und einer Leuchtkraft von mehr als einer Million Sonnenleuchtkräften ist. Die über zwanzig im Zentralbereich aufgefundenen Sterne dieses Typs können also die beobachtete Gesamtleuchtkraft von $2 \cdot 10^7 L_\odot$ der zentralen Aushöhlung problemlos erklären.

Im Zentrum der Milchstraße — Sgr A*, ein Schwarzes Loch auf Hungerdiät?

Etwa 0,1 – 1% aller Galaxien haben einen aktiven Kern. Da die Aktivitätsphase auf nur $10^7 - 10^8$ Jahre geschätzt wird (im Vergleich zu einem Alter des Weltalls von mehr als 10^{10} Jahren), ein einmal vorhandenes Schwarzes Loch aber nicht mehr verschwinden kann, lag die Hypothese nahe: Möglicherweise befindet sich in den Zentren aller Galaxien ein massereiches Schwarzes Loch, aber in mehr als 99% aller Fälle kann es sich nicht durch erhöhte Leuchtkraft manifestieren, weil es nicht mit Materie gefüttert wird — es hungert!

Als wir und andere Gruppen Anfang der siebziger Jahre das Galaktische Zentrum intensiv zu beobachten begannen, war aus Radio- und Infrarot-Beobachtungen schon bekannt, daß unser Milchstraßensystem keinen aktiven Kern beherbergt. Die britischen Astrophysiker LYNDEN-BELL und REES hatten bereits 1971 vermutet, daß sich ein hungerndes Schwarzes Loch als eine sehr kompakte Synchrotronquelle darstellen würde. Eine solche — heute als Sgr A* bezeichnete — Radioquelle wurde dann auch 1974 von meinen Kollegen BALICK und BROWN mit dem Green-Bank-Radio-Interferometer entdeckt.

Wie sollte man nun beweisen, daß Sgr A* ein massereiches Schwarzes Loch ist? Auch hier hatten LYNDEN-BELL und REES schon die Richtung gewiesen: Sgr A* ist in den ionisierten Gasnebel Sgr A West mit einem Durchmesser von etwa 10 Lichtjahren eingebettet (siehe Abb. 3c und 6), der neben der Radio/IR-Kontinuumstrahlung auch Spektrallinien im mittleren Infrarot (z. B. die »verbotene« NeII, λ^μ 12,8 μm-Linie) und im Radiobereich (das Radio-Rekombinationsspektrum) aussendet. Bei hohem Winkelauflösungsvermögen und wenn sich das ionisierte Gas auf Kreisbahnen bewegt, läßt sich aus der beobachteten Dopplerverschiebung der Linien, bei niedrigem Winkelauflösungsvermögen oder turbulenten Gasbewegungen aus der beobachteten Linienverbreiterung auf die Zentralmasse schließen. Beide Methoden führen zu dem selben Ergebnis, daß das Gravitationspotential im Zentralbereich unserer Milchstraße (R < 5 Lichtjahre) von einem kompakten Objekt von einigen Millionen Sonnenmassen bestimmt wird und daß dieses Objekt mit der Radioquelle Sgr A* zusammenfällt.

Dies allein ist jedoch noch kein eindeutiger Beweis für die Existenz eines hungernden Schwarzen Lochs im Zentrum unserer Milchstraße, von dem wir vermuten, daß es mit der kompakten Radioquelle Sgr A* identisch ist. Was wissen wir über diese rätselhafte Quelle? Die interstellare Materie zwischen Sonne und Galaktischem Zentrum beschränkt direkte Beobachtungen einerseits auf den Radio-/IR-Bereich und andererseits auf den Bereich der härteren Röntgenstrahlung. Bis heute ist die eindeutige Identifizierung von Sgr A* mit einer NIR- oder Röntgenquelle nicht gelungen. Im Wellenlängenbereich zwischen 30 cm und ca. 7 μm verfügen wir dagegen über einen Reichtum an Information.

Abbildung 8 zeigt das Radio-/IR-Spektrum von Sgr A*. Bei der Wellenlänge $\lambda \leq 30$ cm ($v = 1$ GHz) wird die Strahlung von Sgr A* durch das thermische Plasma der HII Region Sgr A West absorbiert, bei Wellenlängen $\lambda \leq 100$ μm scheint das Spektrum exponentiell abzunehmen, weil keine relativistischen Elektronen mit genügend hoher Energie vorhanden sind, um Strahlung im Mittleren und Nahen Infrarot zu erzeugen. Dazwischen steigt das Spektrum proportional mit $v^{1/3}$ an — d. i. das Charakteristikum einer nahezu monoenergetischen Energieverteilung der relativistischen Elektronen, deren Abbremsung in einem Magnetfeld von ca. 13 Gauss für die beobachtete Synchrotronstrahlung verantwortlich ist. Die Leuchtkraft des integrierten Spektrums beträgt allerdings nur $\sim$ 400 Sonnenleuchtkräfte.

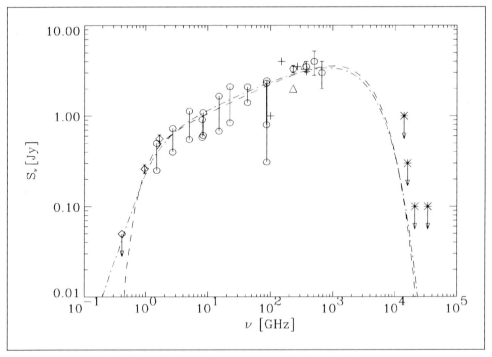

Abb. 8 Radio-/Infrarot-Spektrum der kompakten Synchrotronquelle Sgr A*. Die Symbole o−o deuten Variabilität des Radioflusses an, ✱ → sind obere Grenzwerte im MIR. Die Kurven beziehen sich auf an die Beobachtungsdaten angepaßte Modelle (MEZGER et al. 1995)

Interferometrie der Radioquelle Sgr A* mit transkontinentalen Basislängen (VLBI)

Von ganz speziellem Interesse sind Beobachtungen von Sgr A* mit den Methoden der Radiointerferometrie. Das Winkelauflösungsvermögen Θ eines beugungsbegrenzten Teleskops mit dem Reflektordurchmesser D bei der Wellenlänge λ ist ausgedrückt in Bogenminuten $= 4{,}176 \cdot 10^3\, \lambda/D$, wobei Wellenlänge λ und Reflektordurchmesser D in gleichen Einheiten einzusetzen sind. So ergibt sich für das 100 m-Teleskop in Effelsberg (Abb. 9) bei der Wellenlänge $\lambda = 2$ cm ein Winkelauflö-

Abb. 9 100 m-Radioteleskop des MPI für Radioastronomie in Effelsberg bei Bonn (MPIfR)

sungsvermögen von etwa 1 Bogenminute — das entspricht dem Winkelauflösungsvermögen des menschlichen Auges im optischen Licht.

Große optische Teleskope erreichen die Beugungsgrenze nicht, sondern haben — bedingt durch die Turbulenz der Erdatmosphäre — bestenfalls ein Winkelauflösungsvermögen von 1 Bogensekunde. Wollte man aber selbst dieses eingeschränkte Auflösungsvermögen mit einem Radioteleskop bei $\lambda = 2$ cm Wellenlänge erreichen, dann müßte das Teleskop einen Durchmesser von $D = 6$ km haben!

Einen Weg aus dem Dilemma weist die Interferometrie. Zwei Teleskope in der Entfernung (Basislänge) $d = D$ aufgestellt, die gleichzeitig dieselbe Radioquelle beobachten und die in geeigneter Weise zusammen geschaltet werden, enthalten — sehr vereinfacht gesagt — dieselbe Information über die Struktur der Quelle wie ein Einzelteleskop mit Durchmesser D. In der Praxis sind Interferometer-Beobachtungen aber zeitraubend und rechnerintensiv. Um die Meßzeiten zu verkürzen, kombiniert man mehrere Antennen zu einem Array. Das derzeit leistungsfähigste ist das *Very Large Array* in Socorro im US-Bundesstaat Neu Mexiko, mit dem bei einer Basislänge von ca. 50 km und bei $\lambda = 2$ cm ein Winkelauflösungsvermögen von 0,1 Bogensekunden erreicht wird. Nimmt man den Erdradius von ca. 6 000 km als Basis, dann läßt sich das Winkelauflösungsvermögen nochmals um einen Faktor 100 steigern. Man erreicht so mit dem als *Very Long Baseline Interferometry* bezeichneten Verfahren (VLBI) Auflösungsvermögen, die im Bereich von 1/1 000stel einer Bogensekunde (***milliarcsecond*** = mas) liegen. Das bedeutet, daß man aus einer Entfernung von 30 000 km den Durchmesser einer 5 DM-Münze

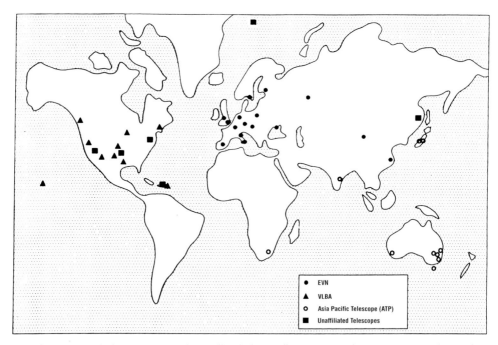

Abb. 10   Schematische Darstellung der Radioteleskope, die zusammen das VLBI-Netzwerk Interferometrie mit interkontinentalen Basislängen bilden. Die meiste Zeit werden diese Teleskope als Einzelteleskope betrieben. Der zeitweise Zusammenschluß zu einem Array stellt einen der bemerkenswertesten Erfolge wissenschaftlicher Selbstorganisation dar (SCHILIZZI).

messen könnte! Abbildung 10 zeigt die Verteilung der Radioteleskope, die zusammen das transkontinentale Netzwerk bilden. Das MPI für Radioastronomie mit seinem 100 m-Radioteleskop in Bonn bildet das europäische VLBI-Zentrum, speziell auch für die wissenschaftlich besonders interessante Interferometrie im Bereich der mm-Wellenlängen.

Der Schwarzschild-Radius eines Schwarzen Lochs von 10^6 Sonnenmassen ist $R_s = 3 \cdot 10^{11}$ cm, das entspricht ~ 4 Sonnenradien. Von der Synchrotron-Strahlung eines Schwarzen Lochs erwartet man, daß sie in dessen Magnetosphäre entsteht, also in einem Bereich $R \leq 10-100\,R_s$, dem bei einer Entfernung des Galaktischen Zentrums von 30000 Lichtjahren Winkelabstände von $\leq 0,5$ mas entsprechen. Verständlich, daß Sgr A*, das ja mit dem Green-Bank-Radiointerferometer entdeckt worden war, zum Ziel zahlreicher VLBI-Beobachtungen wurde, deren wichtigste Ergebnisse in Abbildung 11 zusammengefaßt sind, wobei der scheinbare (gemessene) Winkeldurchmesser der kompakten Synchrotronquelle als Funktion der Wellenlänge aufgetragen ist. Für Wellenlängen $\lambda \geq 1$ cm nimmt der Durchmesser von Sgr A* mit dem Quadrat der Wellenlänge ($\infty\,\lambda^2$) ab. Das ist ein Zeichen dafür, daß wir in diesem Wellenlängenbereich nicht die Quelle selbst, sondern ein durch Streuung an freien Elektronen im interstellaren Raum verzerrtes Bild sehen. Eine Abweichung von diesem $\infty\,\lambda^2$-Verhalten deutet sich erstmals im mm-Wellenbereich an, wo aus beobachteten Winkeldurchmessern von $\sim 0,33-0,13$ mas bei einer Entfernung des Galaktischen Zentrums von ~ 25000 Lichtjahren ein tatsächlicher Durchmesser von Sgr A* von $\sim 4-1,6 \cdot 10^{13}$ cm folgt. Der Schwarzschild-Durchmesser eines Schwarzen Lochs mit einer Masse von 2 Millionen Sonnenmassen ist $2\,R_s = 1,2 \cdot 10^{12}$ cm. Die Möglichkeit deutet sich damit an, mit den Methoden der mm-VLBI-Interferometrie erstmals das unmittelbare Umfeld eines massereichen Schwarzen Lochs erforschen zu können.

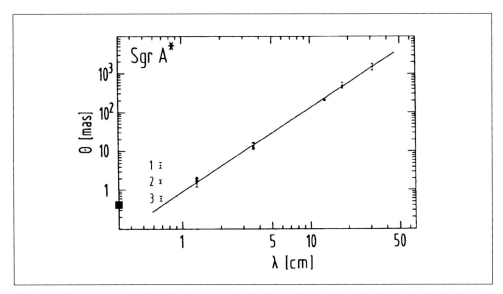

Abb. 11 Der gemessene Winkeldurchmesser der Radioquelle Sgr A* als Funktion der Wellenlänge λ. Für Wellenlängen $\lambda \geq 1$ cm ist der Winkeldurchmesser dem Quadrat der Wellenlänge proportional (eingezeichnete Kurve; KRICHBAUM et al.).

Zusammenfassung der Ergebnisse

Die Beobachtungen ergeben zusammen genommen folgendes Bild: Im dynamischen Zentrum unserer Milchstraße befindet sich ein kompaktes Objekt von einigen Millionen Sonnenmassen, dessen beobachtete Radio-Charakteristika es nahelegen, daß es sich um ein »hungerndes« Schwarzes Loch mit einer Leuchtkraft zwischen tausend und hunderttausend Sonnenleuchtkräften handelt (man erinnere sich, daß die maximale »Eddington«-Leuchtkraft eines solchen Schwarzen Lochs zwischen zehn und hundert Milliarden Sonnenleuchtkräften liegt).

Des weiteren werden die Komponenten einer um das Schwarze Loch rotierenden Scheibe aus kaltem Gas und Staub beobachtet, die sich bis zu Entfernungen von 600 bis 900 Lichtjahren erstreckt. Bei Entfernungen von ~ 5 Lichtjahren staut sich das neutrale Gas und die dadurch entstandene »zentrale Aushöhlung« ist mit ionisiertem Gas ausgefüllt, das hauptsächlich durch junge, massereiche und heiße Sterne ionisiert wird. Der nach innen gerichtete Massefluß durch die Akkretionsscheibe scheint zumindest in den letzten 10 Millionen Jahren überwiegend zur Sternentstehung und kaum zur »Fütterung« des Schwarzen Lochs beigetragen haben.

Danksagung

Herrn Dr. W. Duschl danke ich für eine kritische Durchsicht des Manuskripts, der Deutschen Verlagsanstalt für die Überlassung von Illustrationen aus meinem Buch *Blick in das Kalte Weltall* (DVA, 1992).

> Prof. Dr. Peter G. Mezger
> Max-Planck-Institut für Radioastronomie
> Auf dem Hügel 69
> D-53121 Bonn

Abbildung des Erdinnern durch seismische Signale: Seismische Tomographie

Von Eduard KISSLING (Zürich)

Mit 22 Abbildungen

Einleitung

»Computertomographie« gehört heutzutage zu jenen medizinischen Fachausdrücken, welche auch interessierten Laien durchaus vertraut sind. Der Begriff Tomographie bedeutet frei übersetzt »Beschreibung mit Querschnitten« und bezeichnet Methoden zur Erfassung und Darstellung von komplexen, dreidimensionalen (3D) Strukturen. Die große Verbreitung der Tomographie erklärt sich einerseits aus der Häufigkeit solcher Fragestellungen in den Naturwissenschaften und ist andererseits darauf zurückzuführen, daß der Begriff nur wenig über die Methode zur Berechnung der Resultate und gar nichts über die zugrundeliegenden Meßdaten aussagt. Es wäre allerdings falsch zu glauben, die Art und Qualität der Meßdaten sei für die Tomographie von untergeordneter Bedeutung. Dies gilt mit Bestimmtheit auch für die seismische Tomographie, wie die jüngste und bisher leistungsstärkste geophysikalische Methode zur Beschreibung des inneren Aufbaus der Erde genannt wird. Ich möchte Ihnen im folgenden am Beispiel der seismischen Tomographie zeigen, wie eng die Methoden der Signalerfassung und -verarbeitung mit den Methoden der Berechnung und der Darstellung verknüpft sind, um die noch vor wenigen Jahren undenkbare – und heute bald selbstverständliche – Auflösung der Tomographie zu erreichen.

Seismische Signale

Seismische Signale von Erdbebenwellen, welche unsere Erde durchstrahlen, tragen die Merkmale der Quelle, des Übertragungsmediums und des Aufnehmers in sich (Abb. 1, *oben*). Aus dieser dreifachen Abhängigkeit erklären sich Komplexität und Charakteristiken der Aufzeichnungen von seismischen Wellen, sogenannten Seismogrammen (Abb. 1, *unten*).

Seismogramme von Erdbeben in größerer Entfernung zeigen die charakteristischen drei Wellenarten (Abb. 2), welche P-, S- und Oberflächen-Wellen genannt werden. Während P- und S-Wellen quer durch die Erde laufen und deshalb als Raumwellen bezeichnet werden, laufen die Oberflächenwellen entlang der Erdoberfläche, wobei ihre Eindringtiefe von der Wellenlänge abhängt.

Zwei der wichtigsten Ziele der Seismologie sind die quantitative Beschreibung des inneren Aufbaus der Erde und das Verständnis von seismischen Quellen. Unter einer seismischen Quelle versteht man jenes räumlich begrenzte Volumen, in dem relativ kurzzeitige Massenverschiebungen stattfinden, welche die Ursache für die in die Erde abgestrahlten seismischen Wellen sind. Das Studium der Quellensignale (Abb. 3) ermöglicht Aussagen über die Eigenschaften des Quellgebietes und die darin ablaufenden Prozesse. Die mathematisch am einfachsten faßbare Art einer seismischen Quelle ist eine Explosionsquelle. Die dabei angeregten seismischen Wellen (Abb. 3, *unten*) unterscheiden sich auch in größerer Entfernung noch so stark von Erdbebensignalen, daß mit Hilfe von seismischen Untersuchungen die Diskriminierung zwischen Erdbeben und unterirdischen, nuklearen Sprengungen bis auf eine relativ geringe Sprengkraft garantiert werden kann. Bekanntlich wird die seismische Überwachung von vielen Staaten als eine wesentliche Voraussetzung für ein internationales Teststop-Abkommen betrachtet.

Die weitaus häufigsten seismischen Quellen sind tektonische Erdbeben (Abb. 3), Einstürze oder Bergstürze und tiefe Erdbeben, welche mit petrophysikalischen

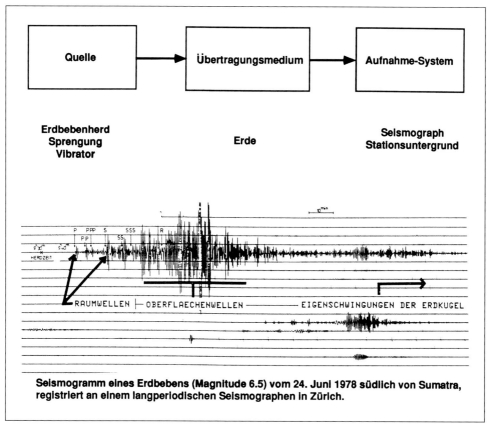

Abb. 1 Seismische Signale tragen die Merkmale der Quelle, des Übertragungsmediums und des Aufnehmers in sich (*oben*). Aus diesen Abhängigkeiten erklären sich Charakteristiken einer Aufzeichnung von seismischen Wellen, einem sogenannten Seismogramm eines tektonischen Erdbebens (*unten*).

Instabilitäten in subduzierten Lithosphärenplatten zusammenhängen. An aktiven Vulkanen beobachtet man neben tektonischen Erdbeben oft auch sogenannten vulkanischen Tremor (Abb. 3 und 4). Die Quelle dieser Signale kann man sich ähnlich einem Wasserhammer in einem Leitungssystem vorstellen, wobei anstelle von Wasser flüssige Lava und Gase beteiligt sind.

Wie bereits angedeutet, werden die seismischen Signale auch vom Aufnahme- und Meßsystem beeinflußt. Seismologen beschäftigen sich deshalb seit Anfang unseres Jahrhunderts intensiv mit der Entwicklung von geeigneten Geophonen, welche eine möglichst verzerrungsfreie Wiedergabe der Bodenbewegungen ermöglichen. Vergleicht man das weltweit erste Seismogramm eines Fernbebens, welches 1906 in Potsdam mit einem Pendel-Gravimeter aufgezeichnet wurde (Abb. 5) mit einem Seismogramm aus den siebziger Jahren (Abb. 1, *unten*), so wird sofort klar, welch große Fortschritte in der Seismologie durch ein weltumspannendes Netz von hochqualitativen Seismometern möglich wurden. Einen vorläufigen Höhepunkt dieser Entwicklung stellen sogenannte Breitband-Seismometer (WIELANDT und STRECKEISEN 1982) dar, welche die Bodengeschwindigkeit für ein breites Spektrum und mit hoher Dynamik aufzeichnen.

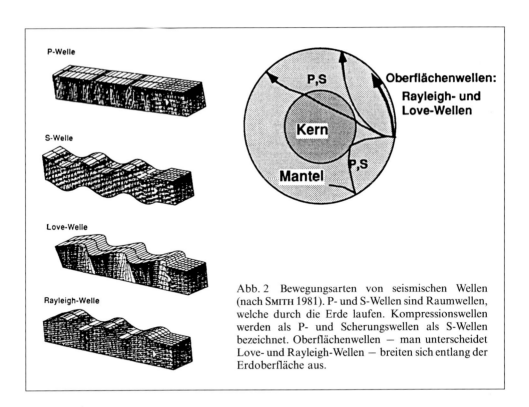

Abb. 2 Bewegungsarten von seismischen Wellen (nach SMITH 1981). P- und S-Wellen sind Raumwellen, welche durch die Erde laufen. Kompressionswellen werden als P- und Scherungswellen als S-Wellen bezeichnet. Oberflächenwellen – man unterscheidet Love- und Rayleigh-Wellen – breiten sich entlang der Erdoberfläche aus.

Der unmittelbare Stationsuntergrund verändert lokal das ankommende Wellenfeld und beeinflußt die gemessenen Signale zum Teil stark. Dies äußert sich leider auch immer wieder bei starken Erdbeben in den auf kleinstem Raum stark unterschiedlichen Schäden. Die sichtbare Geländeform und die Topographie des Felsuntergrundes sind für viele Täler in Mitteleuropa verschieden, da im Laufe der jüngeren geologischen Geschichte eine ursprünglich tief erodierte Felsrinne mit lockeren Sedimenten teilweise aufgefüllt wurde. Besonders ausgeprägt ist dies in den größeren Alpentälern, welche wie im Falle des Rhonetales mehrere hundert Meter mächtige lockere Sedimente als Talfüllungen aufweisen. Der Vergleich von Registrierungen der Bodenbeschleunigung an zwei Seismometern, hervorgerufen durch ein schwaches Erdbeben in etwa gleicher Distanz von den beiden Stationen, zeigt deutlich den Effekt des direkten Stationsuntergrundes (Abb. 6).

Den größten Effekt auf seismische Signale fern ihrer Quelle hat die Struktur des Mediums, welche die seismischen Wellen durchlaufen. Aus dieser Not – wenn man sich beispielsweise mehr für die Quelle interessiert – eine Tugend machend, bestimmen die Seismologen den inneren Aufbau der Erde.

Schalenförmiger Aufbau der Erde

Die Erde ist in erster Näherung schalenförmig aufgebaut mit einem Kern, dem Erdmantel und der sehr dünnen Erdkruste. Die Untersuchung des schalenförmigen Aufbaus der Erde beginnt mit einer Seismogramm-Montage, dem Auftragen von seismischen Signalen in Funktion des Abstandes vom Epizentrum des Erdbebens

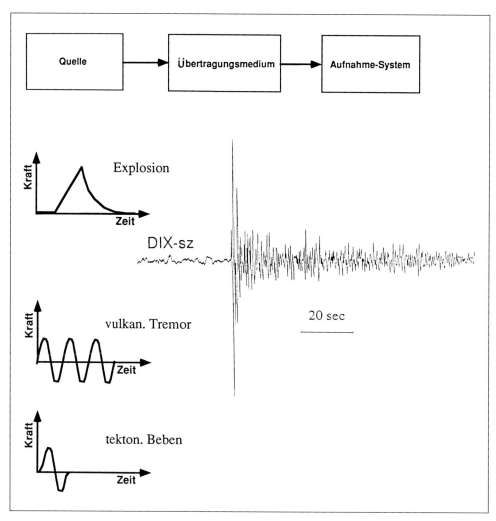

Abb. 3 Schematische Darstellung der drei Gruppen von Quellensignalen. Ein für eine entfernte Explosionsquelle typisches Seismogramm ist *rechts* dargestellt (Kernexplosion in Lop Nor, China, vom 5. Oktober 1993, mb = 5,8; registriert in der Schweiz). Beispiele von Seismogrammen für ein tektonisches Beben und für vulkanischen Tremor finden sich in den Abbildungen 1 und 4.

(Abb. 7, MÜLLER und ZÜRN 1984). In solchen Darstellungen werden sogenannte Laufzeitäste sichtbar, wobei jeder Ast einer bestimmten Art von Wellenweg in der Erde entspricht. Die Zunahme von Druck und Temperatur in der Erde bewirken mit der Tiefe zunehmende seismische Geschwindigkeiten auch für chemisch homogene Schichten. Diese kontinuierliche Geschwindigkeitszunahme mit der Tiefe bewirkt eine Krümmung der entsprechenden Laufzeitäste. Das Abbrechen und Einsetzen von Laufzeitästen wird durch die Geschwindigkeiten und durch die Schichtmächtigkeiten bestimmt.

S-Wellen können sich nur in einem festen elastischen Medium ausbreiten, während P-Wellen in festen Körpern, Flüssigkeiten und Gasen auftreten. Aufgrund von Beobachtungen an Raumwellen von vielen Erdbeben postulierte LEHMANN

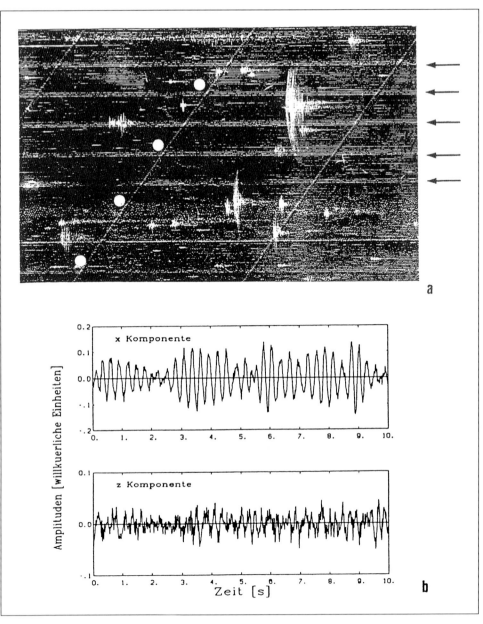

Abb. 4 Signale von vulkanischem Tremor (markiert mit Pfeilen) und von tektonischen Erdbeben registriert auf Russpapier (*a*) am 7. September 1985 am Nevado del Ruiz, Kolumbien (MARTINELLI 1991). Die unteren Diagramme zeigen die monochromatischen Wellen für eine horizontale und die vertikale Komponente.

(1936) einen flüssigen äußeren und einen festen inneren Kern. Die exakte Vermessung aller Äste im Laufzeitdiagramm erlaubt die Bestimmung des schalenförmigen Aufbaus der Erde und ermöglicht z. B. die Berechnung des Durchmessers des inneren Kerns. Ein solches Referenz-Erdmodell ist Ausgangspunkt für die Untersuchung der dreidimensionalen (3D) Struktur der Erde, welche an der

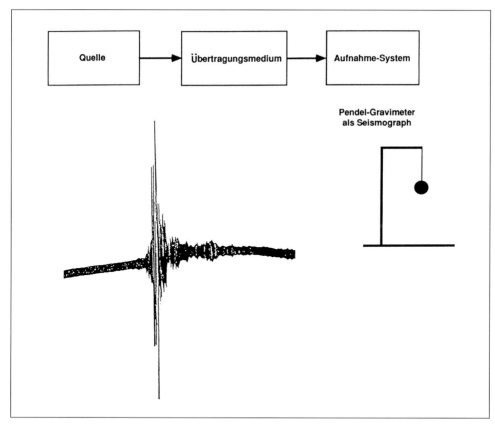

Abb. 5   Das weltweit erste Seismogramm eines Fernbebens vom 17. April 1889 in Japan, aufgezeichnet in Potsdam (Deutschland) mit einem Pendel-Gravimeter (GERLAND 1895). Der Ausschnitt entspricht etwa 7,5 Stunden.

Erdoberfläche unter anderem durch die unregelmäßige Verteilung von Kontinenten und Ozeanen in Erscheinung tritt. Die theoretischen Grundlagen zum Verständnis von solchen lateralen Unterschieden und von vielen an der Erdoberfläche beobachtbaren Prozessen liefert die Plattentektonik.

Plattentektonik

Für das Verständnis der Plattentektonik wichtiger als die Unterscheidung zwischen Kruste und Mantel ist der Begriff der Lithosphäre, jener äußersten Gesteinsschichten der Erde, welche als mehr oder weniger fest bezeichnet werden können. Die Lithosphäre umfaßt die Erdkruste und die äußersten paar Dutzend Kilometer des Erdmantels. Diese eigentliche Haut der Erde besteht aus einer geringen Zahl von großen und kleinen Schollen oder »Platten«, welche sich auf dem darunterliegenden Erdmantel schwimmend langsam bewegen (Abb. 8).

Aufgrund dieser Bewegungen sind vor allem die Ränder dieser Platten starken Beanspruchungen ausgesetzt, die sich unter anderem in der globalen Verteilung der Erdbeben und der Vulkane niederschlagen. Entlang dem mittelozeanischen Rücken

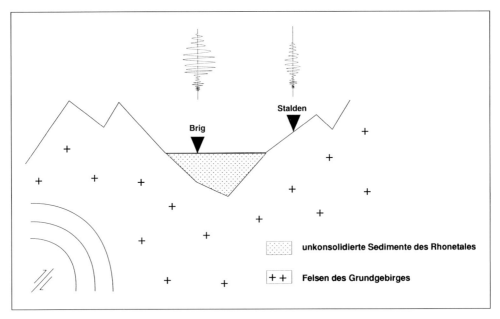

Abb. 6 Einfluß des unmittelbaren Stationsuntergrundes. Die lockeren Sedimente im Rhonetal (Schweiz) bewirken eine Verstärkung der seismischen Wellen gegenüber einer benachbarten Station auf Fels.

entsteht neue ozeanische Lithosphäre (Abb. 8), womit die beteiligten Platten an Fläche zunehmen. Umgekehrt werden entlang von sogenannten Subduktionszonen Platten übereinandergeschoben, wobei die untenliegende Platte langsam in den Erdmantel abtaucht. Platten umfassen oft meist sowohl Bereiche mit ozeanischer als auch kontinentaler Lithosphäre. Wegen ihrer geringeren Dichte werden Kontinente normalerweise nicht subduziert. Dies ist auch damit dokumentiert, daß die Kerngebiete der heutigen Kontinente um ein Vielfaches älter sind wie die älteste ozeanische Lithosphäre. In einem Querschnitt der Erde betrachtet (Abb. 9) ergibt sich so für die Plattentektonik das Bild eines Kreislaufes von mehrheitlich ozeanischem Lithosphärenmaterial. Dieser konvektive Kreislauf dient der gegenüber reiner Wärmeleitung um vieles effizienteren Auskühlung des Erdinnern. Dem radialen, schalenförmigen Aufbau der Erde überlagert sich also ein irreguläres System von leicht kälteren (absinkenden) und wärmeren (aufsteigenden) Zonen verschiedenster Formen und Ausdehnungen. Das Kartieren und Verknüpfen dieser anomalen Zonen im Erdmantel mit den an der Erdoberfläche sichtbaren plattentektonischen Strukturen ist eines der wichtigsten Ziele der modernen Seismologie.

Seismische Tomographie

Die seismische Tomographie ist eine konsequente Weiterentwicklung der früheren seismischen Methoden mit dem Ziel, die 3D-Struktur des Erdinnern möglichst genau zu vermessen und abzubilden unter den Voraussetzungen, daß der schalenförmige Aufbau bekannt und eine Vielzahl von seismischen Signa-

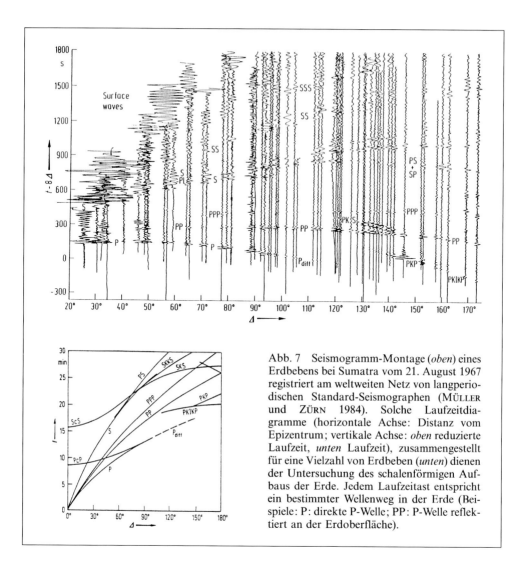

Abb. 7 Seismogramm-Montage (*oben*) eines Erdbebens bei Sumatra vom 21. August 1967 registriert am weltweiten Netz von langperiodischen Standard-Seismographen (MÜLLER und ZÜRN 1984). Solche Laufzeitdiagramme (horizontale Achse: Distanz vom Epizentrum; vertikale Achse: *oben* reduzierte Laufzeit, *unten* Laufzeit), zusammengestellt für eine Vielzahl von Erdbeben (*unten*) dienen der Untersuchung des schalenförmigen Aufbaus der Erde. Jedem Laufzeitast entspricht ein bestimmter Wellenweg in der Erde (Beispiele: P: direkte P-Welle; PP: P-Welle reflektiert an der Erdoberfläche).

len vorhanden ist. Betrachtet man ein kleines Teilvolumen der Erde unterhalb einem Stationsnetz, stellt man fest, daß im Laufe der Jahre dieses Volumen von einer Vielzahl von Wellen aus allen Richtungen durchstrahlt wird (Abb. 10).

Unter der Annahme, daß die Erdbebenherde bekannt sind, ist es deshalb theoretisch möglich, aus all diesen Strahlen zusammen die 3D-Geschwindigkeits-Struktur des beobachteten Volumens zu bestimmen. Unterschiede zur medizinischen Tomographie ergeben sich vor allem aus der Verwendung von Erdbeben – unbekannte Herdparameter, keine Erdbeben auf Bestellung – und aus der doppelten Beeinflussung der seismischen Wellen durch die 3D-Struktur. Die (unbekannte!) 3D-Geschwindigkeits-Struktur des untersuchten Volumens verändert die Wellenwege gegenüber denjenigen für eine schalenförmig homogene Erde. Somit überlagern sich in den Laufzeiten der seismischen Wellen die beiden Effekte, hervorgerufen durch den veränderten Weg und durch die

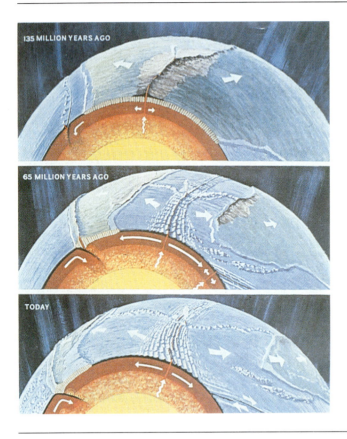

Abb. 8 Öffnung des Südatlantik während der letzten 135 Millionen Jahre (SMITH 1981). Nach dem Auseinanderbrechen des Superkontinentes Gondwana und mit dem Auseinanderdriften der südamerikanischen und der afrikanischen Platte entsteht entlang dem mittelozeanischen Rücken neue ozeanische Lithosphäre, welche sich an den beiden Plattenrändern anfügt.

Geschwindigkeitsänderungen entlang dem Weg. Die Abhängigkeit der Laufzeit vom 3D-Geschwindigkeitsfeld ist damit nicht-linear, d. h., geringe Änderungen im Geschwindigkeitsfeld können große oder kleine Laufzeitänderungen bewirken. Die oben gemachte Annahme, daß die Erdbeben lokalisierbar sind, ist dank dem weltweiten Stationsnetz berechtigt, doch ist auch hier zu beachten, daß ein nicht-linearer Zusammenhang zwischen den Hypozentralparametern und den Laufzeiten der seismischen Wellen besteht. Dies kommt bereits in den Laufzeitdiagrammen für eine schalenförmig homogene Erde durch das Abbrechen und Auftreten von Laufzeitästen zum Ausdruck (Abb. 7).

Die Berechnung des 3D-Geschwindigkeitsfeldes aus einer Vielzahl von Laufzeiten seismischer Wellen führt auf eine mathematische Fragestellung, welche unter der Bezeichnung Inversions-Problem in der angewandten Physik häufig anzutreffen ist. Als Vorwärts-Rechnen bezeichnet man üblicherweise die Berechnung einer meßbaren Größe, in unserem Falle z. B. die Berechnung der Laufzeit einer seismischen Welle unter der Annahme eines bestimmten Geschwindigkeitsfeldes, welches nicht direkt meßbar ist. Der Vergleich der berechneten Größe mit der gemessenen Größe (beobachtete Laufzeit) erlaubt Rückschlüsse auf Abweichungen zwischen wahrem und angenommenem Geschwindigkeitsfeld. Diesem bei zugrundeliegenden nicht-linearen Problemen besonders schwie-

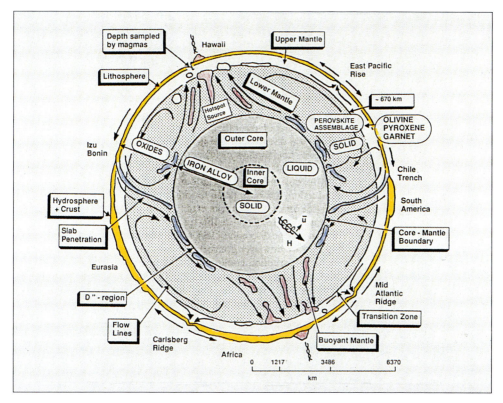

Abb. 9 Schematischer Querschnitt durch die Erde mit Schwerpunkt auf der Dynamik des Erdmantels (THOMPSON 1991). Vor dem Hintergrund des normalen, unteren Mantelmaterials (gepunktet) zeigen sich die subduzierten, kälteren Platten und die aufsteigenden, wärmeren Materialkomplexe sowie die damit zusammenhängenden Strömungen (Pfeile). Die 670 km-Diskontinuität stellt die Trennung zwischen oberem und unterem Mantel dar und kann nach diesem Modell von den subduzierenden Platten durchstoßen werden.

rigen Verfahren der Verbesserung eines 3D-Geschwindigkeitsmodelles (das Verfahren wird treffend als »Versuch und Irrtum« bezeichnet) steht das Inversionsverfahren gegenüber, bei welchem man aus den beobachteten Laufzeiten und einem einfachen Startmodell direkt das verbesserte Geschwindigkeitsmodell berechnet. Da dieses Verfahren sehr rechenintensiv ist, gehören die Seismologen mit zu den größten Verbrauchern von Rechenzeit auf Computern. Das Resultat von solchen tomographischen Inversionen ist ein Satz von Zahlenwerten für ein 3D-Gitter (Abb. 11). Im Falle der seismischen Tomographie entsprechen diese Zahlen den seismischen Geschwindigkeiten für P- und S-Wellen, wobei meistens nicht die absoluten Geschwindigkeiten, sondern die prozentuale Abweichung von einem Mittelwert dargestellt wird. Seismische Tomogramme − wie der Name impliziert − sind Querschnitte durch dieses 3D-Modell (Abb. 11). Die Inversion fehlerbehafteter, unvollständiger Datensätze führt notwendigerweise auf vieldeutige tomographische Resultate. Außerdem sind für einzelne Teilschritte der Inversion nur Näherungslösungen bekannt. Resultate der seismischen Tomographie sind deshalb ohne *A-priori*-Informationen über die Zielobjekte nur sehr schwer zu interpretieren.

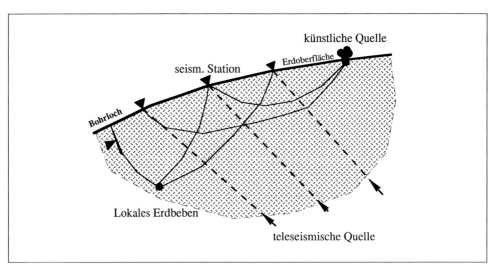

Abb. 10 Seismische Tomographie: Methode zur Erfassung und Beschreibung der 3D-Struktur des Erdinnern. Schematische Darstellung der Durchstrahlung eines Teilvolumens der Erde (schraffiert) mit einer Vielzahl von seismischen Wellen. Seismische Stationen befinden sich an der Erdoberfläche oder in Bohrlöchern.

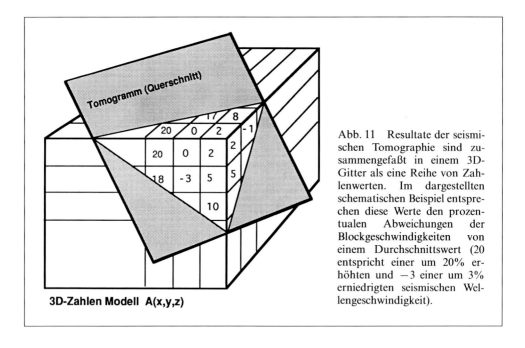

Abb. 11 Resultate der seismischen Tomographie sind zusammengefaßt in einem 3D-Gitter als eine Reihe von Zahlenwerten. Im dargestellten schematischen Beispiel entsprechen diese Werte den prozentualen Abweichungen der Blockgeschwindigkeiten von einem Durchschnittswert (20 entspricht einer um 20% erhöhten und −3 einer um 3% erniedrigten seismischen Wellengeschwindigkeit).

Globale seismische Tomographie des Erdmantels

Die Motivation zur Untersuchung des Erdmantels mittels seismischer Tomographie entstammt der modernen Plattentektonik. Langsame, groß- und kleinräumige Strömungen im zähflüssigen Erdmantel sind Bestandteil dieser vereinigenden erdwissenschaftlichen Theorie (Abb. 9). Modellrechnungen zeigen, daß die mit

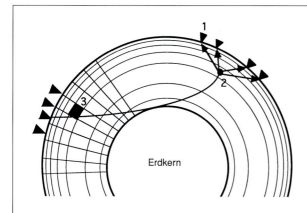

Abb. 12 Prinzip der globalen seismischen Tomographie. Mehrere Stationen (1) in der Nähe eines größeren Erdbebenherdes (2) werden zur Lokalisierung des Hypozentrums benutzt. Laufzeitangaben von vielen Strahlen zu entfernten Stationen geben Auskunft über die Geschwindigkeitsverteilung in Gebieten (3) im Erdmantel.

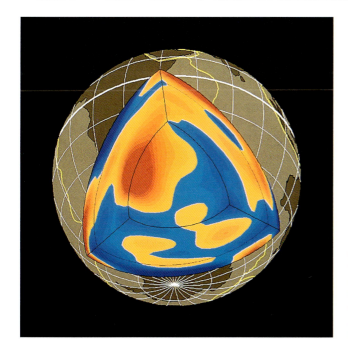

Abb. 13 Tomogramme des Erdmantels (DZIEWONSKI und WOODHOUSE 1987) unter dem südlichen Indischen Ozean (siehe Text). *Rot*: Zonen erniedrigter S-Wellengeschwindigkeit; *Blau*: Zonen erhöhter S-Wellengeschwindigkeit.

diesen Strömungen verbundenen Temperaturunterschiede in seismischen Tomogrammen in Form von lateralen Änderungen der Wellengeschwindigkeiten sichtbar sind. Die heutigen Kenntnisse über die globale Geschwindigkeitsverteilung im Erdmantel verdanken wir vor allem der Gruppe von Wissenschaftlern um A. DZIEWONSKI an der Harvard-Universität, welche vor gut 12 Jahren damit begannen, die weltweiten Erdbebenkataloge der früheren Jahrzehnte für diesen Zweck einzusetzen (Abb. 12).

Stellvertretend für eine ganze Reihe von Arbeiten verschiedener Arbeitsgruppen seien an dieser Stelle Tomogramme von DZIEWONSKI und WOODHOUSE (1987) erwähnt, welche einen Einblick in den Erdmantel unter dem südlichen Indischen Ozean geben (Abb. 13). In rot sind dabei Zonen erniedrigter und in blau solche erhöhter S-Wellengeschwindigkeiten dargestellt. In der linken oberen Ecke erkennt man die mit der mächtigen kontinentalen Lithosphäre des südlichen Afrika verbundene Zone erhöhter S-Wellengeschwindigkeit. Desgleichen sind unter der Antarktis hohe Geschwindigkeiten auszumachen. Im Bereich der mittelozeanischen Rücken (gelb markiert) sind im Zusammenhang mit aufsteigendem, heißem Material erniedrigte seismische Geschwindigkeiten zu beobachten. Die ausgeprägteste Zone erniedrigter S-Wellengeschwindigkeit findet sich jedoch in der Nähe der Kern-Mantel-Grenze unterhalb von Afrika. Die Bedeutung dieser Anomalie im Zusammenhang mit der Plattentektonik ist — wie manche andere Fragestellung auch — bisher ungeklärt und bedarf weiterer Abklärungen. Dazu sind unter anderem auch höher auflösende seismische Tomogramme nötig, welche erlauben würden, Strukturen von maximal einigen 100 km Ausdehnung aus größeren Tiefen bis an die Oberfläche zu verbinden.

Lokale seismische Tomographie der Subduktionszone in Alaska

Bei der Verwendung von Lokalbeben in der seismischen Tomographie (Abb. 14) werden gleichzeitig die Hypozentren lokalisiert und das 3D-Geschwindigkeitsfeld bestimmt. Das erfordert eine große Zahl von Beobachtungsstationen im Untersuchungsgebiet und hat einen stark erhöhten Rechenaufwand zur Folge.

Der Vorteil dieser Art von seismischer Tomographie gegenüber der oben beschriebenen Variante (Abb. 12) liegt darin, daß dank der Verteilung der seismischen Quellen eine gute Durchstrahlung des untersuchten Volumens aus allen Richtungen erfolgt und daß dank der bei Lokalbeben höheren Frequenz der seismischen Signale eine bessere Auflösung erreicht wird. Mit Lokalbebentomographie können z. B. auch Magmakammern von wenigen Kilometern Ausdehnung unter Vulkanen geortet werden. Mit einer Auflösung von wenigen Kilometern und unter der Voraussetzung von tiefen Erdbebenherden ist die Lokalbeben-

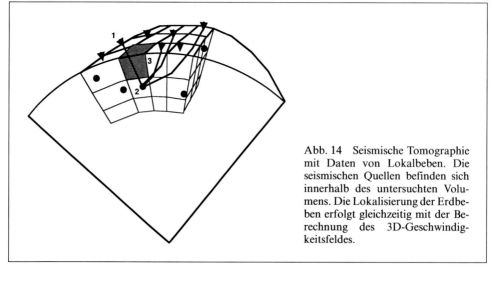

Abb. 14 Seismische Tomographie mit Daten von Lokalbeben. Die seismischen Quellen befinden sich innerhalb des untersuchten Volumens. Die Lokalisierung der Erdbeben erfolgt gleichzeitig mit der Berechnung des 3D-Geschwindigkeitsfeldes.

Abb. 15 Modell einer Subduktionszone, in welcher eine ozeanische Lithosphärenplatte unter eine kontinentale Platte geschoben wird und in den Mantel abtaucht (WALKER 1982).

tomographie besonders gut zur Untersuchung von Subduktionszonen (Abb. 15) geeignet.

Die Darstellungsart der seismischen Tomographie ist für die meisten von uns ungewohnt. Wir erwarten Bilder in der Form von Abbildung 15, allenfalls an manchen Orten mit etwas schlechterer Auflösung. Die seismischen Wellen erlauben jedoch nur ein Abbild der seismischen Wellengeschwindigkeiten, in der seismischen Tomographie dargestellt als Abweichungen von einer mittleren Schichtgeschwindigkeit. Zur leichteren Interpretation der folgenden Tomogramme ist es deshalb von Vorteil, das Modell einer Subduktionszone (Abb. 15) in der Art eines seismischen Tomogrammes darzustellen (Abb. 16).

Das Gebiet des südlichen Alaska ist eine der seismisch aktivsten Zonen der Erde. Der geologische Dienst der Vereinigten Staaten von Amerika (USGS) betreibt seit mehr als 20 Jahren ein Netz von gut 80 Stationen in Alaska. Der Katalog des USGS mit über 500 000 Laufzeit-Beobachtungen der P-Wellen von Lokalbeben wurde von KISSLING und LAHR (1991) zur Bestimmung des 3D-Geschwindigkeitsfeldes im südlichen Alaska verwendet. Diese tomographische Untersuchung ist von überregionalem Interesse, konnte doch erstmals eine Subduktionszone mit einer Auflösung von ca. 10 km erfaßt werden. Ein tomographisches Bild der lateralen Geschwindigkeitsänderungen im Tiefbereich zwischen 90 km und 100 km (Abb. 17) zeigt im wesentlichen drei Gebiete mit anomalen P-Wellengeschwindigkeiten.

Eine ausgedehnte Zone mit leicht erniedrigter Geschwindigkeit liegt unter dem südlichen Teil der Kenai-Halbinsel. Mehr oder weniger parallel zum Cook-

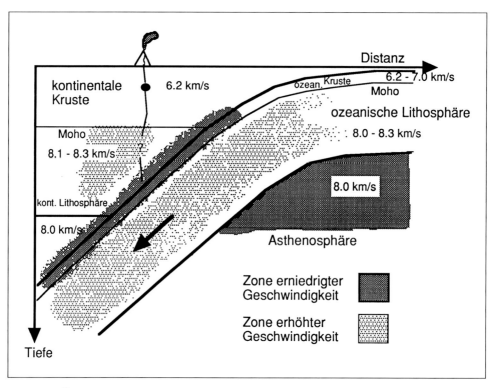

Abb. 16   »Übersetzung« eines Subduktionsmodelles in die Darstellungsart der seismischen Tomographie

Meeresarm verlaufen zwei schmale, langgestreckte Zonen mit stark erhöhten, beziehungsweise erniedrigten Geschwindigkeiten. In einem vertikalen Querschnitt entlang Profil 1 in Abbildung 17 ist ersichtlich, daß sich diese drei Anomalien über einen größeren Tiefenbereich erstrecken (Abb. 18).

Die Interpretation stützt sich auf die in Abbildung 16 zusammengefaßten Überlegungen zum Aussehen einer Subduktionszone in einem Tomogramm. Wie erwartet wird die Grenzfläche zwischen der Lithosphärenplatte und der darunterliegenden Asthenosphäre im Tomogramm sehr gut abgebildet. Die Oberfläche der abtauchenden pazifischen Lithosphärenplatte dagegen wird nicht durch eine Grenzfläche zwischen Zonen erhöhter und erniedrigter Geschwindigkeiten dargestellt, sondern verläuft innerhalb der geneigten Zone stark erniedrigter Geschwindigkeit. Die Bestimmung der Grenzfläche zwischen den beiden Lithosphärenplatten beruht auf der Kombination des seismischen Tomogrammes mit der Verteilung der Erdbeben. Alle in einem 20 km breiten Bereich um das Profil gelegenen Erdbeben wurden lokalisiert und mit in das Tomogramm eingetragen (Abb. 18). Aufgrund der Mechanismen der Erdbeben ist anzunehmen, daß die große Mehrheit der Erdbeben im schmalen, gegen WNW abtauchenden Band noch innerhalb der pazifischen Lithosphäre stattfindet. Diese sogenannte Benioff-Wadati-Zone der Erdbebenherde verläuft am unteren Rand der Zone mit stark erniedrigten Geschwindigkeiten, deren unterer Teil im Vergleich mit Abbildung 16 als subduzierende ozeanische Kruste interpretiert wird. Der über der Plattengrenze liegende Teil dieser Zone dokumentiert Effekte der mit der Subduktion von ozeanischer Kruste verbundenen

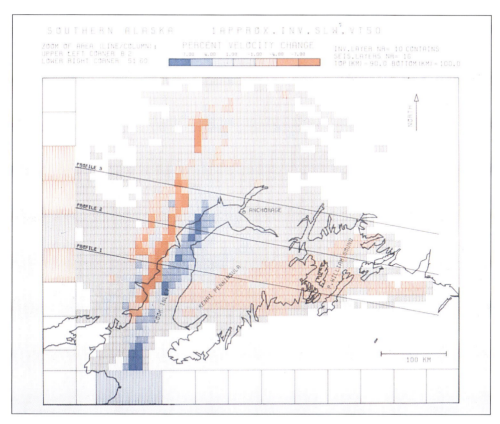

Abb. 17 Horizontalschnitt in 90 km Tiefe durch den obersten Mantel im südlichen Alaska (KISSLING und LAHR 1991). Die Zone im SE mit leicht erniedrigter P-Wellengeschwindigkeit repräsentiert die unter der pazifischen Lithosphäre liegende Asthenosphäre. In den anderen Gebieten befindet sich in dieser Tiefe die mächtige kontinentale Lithosphäre von Alaska. Die zwei langgezogenen Zonen von stark erhöhter (*blau*) und erniedrigter (*rot*) P-Wellengeschwindigkeit deuten die Subduktionszone an, welche sich über den Bildrand hinaus in SW-Richtung fortsetzt. In Abbildung 18 ist ein Querschnitt entlang dem Profil 1 dargestellt.

Prozesse. Im Tomogramm ist im Tiefenbereich um 100 km eine Verbreiterung dieser Zone mit stark erniedrigten Geschwindigkeiten direkt unterhalb der aktiven Vulkane (in Gelb markiert, Abb. 18) ersichtlich. Aktive Vulkane über jenem Gebiet, da die Benioff-Wadati-Zone ca. 100 km Tiefe erreicht, beobachtet man an vielen Subduktionszonen. Die Auflösung in den gezeigten Tomogrammen genügt allerdings nicht, um die wahrscheinlichen Beziehungen zwischen der erwähnten Zone mit stark erniedrigten Geschwindigkeiten und den oberflächennahen vulkanischen Strukturen zu untersuchen.

Regionale seismische Tomographie in Europa

Während in den bisher gezeigten Anwendungen ausschließlich Laufzeiten von seismischen Wellen betrachtet wurden, verwendeten ZIELHUIS und NOLET (1994) für die regionale Tomographie in Europa Laufzeiten und Wellenformen von

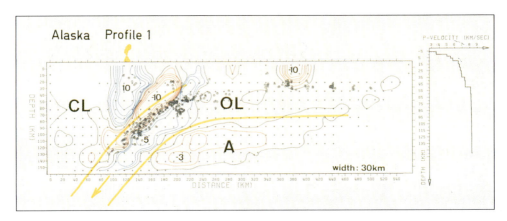

Abb. 18 Interpretation des vertikalen Tomogrammes entlang Profil 1 in Abbildung 17. Im Querschnitt gut ersichtlich ist die Asthenosphäre (*A*) unterhalb der ozeanischen, pazifischen Lithosphäre (*OL*). Die kontinentale Lithosphäre von Alaska (*CL*) ist mit gut 100 km mächtiger als die pazifische Platte. Als Folge der Prozesse im Zusammenhang mit der Subduktion finden sich innerhalb der kontinentalen Lithosphäre größere Gebiete mit anomalen P-Wellengeschwindigkeiten. Die starke mechanische Beanspruchung der Lithosphärenplatten manifestiert sich in der großen Anzahl von Erdbeben (Punkte). Die Grenze zwischen der subduzierenden pazifischen und sich überlagernden kontinentalen Platte kann aufgrund von Vergleichen mit der schematischen Abbildung 16 gezogen werden.

Oberflächenwellen. Dabei berechnet man näherungsweise für jede Beobachtung mit einem einfachen Startmodell die Form eines bestimmten Wellenzuges — in diesem Fall die Love-Wellen (Abb. 2) — der seismischen Signale (Abb. 19).

Anschließend wird in einem nicht-linearen Inversionsverfahren das Startmodell soweit angepaßt, bis für eine Mehrheit der berechneten Signale eine zufriedenstellende Übereinstimmung mit den Beobachtungen erzielt wird. Love-Wellen sind besonders geeignet, die großräumigen lateralen Änderungen in der S-Wellengeschwindigkeit zu erfassen. Die Ergebnisse der Studie von ZIELHUIS und NOLET (1994) belegen signifikante laterale Änderungen im Aufbau des oberen Mantels unter Europa (Abb. 20). Die sogenannte Tornquist-Teisseyre-Zone (TTZ, Abb. 20) markiert die tektonische Grenze zwischen dem präkambrischen Europa im Nordosten und der erst im Laufe der letzten 500 Millionen Jahre entstandenen kontinentalen Lithosphäre von Zentral- und Westeuropa. Die durch die seismische Tomographie erfaßte Tiefenstruktur (Abb. 20) erlaubt Rückschlüsse auf die Entstehungsgeschichte von Europa und von Kontinenten allgemein.

Ausblick

Ich möchte meinen Vortrag mit einer Rückbesinnung und einem Ausblick beenden. Die seismische Tomographie ist das jüngste Kind der Seismologie und steht am bisherigen Ende einer langen Entwicklung seismischer Methoden. Gleichzeitig ist die Seismische Tomographie die bisher beste geophysikalische Methode, um die 3D-Struktur des Erdinnern zu vermessen und abzubilden. Seismische Tomographie ist jedoch nur eine Methode. Demgegenüber ist die Plattentektonik, mindestens soweit sie das Erdinnere betrifft, die bisher

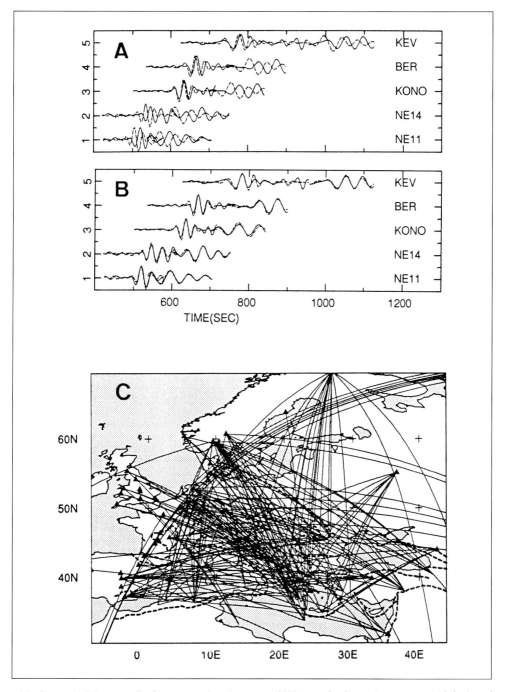

Abb. 19 Beispiel zur Wellenform-Inversion (ZIELHUIS 1992). Beobachtete (ausgezogene Linien) und berechnete Wellenformen (gestrichelte Linien) für ein Erdbeben bei Kreta vom 21. Juni 1984 registriert an 5 Stationen. (*A*) Berechnung für das Startmodell. (*B*) Berechnung für das Schlußmodell. (*C*) Darstellung aller Wellenwege, welche für die Tomographie-Studie (Abb. 21, ZIELHUIS und NOLET 1994) benutzt wurden.

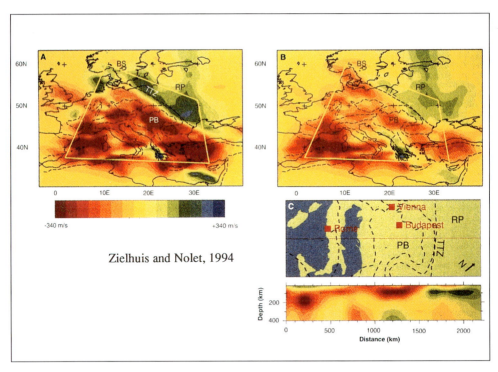

Abb. 20 Oberflächenwellen-Tomographie in Europa (ZIELHUIS und NOLET 1994). Die Resultate dieser Wellenform-Inversion (Abb. 19) zeigen einen deutlich unterschiedlichen Aufbau der kontinentalen Lithosphäre vom (jüngeren) West- und Zentral-Europa zum (älteren, präkambrischen) Nordost-Europa. *TTZ:* Tornquist-Teisseyre-Zone; *RP:* Russische Plattform; *BS:* Baltischer Schild; *PB:* Pannonisches Becken. Referenzgeschwindigkeit für alle Darstellungen ist 4,5 km/s. (*A*) S-Wellengeschwindigkeitsverteilung in 80 km Tiefe. (*B*) S-Wellengeschwindigkeitsverteilung in 140 km Tiefe. (*C*) Vertikaler Schnitt senkrecht zur TTZ.

umfassendste und beste erdwissenschaftliche Hypothese. Der vor kurzem verstorbene Tuzo WILSON war einer der Väter der modernen Plattentektonik, der die Fortschritte der seismischen Tomographie genauestens verfolgte. Tuzo WILSON hat mehrfach davon gesprochen, daß er sich von der seismischen Tomographie die zweite Revolution der Erdwissenschaften in unserem Jahrhundert erhofft. Die seismische Tomographie kann erstmals dreidimensional abbilden, was mit unseren bisherigen geophysikalischen Methoden unerreichbar schien.

Ein wesentlicher Unterschied zwischen der Tomographie in der Medizin und in der Seismologie ist bisher unerwähnt geblieben. In der Medizin untersucht man einen lebendigen Körper und setzt dabei Tomographie ein, da man seine innere Struktur abbilden will, ohne ihn zu verletzen. Bei der Untersuchung und Betrachtung der Tomogramme kann man sich auf die außerordentlich guten Kenntnisse über den inneren Aufbau eines menschlichen Körpers stützen. Dies ist bei der seismischen Tomographie keineswegs der Fall. Wir kennen die mobile 3D-Struktur der Erde nur aus den Tomogrammen und wissen deshalb oft nicht genau, was wir eigentlich sehen. Ich möchte das kurz an einem Beispiel veranschaulichen. Abbildung 21 zeigt vier tomographische Querschnitte — z. T. unvollständig — eines Objektes, welche das Resultat einer tomographischen Untersuchung sein

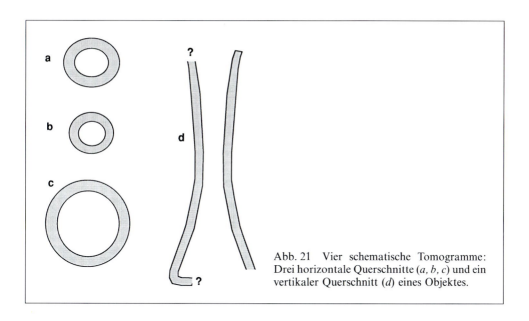

Abb. 21 Vier schematische Tomogramme: Drei horizontale Querschnitte (*a, b, c*) und ein vertikaler Querschnitt (*d*) eines Objektes.

Abb. 22 Das Objekt ist eine Glasflasche. Der Zweck jedoch — Weinkaraffe oder Blumenvase — kann aus den Tomogrammen nicht ermittelt werden.

könnten. Daß es sich bei diesem Objekt um eine Glasflasche handelt, ist leicht ersichtlich, doch kann durch diese Tomogramme nicht ermittelt werden, ob sie als Weinkaraffe oder Blumenvase (Abb. 22) dient. Für einen solchen Schritt benötigt man eine Hypothese oder Theorie, welche Prozesse und Strukturen verknüpft, wie z. B. die Plattentektonik.

Eine Beschränkung der Interpretation von seismischen Tomogrammen liegt zur Zeit noch in der oft unzulänglichen Auflösung, welche es nicht gestattet, jene Strukturen zu sehen, welche man aufgrund von bekannten Prozessen vermutet. Bis zur exakten Darstellung von kleinräumigen 3D-Strukturen im tieferen Erdinnern müssen die tomographischen Methoden in der Geophysik noch stark verbessert werden. Trotzdem darf man für die nächste Zukunft von den Resultaten der seismischen Tomographie einige Überraschungen, wenn auch nicht unbedingt eine Revolution erwarten.

Ich hoffe, Ihnen etwas von der Spannung vermittelt zu haben, welche diejenigen von uns erfaßt, die mit Hilfe der Tomographie und seismischen Signalen an den Problemstellungen der Plattentektonik arbeiten.

Dank

Das Installieren und der jahrelange zuverlässige Betrieb eines seismischen Stationsnetzes ist eine große Aufgabe. Ich möchte mich bei den Mitarbeitern des Geologischen Dienstes der Vereinigten Staaten von Amerika (USGS) für ihre Arbeit beim Sammeln der Erdbebendaten bedanken. Mein spezieller Dank richtet sich an die Akademie Leopoldina für die Gelegenheit, einem breiteren Publikum über den Stand der seismischen Tomographie berichten zu dürfen. Für die kritische Durchsicht des Manuskriptes bedanke ich mich bei C. GOLDMANN und J. ANSORGE, beide am Institut für Geophysik der ETH Zürich.

Bei der Vorbereitung der Bilder 3, 5 und 6 halfen mir freundlicherweise R. KIND (Potsdam), U. KRADOLFER und E. RÜTTENER (Zürich).

Literatur

DZIEWONSKI, A. M., and WOODHOUSE, J. H.: Global images of the Earth's Interior. Science *236*, 37–48 (1987)

GERLAND, G.: Beiträge zur Geophysik. Zschr. physikal. Erdkunde Bd. II (1895)

KISSLING, E., and LAHR, J. C.: Tomographic Image of the Pacific Slab under Southern Alaska. Eclogae Geol. Helv. *84/2*, 297–315 (1991)

LEHMANN, I.: P'. Bur. Centr. Seism. Internat. A *14*, 3–31 (1936)

MARTINELLI, B.: Fluidinduzierte Mechanismen für die Entstehung von vulkanischen Tremor-Signalen. Diss. ETH Zürich 1991

MÜLLER, G., and ZÜRN, W.: Seismic waves and free oscillations. In: ANDERSON, J., et al. (Eds.): Landolt-Börnstein-New Series, Group V, Vol. 2, Geophysics of the Solid Earth, the Moon, and the Planets; pp. 61–82. Berlin: Springer 1984

SMITH, D. G.: The Cambridge Encyclopedia of Earth Sciences. Cambridge, London: Cambridge University Press 1981

THOMPSON, A. B.: Petrology of a dynamic Earth's Mantle. Eclogae Geol. Helv. *84/2*, 285–296 (1991)

WALKER, P.: Erdbeben. Serie »Der Planet der Erde«. Amsterdam: Time-Life Books 1982

WIELANDT, E., and STRECKEISEN, G.: The Spring-Leaf Seismometer: Design and Performance. Seism. Soc. Am. Bull. *72*, 2349–2367 (1982)

ZIELHUIS, A.: S-Wave Velocity below Europe from Delay-Time and Waveform Inversions. Diss. Univ. Utrecht 1992

ZIELHUIS, A., and NOLET, G.: Deep Seismic Expression of an Ancient Plate Boundary in Europe. Science *265*, 79–81 (1994)

>Prof. Dr. Eduard KISSLING
>Institut für Geophysik der ETH
>Hönggerberg
>CH-8093 Zürich

Quantum Computation

By Artur EKERT and Adriano BARENCO (Oxford)

With 2 Figures

Computation and Physics

Computers are physical objects and computations are physical processes. Quantum computers are machines that rely on characteristically quantum phenomena, such as quantum interference and quantum entanglement in order to perform computation.

The classical theory of computation usually does not refer to physics and as a result it is often falsely assumed that its foundations are self-evident and purely abstract. Although in the sixties LANDAUER (1961) pointed out the physical nature of information, it was not until the first works on quantum computation by DEUTSCH (1985) and FEYNMAN (1982) that the fundamental connection between the laws of physics and computation was properly emphasised. Recent developments in the theory of quantum computational complexity (DEUTSCH and JOZSA 1992, BERNSTEIN and VAZIRANI 1993, SIMON 1994, SHOR 1994) provide a vivid example of this connection.

Computers solve problems following a precise set of instructions that can be mechanically applied to yield the solution to any given instance of a particular problem. A specification of this set of instruction is called an algorithm. Examples of algorithms are the procedures taught in elementary schools for adding and multiplying whole numbers; when these procedures are mechanically applied, they always yield the correct result for any pair of whole numbers. However, any operation on numbers is performed by physical means and what can be done to a number depends on the physical representation of this number and the underlying physics of computation. For example, when numbers are encoded in quantum states then quantum computers, i.e. physical devices whose unitary dynamics can be regarded as the performance of computation, can accept states which represent a coherent superposition of many different numbers (inputs) and evolve them into another superposition of numbers (outputs). In this case computation, i.e. a sequence of unitary transformations, affects simultaneously each element of the superposition allowing a massive parallel data processing albeit within one piece of quantum hardware. As a result quantum computers can efficiently solve some problems which are believed to be intractable on any classical computer (DEUTSCH 1985, DEUTSCH and JOZSA 1992, BERNSTEIN and VAZIRANI 1993, SIMON 1994, SHOR 1994).

In this paper we illustrate the relevance of the underlying physics of computation by describing the difference between classical and quantum computation. We have chosen *factorisation* as an example that sets the efficiency of quantum computation ahead of any classical data processing. Indeed the contrast is striking. SHOR (1994) has recently shown that quantum computers can efficiently factor big integers and compute discrete logarithms. These tasks are believed to be intractable on any classical computer!

Finally let us mention also that factorisation is not of purely academic interest. It is the problem which underpins security of many classical public key cryptosystems, for example, RSA — the most popular public key cryptosystem named after the three inventors, RIVEST, SHAMIR, and ADLEMAN (1979) — gets its security from the difficulty of factoring large numbers. Hence for the purpose of cryptoanalysis the experimental realisation of quantum computation is a most interesting issue.

Complexity of Factoring

Consider an integer N with L decimal digits. Factoring N means findings its prime factor, i.e. finding whole numbers $\{p\}$ such that any p divides N with the remainder 0.

One way to calculate the prime factors is to try to divide N by $2, 3, \ldots \sqrt{N}$ and to check the reminder. This method is very time consuming. It requires about $\sqrt{N} \approx 10^{L/2}$ divisions, hence the time it takes to execute this algorithm increases exponentially with L. Even if the computer can perform as many as 10^{10} divisions per second it would take about a second to factor a 20 digit number, about a year to factor a 34 digit number and more than the estimated age of the Universe (10^{17} s) to factor a 60 digit long number!

Although the problem of finding an efficient algorithm for factoring large numbers was worked on by famous mathematicians such as FERMAT and LEGENDRE, only recently (since the invention of public key cryptosystems in the seventies) has significant progress been made in designing good factoring algorithms. The best algorithms such as the Multiple Polynomial Quadratic Sieve (SILVERMAN 1987) and the Number Field Sieve (LENSTRA et al. 1990) have an execution time that grows as a subexponential function of L ($\sim \exp[L^{1/3}]$). Although they are much faster than the trial division method still they cannot be regarded as efficient algorithms.

For an algorithm to be efficient (and usable), the time it takes to execute the algorithm must increase no faster than a polynomial function of the size of the input (L in our case). If the best algorithm we know for a particular problem has an execution time (viewed as a function of the size of the input) bounded by a polynomial then we say that the problem belongs to class **P**. Problems outside class **P** are known as *hard* problems. Thus we say, for example, that multiplication is in **P** whereas factoring is not in **P** and that is why it is a hard problem (for more information about computational complexity see for example WELSH (1988) or PAPADIMITRIOU (1994)).

The snag is that the complexity classes such as **P** are defined with respect to classical computation. Classical algorithms for factorisation are not known to belong to **P**, yet, there exists an efficient quantum factoring algorithm (SHOR 1994)!

Quantum Registers

We start our description of quantum computation with the basic unit of information namely a single bit. If a physical object can be put into two different, distinguishable states then this object can represent two different numbers. We call any two-state system a physical bit; when the system is quantum and the two states are two orthogonal *quantum* states, we refer to it as a *quantum bit* or simply a *qubit*. Any two-state quantum system is a potential candidate for a qubit. Both a single classical bit and a qubit can represent at most two different numbers, however, qubits are different because apart from the two orthogonal basis states, which we label as $|0\rangle$ and $|1\rangle$, they can also be put into infinitely many other states of the form $|\psi\rangle = c_0|0\rangle + c_1|1\rangle$.

Let us mention in passing that although a qubit can be prepared in an infinite number of different quantum states it cannot be used to transmit more than one bit of information. This is because no detection process can reliably differentiate between nonorthogonal states (c.f. HOLEVO 1979, DAVIES 1978, FUCHS and CAVES

1994, SCHUMACHER and JOZSA 1994). However, information encoded in nonorthogonal states and in quantum entanglement can be used in systems known as quantum cryptography (WIESNER 1983, BENNETT and BRASSARD 1984, EKERT 1991, BENNETT 1992) or quantum teleportation (BENNETT et al. 1993). Consider now a register composed of m physical qubits. There are 2^m different orthogonal quantum states of this register therefore the register can represent 2^m different numbers, e.g. from 0 to $2^m - 1$. The most general (pure) state of this register can be written as

$$|\Psi\rangle = \sum_x c_x |x\rangle \qquad [1]$$

where number x is represented in the register in binary form

$$|x\rangle = |x_{m-1}\rangle \otimes |x_{m-2}\rangle \otimes \ldots |x_1\rangle \otimes |x_0\rangle \qquad [2]$$

according to the decomposition

$$x = \sum_{i=0}^{m-1} 2^i x_i, \quad x_i = 0 \text{ or } 1. \qquad [3]$$

Note that Equation 1 describes the state in which several different values of the register are present *simultaneously*; this quantum feature has no classical counterpart. In order to prepare a specific number in the register we have to perform m elementary operations; each qubit must be set into one of the two orthogonal state $|0\rangle$ or $|1\rangle$. However, in quantum computers m elementary unitary transformations performed bit by bit can also prepare the register in a coherent superposition of all 2^m numbers that can be stored in the register. Take the register initially in state $|0\rangle \otimes |0\rangle \otimes \ldots |0\rangle$ and apply the unitary operation

$$A = \frac{1}{\sqrt{2}} \begin{pmatrix} 1 & 1 \\ 1 & -1 \end{pmatrix} \qquad [4]$$

to each qubit. The resulting state of the register is an equally weighted superposition of all 2^m numbers,

$$|\Psi\rangle = \overbrace{A|0\rangle \otimes A|0\rangle \otimes \ldots A|0\rangle}^{m \text{ times}} = \frac{1}{2^{m/2}} \sum_{x=0}^{2^m - 1} |x\rangle. \qquad [5]$$

It is quite remarkable that in quantum registers m elementary operations can generate a state containing all 2^m possible numerical values of the register. In contrast, in classical registers m elementary operations can only prepare one state of the register representing one specific number. It is this ability of creating quantum superpositions which makes the »quantum parallel processing« possible. If after preparing the register in a coherent superposition of several numbers all subsequent computational operations are unitary (i.e. preserve the superpositions of states) then which each computational step the computation is performed simultaneously on all the numbers present in the superposition.

This type of computation is particularly useful for problems which, in classical case, involve performing the same computation several times for different input data. Estimating the period of a given function $f(x)$ is a typical example as it requires evaluating function $f(x)$ many times for different x.

Computing Functions

Let us decribe now how quantum computers compute functions. For this we will need two quantum registers of length m and n. Consider a function

$$f: \{0, 1, \ldots 2^m - 1\} \to \{0, 1, \ldots 2^n - 1\}, \qquad [6]$$

where m and n are natural numbers.

A classical computer computes f by evolving each labeled input, $0, 1, \ldots 2^m - 1$ into a respective labeled output, $f(0), f(1), \ldots f(2^m - 1)$. Quantum computers, due to the unitary (and therefore reversible) nature of their evolution, compute functions in a slightly different way. In order to compute functions which are not one-to-one and to preserve the reversibility of computation, quantum computers have to keep a record of the input. Here is how it is done.

We will use the two quantum registers; the first register to store the input data, the second one for the output data. Each possible input x is represented by $|x\rangle$ — the quantum state of the first register. Analogously, each possible output $y = f(x)$ is represented by $|y\rangle$ — the quantum state of the second register. Vectors $|x\rangle$ belong to the 2^m-dimensional Hilbert space $\mathcal{H}_1$, and vectors $|y\rangle$ belong to the 2^n-dimensional Hilbert space $\mathcal{H}_2$ ($\mathcal{H}_1$ and $\mathcal{H}_2$ are tensorial products of the Hilbert spaces of respectively m and n qubits). States corresponding to different inputs and different outputs are orthogonal, $\langle x|x'\rangle = \delta_{xx'}$, $\langle y|y'\rangle = \delta_{yy'}$. The function evaluation is then determined by the evolution of the two registers,

$$|x\rangle |0\rangle \xrightarrow{U_f} |x\rangle |f(x)\rangle. \qquad [7]$$

We can always prepare specific x in the first register and read the value $f(x)$ from the second register. It was shown that as far as the computational complexity is concerned a reversible function evaluation, i.e. the one that keeps track of the input, is as good as a regular, irreversible evaluation (BENNETT 1989). This means that if a given function can be computed in polynomial time it can also be computed in polynomial time using a reversible computation. The computation we are considering here is not only reversible but also quantum and we can do much more than computing values of $f(x)$ one by one. We can prepare a superposition of all input values as a single state and by running the computation U_f only once, we can compute *all* of the 2^m values $f(0), \ldots, f(2^m - 1)$,

$$\left(\frac{1}{2^{m/2}} \sum_{x=0}^{2^m - 1} |x\rangle\right) |0\rangle \xrightarrow{U_f} \frac{1}{2^{m/2}} \sum_{x=0}^{2^m - 1} |x\rangle |f(x)\rangle. \qquad [8]$$

It looks too good to be true so where is the catch? How much information about f does the state

$$|f\rangle = \frac{1}{2^{m/2}} \left(|0\rangle |f(0)\rangle + |1\rangle |f(1)\rangle + \ldots + |2^m - 1\rangle |f(2^m - 1)\rangle\right) \qquad [9]$$

contain?

Unfortunately no quantum measurement can extract all of the 2^m values $f(0)$, $f(1), \ldots, f(2^m - 1)$ from $|f\rangle$. However, there are measurements that provide us with information about joint properties of all the output values $f(x)$ such as, for example, periodicity. We will see in the following sections, how a periodicity estimation can lead to fast factorisation.

Factoring and Periodicity

The factorisation problem is related to finding periods of certain functions. In particular one can show that finding factors of N is equivalent to finding the period of $f_N(x)$ where,

$$f_N(x) = a^x \bmod N \qquad [10]$$

and a is *any* randomly chosen number which is coprime with N. The result of this operation is the remainder after the division of a^x by N. The function is periodic and the period r, which depends on a and N, is called the order of a modulo N. For example, the increasing powers of 2 modulo 15 go like 1, 2, 4, 8, 1, 2, 4, 8, 1, ... and so on — the order of 2 modulo 15 is 4 (for more information see, for example, SCHROEDER 1984).

Knowing r i.e. the order of a modulo N, we can factor N provided r is even and $r \bmod N \neq -1$. When a is chosen randomly the two conditions are satisfied with probability greater than half. To factor N it is enough to calculate the greatest common divisor of $a^{r/2} \pm 1$ and N. Fortunately an easy and very efficient algorithm to compute the greatest common divisor has been known since 300 BC. The algorithm, known as the Euclidean algorithm, is described in Euclid's *Elements*, the oldest Greek treatise in mathematics to reach us in its entirety (try your elementary school textbooks as a reference). The result of taking this greatest common divisor, written as $(a^{r/2} \pm 1, N)$, is a factor of N.

To see how this method works let us consider a very simple example of factoring 15. First we select a, such that $(a, N) = 1$; i.e. a could be any number from the set $\{2, 4, 7, 8, 11, 13, 14\}$. Let us pick up $a = 11$ and let us compute the order of 11 modulo 15. Values of $11^x \bmod 15$ for $x = 1, 2, 3, \ldots$ go as 11, 1, 11, 1, 11, ... giving $r = 2$. Then we compute $a^{r/2}$ which gives 11 and we find the largest common factor $(11 \pm 1, N)$ i.e. (10, 15) and (12, 15) which gives 5 and 3, the two factors of 15. Respective orders modulo 15 of elements $\{2, 4, 7, 8, 11, 13, 14\}$ are $\{4, 2, 4, 4, 2, 4, 2\}$ and in this particular example any choice of a except $a = 14$ leads to the correct result. For $a = 14$ we obtain $r = 2$, $a^{r/2} \equiv -1 \bmod 15$ and the method fails.

Classically finding r is as time consuming as finding factors of N by the trial divisions, however, if we employ quantum computation r can be evaluated very efficiently. SHOR (1994) describes a quantum algorithm which provides the order r of a randomly chosen a and which runs in polynomial time i.e. requires poly(log N) steps. Let us now outline the main features of this algorithm.

Measuring Periodicity

Suppose you want to find period r of $f_N(x)$ where $x = 0, 1, 2, \ldots M - 1$ for some large $M = 2^m$ ($M \approx N^2$ and the values $f(0), f(1), \ldots f(r)$ are all different). Here is an efficient quantum method. First we choose a computational basis (which we label

$\{|x\rangle\}$ for the first register and $\{|f_N(x)\rangle\}$ for the second register) and compute function $f_N(x)$ in a quantum way:

$$\sqrt{\frac{1}{M}}\left(\sum_0^{M-1}|x\rangle\right)|0\rangle \xrightarrow{U_{f_N}} \frac{1}{\sqrt{M}}\sum_0^{M-1}|x\rangle|f_N(x)\rangle. \quad [11]$$

Function $f_N(x) = a^x \bmod N$ can be computed efficiently. Next we perform a measurement in the computational basis to determine the bit values in the second register. Suppose the outcome of this measurement is $f_N(l)$ for a least $l(f_N(l) = f_N(jr+l)$ for $j = 0, 1, 2, \ldots)$. The post measurement state is

$$|\phi_1\rangle = \frac{1}{\sqrt{A+1}}\sum_{j=0}^{A}|jr+l\rangle|f_N(l)\rangle. \quad [12]$$

where A is the greatest integer less than M/r. Thus in the first register we have a uniform superposition of labelled basis states where the labels have been chosen with period $r(l, l+r, l+2r, \ldots, l+Ar)$. From this state we wish to extract the information about the periodicity r.

The extraction of r will be achieved by applying to the first register the quantum discrete Fourier transform i.e. the unitary transformation (DFT) which acts on a M dimensional Hilbert space and is defined relative to a chosen basis $|0\rangle, \ldots, |M-1\rangle$ by:

$$\text{DFT}: |x\rangle \to \frac{1}{\sqrt{M}}\sum_{y=0}^{M-1}\exp(2\pi ixy/M)|y\rangle. \quad [13]$$

The reason for calling this particular unitary transformation the discrete Fourier transform becomes obvious when you notice that in the transformation

$$\text{DFT}: |\phi_{in}\rangle = \sum_x c_x|x\rangle \to |\phi_{out}\rangle = \sum_y c_y|y\rangle \quad [14]$$

the coefficients c_y are the discrete Fourier transforms of c_x's i.e.

$$c_y = \frac{1}{\sqrt{M}}\sum_x \exp(2\pi ixy/M) c_x. \quad [15]$$

There exists an efficient quantum algorithm for DFT which is a quantum analog of the Fast Fourier Transform algorithm (for details see COPPERSMITH 1994, EKERT and JOZSA 1995).

To see the principle of how this works, we consider first the simplified situation where r divides M exactly. Write $A = M/r - 1$. The final state corresponding to [12] is then

$$|\phi_{in}\rangle = \sqrt{\frac{r}{M}}\sum_{j=0}^{A}|jr+l\rangle = \sum_{x=0}^{M-1}c_x|x\rangle, \quad [16]$$

where $c_x = \sqrt{(r/M)}\,\delta_{x,jr+l}$ for $j = 0, 1, \ldots A$ is a periodic function of x (see Fig. 1). Performing DFT on $|\phi_{in}\rangle$ gives

$$|\phi_{out}\rangle = \sum_y c_y|y\rangle, \quad [17])$$

where the amplitude of c_y is

$$c_y = \frac{\sqrt{r}}{M} \sum_{j=0}^{A} \exp\left(\frac{2\pi i(jr+l)y}{M}\right) = \frac{\sqrt{r}}{M}\left[\sum_{j=0}^{A} \exp\left(2\pi i \frac{jry}{M}\right)\right]$$
$$\times \exp\left(2\pi i \frac{ly}{M}\right). \tag{18}$$

The term in the square bracket on the r.h.s. is zero unless y is a multiple of M/r,

$$c_y = \begin{cases} \exp(2\pi i lr/M)/\sqrt{r} & \text{if } y \text{ is a multiple of } M/r \\ 0 & \text{otherwise} \end{cases} \tag{19}$$

i.e. the Fourier transform of a state with period r is a state with period M/r:

$$|\phi_{\text{out}}\rangle = \frac{\sqrt{1}}{r} \sum_{j=0}^{r-1} \exp(2\pi i lj/r) \left| j \frac{M}{r} \right\rangle. \tag{20}$$

Note that the Fourier transform »inverts« the periodicity of the input ($r \to M/r$) has a translation invariance property which washes out the shift l (see Fig. 1).

Now we perform a bit by bit measurement on the first register to learn y which can only be a multiple $\lambda M/r$ with $\lambda = 0, \ldots, r-1$ chosen equiprobably. From the relation $y/M = \lambda/r$, knowing y and M and assuming that λ and r do not have any common divisor apart from 1 we can determine r by canceling y/M down to an irreducible fraction. Finally from r we calculate prime factors of N. The two essential computations i.e. the evaluation of f_N and the quantum discrete Fourier transform can be performed efficiently so that the whole algorithm takes only about $(\log N)^3$ steps!

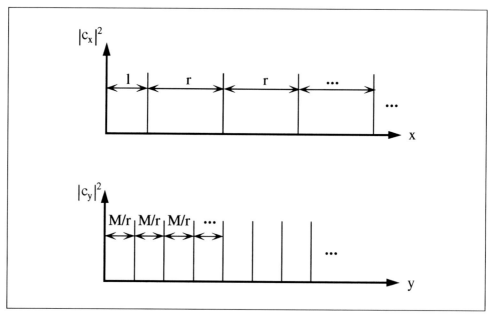

Fig. 1 $|c_x|^2$ and the modulus square of its Fourier transform $|c_y|^2$

Shor's algorithm is a randomized algorithm which runs successfully only with probability $1 - \varepsilon$ and we know when it is successful. It produces a candidate factor of N and must be followed by a trial division to check whether the result is a factor or not. If $\varepsilon > 0$ is independent of the input N we get probability $1 - \varepsilon^k$ of having at least one success by repeating the computation k times. This can be made arbitrarily close to 1 by choosing a fixed k sufficiently large. Furthermore if a single computation is efficient then repeating it k times will also be efficient since k is independent of N. Thus the success probability of any efficient randomized algorithm of this type may be amplified arbitrarily close to 1 while retaining efficiency. Indeed we may even let the success probability $1 - \varepsilon^k$ decrease with N as $1/\text{poly}(\log N)$ and k increase as $\text{poly}(\log N)$ and still retain efficiency while amplifying the success probability as close to 1 as desired. Shor's quantum factoring algorithm is of this type; it is based on an efficient algorithm which provides a factor of the input N with probability which decreases as $1/\text{poly}(\log N)$.

The randomness in the algorithm is due to certain mathematical results concerning the distribution of prime and coprime numbers. For example, for λ being chosen at random it follows from number theory that the probability of λ and r to have no common divisor apart from 1 is greater than $1/\log r$ for largish r (see for example SCHROEDER 1984 or HARDY and WRIGHT 1965). Also if we abandon the assumption that r divides M (very unlikely and adopted here only for pedagogical purposes) the Fourier transform of c_x will not produce sharp maxima as in Figure 1, which may contribute to possible errors while reading y from the register. Subsequent estimation of r is calculated using additional mathematical approximation techniques (a continued fraction expansion).

If we try to factor bigger and bigger numbers N it is enough to repeat the computation $\approx \text{poly}(\log N)$ times to amplify the success probability as close to 1 as we wish. This gives an efficient determination of r and an efficient method of factoring any N.

From Quantum Computation to Quantum Networks

An open question has been whether it would ever be practical to build physical devices to perform such computations, or whether they would forever remain theoretical curiosities. Like classical computers, quantum computers can be built out of logic gate networks. In the case of a quantum computer, a logic gate can be thought as a unitary operation that acts only on the space of a restricted number of qubits, one for a one-bit gate, two for a two-bit gate, etc. DEUTSCH (1989) described quantum networks composed of elementary logic gates connected together by wires and showed that there exists a three bit universal quantum gate from which any quantum computation can be built. More recently BARENCO (1994) and independently SLEATOR and WEINFURTER (1994) proved that a single two-bit gate suffices to implement the Deutsch gate. Finally it has been shown that almost any non-trivial two-bit gate is universal (DEUTSCH et al. 1995, LLOYD 1994).

Quantum logic gates perform elementary unitary operations on qubits. In this section we will illustrate how complex quantum operations, such as the quantum discrete Fourier transform discussed above, can be implemented as a network consisting of only one- and two-bit gates.

Consider the single qubit gate **A** performing the unitary transformation

$$A = \frac{1}{\sqrt{2}} \begin{pmatrix} 1 & 1 \\ 1 & -1 \end{pmatrix} \qquad q - \boxed{A} - \qquad [21]$$

where the diagram on the right provides a schematic representation of the gate **A** acting on a qubit q. Consider also the two-bit gate **B**(ϕ) acting on qubits q_1 and q_2 and performing the operation

$$B(\phi) = \begin{bmatrix} 1 & 0 & 0 & 0 \\ 0 & 1 & 0 & 0 \\ 0 & 0 & 1 & 0 \\ 0 & 0 & 0 & e^{i\phi} \end{bmatrix} \qquad \equiv \qquad [22]$$

in the Hilbert space $\mathcal{H} = \mathcal{H}_{q_1} \otimes \mathcal{H}_{q_2}$ of the two qubits with the basis $\{|0\rangle|0\rangle, |0\rangle|1\rangle, |1\rangle|0\rangle, |1\rangle|1\rangle\}$ (the diagram on the right shows the structure of the gate). The gate **B**(ϕ) performs a conditional phase shift i.e. multiplication by phase factor $e^{i\phi}$ but only if the two qubits are both in their $|1\rangle$ states.

The two gates can be used to implement the efficient quantum DFT on a register of any size. For example, consider a four-bit register with qubits $a_0, \ldots a_3$. The network in Figure 2 follows step by step the classical algorithm of a DFT (see for instance KNUTH 1981), and perform the operation

$$|a\rangle \rightarrow \frac{1}{\sqrt{2^4}} \sum_{c=0}^{2^4-1} \exp(2\pi i a c / 2^4) |b\rangle \qquad [23]$$

where $|b\rangle$ represents the value c read *reversing* the order of the bits i.e.

$$b = \sum_{i=0}^{3} 2^i c_{3-i} \quad \text{with } c_k \text{ given by } c = \sum_{k=0}^{3} 2^k c_k. \qquad [24]$$

A general case of L qubits requires a trivial extension of the network following the same sequence pattern of gates **A** and **B**.

Each gate operates for a fixed period of time (the clock time of the computer) and the number of gates needed to complete the full quantum DFT grows only as a quadratic function of the size of the register. (The transformation on the L-qubit register requires L operations **A** and $L(L-1)/2$ operations **B**, in total $L(L+1)/2$ elementary operations). Thus the quantum DFT can be performed efficiently. Moreover, it can be even simplified. Note that in the network shown in Figure 2, the operation **B**(ϕ) that involve distant qubits a_j and a_k, i.e. qubits for which $|j-k|$ is big (and therefore $\phi = \pi/2^{k-j}$ approaches zero), are close to unity. Therefore when performing the quantum DFT on registers of size L, one can neglect operations **B** on distant qubits (more precisely on qubits a_j and a_k for which $|j-k| > \log_2(L) + 2$) and still retrieve the periodicity of coefficients c_x.

The network of gates for the quantum DFT enables the efficient implementation of the second part of Shor's algorithm. The first part requires an efficient quantum evaluation of the function $f_N(x) = a^x \mod N$. The computation of $f_N(x)$ is »easy« i.e. the number of gates does not grow faster than a polynomial in the size of the input. The respective network is constructed by combining networks which perform addition and multiplication in a reversible and unitary way.

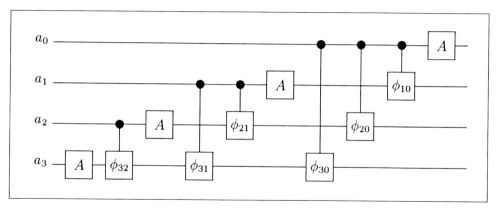

Fig. 2 Network effecting a DFT on a four-bit register, the phases that appear in the operations $\mathbf{B}(\phi_{jk})$ are related to the »distance« of the qubits upon which $\mathbf{B}$ acts, namely $\phi = \pi/2^{j-k}$

Practicalities

It remains an open question which technology will be employed to build first quantum computers. The conditional quantum dynamics which supports quantum logic gates and quantum networks can be implemented in lots of different ways ranging from the Ramsey atomic interferometry (BRUNE et al. 1994) to ions in ion traps (CIRAC and ZOLLER 1994). However, in order to perform a successful quantum computation one has to maintain a coherent unitary evolution until the completion of the computation. In practice qubits, registers, and the whole machine interact with the environment causing decoherence. If the state of the whole machine is described by a density matrix in a computational basis

$$\varrho(t) = \sum_{ab} \varrho_{ab}(t) |a\rangle \langle b|. \qquad [25]$$

then a typical interaction with the environment in a thermal equilibrium destroys the off-diagonal elements ($\varrho_{ab}(t) \to 0$, $a \neq b$) and changes the diagonal elements ($\varrho_{aa}(\tau) \to \varrho_{aa}^{\text{thermal}}$). When the off-diagonal elements (which are responsible for interference) vanish quantum computers lose their unique power. Simple theoretical models of decoherence (UNRUH 1994, PALMA et al. 1995) show that the probability of a successful computation in a single run decreases exponentially with the input size ($\approx \log N$) which implies that decoherence cannot be efficiently dealt with by simply increasing number of runs. What we need is some form of »quantum error correction« to stabilise the computation. A theoretical possibility for one such stabilising technique is outlined in BERTHIAUME et al. (1994).

From the experimental point of view one may try to reduce the effect of decoherence by employing technologies which allow the performance of many elementary computational steps within the decoherence time (see, for example, DIVINCENZO 1995 for interesting numerical estimations regarding several selected physical realisations of qubits). Although the current technologies cannot support even a very simple quantum factorisation we hope that the world-wide experimental efforts will make practical quantum computation possible in the not too distant future. It should be stressed, however, that from the fundamental standpoint it is irrelevant when exactly the first non-trivial quantum computer is built — what matters is that quantum computation tell us about a connection between physics and computation making the two branches of science inseparable. The philosophical implication of this fusion are nothing but trivial and are discussed at length by DEUTSCH (1996).

Acknowledgements

This work was partially supported by the Royal Society. A. B. acknowledges the financial support of the Berrows fund at Lincoln College, Oxford.

Literature

BARENCO, A.: Proc. R. Soc. London A *449*, 679–683 (1995)
BENNETT, C. H.: Phys. Rev. Lett. *68*, 3121 (1982)
BENNETT, C. H.: SIAM J. Comput. *18* (4), 766 (1989)
BENNETT, C. H., and BRASSARD, G.: Proceedings of the IEEE international Conference on Computers, Systems, and Signal processing, Bangalore, India *175* (IEEE, New York 1984)
BENNETT, C. H., BRASSARD, G., CREPEAU, C., JOSZA, R., PERES, A., and WOOTTERS, W. K.: Phys. Rev. Lett. *70*, 1895 (1993)
BERNSTEIN, E., and VAZIRANI, U.: Proc. 25th ACM Symposium on the Theory of Computation, p. 11 (1993)
BERTHIAUME, A., DEUTSCH, D., and JOZSA, R.: Proceedings of the Workshop on the Physics and Computation – PhysComp '94 (IEEE Computer Society Press, Dallas, Texas)
BRUNE, M., NUSSENZVEIG, P., SCHMIDT-KALER, F., BERNARDOT, F., MAALI, A., RAIMOND, J. M., and HAROCHE, S.: Phys. Rev. Lett. *72*, 3339 (1994)
CIRAC, J. I., and ZOLLER, P.: Phys. Rev. Lett. *74*, 4091–4094 (1994)
COPPERSMITH, D.: IBM Research Report No. RC19642 (1994)
DAVIES, E. B.: IEEE Trans. Inform. Theory, IT 24, 596 (1978)
DEUTSCH, D.: Proc. R. Soc. London A *400*, 97 (1985)
DEUTSCH, D.: Proc. R. Soc. London A *425*, 73 (1989)
DEUTSCH, D., and JOZSA, R.: Proc. R. Soc. Lond. A *439*, 553 (1992)
DEUTSCH, D., BARENCO, A., and EKERT, A.: Proc. R. Soc. London A *449*, 669–677 (1995)
DIVINCENZO, D.: Phys. Rev. A *50*, 1015 (1995)
EKERT, A.: Phys. Rev. Lett. *71*, 4287 (1991)
EKERT, A., and JOZSA, R.: Rev. Mod. Phys. (to appear) 1995
FUCHS, C. A., and CAVES, C. M.: Phys. Rev. Lett. *73*, 3047 (1994)
FEYNMAN, R.: Int. J. Theor. Phys. *21*, 467 (1982)
HARDY, G. H., and WRIGHT, E. M.: An Introduction to the Theory of Numbers. 4th edition. Oxford: University Press 1965
HOLEVO, A. S.: Problemy Peredachi Informatsii *9*, 3 (1979) (this journal is translated by IEEE under the title Problems of Information Transfer)
JOZSA, R., and SCHUMACHER, B.: J. Mod. Optics *41*, 2343 (1994)
KNUTH, D. E.: The Art of Computer Programming. Vol. 2: Seminumerical Algorithms. XXX: Addison-Wesley 1981
LANDAUER, R.: IBM J. Res. Dev. *5*, 183 (1961)
LENSTRA, A. K., LENSTRA Jr., H. W., MANASSE, M. S., and POLLARD, J. M.: In: Proc. 22nd ACM Symposium on the Theory of Computing, pp. 564–572 (1990)
LLOYD, S.: Phys. Rev. Lett. *75*, 346–349 (1995)
PALMA, G. M., SUOMINEN, K.-A., and EKERT, A.: Proc. R. Soc. London A (in print)
PAPADIMITRIOU, C. H.: Computational Complexity. Addison-Wesley Publishing Company 1994
RIVEST, R., SHAMIR, A., and ADLEMAN, L.: On Digital Signatures and Public-Key Cryptosystems, MIT Laboratory for Computer Science, Technical Report, MIT/LCS/TR-212 (January 1979)
SCHROEDER, M. R.: Number Theory in Science and Communication. New York: Springer 1984
SHOR, P. W.: Proceedings of the 35th Annual Symposium on the Foundations of Computer Science, edited by S. GOLDWASSER (IEEE Computer Society Press, Los Alamitos, CA), p. 124 (1994)

SILVERMAN, R. D.: Math. Comp. *48*, 329 (1987)
SIMON, D. S.: Proceedings of the 35th Annual Symposium on the Foundations of Computer Science, edited by S. GOLDWASSER (IEEE Computer Society Press, Los Alamitos, CA), p. 116 (1994)
SLEATOR, T., and WEINFURTER, H.: Phys. Rev. Lett. *74*, 4087–4090 (1995)
UNRUH, W.: Phys. Rev. A *51*, 992 (1994)
WELSH, D.: Codes and Cryptography Clarendon Press, Oxford 1988
WIESNER, S.: Sigact News *15* (1), 78 (1983)

        Prof. Dr. Artur EKERT
        Department of Physics
        Oxford University
        Park Road
        Oxford OX1 3PU
        U. K.

Rechnergestützte Telekommunikation (Telematik) in Forschung, Lehre und Gesellschaft

Von Gerhard KRÜGER (Karlsruhe)
(Mitglied der Akademie)*

Mit 3 Abbildungen

* Mitglied der Akademie seit dem 13. 10. 1995

Einleitung

Die moderne Gesellschaft wäre ohne die schnelle sichere Übermittlung von Nachrichten über große Entfernungen undenkbar. Viele Jahrzehnte haben auf der physikalischen Grundlage elektrischer Ströme bzw. elektromagnetischer Wellen Telegraf, Telefon und die terrestrischen Funksysteme diese Aufgabe auf der Basis einer sogenannten analogen Technik erfüllt.

Gegenwärtig steht die Telekommunikation sowohl in der Technik als auch bei der Verbreiterung der Nutzungsformen in einem revolutionären Umbruch. Hochgeschwindigkeits-Datenautobahnen, Multimedia-Dienste für alle Bürger, universelle Erreichbarkeit an jedem Ort, zu jeder Zeit, für jedermann durch Mobilkommunikation sind Schlagworte, die weit über Wissenschaft und Technik hinaus in Politik und Gesellschaft große Aufmerksamkeit finden.

Um die Größe des Wandels abschätzen zu können, muß man zuerst einen Blick auf die geschichtliche Entwicklung der elektrischen Nachrichtentechnik werfen. Sie war sowohl bei den technischen Grundlagen als auch bei den Nutzungsformen (in erster Linie Telefonie, Hörfunk und Fernsehen) von großer langfristiger Stabilität gekennzeichnet.

Der in den letzten Jahrzehnten begonnene Umbruch hat eine fundamentale Wurzel: den Übergang von der Analogtechnik zur digitalen Darstellung und Handhabung der zu übertragenden, vermittelnden und beim Teilnehmer darzustellenden Nachrichten oder allgemeiner gesagt Informationen.

Digitale Darstellung und Verarbeitung heißt heute: Einsatz von Computern, Software und damit der Konzepte der Informatik.

Der Computer wird in den Telekommunikationssystemen allgegenwärtig: Er steuert und überwacht die Übertragung auf den (Fern-)Leitungen oder im Funkverkehr, er vermittelt die Nachrichtenströme in und zwischen den weltweit verteilten Vermittlungseinrichtungen der Telekommunikationsnetze, und er ist das Zentrum zukünftiger (multi-medialer) Endgeräte beim Teilnehmer.

Wir sprechen daher von der rechnergestützten Telekommunikation, deren Funktionalität in erster Linie durch Rechnerprogramme geleistet wird. Es handelt sich somit bei der modernen Nachrichtentechnik – und auch bei ihren Anwendungen – um eine Verbindung von *Tele*kommunikation und Infor*matik,* was in dem – ähnlich wie das Wort Informatik aus dem Französischen stammenden – Begriff Telematik sehr prägnant zum Ausdruck kommt.

Die Auswirkungen der Telematik werden von Politik und Gesellschaft außerordentlich hoch eingeschätzt, so haben sich selbst die Regierungschefs der größten Industrienationen (sogenannte G7-Gruppe) unter dem Stichwort: Globale Informationsgesellschaft auf einer Gipfelkonferenz im Jahre 1995 mit diesem Thema auseinandergesetzt.

Historische Entwicklung der Telekommunikation

Das erste Telekommunikationssystem der Neuzeit, das in größerem Umfang praktisch eingesetzt wurde, waren die optischen Zeiger-(Flügel-)Telegrafen. Ihre Wurzeln hatten sie im Frankreich der französischen Revolution. Die entscheidenden Entwicklungsideen kamen von dem französischen Ingenieur Claude CHAPPE, der dieses Signalisierungssystem erfand und zum praktischen Einsatz brachte

(ASCHOFF 1989). Auch in Deutschland wurde um diese Zeit mit optischen Flügel-Telegrafen experimentiert. Die Technikgeschichte verzeichnet als früheste belegte Anwendung die Arbeiten des Karlsruher Physikers Johann Lorenz BOECKMANN, der in der Markgrafschaft Karlsruhe-Durlach eine optische Telegrafenstrecke installierte und als erste offizielle Botschaft am 22. 11. 1794 eine Grußadresse zum Geburtstag des Markgrafen KARL FRIEDRICH VON BADEN übermittelte, die mit den Zeilen schloß:

»O Fürst, sieh her, was Deutschland noch nicht sah,
Wie dir ein Telegraph heut Segenswünsche schicket.«

Optische Strecken waren bis in die Mitte des 19. Jahrhunderts besonders in Frankreich und Preußen in Betrieb, und es ist sicher ein technik-historisches Kuriosum, daß 200 Jahre später die optische Telekommunikation wieder im Zentrum der technologischen Entwicklung steht.

Der optischen Technik weit überlegen erwies sich allerdings die Nutzung des elektrischen Stromes zur Übertragung nachrichtentechnischer Signale. Ein Meilenstein waren hier die Versuche von GAUSS und WEBER, die im Jahre 1833 durch einen quer durch Göttingen gespannten Draht das physikalische Institut mit der Sternwarte verbanden und mit Hilfe einer Gleichstromquelle mit Kommutator als Sendegerät und eines Magnetometers mit Multiplikatorspule als Empfänger auf elektrischem Wege telegrafierten (ASCHOFF 1989). Den großen Durchbruch zum praktischen Einsatz der elektrischen Telegrafie brachte ab etwa 1840 die Einführung des Morsetelegrafen, eine Technik, die sich schnell weltweit verbreitete und die bereits nach Mitte des 19. Jahrhunderts einen kontinentübergreifenden Telegrafenverkehr ermöglichte.

Die schnelle Ausbreitung des neuen Nachrichtenmittels Telegrafie war, neben der staatlichen und militärischen Nutzung, eng mit den umwälzenden Entwicklungen im Verkehrswesen, insbesondere dem Ausbau des Eisenbahnnetzes, verbunden. Die »schnellen« Züge benötigten eine ebenso leistungsfähige Kommunikationstechnik, die nur die elektrische Nachrichtentechnik zur Verfügung stellen konnte. Die enge Verknüpfung von Fortschritten in der Verkehrstechnik mit entsprechenden Innovationen in der Telekommunikation hat sich bis heute fortgesetzt, ein Thema, auf das nicht näher eingegangen werden kann.

Nach Vorarbeiten des deutschen Erfinders Philipp REIS (1860) wurde das Telefon im Jahre 1876 durch den Amerikaner Graham BELL zur Nutzungsreife entwickelt. Weit einfacher zu handhaben als der Telegraf, der auch aus politischen Gründen immer eine »amtliche« Einrichtung war, dessen Bedienung dem Telegrafenbeamten vorbehalten blieb, entwickelte sich das Telefon sehr rasch zum individuellen Kommunikationsmittel für den Bürger. Wirtschaftlich wurde das Telefon ein außerordentlicher Erfolg, die Statistiken zeigen, daß z. B. die Zahl der Telefonanschlüsse seit Anfang dieses Jahrhunderts in den Industriestaaten im Jahresdurchschnitt mit 6 bis 7% wächst.

Da weite Teile der Welt mit Telefonanschlüssen noch unterversorgt sind, wird dieser Basisbereich der Telekommunikation in Entwicklungsländern auch weiterhin deutlich wachsen. Anders sieht es in den hochindustrialisierten Ländern aus. Dort ist mit Erreichen einer weitgehenden Vollversorgung der Haushalte mit Telefonanschlüssen eine Sättigung erreicht, die unter anderem das große Interesse der Anbieter von Telekommunikationsleistungen an neuen Telekommunikationsformen (in der Fachsprache: Dienste genannt) begründet.

Eine zweite zentrale Entwicklungslinie der Telekommunikationsgeschichte war die Funktechnik. Basierend auf der Entdeckung der elektromagnetischen Funkwellen durch Heinrich HERTZ im Jahre 1887 in Karlsruhe, wurde die praktische Nutzung der Funktechnik ab etwa 1900 vorangetrieben, z. B. durch die richtungsweisenden Versuche von MARCONI (1896) und anderen.

Auch hier begann die Entwicklung mit der Funktelegrafie. Zu großer wirtschaftlicher und gesellschaftlicher Bedeutung im 20. Jahrhundert entwickelten sich Hörfunk (1923) und Fernsehen (1935), die bis in unsere Zeit vorzugsweise über terrestrische Funkwellen verbreitet werden.

Während das Telefonnetz für die persönliche Kommunikation zwischen jeweils zwei Teilnehmern bestimmt ist, also der Individualkommunikation dient, sind Hörfunk und Fernsehen Medien der sende- und empfangstechnisch einseitig ausgerichteten Massenkommunikation mit in der Regel einer großen Zahl für den Sender anonymer Teilnehmer. Mit dieser Einteilung – das Telefon für die Individualkommunikation und der Rundfunk für die Massenkommunikation – ist die klassische Telekommunikation im wesentlichen beschrieben.

Hinzuweisen ist noch auf die, trotz einer großen quantitativen Expansion, langfristige Stabilität der technischen Konzepte, so läßt sich ein 50 Jahre altes Telefon heute immer noch problemlos an das Telefonnetz anschließen, genauso wie ein Radioapparat aus der Vorkriegszeit im Mittel- und Langwellenbereich heute noch weltweit betrieben werden kann. Nur beim Fernsehen konnte sich ein einheitlicher Standard nicht durchsetzen.

Digitalisierung der Telekommunikation

Die moderne Entwicklung – und das betrifft nicht nur die Telekommunikation, sondern alle Aspekte der Informationsverarbeitung und -speicherung – wird von der Digitalisierung bestimmt. Der besondere Nutzen für die Weitverkehrsübermittlung von Nachrichten ist in der Tatsache begründet, daß sich digitale Signale, oder – besser in der abstrakten Betrachtungsweise der Informatik dargestellt – digitale (Binär-)Datenströme fehlerfrei, d. h. unter Ausschaltung aller bei der Übertragung aufgetretenen Störeinflüsse wiederherstellen lassen. Bei der klassischen analogen Übertragung z. B. im Telefonbereich lassen sich die unvermeidbar auftretenden Rauscheinflüsse und Störungen oder die bei übertragungstechnisch bedingten Signalwandlungen auftretenden Verzerrungen vom ursprünglichen Nutzsignal nicht mehr trennen und beeinflussen damit – gegebenenfalls sehr erheblich – die beim Empfänger ankommende Übertragungsqualität.

Übertragungstechnisch verformte bzw. durch externe Störungen beeinflußte digitale Signale lassen sich dagegen auch in den auf langen Übertragungsstrecken erforderlichen Zwischenstationen perfekt regenerieren, solange sich das jeweilige Signalelement in seinem Digitalwert noch richtig identifizieren läßt.

Bei einem Binärdatenstrom müssen somit nur die beiden gültigen Zustände »0« oder »1« richtig unterschieden werden. Darüber hinaus lassen sich durch das Hinzufügen von Redundanz zu einem digitalen Datenstrom verfälschte Bits erkennen, was zur Auslösung entsprechender Fehlerbehandlungsmaßnahmen und durch Wiederholung zur Wiederherstellung eines fehlerfreien Datenstroms führt. Bei den mit höherer Redundanz arbeitenden fehlerkorrigierenden Codes kann die Fehlerbehebung allein vom Empfänger ohne Wiederholung der gestörten Daten durch den Sender erfolgen. Beide Verfahren führen zu einer weiteren Senkung der Fehlerrate bei digitalen Übertragungen und damit zu einer im Vergleich mit der Analogtechnik außerordentlichen Qualitätssteigerung.

Die fundamentale Bedeutung der Digitalisierung für die moderne Telekommunikation wird dadurch deutlich, daß über die menschliche Sprache hinaus alle Kommunikationsarten, wie Musik, Graphik, Text, technische (Meß-)Werte, Standbild, Bewegtbild (z. B. Video) usw., in einheitlicher Form digitalisierbar sind, d. h. letztlich als binäre Datenströme (Bitfolgen) dargestellt werden.

Die mathematische Grundlage für die umfassende Digitalisierbarkeit ist das Abtasttheorem von SHANNON und RAABE. Es besagt, daß sich jedes bandbegrenzte analoge Signal durch eine Abtastung mit mindestens der doppelten im Signal enthaltenen oberen Grenzfrequenz in ein zeitdiskretes Signal umsetzen läßt. Die Amplitudenwerte der so gewonnenen zeitlich sehr kurzen Abtastproben werden dann in einer Reihe von Wertintervallen quantisiert. Jedem Intervall ist ein – binäres – Codewort zugeordnet, das dann als Eingabe in das digitale Übertragungssystem dient. Diese Technik der Abtastung, Quantisierung und Codierung analoger Kommunikationssignale, die sogenannte *Puls-Code-Modulationstechnik (PCM)*, wurde bereits 1938 von REEVES angegeben. Eine ausführliche Darstellung dieser Thematik findet sich in HÖLZLER und HOLZWARTH (1982).

Technische Grundlagen moderner Telekommunikation

Bereits in den vierziger Jahren waren die Vorteile der Digitalübertragung sowohl für die Steigerung der Empfangsgüte als auch zur besseren Ausnutzung der Leitungsnetze bekannt. Die tatsächliche praktische Nutzung war aber mit der damaligen Elektronenröhrentechnik viel zu aufwendig. Erst mit den Fortschritten der Mikroelektronik/Mikrocomputertechnik begann die Einführung der digitalen Übertragungs- und Vermittlungstechnik, die gegenwärtig unter dem Namen ISDN *(Integrated Service Digital Network)* zum weltweiten Übergang von den klassischen analogen (Telefon-)Netzen zum integrierten Digitalnetz führt.

Neben der Mikroelektronik prägt eine zweite technologische Entwicklung, die optische Technik, die Gegenwart und noch mehr die Zukunft der leitungsgebundenen Telekommunikation. Ausgangspunkt sind hier die Fortschritte in der Übertragungstechnik mit Lichtwellenleitern, populär Glasfasern genannt. Abbildung 1 zeigt die in den letzten 20 Jahren erzielten technischen Fortschritte. Dargestellt sind die steile Abnahme der Übertragungskosten bezogen auf die (Daten-)Übertragungsleistung, gemessen in Mbit/s und der zu überbrückenden Distanz. Die mit Pfeilen in das Bild eingezeichneten Angaben, in Mbit/s bzw. Gbit/s angegeben, beziehen sich auf die zum jeweiligen Zeitpunkt erreichte Spitzenleistung eines optischen Übertragungssystems. Die Entwicklungslinie ist eindeutig, die Telekommunikationskosten werden praktisch unabhängig von der Entfernung und nur schwach abhängig von der aufzubringenden Übertragungsgeschwindigkeit (*Alcatel* 1994).

Verbunden mit dieser massiven Leistungsteigerung und Kostendegression ist ein weiterer Fortschritt, ohne den hohe Übertragungsraten wenig Sinn machen würden. Es handelt sich um die Senkung der Fehlerrate, d. h. der Wahrscheinlichkeit der Verfälschung eines binären optischen Signals auf der optischen Übertragungsstrecke selbst. Sie liegt bei unter 10^{-12} Bitfehlern, d. h., es läßt sich im Mittel mindestens ein Terabit an Daten übertragen, ehe ein falsch detektiertes Bit

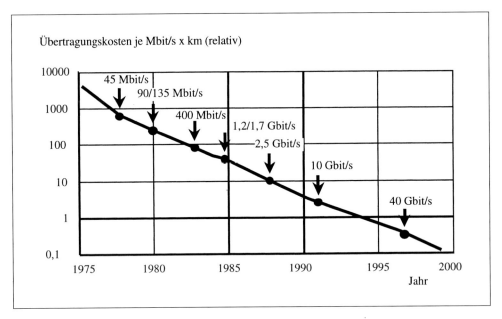

Abb. 1 Kostentrend bei der Glasfaserübertragung

auftritt. Bei analogen Telefonleitungen liegt die vergleichbare Fehlerrate bei 10^{-3} bis 10^{-4} bit. Wegen dieser hohen Fehlersicherheit kann man bei der optischen Übertragung oft auf die erwähnten fehlererkennenden bzw. -korrigierenden datenredundanz-basierten Übertragungsverfahren verzichten.

Die reine Glasfaserübertragungstechnik ist heute als Stand der Technik anzusehen, so verlegt die Deutsche Telekom AG in ihrem Weitverkehrsnetz nur noch optische Übertragungsleitungen. Auch für den Anschluß der Teilnehmer, also in den sogenannten Ortsnetzen, wird zunehmend Glasfaser installiert, wobei gegenwärtig von der Telekom AG besonders umfangreiche optische Anschlußnetze in den neuen Bundesländern aufgebaut werden.

Das Potential der optischen Techniken gilt damit als bei weitem noch nicht ausgeschöpft. So sind in jüngster Zeit große Fortschritte bei der optischen Signalverstärkung/-Regeneration und der optischen Vermittlung und Verteilung erzielt worden. Die Prognosen gehen dahin, daß bereits Anfang des nächsten Jahrhunderts mit volloptischen − leitungsgebundenen − Telekommunikationsnetzen zu rechnen sein wird (*Alcatel* 1994). Allerdings sind dazu noch sowohl in der physikalischen Grundlagenforschung als auch der industriellen Anwendungsentwicklung große Anstrengungen erforderlich. Welche Bedeutung die technologischen Durchbrüche für die zukünftige Nutzung der Telekommunikation haben, wird in einem späteren Abschnitt behandelt.

Telekommunikations-Satelliten

Ähnlich wie die leitungsgebundene optische Telekommunikation sind die Telekommunikations-Satelliten eine Innovation der letzten 30 Jahre. Klassifiziert man sie nach ihren Grundfunktionen − wobei durchaus ein Satellit »multifunktional« sein kann − ergibt sich folgende Einteilung:

Weitverkehrs-Kommunikation

Historisch gesehen war das die erste Funktion für Fernmeldesatelliten. Sie sind Teil der sogenannten Netzinfrastruktur der weltweiten Telekommunikations-Netzanbieter und dienen in erster Linie dazu, große Entfernungen zwischen Vermittlungsstellen, z. B. im interkontinentalen Telefon- und Fernsehübertragungsverkehr zu überbrücken. Sie stellen u. a. eine Alternative zu den Unterseekabeln dar und werden daher als »big cable in the sky« bezeichnet.

Fernseh-/Hörfunkverteilsatelliten

Sie bedienen über Satellitenschüsseln direkt den Rundfunkteilnehmer (Rundfunk-Direktempfang) und befinden sich in Konkurrenz zur terrestrischen Programmverteilung über Funkwellen bzw. dem Kabelfernsehen.

Direktempfangende/-sendende Satelliten

Dieser Funktionsbereich der Nachrichtensatelliten befindet sich in einer besonders stürmischen Entwicklung. Grundkonzept ist die direkte Teilnehmer-Teilnehmer-Kommunikation, vorzugsweise Sprachkommunikation, zwischen in der Regel weitverteilten Standorten. Der Unterschied zum Fernsehverteilsatelliten, der der einseitig gerichteten Massenkommunikation dient, liegt in erster Linie in der Möglichkeit des Teilnehmers, selbst Signale an den Satelliten zu senden und damit eine eigene dialog-orientierte Satellitenverbindung zu betreiben. Der Teilnehmer kann dazu eine ortsfeste Satellitenkommunikations-Anlage benutzen oder mit örtlich mobilen Einrichtungen arbeiten. Der ortsfeste Teilnehmer-Satellitenbetrieb spielt u. a. in Gebieten eine wichtige Rolle, in denen — wie in Entwicklungsregionen — eine ausreichende terrestrische Kommunikationsinfrastruktur nicht zur Verfügung steht.

Dominieren wird aber zukünftig wohl der mobile Einsatz, der im folgenden Abschnitt behandelt wird. Um die Sendeenergie besonders für mobile Teilnehmer mit Handfunkgeräten niedrig zu halten, sollen für dieses Einsatzgebiet ganz niedrig fliegende Satellitensysteme installiert werden. Ein Beispiel ist das gerade im Aufbau befindliche System mit dem kommerziellen Namen *Iridium*. Es umfaßt 66 Satelliten in Umlaufbahnen von etwa 800 km Höhe, die die gesamte Erdoberfläche (außer den Polkappen) abdecken. Die Plazierung der Satelliten soll bis 1998 abgeschlossen sein. Eine Neuerung dieses Systems ist, daß, wie in Abbildung 2 dargestellt, die Satelliten selbst Vermittlungsfunktionen übernehmen können und somit bei der Verbindung weit entfernter Teilnehmer nicht auf eine terrestrische Infrastruktur angewiesen sind.

Wachstumsbereich der Zukunft: Mobilfunk

Wie bereits erwähnt, ist im ortsgebundenen, über Leitungen angeschlossenen, sprachorientierten Telefonnetz in hochentwickelten Industrieländern eine praktisch flächendeckende Anschlußdichte erreicht. Mit hohen Raten wächst dagegen der Mobilfunk, und zwar nicht nur in seiner fahrzeugbasierten Variante (Auto-, Schiffs-, Flugfunk usw.), sondern besonders bei den tragbaren Mobilfunkendgeräten (»Handy«).

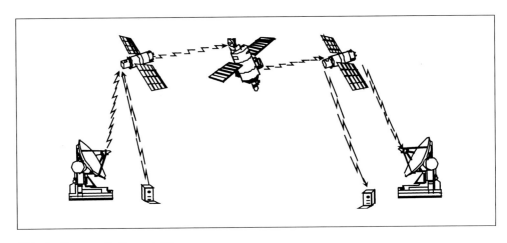

Abb. 2   Kommunikationssatelliten

Das technisch-/organisatorische Hauptproblem für die Funkkommunikation, und das gilt besonders für eine individuelle Mobilfunknutzung, ist der Mangel an verfügbaren Frequenzen in den für die Funkübertragung geeigneten Wellenbereichen des elektromagnetischen Spektrums. Das zur Lösung dieses Knappheitsproblems eingesetzte Konzept ist das Funkzellenprinzip. Die Grundidee ist einfach, man unterteilt das zu versorgende Gebiet in Funkbereiche (Zellen) und weist einer Funkzelle eine bestimmte Frequenzgruppe zu. Deren Größe wird durch die Ausbreitungscharakteristik der verwendeten elektromagnetischen Wellen (im hohen MHz- und GHz-Bereich), der gegebenen Topografie und die Beschränkung der Sendeenergie bestimmt. Das tragende Konzept ist, die Funkzellen klein zu halten, d. h. eine kurze Reichweite der Sender anzustreben. Durch diese Reichweitenbeschränkung ist es möglich, in einem gewissen Abstand die in einer Funkzelle eingesetzte Frequenzgruppe wiederzuverwenden.

Um Interferenzen zu vermeiden, werden Nachbarzellen allerdings andere Frequenzgruppen zugeteilt. Abbildung 3 zeigt das Prinzip am Beispiel eines terrestrischen Funknetzes. Ein Sendeturm bedient drei Funkzellen mit den Frequenzgruppen A, A' und A", in den anschließenden Zellen werden die Frequenzen B und C verwendet. Wie im Bild gezeigt, können in genügendem Abstand die Frequenzgruppen A erneut verwendet werden.

Das Funkzellenverfahren eignet sich für alle drei wesentlichen Bereiche, in denen sich heute der Mobilfunk entwickelt. Auf der untersten Ebene, in sehr begrenzten räumlichen Bereichen, z. B. in Gebäuden, wird unter dem Begriff schnurloses Telefon eine Größe des Funkbereichs von einigen 100 m verwendet, der von einem Unternehmen oder privaten Haushalt genutzt wird.

Größere Funkzellen als zweite Ebene von einigen km werden in den terrestrischen »öffentlichen« Funknetzen, in der Bundesrepublik Deutschland z. B. die digitalen Netze D1, D2 und das E-Netz, verwendet. Zumindest die D-Netze sind nach einem einheitlichen europaweit gültigen, dem GSM- *(Group Special Mobile, Global System for Mobile Communication)* Standard konzipiert, so daß die Mobilfunkgeräte in Europa grenzüberschreitend eingesetzt werden können.

Auch die angesprochenen Satellitennetze für den weltweiten Teilnehmerverkehr nach einheitlichen Standards können über scharf fokussierte Ausleuchtzonen auf

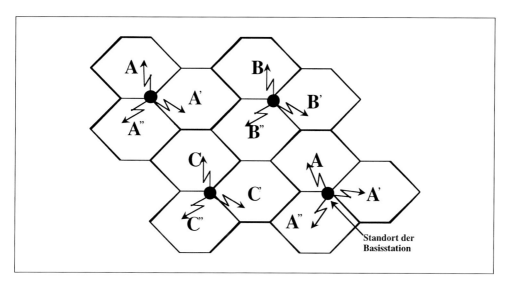

Abb. 3   Funkzellenbündelung mit Frequenzwiederbelegung

der Erde das Satellitentelefon im Funkzellenverfahren anbieten und damit eine große Zahl Teilnehmer gleichzeitig bedienen.

Die Zukunftserwartungen in die Mobilkommunikation sind hoch. Als Leitgedanke gilt die universelle Erreichbarkeit: »jedermann, an jedem Ort, zu jeder Zeit«. Dabei arbeitet man technisch am Mehrmodus-Handgerät, d. h., diese Geräte sind in der Lage, sich automatisch immer auf das (kosten-)günstigste Netz einzustellen, im Nahbereich arbeiten sie als schnurloses Telefon, verläßt man den Gebäudebereich, wird ein terrestrisches Funknetz angepeilt, bekommt man hier keinen ausreichenden Funkkontakt wird die − meist aufwendigere − Satellitenkommunikation gewählt.

Optimistische Prognosen sehen in Verbindung mit der universell einsetzbaren persönlichen Telefon- bzw. Kommunikationsnummer (Stichwort *Universal Personal Telecommunication* UPT) voraus, daß in wenigen Jahrzehnten zumindest für die Sprachkommunikation, also das Telefonieren, sich das stets mitgeführte Mobiltelefon durchsetzt und das heutige ortsgebundene Telefon als isoliertes monofunktionales Kommunikationsgerät verdrängen wird.

An die Stelle des Telefons wird nach den Vorstellungen der Telekommunikationsbranche, aber auch vieler unabhängiger Fachleute, das universelle multimediale Kommunikationsendgerät treten, und zwar nicht nur im Bereich der Geschäftskommunikation, sondern auch − und hier liegt ein Schwerpunkt der wirtschaftlichen Aktivitäten − im privaten Bereich. Darauf wird noch in einem späteren Abschnitt einzugehen sein.

Mobiles Teilnehmergerät

Das heute bereits weit verbreitete Funktelefon als Prototyp einer mobilen Kommunikationseinrichtung wird sich schon in den nächsten Jahren zu einem funktional viel breiter angelegten Gerät weiterentwickeln, dem sogenannten persönlichen Assistenten (*Personal Digital Assistent* PDA oder auch *Personal Intelligent Communicator* PIC). Ein PDA oder PIC vereinigt kurz gesagt ein breites Spektrum von Computerfunktionen und Kommunikationsaufgaben in einem Kompaktgerät, das man leicht mit sich führen kann. Den Einsatz mobiler Computer kann man als die dritte Stufe in der Nutzungsgeschichte der elektronischen Rechner ansehen: Zuerst ging man zur Erfüllung seiner Aufgaben zum zentralen Großcomputer; dann kam die Computerleistung als Bildschirmstation oder als Personalcomputer (PC) an den Arbeitsplatz des Benutzers. Diese dezentralen, aber in der Regel standortgebundenen Rechner wurden untereinander und mit größeren Dienstleistungsrechnern (sogenannten Servern) durch — meist innerbetriebliche — Kommunikationsnetze verbunden. In der kommenden dritten Stufe wird der persönliche Rechner PDA zum mobilen Begleiter des Benutzers, der sich über seinen Assistenten an beliebiger Stelle in die inzwischen weltweit verfügbaren Computernetze (z. B. Internet) einschalten kann. Diese Netzankopplung kann — wahlweise — über Funk, vom eigenen Teilnehmeranschluß aus oder über sich immer mehr verbreitende frei zugängliche »öffentliche« Netzanschlußpunkte in beliebiger örtlicher Position erfolgen.

Ein PDA stellt dem mobilen Benutzer lokal Rechenleistungen und Speicherkapazitäten zur Verfügung, mit denen er beispielsweise seinen Terminkalender, seine Telefon- und Adreßverzeichnisse und wichtige persönliche und geschäftliche Unterlagen verwalten kann. Entscheidend ist natürlich in unserem Zusammenhang die Kommunikationsfähigkeit des PDA. So kann er in permanenter Bereitschaft Nachrichten aufnehmen und speichern (sogenannte *Pager*), Mobilfaxe handhaben und jederzeit über den Netzverbund auf größere Rechner, Datenbanken und andere rechnergestützte Dienstleistungen zugreifen.

Forschungsfelder der Mobilkommunikation

Diese neuen Formen der Mobilität stellen sowohl die Nachrichtentechnik als auch in besonderem Maße die Informatik vor große Herausforderungen in der Forschung.

Einige Beispiele, ohne jeden Anspruch auf Vollständigkeit, sollen das verdeutlichen (siehe auch DIEHL und HELD 1995). Eine naheliegende Thematik ist die — gegebenenfalls weltweit durchzuführende — Lokalisierung des Mobilteilnehmers, wenn ihn eine Nachricht erreichen soll oder eine Kommunikationsverbindung herzustellen ist. Hier handelt es sich in erster Linie um die Lösung von Datenbankproblemen. In einer Heimatdatenbank, über die auch die Abrechnung der Gebühren läuft, sind die festen Daten des Teilnehmers gespeichert. Sein aktueller Aufenthaltsort und weitere dynamisch benötigte Daten für seine Versorgung werden nach entsprechender eigener Meldung regional erfaßt und in einer sogenannten Besuchsdatenbank gespeichert. Ein Verbindungswunsch geht im Prinzip zuerst an die Heimatdatenbank, die durch laufende Kommunikation mit den Besuchsdatenbanken weiß, wo sich der gesuchte Teilnehmer befindet. Dorthin wird der Verbindungswunsch dann vermittelt. Teilnehmersuche und Verbindungsaufbau müssen natürlich sehr schnell verlaufen, andernfalls wäre kaum mit einer breiten Kundenakzeptanz zu rechnen. Dazu ist es erforderlich, sowohl den Kommunikationsverkehr als auch die Datenbankzugriffe und -suche aufeinander abzustimmen und zu optimieren.

Dieses Beispiel zeigt eine enge Verknüpfung von Datenbanktechnik und computergestützter Telekommunikation, die auch für die meisten anderen der kommenden fortgeschrittenen Anwendungen rechnergestützter Netze gilt.

Eine weitere zentrale Forschungsfrage ist die Sicherung der Berechtigung des Anrufs bzw. Zugriffs von einem mobilen Zugang (Authentisierung). Erkannt werden muß hier, ob der Teilnehmer wirklich der ist, der er vorgibt zu sein, oder täuscht hier ein anderer mißbräuchlich einen Teilnehmer vor, um auf dessen Kosten zu kommunizieren oder an geschützte Daten heranzukommen.

Auch die Vertraulichkeit und Fälschungssicherheit der übermittelten Informationen war und ist ein zentrales Problem für die Forschung, wobei gerade hier Verfahren für digitale Netze entwickelt worden sind, die ein so großes Maß an Abhörsicherheit bieten, daß bei den staatlichen Sicherheitsbehörden erhebliche Bedenken gegen einen zu großen Abhörschutz bestehen.

Das Thema Mobilität soll mit dem Hinweis auf ein neues Informatikkonzept, die mobilen Softwareagenten, abgeschlossen werden. Grundidee ist, daß, wenn schon Computer und Computernutzer mobil und voll netzintegriert sind, auch die Software mobiler wird. Ein fortgeschrittenes Beispiel sind die Softwareagenten, geschlossene Softwareobjekte mit eigener Aktivität, die beauftragt von einem Benutzer, der auch ein anderes Softwaresystem sein kann, von Computer zu Computer »wandern«, um dort zu versuchen, die gestellte Aufgabe zu lösen. Ein Beispiel wäre das Zusammentragen bestimmter wissenschaftlicher Fakten, die weit verstreut auf unterschiedlichen Datenbanken, Datensammlungen usw. verteilt sind. Der mit dem entsprechenden Suchauftrag versehene Softwareagent (eventuell sind es auch mehrere) wandert autonom durch das Netz, »besucht« einschlägige Datenbanken, erhält verfügbare Informationen, die er auch auswerten kann, um adaptiv auf weitere Datensammlungen zu stoßen und kehrt schließlich mit seinen Ergebnissen zum Ausgangsort zurück.

Ein anderes Beispiel: Wichtige Software, die auf den gegenüber Großsystemen vergleichsweise leistungsschwachen Mobilcomputern nicht bearbeitet werden kann, die aber zum persönlichen Arbeitsumfeld des Mobilbenutzers gehört, folgt diesem parallel zu seiner aktuellen räumlichen Bewegung im Computernetz, so daß sie sich über nicht zu weite Kommunikationsstrecken bei Bedarf immer in seiner Nähe befindet. Software wird also zukünftig nicht mehr allein passiv und weitgehend statisch sein, sondern ebenfalls aktiver Teil der mobilen Welt der Informationsgesellschaft werden. Dieser Paradigmenwechsel stellt große Anforderungen an die Wissenschaft Informatik und insbesondere an ihr kommunikationsbezogenes Teilgebiet, die Telematik.

Multimedia-Kommunikation

Sicher ist Multimedia eines der am häufigsten gebrauchten Schlagworte in der laufenden Debatte über die Grundlagen der aufkommenden Informationsgesellschaft. Grundsätzlich handelt es sich hier um den Verbund mehrerer Kommunikationsformen, wie Text, (Farb-)Bild und Grafik; eine Verbindung, die wir eigentlich schon sehr lange vom Trägermedium Papier her kennen.

Neu für die moderne Multimedia-Debatte ist daher im wesentlichen die Integration der elektronischen Bewegtbildtechnik, also der Videodarstellung (natürlich mit Sprache), mit anderen Kommunikationsformen und dabei insbesondere die interaktive, vom Benutzer oder Teilnehmer anforderungsgesteuerte Bewegtbildkommunikation. Das Teilnehmergerät für den Multimedia-Betrieb ist praktisch eine Kombination aus persönlichem Computer und Fernsehgerät oder weiterentwickelt ein leistungsfähiger Computer mit Ausgabeeinrichtungen für Fernsehdarstellungen höchster Bildqualität. Einen Hinweis auf diesen Wandel bieten neueste Marktdaten aus den USA, nachdem bereits jetzt dort mehr persönliche Computer als Fernsehgeräte an private Haushalte verkauft werden. Um die — erhofften — Massenmärkte der Fernsehkonsumenten schnell und kostengünstig zu erreichen, werden verschiedene Zwischenschritte diskutiert, z. B. die Aufrüstung eines handelsüblichen Fernsehgeräts mit einem Zusatzcomputer, der sogenannten *Set-Top*-Box, aber mittelfristig wird sich sicher die volle Computerlösung durchsetzen.

Im Unterschied zur einseitig gerichteten Verteilkommunikation des heutigen Massenkommunikationsmediums Fernsehen wird ein Multimedia-Kommunikationsanschluß einen interaktiven, d. h. Dialogbetrieb unterstützen. Mit anderen Worten: Der Teilnehmer kann über einen Rückkanal eigene Eingaben in das Multimedia-System einspeisen. Beispiele sind Textkommandos zur Steuerung der Multimedia-Darstellung, zur Übermittlung von Nachrichten (z. B. Einkaufswünsche aus einem Bildschirmkatalog) oder auch eigene Videoeingaben, u. a. als Weiterentwicklung des bisher nicht sehr erfolgreichen Konzeptes des Bildtelefons oder im Rahmen einer Videokonferenz.

Für die Informatik liegen hier ebenfalls sehr große Forschungs- und Entwicklungsaufgaben. Sie beginnen bei der Kommunikationstechnik. Bewegtbildübertragung benötigt, auch wenn Bildkompressionsverfahren eingesetzt werden, weit höhere Übertragungskapazitäten als die heute vorherrschenden Kommunikationsformen: gesprochene Sprache, Text, Standbild, Daten oder Grafik.

Will man vielen Teilnehmern individuelle Videokommunikation so anbieten, wie man heute sein Telefon nutzt, geht man von der (Fernseh-)Massenkommunikation zur Video-Individualkommunikation über.

Dazu sind sowohl im Innern des Telekommunikationsnetzes als auch auf den Anschlußleitungen zum Teilnehmer leistungsfähige Übertragungsstrecken erforderlich, die sich im mittleren Leistungsbereich durch Koaxialkabel und in Konkurrenz dazu insbesondere im Hochleistungsbereich durch die bereits beschriebene optische Technik kostengünstig realisieren lassen. Die Mitbenutzung bereits installierter Fernseh-Verteilkabelnetze (Kabelfernsehen) wird erwogen, doch ist ihre für Verteilzwecke günstige baumförmige Topologie für die gleichzeitige bidirektionale (Video-)Kommunikation vieler Teilnehmer weniger geeignet als eine direkte Verbindung des Teilnehmers mit einer Vermittlungszentrale, also eine, z. B. optische, Sternstruktur, vergleichbar mit der Netztopologie der heutigen Telefonnetze. Die erforderlichen neuen Übertragungsstrukturen bis in die Haushalte sind der Hintergrund für die oft sehr unstrukturierte Debatte über die Datenautobahnen *(Information Superhighways)*. Einen guten Überblick zur aktuellen Multimedia-Situation gibt eine vom Büro für Technikfolgenabschätzung beim Deutschen Bundestag in Auftrag gegebene Studie (Booz et al. 1995).

Bei fortgeschrittener, aktiver Nutzung machen Multimedia-Systeme nur Sinn, wenn man mit den Stand- und/oder Bewegtbilddaten als computererfahrener Benutzer so umgehen kann wie mit den heutigen Textdaten. Die Informatik muß also Verfahren und Software bereitstellen, wie man Bilder/Bildsequenzen auswählt (Multimedia-Datenbanken), selbst erstellt, bearbeitet, kombiniert, abspeichert usw.

Das Arbeitsgebiet der Bildverarbeitung, das früher nur Spezialisten der Druck- und Medienindustrie beschäftigt hat, wird zukünftig für viele Menschen wichtig werden, wenn es für sie nicht nur bei einem passiven Multimedia-Konsum bleiben soll.

Der schon heute deutliche Wandel vom textorientierten Benutzerzugang zur graphischen, symbolorientierten, bedienungsfreundlichen »Benutzeroberfläche« der Computer muß auch auf die grundsätzlich deutlich schwierigere Handhabung multimedialer Informationen ausgedehnt werden, eine große Herausforderung für die arbeitswissenschaftliche und Informatikforschung.

Anwendungsfeld: *Telearbeit und Telekooperation*

Im folgenden Abschnitt wird der Frage nachgegangen, welche Auswirkungen die auszugsweise beschriebenen technischen Möglichkeiten für unsere Arbeitswelt mit sich bringen werden. Wirtschaftlich gesehen gibt man zwar den Bereichen Unterhaltung, Spiele, Fernbestellen und -einkaufen, also der Nutzung durch den privaten Verbraucher, das größte Volumen am künftigen Multimedia-Markt, doch sind die professionellen Anwendungen, zu denen auch das Fernlehren und -lernen, also das Telestudium, gehört, von besonderer Bedeutung für die telematikorientierte Forschung und Lehre und natürlich auch für den Wirtschaftsstandort Bundesrepublik Deutschland. Weitere wichtige Anwendungsgebiete der neuen digitalen Telekommunikations-Infrastruktur, auf die hier nicht näher eingegangen werden soll, sind die Telemedizin und die Telematik im Verkehrswesen, d. h. die Verbesserung der Verkehrsführung und -lenkung, bis hin zur automatisch abzubuchenden Straßenbenutzungsgebühr durch computergestützte Verkehrsleitsysteme.

Der Begriff Telearbeit wird oft mit der Auslagerung betrieblicher Tätigkeiten auf Heimarbeitsplätze assoziiert. Als Vorteile verspricht man sich das Vermeiden zusätzlicher Verkehrsbelastungen durch die tägliche Fahrt zum Betrieb, eine flexiblere Einteilung der Arbeitszeit, die sich dadurch leichter mit anderen persönlichen Aufgaben, wie der Kindererziehung, verbinden läßt, und eine bessere Anpassung an einen gegebenenfalls stark fluktuierenden Arbeitsanfall.

Da der Anteil der über Computer abzuwickelnden informationsbezogenen Tätigkeiten in allen Unternehmen zunimmt und durch die multimedialen Verbindungen, einschließlich der erwähnten integrierten Bild- und Sprachkommunikation auch eine sehr wirklichkeitsnahe »Telepräsenz« bei der Kommunikation mit den Kollegen möglich ist, wird die Telearbeit zunehmend auf Resonanz stoßen.

Wahrscheinlich noch wichtiger und verbreiteter als die Telearbeit von zu Hause wird die sogenannte Telekooperation räumlich verteilter Arbeitsgruppen. Durch die verschärfte internationale Konkurrenz, den Druck, Entwicklungszeiten zu verkürzen und die internationale Arbeitsteilung zu nutzen, werden immer häufiger Produkte durch räumlich weit verteilte Arbeitsgruppen in enger Verzahnung der Tätigkeiten, in vielen Fällen sogar mit einer Parallelisierung früher sequentiell durchgeführter Phasen *(Simultaneous Engineering)* entwickelt.

Solche von der Aufgabenseite stark vernetzten Entwicklungssysteme sind bereits heute beispielsweise zwischen den Autoherstellern und ihren Zulieferern im Einsatz. Die für diese intensive Art der Kooperation erforderlichen medienintegrierten Hilfsmittel gehen weit über die traditionelle Form der Videokonferenz hinaus. Die anderen Teilnehmer, z. B. bei der gemeinsamen

Durchsprache einer Konstruktionszeichnung, als Personen zu sehen, ist meist gar nicht so wesentlich wie oft angenommen. Viel wichtiger für eine erfolgreiche Telekooperation ist die gleiche Sicht aller Teilnehmer unabhängig vom Standort auf Texte, Zeichnungen, Pläne, Computermodelle, auch bewegte Computeranimationen oder sachbezogene Videosequenzen.

Für die Medienintegration und die Koordinierung der Sichten und Aktionen der Teilnehmer sind, verglichen mit den heutigen Einzelanwendungen – ein Computerbenutzer bearbeitet ein Informationsobjekt (Zeichnung, Text oder Bild) – Verfahren und Softwaresysteme zu entwickeln, die neben der Handhabung und Synchronisierung der den einzelnen Mediendarstellungen zugrunde liegenden Datenbestände auch die organisatorische Koordinierung der Teilnehmer gestattet.

Beispielsweise muß bei der gemeinsamen Behandlung einer Zeichnung immer geklärt sein, wer wann was verändern darf und wer von diesen Veränderungen zustimmend Kenntnis nehmen muß, um sie als stabiles Arbeitsergebnis abspeichern zu können. Softwaresysteme für die Gruppenarbeit (engl. *groupware*) werden bereits von professionellen Softwareherstellern am Markt angeboten. Zu erwähnen ist noch, daß für diese Formen des verteilten Arbeitens frühe Impulse von Computernetzanwendern aus der Wissenschaft, z. B. von der Gemeinschaft der Hochenergiephysiker, ausgingen, deren weltweit verstreute Arbeitsgruppen beispielsweise die Auswertung von Experimenten und die gemeinsame Erstellung von Publikationen in intensiver Telekooperation über das in der Wissenschaft sehr verbreitete Internet und seine Vorläufer schon länger praktizieren.

Wegen der geringen Leistungsfähigkeit der bisherigen Netze und der mangelnden Medienintegration, oft war nur die Übermittlung von Texten möglich, waren die Nutzungsmöglichkeiten der Telekooperation und damit die Akzeptanz über die Wissenschaft hinaus für die wirtschaftliche Routinetätigkeit allerdings stark eingeschränkt. Hier bringt der Leistungssprung der modernen digitalen Telekommunikationstechnologien und der damit verbundenen Informatikwerkzeuge die entscheidende Wende.

Anwendungsfeld: Telelernen, Telestudium

Lehren und Lernen sind aus der Sicht dieser Darstellung grundsätzlich betrachtet informationsbasierte Austauschprozesse, die zudem noch einen stark repetitiven Charakter haben und an vielen Orten weitgehend gleichartig ablaufen. So werden im deutschsprachigen Raum jedes Jahr die Einführungsvorlesungen eines Studienfaches n-mal angeboten, und zwar in der Regel in Form der Frontalunterweisung im Hörsaal mit passiv aufnehmenden Studenten.

Die Befürworter einer Einbeziehung von Teletechniken in den Unterricht sehen hier ein erhebliches Veränderungspotential für die Stoffdarbietung und die Organisation der Unterrichtung. Bei der Stoffdarbietung steht der Ansatz im Vordergrund, daß computer- und telekommunikationsgestütztes Lernen in erster Linie aktives (besser interaktives) Lernen bedeutet. Das »Abfilmen« einer wie gewöhnlich im Auditorium gehaltenen Vorlesung kann eigentlich nur ein Einstieg in die telekommunikative Verbreitung von Lehrinhalten sein. Viel intensiver wird das Lernen unterstützt, wenn fortschrittlich didaktisch aufbereiteter Lehrstoff durch eine multimediale Darstellung und mit jederzeitigen Eingriffs- und Übungsmöglichkeiten dem Studenten angeboten wird. Ein Beispiel wäre eine vorlesungsartige

Einführung über eine Videosequenz, dann eine praktische Demonstration durch eine plastische Computeranimation, das Darstellen und schrittweise Erläutern und Lösen von Musteraufgaben auf dem Bildschirm, ohne daß dabei die Lehrperson direkt auf dem Bildschirm zu erscheinen braucht, und schließlich das Stellen von Aufgaben, die der Student selbständig lösen muß. Dabei lassen sich auch Praktikumsversuche an realen Objekten mit großer Detailtreue simulieren. So die von der *University of Berkeley* über das weltweite Internet als Lehraufgabe angebotene Sektion eines virtuellen, d. h. im Computer nachgebildeten Frosches. Auch andere Formen der — ohne Computertechnik nicht möglichen — kombinierten Präsentation von Wissen sind multimedial leicht zu gestalten. So lassen sich an Zeichnungen oder Bildern an interessanten Stellen Erläuterungen in gesprochener Sprache »anbringen«, die der Student durch das »Anklicken« des zu erläuternden Bildausschnitts über die in die Multimediastation eingebauten Lautsprecher abhören kann.

Elemente von Vorlesungen, Übungen, Praktika und die Lösung von Aufgaben integrieren sich somit zu einer einheitlichen Stoffdarbietung, das multimediale Lehrprogramm ergänzt also das heute dominierende passive »Hören« und »Lesen«.

Durch die telekommunikative Verbindung ergeben sich weitere Möglichkeiten für die Intensivierung des Lernprozesses. So ist es möglich, daß bei der Durcharbeitung eines Stoffgebietes durch einen Studenten Phasen unabhängiger Arbeit an seinem Lernprogramm mit Abschnitten der Tele-Interaktion mit seinem betreuenden Hochschullehrer oder anderen Studenten gemischt werden. Genauso wie bei der Telekooperation im wirtschaftlichen Umfeld beschrieben, haben die zusammenarbeitenden Partner gemeinsamen Zugriff auf die bisher erarbeiteten Lerndaten und -ergebnisse. Der Hochschullehrer erkennt daraus gegebenenfalls Schwächen und Irrwege des Studenten und kann ihn auf dieser Basis im Teledialog beraten und führen. Auch hier wird deutlich, daß die Arbeit mit dem Computer, gegebenenfalls am häuslichen Studienplatz des Studenten, gerade durch den Einsatz der Telekommunikation nicht zu der mancherorts gefürchteten Vereinsamung und sozialen Isolierung führen muß.

Die sich aus dem Telekommunikationsangebot ergebenden Möglichkeiten der freien Wahl von Telekursen und andere Momente der Individualisierung bei der Zusammenstellung des persönlichen Studienprogramms können durchaus zu erheblichen Veränderungen an den Hochschulen und im Verhältnis der Hochschulen untereinander führen. Schon die Kultusbürokratie wird dafür sorgen, daß im Telestudium überörtlich angebotene vergleichbare Lehrveranstaltungen von der Hochschule, an der der Student eingeschrieben ist, als Studien- oder Prüfungsleistungen alternativ zum eigenen Angebot anerkannt werden müssen. Die Reaktion der Studenten ist klar, sie wählen sich den nach ihrer Ansicht besten Professor bzw. das entsprechende Tele-Lehrangebot und schaffen auf diese Weise einen überörtlichen Wettbewerb unter den Professoren, ein Zustand, von dem mancher Universitätsreformer sicher träumt.

Mag dieses Zukunftsbild für manchen Leser noch etwas sehr weit hergeholt sein, so steht doch außer Zweifel: computer- und telekommunikationsbasiertes Lehren und Lernen wird durch die Einbeziehung der neuen Medien und der breitbandigen, leistungsfähigen Hochleistungskommunikation eine Renaissance erleben. Sie haben nichts mehr mit dem »programmierten Unterricht« der siebziger Jahre gemein, dem bekanntlich, nicht zuletzt wegen der Leistungsschwäche der damaligen

Computer, kein großer Erfolg beschieden war. Kurzfristig wird allerdings das multimediale (Tele-)Lernen wohl nicht das Präsenzstudium an den Hochschulen entscheidend verändern. Ein — auch zeitlich — viel naheliegenderes Anwendungsfeld des Telelernens stellt dagegen die in einer im raschen Wandel befindlichen Gesellschaft immer wichtiger werdende Weiterbildung im Beruf Stehender dar. Für diese Zielgruppe ist die durch das Telestudium erreichbare räumliche und — in Grenzen — zeitliche Unabhängigkeit bei ihrer Studienarbeit ein unschätzbarer Vorteil.

Gesellschaftliche Auswirkungen der Telematik

In diesem Abschnitt sollen — natürlich nur bruchstückhaft — stichpunktartig einige wirtschaftlich-gesellschaftliche Folgerungen aus der Verfügbarkeit der hochleistungsfähigen multimedialen Telekommunikation-Infrastruktur behandelt werden.

Klar ist, daß die Übertragungsleistungen und auch die Kosten für Telekommunikationsdienste in der Tendenz weitgehend entfernungsunabhängig (d. h. vergleichbare absolute Kosten regional bis weltweit) werden. Das bedeutet ohne Zweifel, daß (Informations-)Distanzen an Bedeutung verlieren. Abgesehen vom Zeitunterschied arbeitet man mit dem Betriebsteil in Japan oder den USA genauso effizient und informatorisch gesehen umfassend zusammen, wie mit dem Kollegen in der Region. Als Folge wird sich eine stärkere Dezentralisierung herausbilden, und zwar sowohl räumlich als auch was die Verteilung betrieblicher Funktionen angeht. Der ständig mögliche Echtzeitinformationsaustausch unter Einbezug aller betrieblich verwendeten Informationsträger verhindert Lücken im Informations- und Wissensstand und beseitigt damit eine entscheidende Ursache für heutige Koordinierungsprobleme zwischen weit entfernten Gruppen.

Verteilungs-, Auslagerungs- und dezentrale Kooperationstendenzen sind nicht nur allein innerhalb großer Firmen und Firmengruppen zu beobachten, sondern können als die prägenden Entwicklungen für die gesamte Wirtschaft angesehen werden. Sie werden natürlich nicht primär von den informationstechnischen Möglichkeiten verursacht, sondern durch tieferliegende Prozesse der weltwirtschaftlichen Arbeitsteilung und Konkurrenzsituationen, die gern mit dem Schlagwort der umfassenden Globalisierung der Weltökonomie beschrieben werden. Ohne die sich entwickelnde neue informations- und kommunikationstechnische Hochleistungsinfrastruktur wäre diese Entwicklung allerdings undenkbar, denn die entscheidenden Faktoren der sich ausbildenden weltwirtschaftlichen Strukturen sind weniger Material- und Energieflüsse als das immer dichter werdende Netz der Informationsbeziehungen und -flüsse. Ein Beispiel des neuen Trends zur Flexibilisierung ist die wachsende Bedeutung kleinerer und mittlerer Firmen. Ihr Gewicht wächst, weil sie als Zulieferer der Großindustrie immer größere Teile der Wertschöpfungskette eines Produktes übernehmen. Diese enge Verzahnung zwingt beispielsweise bei der Planung eines neuen Produkts, z. B. eines Kraftfahrzeuges, einen Autohersteller praktisch von Beginn an, gemeinsam mit den wesentlichen Zulieferern, wenn auch selektiv, die Entwicklungsarbeiten zu koordinieren und durchzuführen.

Ein anderes Beispiel ist die sogenannte virtuelle Firma (*virtual company*). Bei diesem Konzept verbinden sich rechtlich selbständige spezialisierte Firmen für die

Durchführung eines Großauftrags, den einzelnen Firmen weder von der fachlichen Ausrichtung noch der betrieblichen Kapazität alleine bewältigen können. Für diesen Auftrag (oder eine Gruppe inhaltlich ähnlicher Aufträge) treten die Unternehmen wie eine Einzelfirma, eben eine »virtual company«, gegenüber den Kunden auf.

Beide neuartigen industriellen Arbeitsformen: der integrierte Zulieferer und die virtuelle Firma sind nur durch eng verzahnte permanente Telekooperationsbeziehungen realisierbar, wie sie die beschriebenen telematischen Techniken ermöglichen.

Der freie kostengünstige Fluß von Informationen und die multimediale Telepräsenz von Menschen und Arbeitsdokumenten wird auch bedeutsame Auswirkungen auf die günstige Verfügbarkeit internationaler Arbeitskräfte oder allgemeiner gesagt des Dienstleistungsangebots auch aus fernen Regionen haben. So verlagern immer mehr deutsche Großfirmen Entwicklungskapazitäten nach den USA oder nach Fernost, um das nach ihrer Meinung dort weniger gesetzlich regulierte und auch meist deutlich kostengünstigere Umfeld zu nutzen. Über weltweite Unternehmensnetze (sogenannte *corporate networks*) sind diese internationalen Abteilungen in die Firmenabläufe genauso fest eingebunden wie die lokalen Arbeitsgruppen. Im Bereich der Informatik und Softwareproduktion sind solche weltweiten Entwicklungs- und Produktionsstrukturen besonders günstig zu realisieren, weil hier auch das Produkt, d. h. die Software, leicht über die digitalen Weltnetze verschickt und sogar über diese Netze modifiziert und gewartet werden kann. So entstehen beispielsweise auf dieser Basis in Indien und Taiwan große Softwareindustrien mit Tausenden von Ingenieuren und Informatikern. Dieser Wettbewerb der Köpfe in den Informations- und anderen naturwissenschaftlich-technischen Berufen kann erheblichen Einfluß auf die Arbeitsmarktsituation für diese Berufsgruppen auf den Märkten der hochindustrialisierten Länder mit hohen Lohnkosten haben. Die in der Bundesrepublik in jüngerer Zeit zu verzeichnende nachlassende Nachfrage für die naturwissenschaftlich-technischen akademischen Berufe, heute schon teilweise eine Folge der Globalisierung der Arbeitsmärkte, kann durchaus dramatische Formen annehmen. Hier hilft nur eine nachhaltige Steigerung der eigenen Wettbewerbsfähigkeit, die nicht zuletzt durch eine noch konsequentere Nutzung des leistungs- und qualitätssteigernden Potentials der Informations- und Kommunikationstechniken erreicht werden muß.

Im Zusammenhang mit den gesellschaftlichen Konsequenzen ist noch auf einige – partiell auch negative – Probleme hinzuweisen, die sich mit dem freieren Zugang und der technisch gesehen beliebigen Manipulierbarkeit von über computergestützte Netze verfügbaren Informationen verbinden.

Zuerst ist die Verlagerung aktueller Informationen: Presseberichte, wissenschaftliche Veröffentlichungen usw. aus der Druckform auf Papier (Printmedium) zu nennen. Progressive Beobachter der Szene sehen schon ein Verschwinden großer Teile, insbesondere des Zeitungs- und (Fach-)Zeitschriftenmarktes voraus, aber auch die eher skeptischen Verlage planen das zunehmende Gewicht der elektronischen Medien in ihre Langfristprogramme ein. Eine entscheidende offene Frage ist dabei der Schutz des geistigen Eigentums unter den Randbedingungen der leichten elektronischen Vervielfältigbarkeit (Copyright-Problem).

Für den wissenschaftlichen Zeitschriftenmarkt – weniger vielleicht für den Buchmarkt, solange die Darstellungsqualität der gegenwärtigen Bildschirmtechnik nicht entscheidend verbessert wird – stellt sich die Verdrängungsfrage vermutlich schon im nächsten Jahrzehnt. Neben dem nicht einschränkbaren unredigierten freien Publizieren werden für die Verbreitung wissenschaftlicher Arbeiten die Erhaltung des Niveaus entsprechender elektronischer Zeitschriften nach den heutigen Maßstäben (Referierung durch unabhängige Gutachter usw.) und die Langzeitarchivierung (Bibliotheksfunktion) und damit verbunden die Zitierbarkeit wichtige, noch zu lösende, Aufgaben sein.

Konsequenzen für die Wissenschaftskommunikation

Wie bereits anhand des Zeitschriftenwesens angedeutet, wird sich auch die Art der wissenschaftlichen Arbeit unter den neuen Bedingungen der telematischen Hochleistungskommunikation und des damit verbundenen Multimedia-Angebots verändern.

Heute ist die Nutzung der informations- und kommunikationstechnischen Ressourcen durch die Wissenschaftler aus verschiedenen Disziplinen noch sehr ungleichmäßig. Während Physiker und teilweise auch Chemiker mit den Informatikern Pioniere der Nutzung der elektronischen Computertechnik und Kommunikation waren, werden die geistes- und sozialwissenschaftlichen Disziplinen gern als »computerfern« eingestuft. Abgesehen davon, daß dieser Zustand sich gerade gründlich zu ändern beginnt, ist für die Zukunftsbeurteilung wichtig, daß die neuen multimedialen Nutzungsformen nicht mehr primär naturwissenschaftlich-technisch orientiert sind. Mit anderen Worten: Während in der heute als traditionell oder klassisch anzusehenden Rechnerbedienung der Benutzer sich durch die Eingabe von kryptischen Textkürzeln, Sonder- und Spezialzeichen auf den Computer, in Wirklichkeit auf das Denken seines Programmierers, einstellen mußte, paßt sich die Kommunikationsoberfläche des multimedialen Systems ganz an die natürliche Sicht des (Fach-)Benutzers an. So wird dem Juristen ein textuell, gemäß der juristisch relevanten Referenzierung von Urteilen, Aktenzeichen, Paragraphen, Textbelegen, vielfach vernetztes Dokumentationssystem (über *On-line*-Daten- banken) angeboten, durch das er mit seinen gewohnten Begriffen und Verweisstrukturen navigieren kann. Der Architekt kann seine Entwürfe in 3-D-Form darstellen und den Bauherrn durch die virtuelle Realität des künftigen Gebäudes am Bildschirm hindurchführen. Fremdsprachenstudenten können mit muttersprachlichen Kommilitonen über Videokonferenzen parlieren und durch Nacharbeiten der aufgezeichneten Videosequenzen mit Lehrerunterstützung Fehler korrigieren und ihre Leistungen verbessern.

Auch für die medizinische Ausbildung und die Kooperation zwischen medizinischen Einrichtungen ergibt sich eine neue Qualität der Interaktion und Kooperation. Das zeigen nicht nur international, sondern auch in der Bundesrepublik laufende Großversuche, wie die medizinischen Teilvorhaben im Berliner Versuchsprojekt für die Hochleistungskommunikation BERKOM der Deutschen Telekom AG.

Ansetzen muß die Verbreitung dieser neuen Nutzungsformen in der fortgeschrittenen Ausbildung an den Universitäten. Dazu sind in erheblichem Maße Verbesserungen der informations- und kommunikationstechnischen Ausrüstung erforderlich. Das gilt in den Universitäten selbst, bei denen der Anteil multimedia- und hochleistungskommunikationsfähiger Arbeitsplatzrechner deutlich verstärkt werden muß. Die Größenordnung dieses Problems wird dadurch deutlich, daß es nicht mehr, wie in der Vergangenheit, darum geht, bevorzugt die naturwissenschaftlich-technischen Fachrichtungen mit leistungsfähigen Rechnern und Kommunikationseinrichtungen auszustatten, sondern praktisch ebenso alle anderen Fachdisziplinen (KRÜGER 1994).

Zwischen den Hochschulen muß die Netzinfrastruktur, d. h. das Wissenschaftsnetz und seine internationalen Übergänge, in den Hochleistungsbereich überführt werden. Hierzu hat der Wissenschaftsrat erst kürzlich eine Ausbau-Empfehlung abgegeben, die vom Bundesministerium für Bildung, Wissenschaft, Forschung und Technologie auch aufgegriffen wurde (*Wissenschaftsrat* 1995).

Im Ergebnis ist festzuhalten, daß für alle größeren Universitäten und viele außeruniversitären Forschungseinrichtungen ab 96/97 der Zugang zu einem multimediafähigen Hochleistungs-Wissenschaftsnetz verfügbar sein wird. Damit wäre in der Bundesrepublik der Anschluß an die internationale Entwicklung bei den Telekommunikationsnetzen für die Wissenschaft, beispielhaft repräsentiert durch den Ausbauzustand in den USA und England, erreicht (*Wissenschaftsrat* 1995). Für die Mehrzahl der Wissenschaftler bedeutet diese Entwicklung, daß sie sich mit den neuen Formen der Wissenschaftskommunikation und den sich daraus vermutlich entwickelnden — schnelleren und unmittelbareren — Kooperationsformen auseinandersetzen müssen, wenn sie in der Fachöffentlichkeit ihrer wissenschaftlichen Gemeinschaft präsent bleiben wollen.

Abschlußbemerkungen

Die vorliegenden Ausführungen sollen anhand der wichtigen Entwicklungen zeigen, daß die technischen Voraussetzungen für zukünftige — verglichen mit der klassischen Telekommunikation — revolutionär leistungsfähigere Informations- und Kommunikationssysteme vorliegen. Die Kommunikation mit technischen Mitteln erlebt die weitaus größte Innovation seit der Einführung des Telefons. Die Frage ist daher ausschließlich, wie schnell wird sich die neue Technik durchsetzen, eine Frage der wirtschaftlichen Randbedingungen und davon wechselseitig nicht ganz unabhängig der persönlichen und gesellschaftlichen Akzeptanz. Niemand kennt heute die Antwort, doch zwei Punkte scheinen dem Autor sicher. *Erstens* werden sich die einzelnen Techniken im weitgespannten Fächer des Technischmachbaren sehr unterschiedlich entwickeln, beispielsweise das Mobiltelefon sehr schnell, die aktive Videotelefonie deutlich langsamer.

Zweitens zeigt die Technikgeschichte, daß die Reife- und Diffusionsprozesse einer grundsätzlich neuen Technologie auch unter der Berücksichtigung der erforderlichen hohen Investitionssummen Jahrzehnte benötigen. Man denke nur an die Verbreitung der Elektrizität (insbesondere des elektrischen Lichts) in Deutschland um die vergangene Jahrhundertwende oder die über hundertjährige Wachstumsgeschichte der Telefonausbreitung.

Hinzu kommt die Akzeptanzproblematik. So stellt sich bei einigen Telekommunikationsanwendungen die Frage, in welchem Umfang der einzelne bereit ist, die Telekommunikation anstelle des persönlichen Kontakts oder Agierens zu setzen. Wo bleibt das Erlebniselement beim Tele-Einkauf? Oder: wie weit ist man bereit, statt eines persönlichen Kontaktes mit Kollegen und den damit verbundenen nicht nur fachlichen Beziehungen, nur Kontakte zu pflegen, die sich auf die reine Telepräsenz beschränken.

Man darf auch Unsicherheiten oder Ungeübtheiten beim Umgang mit der Technik nicht unterschätzen. So trauen sich bekanntlich viele nicht, auf einem

Anrufbeantworter eine Nachricht zu hinterlassen, oder kapitulieren vor der Programmierung des Videorecorders oder der Armbanduhr, die allerdings auch nicht den Vorstellungen moderner Bedientechniken entsprechen.

Zusammenfassend läßt sich somit festhalten, daß die Veränderungen unserer Telekommunikationswelt selbst auf der heute absehbar gesicherten technischen Basis bis zur universellen Durchsetzung mehrere Jahrzehnte in Anspruch nehmen werden.

Akademisch Qualifizierte und insbesondere Wissenschaftler werden sich allerdings eine langsame Akzeptanz der neuen Techniken und Arbeitsmittel nicht leisten können, denn als hauptberufliche Informationsverarbeiter und Kommunikatoren sollen und müssen sie bei der Nutzung der modernen Kommunikationsmedien in vorderster Linie aktiv sein.

Literatur

Alcatel: Elektrisches Nachrichtenwesen. 3. Quartal 1994. Schwerpunktthema: Telekommunikation im Wandel. Paris: 1994
Aschoff, V.: Geschichte der Nachrichtentechnik. 2 Bände. Berlin: Springer 1989
Booz · Allen · Hamilton: Zukunft Multimedia. FAZ GmbH. Frankfurt am Main: IMK 1995
Diehl, N., and Held, A.: Mobile Computing. International Thomson Publ. 1995
Hölzler, E., und Holzwarth, H.: Pulstechnik. Band I: Grundlagen. Berlin: Springer 1982
Krüger, G.: Zur Zukunft der Datenverarbeitung. Forschung und Lehre 9/94. Bonn: 1994
Wissenschaftsrat: Empfehlungen zur Bereitstellung leistungsfähiger Kommunikationsnetze für die Wissenschaft. Köln: 1995

        Prof. Dr. Dr. h. c. Gerhard Krüger
        Universität Karlsruhe
        Institut für Telematik
        PF 6980
        D-76218 Karlsruhe

»Fuzzy Logic« in den Natur- und Ingenieurwissenschaften

Von Hans-Jürgen Zimmermann (Aachen)

Mit 8 Abbildungen und 1 Tabelle

1. Theorie unscharfer Mengen

Wissenschaftstheoretische Einordnung

Die von L. A. ZADEH (1965) initiierte *Fuzzy Set Theory* (Theorie unscharfer Mengen) ist im Sinne des kritischen Rationalismus zunächst eine Formaltheorie, die entweder als verallgemeinerte Mengentheorie oder als verallgemeinerte duale Logik verstanden werden kann. In einigen Gebieten hat sie den Charakter einer Realtheorie angenommen. Hierzu gehören z. B. Teile der Linguistik, der Psychologie und sogar ökonomische Teiltheorien. Überwiegend wird »Fuzzy Logic« heute allerdings als Technologie in Wissenschaft und Praxis verwandt. Man sollte hierbei beachten, daß der Begriff »Fuzzy Logic« in der Öffentlichkeit gewöhnlich generisch verwandt wird und man dann darunter alles versteht, was mit der *Fuzzy Set Theory* irgend etwas zu tun hat. Im engeren Sinne ist dies nur ein sehr kleines Teilgebiet der *Fuzzy Set Theory*, die erste Verallgemeinerungsstufe der dualen Logik in Richtung auf menschliche Schließverfahren. Wir wollen in diesem Beitrag die generische Version benutzen und an späterer Stelle kurz auf den *terminus technicus* eingehen.

Ziele

Vier Ziele haben sich in der Zwischenzeit als besonders relevant für die Fuzzy-Set-Theorie herausgebildet. Ihre relative Wichtigkeit hängt sicherlich davon ab, wie und wo man Fuzzy-Set-Theorie verwendet. Vom theoretischen, akademischen Gesichtspunkt aus scheint die *Modellverbesserung(/Relaxierung)* im Vordergrund zu stehen. Hierunter versteht man die Verallgemeinerung existierender Modellformen oder Theorien mit dichotomem Charakter auf stetige Versionen. Dies ist immer dann relevant, wenn die abzubildende Realstruktur nicht-dichotomen Charakter hat und eine Modellierung oder Lösung mit klassischen zweiwertigen Ansätzen zu zu starken Approximationen oder Verfälschungen führt. Beispiele hierfür findet man oft auf mathematischen Gebieten, wie der Optimierung, der Topologie, der Graphentheorie usw. Man benutzt diese Art der Relaxierung allerdings auch in anderen Bereichen, wie z. B. der Entscheidungstheorie u. a.

Von großer Bedeutung, vor allem in der Praxis, ist das Ziel der *Komplexitätsreduktion*. Oft sind die dem menschlichen Betrachter zur Verfügung stehenden Datenmengen zu groß und zu komplex, um von ihm sinnvoll aufgenommen und verarbeitet werden zu können. In diesen Fällen wird — meist mit dem noch zu besprechenden Begriff der »linguistischen Variablen« — eine Reduktion der Komplexität auf ein Maß angestrebt, das dem Menschen einen sinnvollen Zugang erlaubt.

Neben der Komplexitätsreduktion und der Relaxierung zweiwertiger Modelle auf praxisnähere Modellformen wird als Hauptziel der Fuzzy-Set-Theorie meist die *Modellierung von Unsicherheit* genannt. Dies hat oft zu der irrtümlichen Annahme geführt, daß die Fuzzy-Set-Theorie ein Ersatz für die Wahrscheinlichkeitstheorie sei. Dies ist sicherlich nicht der Fall. Während die (Kolmogorovsche) Wahrscheinlichkeitstheorie eine bewährte Theorie zur Modellierung *zufälliger* Unsicherheit ist, betrachtet die Fuzzy-Set-Theorie primär die *linguistische* Unsicherheit.

Unter lexikaler, sprachlicher oder linguistischer Unsicherheit versteht man die inhaltliche Unsicherheit oder Undefiniertheit von Wörtern und Sätzen unserer Sprache. Betrachtet man z. B. Ausdrücke wie »große Männer«, »heiße Tage«,

»stabile Währungen«, »große Steine« usw., so ist deren Bedeutung sehr vom jeweiligen Kontext abhängig. »Stabile Währungen« bedeuten etwas ganz anderes, wenn man den Ausdruck in Südamerika verwendet, als wenn man ihn in Europa benutzt. Der Ausdruck »große Steine« hat eine andere Bedeutung, wenn man sich in einem Juwelierladen befindet, als wenn man in den Alpen ist. Für die menschliche Kommunikation hat das gewöhnlich keine negativen Auswirkungen, da wir Menschen in der Lage sind, aus dem jeweiligen Zusammenhang die Bedeutung von Wörtern oder Sätzen zu erkennen. Wir leiten also aus der Betonung, von der Person, die das Wort sagt, aus dem Zusammenhang, in dem ein Wort gebraucht wird, usw. ab, welche Bedeutung es in dem jeweiligen Falle hat. Sollten wir nicht in der Lage sein, erbitten wir weitere Informationen. Werden solche Wörter oder sprachlich formuliertes Wissen (z. B. in der Form von Regeln) jedoch auf einer EDV-Anlage verwandt, um dadurch Algorithmen (Rechenverfahren) zu ersetzen, so ist die EDV-Anlage nicht dazu in der Lage, aus irgendwelchem Kontext die Bedeutung eines Wortes abzuleiten. Das heißt mit anderen Worten, menschliches Wissen kann in einer der menschlichen Verwendung analogen Form vom Rechner nur dann benutzt werden, wenn es inhaltlich definiert ist.

Als letztes sei das Ziel des *bedeutungserhaltenden Schließens* genannt, das primär bei der Verwendung wissensbasierter Systeme relevant wird. Bei regelbasierten Expertensystem z. B. hat man in der Vergangenheit meist angenommen, daß mit der Eingabe von linguistischen Regeln menschliches Wissen in das EDV-System eingegeben worden ist. Daß dies nicht der Fall ist, wird aus dem oben zur linguistischen Unschärfe gesagten schon offensichtlich. Erst eine Definition der Bedeutung der Worte oder Sätze (z. B. über linguistische Variablen) macht aus Symbolen menschliches Wissen.

Beim Übergang von der klassischen Symbolverarbeitung zur bedeutungserhaltenden Wissensverarbeitung muß allerdings auch ein wesentlicher Wechsel in der benutzten Inferenz vorgenommen werden.

Grundlagen der Theorie unscharfer Mengen

Der in der Theorie unscharfer Mengen benutzte Mengenbegriff geht von der zweiwertigen (ja/nein) Mengenzugehörigkeit über zu einem graduellen Zugehörigkeitsbegriff. Das heißt, daß für jedes Element angegeben werden kann, zu welchem Grade es zu einer unscharfen Menge gehört. Im folgenden sollen klassische (zweiwertige) Mengen jeweils durch große Buchstaben gekennzeichnet werden, während unscharfe Mengen durch große Buchstaben mit einer Tilde ($\sim$) darüber bezeichnet werden.

Definition 1

Ist X eine Menge (von Objekten, die hinsichtlich einer unscharfen Aussage zu bewerten sind), so heißt

$$\tilde{A} := \{(x, \mu_{\tilde{A}}(x)); x \in X\}$$

eine *unscharfe Menge* auf X.

Hierbei ist $\mu_{\tilde{A}}: X \to \Re$ eine reellwertige Funktion. Sie wird als Zugehörigkeitsfunktion bezeichnet. Die Zugehörigkeitsfunktion kann als eine verallgemeinerte charakteristische Funktion angesehen werden. Sind ihre Werte auf das Intervall von 0 bis 1 beschränkt (was immer durch eine einfache Division durch das Maximum oder Supremum erreicht werden kann), so spricht man von einer »normierten unscharfen Menge«.

Definition 2

Eine *linguistische Variable* ist eine Variable, deren Werte keine Zahlen (wie bei der deterministischen Variable) oder Verteilungen (wie bei der Zufallsvariable), sondern sprachliche Konstrukte (sogenannte Terme) sind. Diese Terme werden inhaltlich durch unscharfe Mengen auf einer sogenannten Basisvariablen definiert.

Beispiel

Als linguistische Variable sei der Begriff »Betriebstemperatur« gewählt. Diese Variable könnte z. B. die Werte (Terme) »zu niedrig«, »gut« und »zu hoch« annehmen. Jeder dieser Terme könnte dann z. B. als unscharfe Menge auf der Skala (Basisvariable) der Temperatur in °C inhaltlich definiert werden.

Der Begriff der linguistischen Variable zeigt in besonders deutlicher Form, in welcher Weise unscharfe Mengen die Brücke zwischen linguistischem Ausdruck und numerischer Information sein können. So stellt in obigem Beispiel die Menge der Terme sicherlich das Skalenniveau dar, auf dem ein Anlagenfahrer über die Betriebstemperatur eines Kühlprozesses kommunizieren würde. Demgegenüber stellt die Basisvariable eine physikalische Skala dar, die beliebig genau angegeben werden könnte.

Um eine Mengentheorie zu beschreiben, sind neben ihren Elementen (den Mengen) auch die Operationen zu definieren, die angewandt werden können, um die Mengen miteinander zu verbinden oder modifizieren zu können. In der Theorie

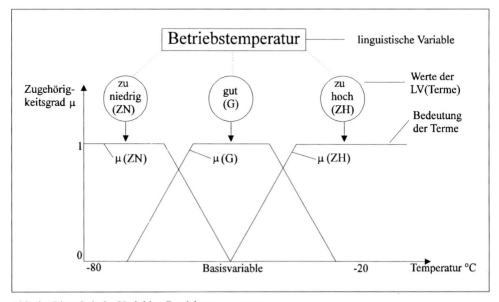

Abb. 1   Linguistische Variable »Betriebstemperatur«

unscharfer Mengen werden alle diese Operationen über die jeweiligen Zugehörigkeitsfunktionen, die wichtigsten Komponenten der unscharfen Menge, definiert.

Definition 3

Die Zugehörigkeitsfunktion der Schnittmenge (Durchschnitt) zweier unscharfer Mengen $\tilde{A}$ und $\tilde{B}$ mit den Zugehörigkeitsfunktionen $\mu_{\tilde{A}}(x)$ und $\mu_{\tilde{A}}(x)$ ist punktweise definiert durch:

$$\mu_{\tilde{A} \cap \tilde{B}}(x) = t(\mu_{\tilde{A}}(x), \mu_{\tilde{B}}(x)) \quad \forall x \in X.$$

Definition 4

Die Zugehörigkeitsfunktion der Vereinigung zweier unscharfer Mengen $\tilde{A}$ und $\tilde{B}$ mit den Zugehörigkeitsfunktionen $\mu_{\tilde{A}}(x)$ und $\mu_{\tilde{B}}(x)$ ist definiert als:

$$\mu_{\tilde{A} \cup \tilde{B}}(x) = S(\mu_{\tilde{A}}(x), \mu_{\tilde{B}}(x)) \quad \forall x \in X.$$

Definition 5

Die Zugehörigkeitsfunktion des Komplements einer normierten unscharfen Menge wird durch folgende Vorschrift gebildet:

$$\mu_{\tilde{A}^c}(x) = 1 - \mu_{\tilde{A}}(x) \quad \forall x \in X.$$

In Definition 3 bzw. 4 steht t für t-Norm und S für t-Conorm. t-Normen (wie z.B. Minimum, Produkt usw.), t-Conormen (wie z. B. Maximum, Summe usw.) und mittelnde oder kompensatorische Operatoren bieten eine Vielzahl von Möglichkeiten, mengentheoretische oder logische Operatoren zu definieren oder das »linguistische und« zu modellieren (siehe hierzu z. B. ZIMMERMANN 1993, S. 23ff.).

Vor allem im Zusammenhang mit »Fuzzy Control«, also einer mit *Fuzzy Sets* kombinierten Anwendung wissensbasierter Systeme auf regelungstechnische Probleme, wird meist nicht die mengentheoretische, sondern die logische Interpretation der Fuzzy-Set-Theorie benutzt. Hierzu kurz folgendes:

Fuzzy Logic, Approximatives Schließen, Plausibles Schließen

In der den meisten klassischen Expertensystemen zugrundeliegenden zweiwertigen (dualen) Logik werden sehr einschränkende Annahmen zugrundegelegt — man geht von einer regelbasierten Wissensrepräsentation der folgenden Art aus

Regel	Wenn A wahr ist, dann ist B wahr
Faktum (Beobachtung)	A ist wahr
Schluß	B ist wahr.

Bei diesem Schließen wird eine Anzahl von Annahmen gemacht, von denen einige hier diskutiert werden.

— Sowohl für die Elementar-Aussagen wie auch für die zusammengesetzten Aussagen stehen nur zwei Wahrheitswerte zur Verfügung, nämlich »wahr« und »unwahr« (0 oder 1).

— Die Elementar-Aussagen *A* und *B* sowie die Regel müssen scharf definierte und deterministische Aussagen sein.
— Die Beobachtung (in diesem Falle also A) muß identisch zur ersten Komponente in der Regel sein.
— Es werden nur der All-Quantor ($\forall$) und der Existenz-Quantor ($\exists$) angewendet.

Diese Annahmen sind wohl der Kern dessen, auf das sich bereits RUSSELL in seinem Zitat bezog, in dem er behauptete, daß die Logik sich nicht auf eine reale irdische Existenz beziehen könne. Bei unserem Wissen oder unserer Kommunikation werden halt meist keine Aussagen gemacht, die nur absolut wahr oder nur absolut falsch sein können, sondern wir unterscheiden zwischen verschiedenen Graden der Wahrheit.

Das, was heute mit *Fuzzy Logic* bezeichnet wird, sind Versuche oder Bestrebungen, die duale Logik in der Richtung menschlichen Schließverhaltens weiter zu entwickeln und wirklichkeitsnäher zu gestalten. Nach dem Grade der Relaxierung der genannten Forderungen kann man die folgenden drei Stufen unterscheiden: *Fuzzy Logic* (Unscharfe Logik), *Approximate Reasoning* (Approximatives Schließen) und *Plausible Reasoning* (Plausibles Schließen). (Näheres hierzu in ZIMMERMANN 1993, S. 29 ff.).

Die Regel »Wenn *A*, dann *B*« wird oft auch als $A \rightarrow B$ geschrieben. »$\rightarrow$« wird dabei als Implikation bezeichnet. Um mit formalen (mathematischen) Methoden Schlüsse zu ziehen, muß »$A \rightarrow B$« bzw. der sprachliche Ausdruck »wenn *A*, dann *B*« inhaltlich eindeutig definiert werden. Ähnlich wie bei der inhaltlichen Definition der Operatoren kann dies auf verschiedene Weisen geschehen. Entweder wird versucht, empirisch die Bedeutung des linguistischen Ausdruckes »wenn *A*, dann *B*« zu definieren, oder der Inhalt bzw. die Bedeutung der Implikation (»$\rightarrow$«) wird auf formale Weise durch Axiome angegeben. Es ist sehr verbreitet, »$A \rightarrow B$« als *materielle Implikation* zu deuten, wobei *A* als Prämisse und *B* als Konsequenz bezeichnet wird. Bezeichnet man nun den Wahrheitswert von *A* mit $v(A)$ und den Wahrheitswert der Implikation mit $v(A \rightarrow B)$, so darf in der dualen Logik dieser Wahrheitswert entweder wahr oder falsch (0 oder 1) sein. In der zweiwertigen Logik gilt gewöhnlich, daß $v(A \rightarrow B)$ falsch ist, wenn $v(A)$ wahr und $v(B)$ falsch ist. Dies entspricht der Vorstellung, daß die Implikation wahr ist, wenn immer die Konsequenz wenigstens so wahr ist wie die Prämisse.

In folgender Tabelle ist eine Auswahl von möglichen Implikationsoperatoren dargestellt (RUAN und KERRE 1993). Bei all diesen Definitionen wird lediglich die ursprüngliche Min-Max-Theorie zugrunde gelegt, d. h., »und« wird immer durch den Minimum-Operator, und »oder« wird immer durch den Maximum-Operator inhaltlich definiert. Der Leser kann leicht abschätzen, wieviele mögliche Implika-

Tab. 1 Mögliche Min-Max-Implikationsoperatoren (siehe ZIMMERMANN 1993, S. 35)

	Referenz	$v(A \ll B)$
a)	ZADEH	$\max(1 - v(A)), \min(v(A), v(B))$
b)	LUKASIEWICZ	$\min(1, 1 - v(A) + v(A))$
c)	MAMDANI	$\min(v(A), v(B))$
d)	KLEENE-DIENES	$\max(1 - v(A), v(B))$
e)	YAGER	$(v(A))\,v(B)$

tions-Definitionen es gibt, wenn er sich vor Augen führt, daß die Minimums-Definition durch alle möglichen *t*-Normen ersetzt werden kann und die Maximums-Definition durch entsprechend alle *t*-Conormen.

2. Anwendungsgebiete

Methodische versus Problemstruktur

Anwendungen der Fuzzy-Set-Theorie zu klassifizieren oder zu strukturieren ist deswegen recht schwierig, weil *Fuzzy Sets* mit verschiedenen Zielen, auf verschiedene Weisen und auf ganz verschiedenen Gebieten angewandt worden sind und werden. Darüber hinaus haben sich einige Problembereiche, wie z. B. *Fuzzy Control*, Expertensysteme und Fuzzy-Datenanalyse, herausgebildet, in denen *Fuzzy Sets* besonders oft Verwendung finden. Nachdem über die Hauptziele bereits an früherer Stelle gesprochen worden ist, soll hier versucht werden, dem Leser dadurch eine Übersicht zu verschaffen, daß die »drei w« beantwortet werden, d. h., es soll beschrieben werden

— *wie Fuzzy Sets* angewandt werden (methodische Sicht),
— *was* mit Fuzzy-Set-Theorie besonders gut gelöst werden kann (Problemsicht) und
— *wo* Anwendungen von Fuzzy-Technologie zu finden sind (Branchen und Disziplinen).

Anschließend soll durch einige reale Anwendungsbeispiele die Verwendung von *Fuzzy Sets* verdeutlicht werden.

Wie wird Fuzzy-Set-Theorie angewandt?

Bei der Anwendung der Fuzzy-Set-Theorie können grob drei Klassen unterschieden werden:

— theoretische,
— algorithmische und
— wissensbasierte.

Mit »theoretischen Anwendungen« seien hier jene bezeichnet, bei denen die Fuzzy-Set-Theorie im Rahmen einer anderen Theorie verwandt wird, um deren Aussagen oder Strukturen anzureichern oder zu verbessern. Beispielhaft seien hier aus der Mathematik genannt die Topologie, die Algebra oder die Maßtheorie. In der Volkswirtschaftslehre wäre dies z. B. die Gleichgewichtstheorie (BILLOT 1992) oder die Theorie der Marktformen (PONSARD 1988).

Bei algorithmischen Anwendungen versucht man gewöhnlich, wie schon erwähnt, bestehende scharfe Modelle oder Methoden durch »Fuzzyfizierung« realistischer zu gestalten. Diese Art der Anwendung wurde im Prinzip schon bei der Fuzzyfizierung der zweiwertigen Logik beschrieben. Dies setzt gewöhnlich voraus, daß klassische zweiwertige und effiziente (numerische) Verfahren bzw. daß bekannte Modelltypen bestehen, die jedoch in ihrer zweiwertigen Ausprägung den realen Gegebenheiten nicht gerecht werden.

Die Anpassung kann entweder dadurch geschehen, daß die Modellstruktur selbst flexibler gestaltet wird und dann Verfahren der unscharfen Mathematik direkt darauf angewandt werden. Beispiele hierfür sind unscharfes Clustern, unscharfe Petri-Netze, unscharfe Netzplantechnik, unscharfe Entscheidungs- oder *Multi Criteria Theorie*. Die Relaxierung kann auch dadurch erreicht werden, daß Modelle, die die Unschärfen des Problems enthalten, in scharfe Modelltypen transformiert werden, auf die dann bestehende leistungsfähige klassische Verfahren angewandt werden können. Beispiele hierfür sind z. B. das unscharfe (lineare) Programmieren oder bestimmte Verfahren der unscharfen *Multi Criteria Analyse*. Die Grenzen zwischen diesen beiden Arten der algorithmischen Anwendung sind allerdings nicht scharf.

Bei wissensbasierten Ansätzen benutzt man unscharfe Mengen primär zur inhaltsdefinierten formalen Abbildung menschlichen Wissens. Damit wird es möglich, menschliches Erfahrungswissen auf elektronischen Datenverarbeitungsanlagen zu verarbeiten. Hierzu gehören im wesentlichen folgende Funktionen:

— *Wissensakquisition* (aus Menschen, Büchern oder maschinell),
— *Wissensdokumentation* (dies geschieht gewöhnlich in Regeln in der sogenannten Wissensbasis),
— inhaltserhaltende *Wissensverarbeitung* (dies geschieht gewöhnlich in einer Inferenzmaschine, die in der Lage sein muß, linguistisches Wissen inhaltserhaltend — und nicht symbolisch — zu verarbeiten),
— *Übersetzung* (dies umfaßt auf der Eingabeseite eine mögliche Übersetzung numerischer Information in eine linguistische Information — Fuzzyfizierung genannt. Auf der Output-Seite bedeutet dies, bestimmte Zugehörigkeitsfunktionen entweder in Zahlen (Defuzzyfizierung) oder in linguistische Ausdrücke zu übersetzen (was gewöhnlich mit *linguistischer Approximation* bezeichnet wird).

Zusammenfassend könnte man aus methodischer Sicht die folgenden als wichtigste Anwendungen bezeichnen:

(1.) Theoretische Anwendungen:
— Mathematik (Topologie, Algebra, Logik usw.),
— Ökonomie,
— Psychologie.

(2.) Modellbasierte und algorithmische Anwendungen:
— Unscharfe Optimierung (z. B. unscharfes lineares Programmieren),
— Unscharfes Clustern,
— Unscharfe Petri-Netze,
— Unscharfe Multi-Kriteria-Analyse,
— Unscharfe Netzplantechnik.

(3.) Informationsverarbeitung:
— Unscharfe Datenbanken,
— Fuzzy-Programmiersprachen,
— Unscharfe Bibliothekssysteme.

(4.) Wissensbasierte Anwendungen:
— *Fuzzy Control*,
— Fuzzy-Datenanalyse,
— Fuzzy-Expertensysteme.

Zu den beiden ersten Gebieten der letzten Gruppe sei noch etwas gesagt, da sie gerade für Natur- und Ingenieurwissenschaften von besonderer Bedeutung sind:

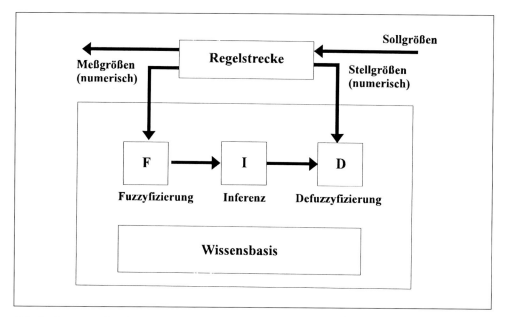

Abb. 2 Fuzzy-Regler (Grundstruktur)

Bereits Anfang der siebziger Jahre benutzten Regelungstechniker in England die Idee der Expertensysteme, um technische Prozesse zu regeln, für die man zu dieser Zeit keine anderen EDV-gestützten Regler bauen konnte. Da diese Prozesse jedoch teilweise gut durch erfahrene menschliche Operatoren gefahren werden konnten, bemühten sich E. H. MAMDANI (Queen Mary College, London) und seine Gruppe, die Erfahrungen menschlicher Operatoren mit Hilfe der Fuzzy-Set-Theorie und im Sinne der Expertensysteme auf den Computer zu übertragen. Der »Expertensystem-Kern«, aus Wissensbasis und Inferenzmaschine bestehend, hatte die gleiche Aufgabe, wie im letzten Abschnitt beschrieben, nämlich die Verarbeitung linguistischen Wissens.

Die Eingangsinformationen sollten jedoch beobachtete Meßwerte (Temperaturen, Drucke) des beobachteten Systems sein, und die Ausgangsinformationen sollten ebenfalls keine linguistischen Ausdrücke, sondern Steuersignale (Ventilstellung, Brennerstellung usw.), also reelle Zahlen, sein. MAMDANI und seine Kollegen lösten dieses Problem, indem sie die Eingangs- bzw. die Ausgangsinformation entsprechend transformierten. Zwischen Eingangsinformation und Inferenz wurde die »Fuzzyfizierung« geschoben und zwischen Ausgangsinformation und Regelsignal die »Defuzzyfizierung«. Damit erhielt ein »Fuzzy-Regler« im Gegensatz zum Expertensystem die in Abbildung 2 gezeigte Grundstruktur.

Beschränkt man den Begriff des »Fuzzy-Controllers« auf Systeme, deren Eingangs- und Ausgangsgrößen reelle Zahlen sind, läßt jedoch mehrere Eingangs- und Ausgangsgrößen und mehrstufige Inferenzmaschinen zu, so läßt sich ein »Fuzzy-Controller« durch die folgenden Merkmale (also als 7-Tupel) beschreiben:

(1.) Zahl der Eingangssignale:

Diese bestimmen gewöhnlich die maximale Zahl der »Bedienungsgrößen« der ersten Stufe der Regeln.

(2.) Fuzzyfizierung:
Dies ist die Umsetzung reeller Zahlen in Terme linguistischer Variabler. Als Wahrheitswert der in den Regeln benutzten Terme (im Sinne der weiter oben besprochenen Inferenz) werden gewöhnlich die Zugehörigkeitsgrade gewählt, zu denen die (scharfen) Eingangsgrößen den Termen angehören. Diese hängen offensichtlich sehr von der Form der gewählten Zugehörigkeitsfunktionen und der Lage der Terme auf der Achse der Basisvariablen ab. Der Freiheitsgrad der Fuzzyfizierung besteht daher im wesentlichen in der Festlegung der Terme der in den Regeln enthaltenen linguistischen Variablen.

(3.) Inferenz:
Hier sind zunächst einmal alle möglichen Arten von Inferenz möglich. Interpretiert man die Regeln im Sinne der Implikation »$A \rightarrow B$«, so können alle möglichen inhaltlichen Definitionen dafür verwendet werden. Einige Beispiele hierfür wurden weiter oben gegeben.

(4.) Aggregation:
Es wurde schon erwähnt, daß — im Gegensatz zum klassischen regelbasierten Schließen — alle Regeln auszuwerten sind. Die Ergebnisse der Regeln, die einen Wahrheitsgrad größer Null haben, sind anschließend zu aggregieren. Bei einer Ausgangsgröße wird zu einer Zugehörigkeitsfunktion aggregiert, bei mehreren Ausgangsgrößen entsprechend zu mehreren. Für die Aggregation bieten sich alle t-Conormen und mittelnden Operatoren in gewichteter oder ungewichteter Form an.

(5.) Ergeben sich die gemachten Steuergrößen nicht direkt durch die Transformation der Eingangsgrößen in einer »Regelschicht«, so können für Zwecke der Gesamtinferenz mehrere Regelschichten vorgesehen werden. Die Kopplung dieser Schichten geschieht über definitorische Zustandsgrößen. Die zusätzlichen Schichten entsprechen in gewissem Sinne den »hidden layers« in neuronalen Netzen.

(6.) Defuzzyfizierung:
Ob ein- oder mehrstufige Inferenz, das Ergebnis ist zunächst die Zugehörigkeitsfunktion der aggregierten Aktions-Terme der letzten Regelschicht. Die Zuordnung einer reellen Zahl zu dieser Funktion ist die Defuzzyfizierung. Klassisch wurden hierfür die »Maximum«-, die »Flächenschwerpunkt«- oder die »Mittel der Maxima«-Methode benutzt. In der Zwischenzeit sind in der Literatur zahlreiche weitere Methoden vorgeschlagen worden, und an weiteren wird gearbeitet.

(7.) Zahl der Ausgänge:
Sie ergibt sich aus der zu lösenden Problemstellung. Die Ausgangsgrößen können auf verschiedene Weisen im Inferenzprozeß entstehen.

Von den genannten sieben Freiheitsgraden werden zur Zeit relativ wenige ausgenutzt. Bei dem überwiegend benutzten »Mamdani-Controller« findet man gewöhnlich wenige Eingangsgrößen. Für die Inferenz wird die Mamdani-Implikation genommen und für die Aggregation die (ungewichtete) oder (Max-)Verknüpfung. Der Controller ist einstufig, und für die Defuzzyfizierung findet gewöhnlich eins der genannten drei klassischen Verfahren Anwendung. Genutzt wird daher eigentlich nur (und das in engen Grenzen) die Wahl der Terme bei der Fuzzyfizierung und — natürlich — die damit zusammenhängende Wahl der Regeln für die Inferenz.

Im Gegensatz zu den Expertensystemen und der *Fuzzy Control* kann das Gebiet der (Fuzzy-) Datenanalyse zum einen nicht durch ein sehr einfaches Schaubild dargestellt werden, und zum anderen umfaßt es sowohl algorithmische wie auch wissensbasierte Ansätze.

Oberstes Ziel der Datenanalyse ist die Komplexitätsreduktion einer Menge von Signalen, Elementen, Spektren usw. und ihre Darstellung in einer Art, wie sie der Mensch sinnvoll interpretieren kann.

Die Komplexitätsreduktion geschieht in mehreren Stufen. Bereits die Prozeßbeschreibung (Modellierung), bei der die Elemente durch ihre Eigenschaften dargestellt werden, führt zu einer Komplexitätsreduktion gegenüber der Realität. Wählt man nur die wesentlichsten Eigenschaften als Merkmale zur Beschreibung aus *(Feature-Analysis)*, so wird die Mächtigkeit des beschreibenden Raumes weiter reduziert. Ist sie noch immer zu hoch, so definiert man über die Merkmale Klassen, denen dann während des Diagnoseprozesses Elemente zugewiesen werden können (Klassifizierung).

Das Gebiet der Datenanalyse ist nicht neu, und es existieren für dieses Gebiet schon eine große Anzahl klassischer Verfahren (Diskriminanzanalyse, Regressionsanalyse, Clusterverfahren usw.). Neu ist die »Fuzzyfizierung« dieser Verfahren im schon am Anfang dieses Beitrags beschriebenen algorithmischen Sinne und die zusätzliche Verwendung wissensbasierter Verfahren.

Die (Fuzzy-) Datenanalyse oder das *Data-Engineering* hat einen großen eigenen Stellenwert, und es ist oft relevant in Verbindung sowohl mit der *Fuzzy Control*, den Expertensystemen und den Entscheidungsunterstützungssystemen. Es ist daher nicht erstaunlich, daß es sicher zu einem der sehr wichtigen Anwendungsgebiete der »Fuzzy-Set-Theorie« werden wird. Es ist zur Zeit allerdings noch nicht so sehr im Lichte des öffentlichen Interesses wie z. B. die *Fuzzy Control*.

Bei der Betrachtung des »wie« sei noch kurz auf den Unterschied von »Fuzzy-Set-Theorie« und »Fuzzy-Technologie« eingegangen. Es wurde schon erwähnt, daß die Fuzzy-Set-Theorie 1965 von L. A. ZADEH begonnen wurde. Sie beschränkte sich fast 20 Jahre lang auf den akademischen Bereich. Mitte der siebziger Jahre entstand in England die erste wichtige Anwendung in Form der *Fuzzy Control*, die dann in großem Maße in den nächsten 10 Jahren primär in Japan in die Praxis umgesetzt wurde. Hierbei spielte offensichtlich die EDV-mäßige Implementierung eine große Rolle. Um dies effizient bewerkstelligen zu können, waren *Tools* notwendig.

Daher entstanden seit Ende der achtziger Jahre eine große Anzahl von *Software-* und *Hardwaretools,* ohne die heutzutage eine effiziente Verwendung der *Fuzzy Sets* gar nicht denkbar ist. Mit »Fuzzy-Technologie« wird hier nun die Gesamtheit der EDV-mäßigen Werkzeuge bezeichnet, die heute zur Verfügung stehen.

Wo werden Fuzzy Sets verwendet?

Bei dem »Wo« ist zunächst einmal zu unterscheiden zwischen den Herstellern von Fuzzy-Werkzeugen, also Hardware- und Software-Implementierungen von Fuzzy-Technologien, und Verwendern entweder dieser Werkzeuge oder von anderen Fuzzy-Ansätzen, um reale Probleme zu lösen. Die zunächst erwähnten Fuzzy-Werkzeuge sind offensichtlich unabhängig von der Branche ihrer Verwendung. Sie reichen bei der Hardware von FASIC (Fuzzy ASIC) bis zur SPS und bei der

Software von der einfachen dedizierten *Fuzzy Control Shell* bis hin zum erheblich aufwendigeren Werkzeug zur Fuzzy-Datenanalyse. Dieser Markt ist allerdings relativ transparent und gut beschrieben (ANGSTENBERGER 1993), da die Hersteller am Bekanntwerden ihrer Produkte selbst interessiert sind.

Die Verwendung dieser *Tools* erfolgt in den verschiedensten Branchen, auf die hier weiter nicht eingegangen werden soll. Der interessierte Leser ist diesbezüglich auf ZIMMERMANN (1995) verwiesen. An dieser Stelle sollen stattdessen die wissenschaftlichen Disziplinen genannt werden, in denen sowohl die soeben genannten *Tools* als auch die Fuzzy-Set-Theorie selbst zur Zeit hauptsächlich Anwendung finden. Um kein falsches Bild entstehen zu lassen, sci erwähnt, daß in anderen Wissensbereichen, wie z. B. den Wirtschaftswissenschaften, der Entscheidungstheorie, den Finanzdienstleistungen usw., in stark zunehmendem Maße Anwendungen zu finden sind.

Für den Naturwissenschaftler und Ingenieur sind hauptsächlich die im folgenden genannten Anwendungsgebiete von Wichtigkeit:

Mathematik:
— Topologie,
— Algebra,
— Graphen- und Netze,
— Optimierung usw.

Naturwissenschaften:
— Physik (Quantenmechanik, Strömungsdynamik),
— Chemie (Wirkstrukturanalyse),
— Medizin,
— Geologie, Ökologie usw.

Ingenieurwissenschaften:
— Regelung und Steuerung (E-Technik, Maschinenbau),
— Automatisierung,
— Qualitätssicherung (Fuzzy-Datenanalyse).

Zur Verdeutlichung seien im folgenden einige Beispiele etwas detaillierter beschrieben, in denen verschiedene Fuzzy-Ansätze auf verschiedene natur- und ingenieurwissenschaftliche Probleme angewandt werden.

Das Fuzzy-Auto

Dies ist eine der ersten deutschen Anwendungen der *Fuzzy Control*. Abbildung 3 zeigt das Modellauto, das im Lehrstuhl für Unternehmensforschung der RWTH Aachen gebaut wurde, um Schleuderexperimente im physikalischen Grenzbereich durchzuführen. Das Fahrzeug ist auf Höchstleistungen ausgelegt.

Die vier einzeln aufgehängten Räder sind mit Öldruckstoßdämpfer versehen. Der Antrieb erfolgt durch einen Elektromotor mit 770 Watt Leistung, der über ein sperrbares Differential die Hinterräder antreibt. Dies ermöglicht beherrschbare Fahrgeschwindigkeiten für eine Geradeausfahrt auf Turnhallenboden bis zu 80 km/h. Gebremst wird mit einer innenliegenden Scheibenbremse. Die Aktorik des Fahrzeugs besteht damit aus Motorregelung (Pulsbreite), Servolenkung und Bremskraftregelung.

Abb. 3 Das Fuzzy-Auto

Die gesamte Regelung des Fahrzeugs erfolgt über eine i286-PC-Platine (Laptopbasisplatine), die über eine Schnittstellenkarte mit der Aktorik und Sensorik des Fahrzeugs verbunden ist. Wegen der auftretenden Beschleunigungen wurde auf eine Festplatte verzichtet, das Diskettenlaufwerk dient nur zum Hochfahren des Systems und zum Abspeichern von Fahrdaten am Ende eines Parcours. Der eigentliche *Fuzzy-Controller* des Autos wurde mit einem Fuzzy-Entwicklungswerkzeug als C-Code erzeugt, der auf dem »Auto-PC« kompiliert wurde. Zur Berechnung eines Fuzzy-Systems mit 200 Regeln benötigt der Rechner bei 12 MHz Systemtakt etwa 6 Millisekunden. Die Zykluszeit des *Fuzzy-Controllers* wurde fest auf 10 Millisekunden eingestellt. Um den *Fuzzy-Controller* während der Fahrt zu adaptieren, besitzt das Fahrzeug einen zweiten Rechner (sichtbar als Spoiler in Abb. 3). Dieser zweite Rechner ist ein Netzwerk aus vier Parallelrechnern (Transputer), die über zwei Konfiguratoren miteinander dynamisch vernetzt sind. Insgesamt verfügt der Parallelrechner damit über eine Rechenleistung von 40 MIPS und 6 MFLOPs sowie 16 MByte Hauptspeicher.

Als Sensoren für die Erfassung des dynamischen Fahrzustandes (Rutschen, Schleudern) sind in allen vier Rädern Infrarotlichtschranken (IR) eingebaut, die eine der Raddrehzahl proportionale Frequenz abgeben. Über Differenzen der Radgeschwindigkeiten ermittelt der Fuzzy-Regler den dynamischen Zustand. Da das Fahrzeug völlig autonom einen vorgegebenen unbekannten Parcours bewältigen muß, benötigt es neben der Sensorik für den dynamischen Fahrzustand auch Sensorik zur Orientierung. Um in diesem Forschungsprojekt auch zu zeigen, daß sich sensorischer Aufwand in manchen Anwendungen durch einen besseren Regler sparen läßt, besitzt das Fahrzeug keine teure und anfällige Bildverarbeitung, sondern Einfachsensorik. Drei fest angebrachte Ultraschallsensoren (US) in den

Richtungen Geradeaus, Halblinks und Halbrechts geben Information über den aktuellen Abstand des Autos zur Begrenzung des Parcours. Die von Ultraschallsensoren erfaßten Abstände vermitteln allerdings nur eine sehr indirekte Information über die Zustandsgrößen Position und Orientierung des Fahrzeugs.

Das Regelziel für die autonomen Fahrten ist: »Fahre so schnell, wie es geht, ohne irgendwo anzustoßen oder in Instabilitäten (Rutschen, Schleudern) zu geraten. Sollte Instabilität auftreten, versuche, diese so schnell es geht zu stabilisieren.« Lotfi ZADEH verglich diese Situation mit einem extrem kurzsichtigen (wegen der limitierten Sensorik) Taxifahrer, der mit höchster Geschwindigkeit durch New York fährt.

Qualitätskontrolle bei Fliesen

Die akustische Qualitätskontrolle ist lediglich eines der Anwendungsgebiete der Analyse von Spektren mit Hilfe von Fuzzy-Methoden. Als Beispiel sei hier die Qualitätskontrolle von Fliesen (Kacheln usw.) angeführt. Der Produktionsprozeß läßt sich wie folgt charakterisieren:

Das Ausgangsmaterial wird im ersten Schritt in die richtige Form gepreßt. Die Fliese wird an der Oberfläche gebürstet und mit einer Glasur überzogen. Anschließend wird die Fliese mehrere Stunden gebrannt. Während des Brennens können (von außen meist nicht sichtbare) Risse im Inneren der Fliese entstehen. Diese führen dann zu einer mangelhaften Qualität der Fliese. Mit Hilfe einer akustischen Qualitätskontrolle soll die Qualität einer Fliese bestimmt werden. Dazu muß die Fliese mit einem Hammer angeschlagen werden. Aus dem Klang der Fliese kann ein geschulter Mitarbeiter auf die Qualität der Fliese, d. h. auf eventuelle interne Risse, schließen.

Es wurde nun der Mitarbeiter durch ein Mikrophon ersetzt, das das gleiche (akustische) Spektrum aufnimmt wie der Mensch. Dieses Spektrum ist Eingangsgröße in ein Datenanalysewerkzeug *DataEngine*. Dort werden die Eingangsdaten durch FFT *(Fast Fourier Transformation)* zunächst in ein Frequenzspektrum überführt. Teile dieses Frequenzspektrums dienen dann als Merkmale der entsprechenden Fliesenqualität, aus denen automatisch mit Hilfe von Clusterverfahren (Hier *Fuzzy-C-means*) oder neuronalen Netzen (hier *Fuzzy*-Kohonen-Netz) die Qualität in der *DateEngine* festgestellt und visualisiert wird. Im Gegensatz zur menschlichen Qualitätskontrolle, die nur zwischen »gut« und »schlecht« unterscheidet, können bei dem skizzierten automatischen Vorgehen verschiedene Qualitätsgrade (z. B. erste, zweite und dritte Wahl) festgestellt werden.

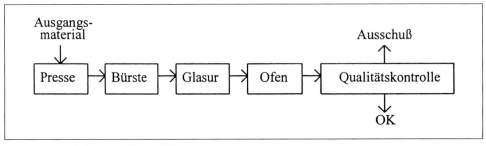

Abb. 4   Produktionsprozeß von Fliesen

Intelligente Alarme in der Kardioanästhesie

Dieses Beispiel aus der Medizin (BECKER et al. 1994a, b) ist vom Methodischen her in die (Fuzzy-) wissensbasierten Entscheidungsunterstützungssysteme einzuordnen.

Die Narkoseführung während einer Operation am offenen Herzen verlangt vom Anästhesisten fundiertes Wissen über die hämodynamischen Zusammenhänge und aufgrund des speziellen Patientengutes viel Erfahrung in der Stabilisierung kritischer Kreislaufzustände.

Insbesondere in der Operationsphase nach Beendigung der extrakorporalen Zirkulation, in der die durch Kardioplegie und ECC gestörte Hämodynamik wieder stabilisiert und normalisiert werden muß, werden extreme Anforderungen an die Aufmerksamkeit des Anästhesisten gestellt. Er wird bei dieser Aufgabe von Patientenmonitoren unterstützt, die die Vitalparameterverläufe der letzten 5–30 Sekunden kontinuierlich graphisch anzeigen sowie deren aktuelle Werte darstellen. Zur Alarmierung beim Auftreten pathologischer Vitalparameterwerte sind diese Geräte mit Schwellwertalarmgebern ausgestattet, die ein akustisches und optisches Signal erzeugen, wenn sich ein Vitalparameter außerhalb einstellbarer Grenzwerte bewegt.

Da die hämodynamischen Meßwerte bis zur definitiven Stabilisierung des Herz-Kreislaufsystems in der Praxis ständig von den Sollwerten abweichen, sind konventionelle Alarmsysteme während dieser Phase unbrauchbar. Aufgrund des ständigen Geräuschpegels werden sie in der Regel abgeschaltet, da die Aufmerksamkeit des Anästhesisten ohnehin ständig auf das unmittelbar beobachtbare Herz und den Monitor konzentriert ist.

Es hat sich gezeigt, daß durch Einsatz eines wissensbasierten Systems die Genauigkeit und Zuverlässigkeit der Diagnose in der Medizin erhöht sowie die Effizienz von Beurteilung und Therapie verbessert werden kann.

Zur Beurteilung des hämodynamischen Patientenzustandes während kardiochirurgischer Operationen benötigt der Anästhesist unter anderem Informationen über das im Kreislauf befindliche Blutvolumen (IV-Volumen), die Leistungsfähigkeit des Herzens (Kontraktilität) und die Impedanz des arteriellen Gefäßsystems *(Afterload)*. Für diese Beurteilung muß sichergestellt sein, daß die Narkose flach genug ist und die Herzfrequenz einem dem Zustand entsprechenden Wert aufweist.

Dieses Konzept basiert auf der Einsicht, daß einerseits die Meßgrößen zwar den Zustand der interagierenden Subsysteme — Herz und Gefäßsystem — repräsentieren, aber nicht den konkreten Status einer Systemkomponente wiedergeben. Insofern bedürfen diese Meßwerte der Interpretation durch den Anästhesisten. Andererseits führen Änderungen im Zustand des Herz-Kreislaufsystems zu Änderungen der Meßwerte. Für die praktische Handhabung wird daher der für den Anästhesisten relevante Gesamtzustand des Patienten durch fünf Zustandsgrößen beschrieben (Abb. 5).

Diese fünf Zustandsgrößen sind im Gegensatz zu den Vitalparametern direkt medikamentös beeinflußbar und sollen der Abhängigkeit der verschiedenen Systemkomponenten voneinander und damit auch der anästhesiologischen Denkweise Rechnung tragen.

Die Beurteilung der Zustandsgrößen und die Erzeugung der intelligenten Alarme erfolgt durch ein wissensbasiertes System in Anlehnung an die Vorgehensweise der Kardioanästhesisten. In der Praxis werden die hämodynamischen Zustandsgrößen des Patienten aus der Konstellation von linksatrialem Druck LAP und arteriellem

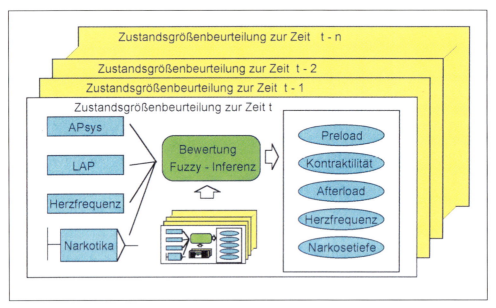

Abb. 5 Zustandsgrößenmodell

systolischen Blutdruck AP_{sys} unter Berücksichtigung von Art und Dosis bereits applizierter Medikamente abgeschätzt. Diese Abschätzung läßt sich über Diagnoseregeln formalisieren, wobei jedoch berücksichtigt werden muß, daß diese Diagnoseregeln u. a. mit linguistischen Unschärfen behaftet sind. Aus diesem Grund eignet sich zur Repräsentation und Verarbeitung der Diagnoseregeln eine Fuzzy-Inferenzmaschine.

Die Ergebnisse der Fuzzy-Inferenz werden dem Anästhesisten auf dem Bildschirm in verschiedener Weise visualisiert. Dies geschieht durch dreidimensionale Gebirgedarstellungen, durch Projektionen dieser dreidimensionalen Gebirge in

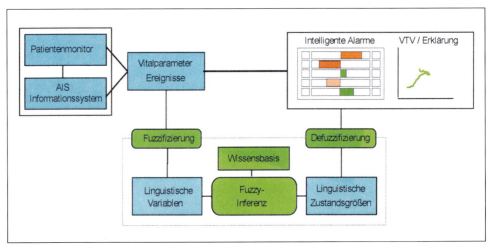

Abb. 6 Struktur des wissensbasierten Entscheidungsunterstützungsmodelles

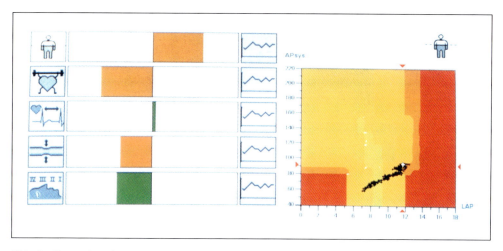

Abb. 7   Screenshot des Entscheidungsunterstützungssystems

Konturdarstellungen oder durch Profilogramme. Die am Patientenmonitor zur Verfügung stehenden visuellen Informationen beziehen sich gewöhnlich auf Zeiträume von 5 – 30 Sekunden, die zu kurz sind, um die Entwicklung von Vitalparametern zu beurteilen. Eine sogenannte Vital-Trend-Visualisierung ermöglicht es, den zeitlichen Verlauf der beiden wichtigsten Vitalparameter über einen Zeitraum von bis zu 30 Minuten zu visualisieren.

Abbildung 7 zeigt ein Bildschirmfoto, auf dem sowohl ein zeitpunktbezogenes Profilogramm als auch die Vital-Trend-Visualisierung zu sehen ist.

3. Stand und zukünftige Entwicklung

Seit dem Beginn der Fuzzy-Set-Theorie im Jahre 1965 sind zwischen ca. 15 000 und 18 000 Veröffentlichungen auf dem Gebiet dieser Theorie und Technologie erschienen. Die mit Abstand größte und älteste, in Aachen herausgegebene internationale Zeitschrift *(Fuzzy Sets and Systems)* umfaßt in der Zwischenzeit 70 Bände mit je 420 Seiten. Dazu kommen ca. 15 weitere Zeitschriften, meist jüngeren Datums, die sich dieser Thematik widmen. Allein im deutschsprachigen Raum sind in den letzten zwei bis drei Jahren 25 bis 30 Bücher, meist einführenden Charakters, erschienen. Einen Überblick verschafft das ebenfalls in Aachen bestehende Datenbanksystem CITE, das klassifiziert zur Zeit ca. 10 000 Referenzen enthält. Man kann also sagen, daß das Gebiet sowohl wissenschaftlich als auch praktisch einen gewissen Reifegrad erreicht hat. Neu ist allerdings eine Entwicklung, die vor ca. zwei Jahren eingesetzt hat und auf die am Schluß noch kurz eingegangen werden soll:

Fuzzy-Set-Theorie wurde durch die Beobachtung Lotfi ZADEHS ausgelöst, daß Menschen anscheinend in Kategorien denken und kommunizieren, die sich von den in Mengenlehre und Logik verwandten (dualen) Strukturen unterscheiden. Dies war zwar schon früher erkannt worden, aber ZADEH war der erste, den diese Beobachtung zur Formulierung einer neuen Theorie oder Denkart veranlaßte (ZADEH 1965). Ganz grob gesehen zur gleichen Zeit (zum Beginn des Computer-Zeitalters!) begannen verschiedene andere Wissenschaftler, Strukturen oder Verhaltensweisen, die sie in der Biologie beobachten konnten, zu imitieren, um dadurch Ergebnisse zu erzielen, die mit den damals vorhandenen mathematischen Verfahren nicht zu erreichen waren: 1965 und 1966 veröffentlichten RECHENBERG und FOGEL ihre ersten Beiträge, die zur Evolutionstheorie führten (RECHENBERG 1965, FOGEL et al. 1966). 1975 erschien das viel beachtete Buch von HOLLAND über genetische Algorithmen, und von 1952 bis Ende der sechziger Jahre reichte die erste Phase der Beschäftigung mit Neuronalen Netzen in Form des Perceptrons von ROSENBLATT (ROSENBLATT 1962). Schließlich begann auch das als »Künstliche Intelligenz« bezeichnete Gebiet mit der Dartmouth-Konferenz 1956.

Die ersten drei der genannten Gebiete imitieren jeweils recht spezielle Aspekte biologischen Lebens, und zwischen den Gebieten hat bis vor kurzem kaum eine Fachkommunikation bestanden, die zu Synergien hätte führen können.

Im Gegensatz dazu ist das Gebiet der »Künstlichen Intelligenz« so schlecht definiert, daß bei vielen Gebieten kaum zu entscheiden ist, ob sie dazu gehören oder nicht. Beispielhaft sind einige Versuche, den Begriff »Künstliche Intelligenz« oder »Artificial Intelligence« zu definieren: »This is the part of Computer science devoted to getting computers or other devices to perform tasks requiring intelligence.« (NEWELL und SIMON 1972, S. 6.) »›Artificial‹ Intelligence is the study of how to make computers do things at which, at the moment people are better.« (RIEH 1983, zitiert in BMFT 1988.) »Künstliche Intelligenz verwendet man als Oberbegriff über eine Vielfalt ganz unterschiedlicher Ansätze, denen gemeinsam ist, daß mit Mitteln der Informatik menschliches Denken nachgeahmt werden soll.« (MERTENS 1993)

Gemeinsam ist ferner den genannten Gebieten, daß Systeme oder Algorithmen, die Komponenten aus diesen Bereichen enthalten, sehr häufig die Attribute »intelligent«, »adaptiv« usw. für sich zu beanspruchen, ohne allerdings diese Begriffe in dem jeweiligen Zusammenhang ausreichend zu definieren. BEZDEK (1992) nennt dies »*seductive*« *semantics*, was man wohl am besten mit »semantische Verführung« oder »semantische Irreführung« übersetzen sollte.

In neuester Zeit haben zwei äußerst begrüßenswerte Entwicklungen begonnen:

(1.) Die Gebiete der Fuzzy-Technologie, der Neuronalen Netze, der Evolutionsstrategien und der Genetischen Algorithmen sind unter dem weitgehend bereits akzeptierten Begriff »Computational Intelligence« in eine Phase der Kommunikation und gegenseitigen Befruchtung eingetreten.

(2.) Man hat begonnen, die Begriffe »Intelligent«, »Computational« usw. in diesem Zusammenhang klarer zu definieren und voneinander abzugrenzen.

Zu (1.): Schon seit einigen Jahren sind die teilweise zueinander komplementären Eigenschaften von Fuzzy-Systemen und künstlichen Neuronalen Netzen erkannt worden. Das hat dazu geführt, daß bereits jetzt sehr beachtliche Ergebnisse bei der Kombination dieser beiden Gebiete in verschiedener Weise vorliegen. Seit kurzem werden auch Genetische Algorithmen und Evolutionäre Strategien in diese Kooperation einbezogen (ZURADA et al. 1994, ZIMMERMANN 1994). Seit 1993 finden sowohl in Europa wie auch in den USA und Japan große Fachkongresse statt, die die ersteren beiden Gebiete, seit 1993 alle vier Bereiche, miteinander vereinen. Es bleibt zu hoffen, daß diese bemerkenswerte Zusammenarbeit auch in der Zukunft bestehen bleibt und zu weiteren nützlichen Ergebnissen führt.

Zu (2.): Der Begriff »Computational Intelligence« wurde wohl erstmalig von BEZDEK 1992 geprägt (BEZDEK 1992, 1994). Um der »semantischen Verführung«

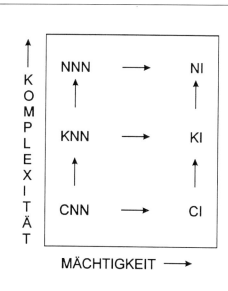

Abb. 8 Von Computationalen Neuronalen Netzen zur Natürlichen Intelligenz. Es bedeuten: N = Natürlich, K = Künstlich (im Sinne der Künstlichen Intelligenz), C = Computational, d.h. (rein) rechnerisch, numerisch. NN steht für Neuronale Netze und I für Intelligenz.

durch Attribute wie »intelligent«, »adaptiv« usw. entgegenzuwirken und eine klarere Zuordnung und Einordnung von Algorithmen zu ermöglichen, bemühte sich BEZDEK von Anfang an, den Begriff soweit wie möglich zu definieren und zu operationalisieren. Dies geschah zwar von ihm ausdrücklich in Hinsicht auf das Gebiet der Mustererkennung. Seine Ansätze sind meines Erachtens jedoch sehr gut verallgemeinerbar. Daher sollen seine Vorschläge hier kurz skizziert werden. Hierbei soll der Bezug zur Mustererkennung weggelassen werden, und als Systemtyp sollen — wie bei BEZDEK — Neuronale Netze benutzt werden, da eine derartige Klassifizierung für *Fuzzy Sets* noch nicht besteht.

Es werden bezüglich der Komplexität und bezüglich der Mächtigkeit verschiedene untereinander geordnete Ebenen unterschieden. In den Abbildungen steigen sowohl Komplexität als auch Mächtigkeit von links unten nach rechts oben.

Rechts oben steht NI, die natürliche (menschliche) Intelligenz, die als Vorbild der hier besprochenen Methoden und Systeme gilt. Der Pfeil von NNN (Natürliche Neuronale Netze) zu NI deutet an, daß NI nicht nur aus NNN besteht, sondern daß noch andere Elemente dazu kommen. In diesem Sinne ist die größere qualitative und quantitative Mächtigkeit von NI über NNN gemeint.

CNN (Computationale Neuronale Netze) im anderen Extrem sind biologisch inspirierte Modelle auf unterster Ebene, die Sensordaten ähnlich wie das Gehirn verarbeiten, und zwar ausschließlich numerisch.

Die mittlere Ebene der künstlichen Neuronalen Netze und der Künstlichen Intelligenz unterscheiden sich von der unteren numerischen Ebene dadurch, daß zu den rein numerischen Daten im Input und in der Verarbeitung Wissenselemente treten, die über rein numerische Information hinausgehen. BEZDEK spricht in diesem Zusammenhang von »Knowledge Tidbits« oder von Symbolverarbeitung, was sicher nicht im Sinne der klassischen zweiwertigen Symbolverarbeitung zu verstehen ist. Zu erklären bleibt — in horizontaler Richtung — wann ein System, Modell oder Algorithmus als intelligent anzusehen ist.

Für Mustererkennung sieht BEZDEK vier Eigenschaften menschlichen Erkennungsvermögens, an dem der »Intelligenzgrad« von Methoden der unteren numerischen Ebene (z. B. CNN) gemessen werden könnte und sollte:

— Adaptivität (ohne Prozeßunterbrechung),
— Fehlertoleranz,
— Rechengeschwindigkeit,
— Güte des Ergebnisses.

Erste Operationalisierungen dieser Kriterien werden angeboten und damit ein Schritt in die Richtung des von ZADEH in letzter Zeit oft erwähnten MIQ *(Machine Intelligence Quotient)* getan, der es erlauben sollte, Ansätze nicht einfach — vielleicht irreführend — als intelligent zu bezeichnen, sondern Aussagen über den Grad der Intelligenz eines Systems im Vergleich zu anderen zu machen.

Schließt man sich diesen Überlegungen an, so würde man zum Gebiet der »Computational Intelligence« Verfahren der untersten, ausschließlich numerischen Ebene zählen, die keine Wissenselemente im Sinne der Künstlichen Intelligenz benützen und die zu einem gewissen Grade rechnerische Adaptivität, Fehlertoleranz sowie dem Menschen vergleichbare Rechengeschwindigkeit und Fehlerraten (oder Ergebnisqualitäten) aufweisen.

Diese Definition stimmt sicher nicht mit dem überein, was unter *(1.)* als »Computational Intelligence« bezeichnet worden ist. Vielleicht wäre hierfür der Ausdruck »Biological Computing« besser. Da jedoch beide Interpretationen von CI nützlich sind, sollte man vielleicht in Analogie zur »Fuzzy Logic« von einer CI im engeren Sinne und einer im weiteren Sinne sprechen.

Literatur

ANGSTENBERGER, J.: atp-Marktanalyse: Software Werkzeuge zur Entwicklung von Fuzzy-Reglern. atp *2*, 3–15 (1993)

BECKER, K., et al.: Fuzzy Logic Approaches to Intelligent Alarms. IEEE Engng. Med. Biol. M *13/5*, 710–716 (1994)

BECKER, K., et al: A Fuzzy Logic Approach to Intelligent Alarms in Cardioanesthesia. In: Proc. 3rd Int. Conf. Fuzzy Systems. Orlando (Florida) 1994

BEZDEK, J. C.: On the Relationship between Neural Networks, Pattern Recognition and Intelligence. Int. J. Approxim. Reasoning *6*, 85–108 (1992)

BEZDEK, J.: What is Computational Intelligence? In: ZURADA, J. M., MARKS, R. J., and ROBINSON, C. J. (Eds.): Computational Intelligence, Imitating Life; pp. 1–12. New York: IEEE Press 1994

BILLOT, A. B.: From fuzzy set theory to non-additive probabilities. Fuzzy Sets Systems *49*, 75–90 (1992)

Bundesminister für Forschung und Technologie: Künstliche Intelligenz. 1988

FOGEL, L. J., OWENS, A. J., and WALSH, M. J.: Artificial Intelligence Through Simulated Evolution. New York: 1966

HOLLAND, J. H.: Adaption in Natural and Artificial Systems. Ann Harbour: Univ. of Michigan Press 1975

MERTENS, P.: Künstliche Intelligenz und Betriebswirtschaftslehre. In: Handwörterbuch der Betriebswirtschaftslehre. S. 2489. Stuttgart: Poeschel 1993

NEWELL, A., and SIMON, H. A.: Human Problem Solving. Englewood Cliffs: Prentice Hall 1972

PONSARD, C.: Fuzzy Mathematical Models in Economics. Fuzzy Sets Systems *28*, 273–283 (1988)

RECHENBERG, I.: Cybernetic Solution Path of an Experimental Problem. Royal Aircraft Establishment Farnborough 1965

ROSENBLATT, F.: Principles of Neurodynamics: Perceptrons and the Theory of Brain Mechanism. Washington (D.C.): Chilium 1962

RUAN, D., and KERRE, E. E.: Fuzzy Implication Operators and Generalized Fuzzy Method of Cases. Fuzzy Sets Systems *54*, 23–37 und 338–353 (1993)

ZADEH, L. A.: Fuzzy Sets. Information Control *8* (1965)
ZIMMERMANN, H.-J.: Fuzzy Technologien. Düsseldorf: VDI-Verlag 1993
ZIMMERMANN, H.-J.: Hybrid Approaches for Fuzzy Data Analysis and Configuration Using Genetic Algorithms and Evolutionary Methods. In: ZURADA, J. M., MARKS, R. J., and ROBINSON, C. J. (Eds.): Computational Intelligence, Imitating Life; pp. 364–370. New York: IEEE Press 1994
ZIMMERMANN, H.-J.: Industrielle Einsatzgebiete von Fuzzy Technologien. In: ZIMMERMANN, H.-J. (Ed.): Neuro + Fuzzy. S. 1–25. Düsseldorf: VDI-Verlag 1995
ZURADA, J. M., MARKS, R. J., and ROBINSON, C. J. (Eds.): Computational Intelligence, Imitating Life. New York: IEEE Press 1994

      Prof. Dr. Hans-Jürgen ZIMMERMANN
      Rheinisch-Westfälische Technische Hochschule Aachen
      FB 8, Fakultät für Wirtschaftswissenschaften
      Institut für Wirtschaftswissenschaften
      Korneliusstraße 5
      D-52076 Aachen

Schlußwort

Von Gottfried GEILER (Leipzig)
Vizepräsident der Akademie

Herr Präsident, meine sehr verehrten Damen und Herren,

wenn ich anstelle unseres verehrten auswärtigen Vizepräsidenten, Herrn BRAUN-FALCO, das Schlußwort der Jahresversammlung 1995 übernehme, so folge ich einem Erfordernis, das sich daraus ergibt, daß Herr BRAUN-FALCO aus persönlichen Gründen zu seinem größten Bedauern nicht nach Halle kommen konnte.

Die Tagung zum Generalthema »Signalwandlung und Informationsverarbeitung« ist die dritte Jahresversammlung nach der politischen Wende im Jahre 1989. Wir erleben sie damit als ein normales Ereignis in der Wissenschaftslandschaft der Bundesrepublik Deutschland und sind dankbar für diese Entwicklung. Wenn ich von der Jahrestagung der Leopoldina als einem normalen Ereignis spreche, dann erlauben Sie mir eine Korrektur dieser Aussage. Jahresversammlungen der Leopoldina sind immer etwas Besonderes und sollen es auch bleiben. Die zu Ende gehende Tagung bestätigt dies.

Das Thema »Signalwandlung und Informationsverarbeitung« war in seiner Aktualität in hohem Maße geeignet, dem Anliegen der Akademie nach Interdisziplinarität gerecht zu werden. Mein aufrichtiger Dank gilt den Referenten aus Medizin, Biologie, aus den Geowissenschaften und der Physik für das Bemühen um verständliche Darstellung des oft sehr komplizierten Stoffes, so daß das Anliegen der Akademie, Vertreter verschiedener Fachgebiete in Verbindung zu bringen und zu gemeinsamer Problemerkenntnis und Problembewältigung zu stimulieren, neue Impulse erhalten hat. Allen Referenten sei herzlich gedankt. Wenn heute im Anschluß an die Tagung unter der Moderation von Herrn KLIX noch ein Diskussionskreis zu dem spannenden Thema »Kognition und Kommunikation – Der Mensch in Netzen der Wissensvermittlung« stattfindet, folgen wir einer guten Tradition, Teile des Hauptthemas aufzunehmen, zu ergänzen und zu diskutieren. Wir freuen uns auf diese Veranstaltung, und ich danke den aktiven Teilnehmern.

Meine sehr verehrten Damen und Herren, die Jahresversammlungen der Leopoldina sind mehr als der Ort wissenschaftlicher Begegnungen. Immer war es das Bemühen des Präsidiums, die persönlichen Begegnungen in freundschaftlicher Atmosphäre zu fördern, um die Verbundenheit der Leopoldina-Mitglieder untereinander zu pflegen. Was wäre dazu besser geeignet als der gesellige Rahmen, der auch diesmal wieder viel Freude und Vergnügen bereitet hat. Der Ausflug der Damen und nicht weniger Herren zur Neuenburg nach Freyburg an der Unstrut in ein Zentrum mittelalterlich-höfischer Kultur und des wieder liebevoll gepflegten Weinanbaues hat unseren Damen einen bleibenden Eindruck von einem Stück mitteldeutscher Kulturlandschaft vermittelt.

Der Besuch des »Neuen Theaters« als einem Herzstück der geplanten Kulturinsel im Zentrum von Halle hat uns alle spüren lassen, daß Halle damit ein Zeichen setzt für das Angebot von Kultur inmitten einer Region, deren Wunden noch sichtbar sind. DÜRRENMATTS »Romulus der Große«, eine Komödie mit vielen unwahrscheinlichen Wahrheiten, in trefflicher Weise geboten, sollte uns anregen, darüber nachzudenken.

Der Empfang durch das Präsidium hat uns in der fast familiären Atmosphäre zusammengeführt, die ein Spezifikum der Leopoldina ist und deren Pflege wir uns auch in Zukunft wünschen.

Meine Damen und Herren, ein besonderer Dank gebührt dem Rektor der Martin-Luther-Universität. Magnifizenz, Sie haben uns nach Aufkündigung des geplanten Tagungsgebäudes die Aula der Universität zur Verfügung gestellt. Dieser von einem Schinkel-Schüler errichtete Bau hat ein Ambiente vermittelt, das wir alle genossen haben. Sie haben damit Begehrlichkeiten für künftige Leopoldina-Jahresversammlungen geweckt. Noch einmal herzlichen Dank.

Meine Damen und Herren! Jede Jahresversammlung der Leopoldina bedarf in der Vorbereitung vieler guter Ideen, eines uneigennützigen Engagements und vieler fleißiger Hände. Dafür möchte ich herzlich danken. Ich danke allen Mitarbeiterinnen und allen Mitarbeitern aus der Kanzlei, aus dem Archiv, aus der Bibliothek und aus der Redaktion. Ich darf alle im Saal anwesenden Mitarbeiterinnen und Mitarbeiter bitten, aufzustehen. Wir wollen ihnen mit einem kräftigen Applaus unseren Dank zollen. An den zwei schönen Blumensträußen, die wir in der Kanzlei und im Archiv aufstellen werden, sollen sich alle freuen.

Meine sehr verehrten Damen und Herren, in der Hoffnung, daß Sie sich in Halle wohlgefühlt haben, die Jahresversammlung der Leopoldina Ihnen Anregung, wissenschaftlichen Gewinn und freundschaftliche Begegnungen gebracht hat, sage ich Ihnen im Namen unseres Präsidenten und des gesamten Präsidiums herzlichen Dank für Ihre Teilnahme und schließe die Jahresversammlung 1995 der Leopoldina in der Hoffnung auf ein Wiedersehen in zwei Jahren. Ich wünsche Ihnen eine gute Heimreise!

            Vizepräsident
            Prof. Dr. Gottfried GEILER
            Lerchenrain 41
            D-04277 Leipzig

Englische Kurzfassungen der Beiträge

Functional Organization of the Cerebral Cortex

By Wolf SINGER (Frankfurt/Main)

One of the basic functions in sensory processing consists of the organization of distributed neuronal responses into representations of perceptual objects. This requires to select responses on the basis of certain *Gestaltcriteria* and to establish unambiguous relations among the subset of selected responses. The present proposal is that response selection and binding together of selected responses is achieved by the temporal synchronization of neuronal discharges. The predictions derived from this hypothesis are examined by combining multielectrode recordings from the mammalian visual cortex with neuroanatomical and behavioural analyses. The results indicate that spatially distributed neurons can synchronize their discharges on a millisecond time scale. Synchronization probability depends both on the functional architecture of cortical connections and on the configuration of stimuli, reflects some of the *Gestaltcriteria* used for perceptual grouping and correlates well with the animals' perceptual abilities.

Eavesdropping on Nerve Cells

By Bert SAKMANN (Heidelberg)

Nerve cells consists of a cell body and nerve cell processes referred to as dendrites and axon. The contact points at which signals are transmitted between nerve cells are synapses. The vast majority of exciting synapses is formed between the terminal arborizations of axons of a »sending« nerve cell and the dendrites of the »receiving« nerve cell with the amino acid glutamate acting as the transmitter substance. By interacting with specific receptors a change of the dendritic membrane voltage on the order of a few thousands of a volt is generated. It was thought that the function of the dendrites was largely that of a passive electric cable and synaptic signals are spreading electronically from the synapses to the cell body to summate and initiate an action potential which then propagates along the axon. By means of dual voltage recordings from the same neuron it can be demonstrated that action potentials, initiated in the axon are also communicated to the dendrites and that as a result, the concentration of calcium transiently increases in the dendrite. Calcium acts as an intracellular messenger changing the chemical and electric excitability of dendrites. It is therefore likely that dendritic action potentials are responsible for changes of the responsiveness of nerve cells to transmitters and, hence, the representation of synaptic input signals in the cell body. Furthermore, it seems likely that synaptic input signals are »actively« pre-processed in the dendrites of the receiving cell.

Neuropeptides as Signal Transmitters in Nociception and Pain

By Bertalan CSILLIK (Szeged, Boston, New Haven)

Noxious environmental stimuli (extreme mechanical, chemical and thermal effects) that might be harmful for the tissues or even endanger the survival of the individual, initiate transduction of nociceptive signals in primary nociceptor nerve terminals. Nociception results, at the cortical level, in a unique psycho-physiological sensation: either in acute and well-localized pain, relayed by the neo-spinothalamic system, or in chronic, dull, diffuse, often intractable pain, mediated by the paleo-spinothalamic system. Neuropeptides such as substance P (SP), somatostatin (SSN) and calcitonin gene-related peptide (CGRP) play decisive roles in the primary processing of noxious signals in the superficial dorsal horn of the spinal cord. However, whenever retrograde axoplasmic transport of nerve growth factor is blocked in a sensory nerve, signal transmission by the neuropeptides SP, SSN and CGRP comes to a gradual halt in the segmentally related, ipsilateral portion of the superficial spinal dorsal horn. In the course of the ensuing transganglionic degenerative atrophy, SP, SSN and CGRP are down-regulated while vasoactive intestinal polypeptide, galanin and the peptide histidine-isoleucin are upregulated, resulting in a gradual decay of synaptic transmission at the first relay station of the nociceptive pathway. Plasticity of neuropeptides in signal transmission offers therapeutical approaches to alleviate intractable pain; it also provides plausible explanation for the pathogenesis of Alzheimer's disease.

Mode of Signalling in the Endocrine System

By Wolf-Georg FORSSMANN (Hannover)

In this review, the functional features of the endocrine system are discussed with respect to secretion and action of regulatory peptides. The mode of signalling is identical to that of the nervous system, only varying in means of spatial and quantitative relationships. Depending on regional interaction, the mode of spread of information is divided in the endocrine, paracrine, neurocrine, autocrine, and juxtacrine mechanisms. The signalling substances synthesized in effector organs are frequently small peptides, the so-called »regulatory peptides«. After release as peptide hormones, these peptides bind to receptors of the membrane surface of their target cells. The interaction between signal transmitters and receptors results in changes in the functional state of the target cells. Membrane receptors are large proteins of varied nature which, as a rule, exhibit a structure making the binding of regulatory peptides possible. Subsequent conformational changes result in metabolic activation or modulation of the intracellular compartments. This »signal transduction« from the ectoplasmic layer into the cytoplasm is dependent on complex structural changes of the receptor proteins, often involving phosphorylation of specific sites of the receptor molecule. The resulting metabolic activation induces changes in the state of cellular contractility or motility, synthesis and secretion of cellular products, and proliferation or differentiation of cells. Endocrine regulation by peptides is characterized by the fact that the binding domains of the receptors emerge from the cell surface into the extracellular space. The global composition and the concentrations of signal transmitters determine the result of the reaction between effectors and target cells. In this context, it is important that more and more receptor subtypes, receptor hybrids, and heterogenous receptor agglomerations have been revealed. Therefore, the functional regulation has to be considered as an equilibrium of many parameters. The principle of endocrine regulation by regulatory peptides is thus an integrated equilibrium of the numerous peptide receptor interactions of more or less active signalling substances and more or less qualitative transmitter concentrations. In this connection the endocrine system differs by its global action in the macrocompartment (body compartment) from the nervous system, which is characterized by its spatially precise activity in means of numerous microcompartments located in the synaptic regions. In this review, the mechanisms of bodily regulation are also discussed with respect to the modern research possibilities to systematically discover such regulatory substances of human blood and their receptors which are of great clinical relevance.

The Skin as a Bridge Between the Environment and the Immune System

By Georg STINGL (Wien)

An intact immune system is required for all higher organisms to detect and destroy invading microorganisms (viruses, bacteria, fungi, and parasites) and to eliminate cells that sustain malignant transformation. Anatomically, the first barrier to microbiologic invasion is skin, a structure that for many years had been considered only a passive barrier against that invasion. Over the last two decades, however, concepts of a previously unrecognized role for skin have unfolded, a role in which resident bone-marrow-derived leukocytes initiate and regulate the immune responses that protect it.

Important aspects of immunity against microorganisms and tumors are mediated by T lymphocytes, cells that recirculate continuously between peripheral tissues (i. e., skin, gut and lung) and central lymphoid organs (i. e., spleen and lymph nodes). The role of T cells in maintaining the integrity of skin is exemplified by the diseases that develop in patients who become deficient in cellular immunity. As only one example, infection with the *H*uman *I*mmunodeficiency *V*irus-I may ultimately result in progressive viral, bacterial, fungal, or even malignant cutaneous diseases.

Topology Representing Maps and Brain Function

By Klaus SCHULTEN and Michael ZELLER (Urbana-Champaign)

The brain is a computer, a fact which is trivial and, hence, nearly useless. We understand the brain's hardware only on a very rough scale, we definitely do not understand it's software, we are seeing glimpses of how it codes information.

Nevertheless, that the brain computes is a fact and one may gain some inside from a comparison with its engineered brethren, the computer. For this purpose we ask what computational strategies information science suggests for solutions to problems with which the brain is confronted. Surely, one has to exercise great caution in translating answers into statements regarding neural structures and neural processes, but not pursuing such questions and answers is tantamount to turning a blind eye to available knowledge.

In this lecture we look towards information science and ask two questions. First, how can the brain use its main structural and dynamic components, neurons and their synapses, to code the extremely wide ranging information it is confronted with. We will turn towards computational geometry for an answer and demonstrate that the theory of Delaunay tesselations provides a natural framework in which brain maps can be described. This approach is then compared to the representation of visual input in area v1 of the visual cortex as observed and modelled.

We also pose a second question regarding the brain's overarching objective to provide a rational link between sensory input and motor action, e. g., between sight and flight. This extremely ambitious question requires a justification which we derive from the fallacies of lesser goals, which slice out of the overall function of the brain partial capabilities. Such reduction raises serious questions: Does the chosen capability really constitute a significant step for the overall function, i. e., of generating an optimal response to sensory inputs, or has it been chosen just because a solution is at hand? Does one understand how he capability studied and the solution suggested could link to other necessary capabilities in the chain of brain processes which realize the overarching goal. The questions raised are avoided if one models a brain function initiated by sensory data and completed by an appropriate motor action.

Naturally we focus on a most simple task which we choose as the task of grasping a cylindrical object through visual guidance. In lieu of a proper animal model we attempt to solve this task for an engineered camera-robot system, choosing a robot arm which shares properties with a skeletal muscle system. Our approach which combines visual input and motor responses is formulated. The camera-robot system is described and the application of the theory to this system is demonstrated.

Polarizationanalysis in Insects

By Rüdiger WEHNER (Zürich)

Insects though endowed with tiny brains exhibit remarkably sophisticated behavioural performances. For example, a running desert ant or a flying honey bee may leave its central place along a tortuous route for distances of hundreds or thousands of metres, respectively, and then return to the start of its foraging excursion along an amazingly straight trajectory. To accomplish this task, the insect navigator does not assemble and use a map-like representation of the landmarks of its foraging terrain, but navigates by path integration (dead reckoning), i. e. by continually integrating all angles steered and all distances covered into a mean home vector.

The present account deals with one aspect of this navigational performance, namely with the question how the insect's brain acquires information about the rotatory components of movement. It does so by using a celestial compass. This compass is based mainly on the pattern of polarized light (E-vector pattern) in the sky. At the uppermost dorsal rim of its compound eye, the insect possesses a specialized set of polarization-sensitive receptors (POL receptors), which pick up information about polarized skylight and forward it on to a specialized set of polarization-sensitive interneurons (POL neurons). These POL neurons sample the outputs of populations of POL receptors positioned in the frontal, lateral and caudal part of the insect's visual field. Behavioural experiments in which the animals were presented with individual E-vectors in the sky show that bees and ants do not come programmed with full skylight knowledge, i. e. with a full representation of all possible E-vector patterns as they occur for different elevations of the sun. Instead, they use an invariant E-vector map, or neural template, of the sky. This map is a close approximation of the celestial E-vector pattern when the sun is at the horizon.

By combining the results of neurophysiological and behavioural analyses one can formulate a number of hypotheses of how the insect's celestial compass might work. The most parsimonious hypothesis predicts that the insect uses the skylight pattern merely to determine the symmetry plane of the sky, and then detects particular points of the compass by other means. While rotating about its vertical body axis, the insect achieves the best possible fit between its neural template and the celestiel E-vector pattern whenever it is aligned with the symmetry plane of the sky (the solar and anti-solar meridian). This means that the insect transforms the spatial information inherent in the polarization pattern into modulated signals of POL neurons; and it is in these modulations that the compass information, at least the one about the solar and/or anti-solar meridian, is hidden.

In order to determine the reference direction, or zero point, of its celestial compass, the insect can do without complete and detailed knowledge of all possible E-vector patterns in the sky, and yet orient correctly. Systematic navigational errors do only show up in a particular experimental paradigm that was used by us to elucidate the insect's internal representation of the sky.

Rather than elaborating on what might look like a rather exotic sensory performance, I would like to stress some more general points. First, the insect's »polarization channel« employs a number of neural mechanisms that increase polarization sensitivity at each particular step of information processing (contrast enhancement). Second, information about different optical aspects of skylight, be they spectral or polarizational, are taken in through different sensory and neural channels (parallel processing), but are finally bound together (inter-channel cross talk). Third, by making certain simplifying assumptions about the spatial and temporal properties of its celestial world, the insect can navigate satisfactorily well without the need to acquire full knowledge about skylight optics (sensory intelligence). Fourth, as the insect must finally integrate all angles steered, and must do so in a distance-dependent way, the need to integrate these angles might well have set the evolutionary stage for the way of how these angles are measured in the first place (task-specific processing). Finally, the idiosyncrasies of polarized light are treated by the most peripheral stages of the neural system. At higher levels, the polarization channel could exploit types of interneurons that have already evolved for mediating other visual tasks (evolutionary parsimony). Seen in this light, there might be a simpler and more contingent neural ways of implementing a celestial compass system than meets the human designer's eye. In following this line of reasoning, I feel free to expose myself to new surprises.

Light-induced Signal Transduction in Plants

By Eberhard SCHÄFER, Hanns FROHNMEYER and Tim KUNKEL
(Freiburg/Breisgau)

The environmental signal light plays a major role in the development of plants during ontogenesis. In the course of evolution, plants have developed various specific photoreceptor systems to monitor light quality, light quantity as well as the spatial and temporal distribution of light. In this context, several chromophores bound to different apoproteins have been developed. The excitation of these photoreceptors has − in the process of photomorphogenesis − led to a differential regulation of the transcription rate of numerous genes.

For the control of the expression of such genes, plants very often make use of relatively short promoter elements as cis-responsive systems. For example, in the case of chalcone synthase, which presents a key enzyme of the flavonoid pathway, we could demonstrate that a ca. 50 bp *cis*-element is necessary and sufficient for the control of transcription rate by phytochromes, blue- and UV-photoreceptors.

This *cis*-element can bind transcription factors of the bzip and myb classes. To elucidate the specificity of signal transduction it is imperative to know that a relatively large number of bzip and myb factors is expressed in plants. All these factors have the capacity for binding to this *cis*-element as tested *in vitro*.

In experiments with a soybean-photomixotrophic cell culture and with microinjection into the cells of a phytochrome-deficient mutant of tomato, the role of heterotrimeric G-proteins, Ca^{2+} and Calmodulin, cGMP, and kinases could be shown. We have succeeded in demonstrating that different phytochromes and blue/UV receptors make use of different transduction pathways.

On the basis of these observations the question arises by means of which »techniques« plants are able to monitor − most efficiently and precisely − environmental informations and to convert these informations, via common transduction elements, into a highly specific regulation mechanism of the transcription rate of the target genes.

Problems of the Origin and Evolution of Biological Information

By Bernd-Olaf KÜPPERS (Jena)

The origin and evolution of biological information have both a syntactic and a semantic aspect. The syntactic aspect is in principle a matter of statistics, insofar as the origin of biological information implies that only few structures out of a nearly unlimited number of physically equivalent alternatives carry meaningful information and become selected. The theory of the selective self-organization of matter offers convincing solutions for the statistical issue.

However, the semantic aspect of information presents a much more difficult problem, inasmuch this aspect refers to the actual information content, expressed in multitudinous ways through the functionality of living systems. The semantics are not deducible from the mere structure (that is, the syntax) of the biological information carrier; they appear rather to give rise to their own conceptional level, one that seems to be irreducible and to be inaccessible to investigation by the methods of the natural sciences.

This paper shows a path that may lead, in spite of the apparently unbridgeable gap between syntax and semantics, to precise statements about the semantic aspect of information. The concept that allows the syntactic and semantic levels to be related to one another is the algorithmic complexity of information. The inclusion of the semantic aspect of biological information in the theory of evolution is likely to have far-reaching consequences for the theoretical foundation of biology.

Molecule Conformation and Biological Signal

By Gunter FISCHER (Halle/Saale)

Chemical constitution of reactants is a major but not exclusive part in controlling molecular recognition properties in both receptor binding and enzyme catalysis. Other factors include conformation, topological fitness, solvation and competing dynamics of reacting molecules. Polypeptide structuring and binding represent a typical example of complexity because many of the molecular steps during the events are coupled in a cooperative manner.

For conformational interconversions of the main chain of many polypeptides kinetic uncoupling can be obtained by a natural label, the imino acid proline. Prolyl *cis/trans* isomerization is a slow process in both protein folding and formation of ligand/protein complexes. It can be accelerated by enzymes, peptidyl prolyl *cis/trans* isomerases, which perform considerable rate enhancement of prolyl bond isomerization in oligopeptides and unfolded proteins. Four different families constitute this class of enzymes. They are not related in their amino acid sequences to each other.

Two of the families, the cyclophilins and the FK 506-binding proteins, include the receptors for the immunosuppressive drugs cyclosporin A and FK 506. The association of these cyclic imino acids containing derivatives to their respective receptor enzymes represent a typical example for difficulties involved in linking chemical steps to biological response. It could be shown that the binding kinetics of cyclosporin A as well as FK 506 have to be described by a multiphasic process. For a transient period of time the thermodynamics of binding depends on the »history« of the ligand used. Furthermore, the conformation of the molecules bound to the proteins deviates from the major conformation shown in solution.

Affinity chromatography revealed an additional contribution to complexity. The inhibition of the enzyme activity by the enzyme ligands was not the reason for the suppression of the cellular immunoresponse. The recent model includes the recruitment of an additional cytosolic protein by the complex of the immunosuppressive drug with the peptidyl prolyl *cis/trans* isomerase.

From Single Molecule Spectroscopy to Molecular Computer

By Urs P. WILD (Zürich)

Single Molecule Spectroscopy is a new technique for investigating the spectroscopic properties of special dye molecules embedded in a solid host at cryogenic temperatures. Literally a single fluorescent molecule is used as a probe to investigate its local environment. The influence of hydrostatic pressure and of external electric fields on the single molecule spectra are discussed. Some of the molecules show spectral bi- and multistability. It is even possible to study individual fluorescent molecules under an optical microscope!

Materials which are suitable for hole burning studies have in many respect similar properties as the systems used for single molecule spectroscopy. We show how these materials can be used to store large amounts of information. First, a technique to record simultaneously spacial and spectroscopic properties of sunlight is shown; second, the storage of 2000 holograms in the photochemical hole-burning system chlorin in polyvinylbutyral is described; third, the concept and realization of a »molecular« computer, working in parallel between images, is presented.

Positron Tomography in Solid State Physics

By Martin PETER, Abhay SHUKLA, Ludger HOFFMANN
and Alfred A. MANUEL (Genf)

Tomography means making a representation of the interior of an object, so that it is possible to contemplate any cross section. Today one usually measures the three dimensional density distribution (Tomography with X-rays, magnetic resonance, Positron Emission Tomography, PET). This distribution is recorded in a computer. It is then possible to bring arbitrary cross sections, or projections to the screen. Normally the quantity recorded is the density distribution in configuration space. In solid state physics one is also interested in the electronic density distribution in momentum space, and such studies become possible with γ rays which are generated by the annihilation of positrons with the electrons in the sample (Angular correlation of positron annihilation radiation, ACAR). The ACAR technique, together with the measurement of the lifetime of the positrons, has been used successfully for the investigation of complex solids. However, the analysis and interpretation of the measured signal turns often out to be difficult. By means of model calculations, and through the use of different mathematical filters, it is possible to bring to the fore the physical meaning contained in the measured data. Filtering is done on the grounds of statistical reasoning. The development and use of filters has to be based on comprehension of the nature of our understanding, and may also increase this comprehension.

The Galactic Center — A Laboratory for Active Galactic Nuclei

By Peter G. MEZGER (Bonn)

The »Big Bang« theory, developed by George GAMOV on the basis of EINSTEIN'S General Relativity Theory, is today the standard model for the evolution of the Universe. About 12–16 billion years ago the Universe began to expand and density and temperature decreased. After 3 minutes protons, neutrons and electrons have frozen out of the »soup« of elementary particles and radiation. Nuclei of hydrogen, helium and their isotopes formed and about 300000 years later electrons and nuclei combined and matter and radiation decoupled. Today the radiation fills the Universe uniformly with a radiation temperature of 2.7 K. Most of the matter, on the other hand, condensed out and formed galaxies, which typically contain about 100 billion stars and have sizes of about 100 000 light years. Galaxies are stabilized by rotation. This means that at any point within a galaxy the gravitational attraction of a star in the direction of the center of gravity of the galaxy is just compensated by the centrifugal force acting in the opposite direction.

The famous Armenian astrophysicist Viktor AMBARTSUMIAN was the first to suggest violent physical processes to occur in the center of galaxies. Although the theory, on which AMBARTSUMIAN based this prediction proved to be wrong, the phenomenon of »Active Galactic Nuclei« (AGN) was discovered in nearly 1 % of all galaxies. Within less than one light year energies are produced which can dwarf the total luminosity of the host galaxy. Of all models suggested for the huge energy production in AGN one has survived all criticism: A massive (10^6-10^8 solar masses) black hole surrounded by a rotating disk of gas and dust. Of all the matter swallowed by the black hole, up to 30 % can be converted into energy. Based on observational data the hypothesis emerged that every galaxy in the Universe once had an active nucleus.

Our Milky Way Galaxy does certainly not have an Active Nucleus; from observations we know that its total luminosity is less than about 100 000 solar luminosities. On the other hand observations of the dynamics of stars and gas within the central light years indicates the presence of a compact »dark object« of about one million solar masses. With ever improved observations more and more evidence was found for the presence of a »dormant black hole« in the center of our Galaxy. This paper describes and discusses recent progress in these observations. The proximity of the Galactic Center offers a unique possibility to investigate physical processes in the immediate vicinity of a massive black hole.

Studies of the Internal Structure of the Earth by Seismic Signals

By Eduard KISSLING (Zürich)

Seismograms are registrations of ground motion resulting from seismic waves travelling through the Earth. These signals are characterized by the effects of seismic source, structure and physical state of the penetrated medium, and registration mechanism. During this century seismic observation mechanisms have evolved into so-called broad band seismographs that allow the almost undistorted registration and representation of observed velocity and acceleration for seismic waves over a large frequency band and over several orders of magnitude in amplitude. In combination with the introduction of large digital data banks and the availability of powerful computers this development made it possible to study the three-dimensional (3 D) structure of the Earth in detail. With reference to medical tomography this newest and most powerful geophysical 3-D method has been termed seismic tomography. The momentary internal structure of the Earth as revealed by seismic tomography and the many geodynamic processes of variable spatial and temporal scales are all part of the same system Earth. Thus, tomographic images of the 3 D structure of the Earth may provide insight into geodynamic processes otherwise beyond the reach of observation. By adding the third dimension to plate tectonics, in particular, high-resolution seismic tomographic images of the Earth's mantle play a key role in modeling and understanding the large-scale and long-term dynamics of our planet.

Quantum Processing of Information

By Artur EKERT and Adriana BARENCO (Oxford)

As computers become faster they must become smaller because of the finiteness of the speed of light. The history of computer technology has involved a sequence of changes from one type of physical realization to another — from gears to relays to valves to transistors to integrated circuits and so on. Quantum mechanics is already important in the design of microelectronic components. Soon it will be necessary to harness quantum mechanics rather than simply take it into account, and at that point it will be possible to give data processing devices new functionality. Quantum entanglement and quantum interference will make quantum computation so powerful that many problems, which are believed to be intractable on any classical computer, will become efficiently solvable. In order to illustrate the power of quantum data processing a brief discussion of Shor's quantum factoring algorithm is provided.

Computer Supported Telecommunication (Telematics) in Research, Education, and Society

By Gerhard KRÜGER (Karlsruhe)

After a history which now already lasts more than a hundred years, technology and deployment of telecommunication face their greatest change. Starting point is an allencompassing digitization of all communication forms (speech, text, data, graphics, images, video presentations, etc.) allowing for a remarkable increase in quality of integrated transmission, exchange, and processing of streams of information even across large distances. The technical and economical implementation of the growing field of computer-based telecommunication is made possible through several hardware innovations, especially in the areas of microelectronics, optoelectronics including fiber optics technology, and satellite technology, as well as by a consequent software orientation. In wireless, in particular mobile, communication, three types of systems can be distinguished: in-house communication (e. g. cordless telephone), terrestrial radio communication, in Europe especially following the GSM standard, and satellite communication, which in the near future will bring hand held mobile telephones (handies) with low power transmission and usage of low orbiting sattelites (Leo) for world wide traffic. Groups of frequencies based on low power transmission are used in all three system types in order to form a cellular system. Those frequencies can be reused in cells farther away allowing a larger number of users. Important goals in research in the area of mobile radio communication are world wide tracking of the location of mobile radio participants, protection against unauthorized usage (by authentication) and against wiretapping, and the extension of the mobile telephone to a universally usable Personal Digital Assistant or Personal Intelligent Communicator.

In the course of the development of telecommunication, the stationary telephone used today, and probably also the TV set, are substituted by a multimedia end system based on a personal computer. Optical techniques in transmission and exchange provide the increased telecommunication capacities (Information Superhighway).

In the professional arena, areas of development of high speed telecommunication with substantial impact on society are teleworking and telecooperation as well as teleteaching/telelearning. Telecooperation in the area of multimedia will play a major role in international decentralization and division of labour. In the long run, the broad deployment of telelearning will drastically change the traditional nature of higher education.

For research cooperations, which have typically been internationally oriented, new opportunities of fast and extensive exchange of ideas emerge, too. However, problems that arise with respect to the protection of intellectual property (copyright) and the future of the conventional printed journals have to be addressed soon.

Fuzzy Logic

By Hans-Jürgen ZIMMERMANN (Aachen)

The area of fuzzy set theory, which nowadays is often called »Fuzzy Logic« in the public, is almost 30 years old and there are almost 20 000 publications available in this area. Since approximately 5 years this area which first considered to be primarily an academic discipline has become quite wellknown in the public and it is increasingly applied in many academic, engineering and economical areas. This development started in Japan already a number of years earlier.

In this presentation first the principles and main goals of the theory shall be explained. Then, examples of practical applications will be used to show the potential of this theory. Finally, the present status of fuzzy technology in the framework of »Computational Intelligence« will described.

3. Anhang

Zusammenfassender Bericht über den Verlauf der Jahresversammlung 1995

Die Jahresversammlung 1995 der Deutschen Akademie der Naturforscher Leopoldina unter dem Rahmenthema »Signalwandlung und Informationsverarbeitung« vereinigte vom 7. bis 10. April 1995 etwa 700 Mitglieder und Gäste zu ihren Beratungen in Halle (Saale).

Unter den feierlichen Klängen des 3. Satzes (*Largo e piano*) aus dem *Concerto grosso* Nr. 4 A-Moll von Georg Friedrich HÄNDEL und des Brandenburgischen Konzertes Nr. 5 (*Allegro, alla breve*; *Affetuoso, Allegro*) von Johann Sebastian BACH, gespielt vom *collegium instrumentale halle* unter Leitung von Arkadi MARASCH, begann am Freitag, dem 7. April 1995, im großen Festsaal des Maritim-Hotels die Eröffnungsveranstaltung. Vizepräsident Werner KÖHLER begrüßte die so zahlreich erschienenen Mitglieder und Gäste, unter ihnen der Ministerpräsident von Sachsen-Anhalt Reinhard HÖPPNER, die Parlamentarische Staatssekretärin im Bundesministerium für Bildung, Wissenschaft, Forschung und Technologie Cornelia YZER, der Staatsminister Prof. Hans-Joachim MEYER vom Ministerium für Wissenschaft und Kultur der Sächsischen Regierung, der Ehrensenator der Leopoldina Bundesaußenminister a. D. Hans-Dietrich GENSCHER sowie die Leopoldina-Ehrenmitglieder Klaus BETKE und Eugen SEIBOLD. Weiterhin waren die Präsidenten befreundeter Akademien sowie Rektoren zahlreicher Universitäten zugegen.

In seinen Grußworten überbrachte Ministerpräsident Reinhard HÖPPNER die besten Wünsche der Landesregierung Sachsen-Anhalts und betonte, daß die Leopoldina ein Juwel der deutschen Wissenschaft sei, das die Landesregierung mit Stolz erfülle, ihr aber zugleich auch Verpflichtung bedeute.

Staatssekretärin Cornelia YZER hob in ihren Ausführungen hervor, daß die Leopoldina sich in vorbildlichem Maße den Herausforderungen des wiedervereinigten Deutschlands gestellt habe und mit Kompetenz und Sachlichkeit zur öffentlichen Meinungsbildung beitrage. Darüber hinaus wies die Staatssekretärin auf die Leistungsfähigkeit des deutschen Bildungs- und Forschungssystems hin, kennzeichnete aber auch bestehende Gefahren für den Wissenschafts- und Wirtschaftsstandort Deutschland. Als Beispiel nannte sie die wesentlich dynamischere Entwicklung von Patentanmeldungen in Japan und den USA im Vergleich zur Bundesrepublik Deutschland.

Magnifizenz Gunnar BERG, Rektor der Martin-Luther-Universität, überbrachte die Grüße der halleschen *Alma mater*. BERG erinnerte an die mitunter bereits wieder in Vergessenheit geratene jüngste Vergangenheit, in der Veranstaltungen der Leopoldina für viele jüngere Wissenschaftler aus der DDR oftmals die einzige Chance waren, mit führenden Fachvertretern aus westlichen Ländern in wissenschaftlichen Gedankenaustausch zu treten, und die Bibliothek der Akademie den einzigen unzensierten Zugang zu westlicher Literatur ermöglichte. Außerdem ging der Rektor auf aktuelle Probleme der Universitätsentwicklung ein.

Leopoldina-Präsident Benno PARTHIER begann seine Ansprache mit ehrendem Gedenken an verstorbene Leopoldina-Mitglieder, deren große Anzahl ihn an den sich vollziehenden Generationswechsel in der Akademie erinnerte. In einem kurzen Rechenschaftsbericht ging der Präsident auf das Wirken der Akademie und die geleistete Arbeit in den letzten beiden Jahren ein. Nach einigen Bemerkungen zur Lage der Hochschulen und der Wissenschaft gab der Präsident die Ergebnisse der Leopoldina-Senatssitzung vom 6. April 1995 und die durchgeführten Neuwahlen von Präsidiumsmitgliedern bekannt. Danach wandte sich PARTHIER den Problemfeldern Gentechnologie und Informationsgesellschaft zu. Er entwickelte Gedanken zu Gebots- und Verbotszeichen an den zukünftigen Datenautobahnen und hob die Bedeutung von Technikbewertung und Technikfolgenabschätzung hervor. Das Fazit der Überlegungen könne und dürfe nur »Fortschritt *und* Humanität« lauten, betonte er. Im Anschluß an seine Ausführungen nahm der Leopoldina-Präsident die Ehrungen mit Medaillen und Preisen vor.

Nach einer kurzen Pause eröffnete Wolf SINGER (Frankfurt/Main) das wissenschaftliche Tagungsprogramm mit dem Festvortrag »Funktionelle Organisation der Großhirnrinde«, der eindrucksvoll in die große Komplexität und Kompliziertheit des Tagungsthemas einführte und demonstrierte, daß die Verarbeitungsprozesse im Großhirn nicht hierarchisch organisiert sind.

Das Tagungsthema spannte einen weiten Bogen. Signale und Informationen durchdringen sowohl die belebte als auch die unbelebte Welt. Die behandelten Problemfelder reichten daher folgerichtig von evolutionsbiologisch motivierten Fragestellungen der Entwicklung des Großhirns bis zu künstlicher Intelligenz und den geistigen Konstrukten der Mathematik und Ingenieurtechnik. Den Reigen der Vorträge in der Aula der Martin-Luther-Universität eröffneten die Biowissenschaftler und Mediziner. Nobelpreisträger Bert SAKMANN (Heidelberg) berichtete über den »Lauschangriff auf Nervenzellen«. Bertalan CSILLIK (Szeged/Boston/New Haven) beschäftigte sich mit den Neuropeptiden als Signalvermittlern in der Schmerzentstehung. Wolf-Georg FORSSMANN (Hannover) behandelte die Prinzipien der Informationsausbreitung und Signalübertragung im endokrinen System, und Georg STINGL (Wien) widmete sich der Haut als Signalmittler zwischen der Umwelt und dem Immunsystem des Menschen. Einen wichtigen Komplex bildete die »Physik des Sehens« von Klaus SCHULTEN (Urbana/USA) und der überaus anschauliche Vortrag von Rüdiger WEHNER (Zürich): »Den Himmel im Auge: Der E-Vektor-Kompaß der Insekten.«

Signaltransduktion lichtinduzierter Prozesse bei Pflanzen stand im Mittelpunkt der Ausführungen von Eberhard SCHÄFER (Freiburg im Breisgau), bevor Bernd-Olaf KÜPPERS (Jena) mit seinem Vortrag »Probleme der Informationsentstehung in der Evolution« einen Ausblick auf philosophisches Gebiet wagte.

Der Biochemiker Gunter FISCHER (Halle/Saale) leitete mit seinen Darlegungen über Molekülformation und biologisches Signal zur molekularen Dimension im umfassenden Thema der Tagung über. Von der Einzelmolekülspektroskopie zum molekularen Computer führte Urs P. WILD (Zürich), und Martin PETER (Genf) widmete sich der Positron-Tomographie in der Festkörperphysik.

Peter G. MEZGER (Bonn) stellte das Zentrum der Milchstraße als ein Labor für aktive Galaxienkerne vor. Die Seismische Tomographie, die Abbildung des Erdinnern durch seismische Signale, war das Thema von Edi H. KISSLING (Zürich).

Artur EKERTS (Oxford) Vortrag lenkte die Aufmerksamkeit auf die schwierige Problematik des Quantenprocessings der Information.

Die technischen Anwendungen und die Möglichkeiten der Informationsgesellschaft standen im Zentrum der Ausführungen von Gerhard KRÜGER (Karlsruhe) über »Rechnergestützte Telekommunikation (Telematik) in Forschung, Lehre und Gesellschaft« und im Fokus des Abschlußvortrages von Hans-Jürgen ZIMMERMANN (Aachen) »Fuzzy Logic«, in dem die Prinzipien und Hauptziele dieser Theorie dargestellt wurden.

Die Mitgliederversammlung am 9. April beschäftigte sich mit Satzungsänderungen. Bereits am 7. April hatte eine Mitgliederversammlung des Adolf-Butenandt-Förderkreises für Naturforscher der Leopoldina e. V. stattgefunden.

Neben den wissenschaftlichen Sitzungen waren vor allem die gesellschaftlichen Veranstaltungen, wie der Empfang der Mitglieder und Gäste durch das Präsidium am Abend des 9. April, geeignet, leopoldinische Bekanntschaften und Freundschaften zu pflegen. Höhepunkt des kulturellen Rahmenprogramms der Jahresversammlung war im *neuen theater* Halle eine Aufführung des Dürrenmatt-Stückes *Romulus der Große* in der Regie von Peter SODANN. Dem Kunsterlebnis ging ein Rundgang durch die Kulturinsel *»neues theater«* voraus, die im Zentrum der Saalestadt, zwischen Großer Ulrichstraße und Universitätsplatz, gelegen, von den Theatermachern um Peter SODANN mit Atmosphäre und unverwechselbarem Flair ausgebaut wird. Anfang der achtziger Jahre war hier aus einem ehemaligen Kino in den früheren Hallenser Kaisersälen eine Stätte für das Schauspielensemble geschaffen worden. Das Projekt »Kulturinsel«, dessen Herz das *neue theater* bildet, soll in sorgfältig restaurierten Gebäuden weiterhin ein Hoftheater, die kleine Bühne *Tintenfaß,* einen Kammermusiksaal/Kammerbühne und eine Galerie für bildende Kunst umfassen.

Mit der bedrängenden Frage, wie Kriege verhindert und das Unheil von dieser Welt abgewendet werden könnte, konfrontierte die Aufführung von Friedrich DÜRRENMATTS »ungeschichtlicher historischer Komödie in vier Akten« *Romulus der Große*. Die Sympathie des großen Schweizer Dramatikers, der auch mit Hörspielen, Erzählungen und Essays hervorgetreten ist und neben BRECHT als der originellste Theoretiker des deutschen Dramas und Theaters gilt, gehört auch in diesem Werk dem Scheiternden, der erst in seinem Untergang seine Menschlichkeit erreicht. Romulus ist Kaiser geworden, um seine Macht zu benutzen, den blutigen Weltherrschaftsanspruch des Römischen Reiches zu beenden. So versteckt sich hinter der Maske des hühnerzüchtenden Narren eine Persönlichkeit, die die Liebe zu den Menschen höher bewertet als die Vaterlandsliebe. Siegfried Voss in der Hauptrolle gelang eine eindringliche Interpretation.

Zur Jahresversammlung gehörte auch in diesem Jahr ein interessantes Damenprogramm, das vom Damenkomitee unter Führung von Frau PARTHIER vorbereitet und von Erna LÄMMEL, leitende Mitarbeiterin des Archivs, organisiert wurde. Ziel des Ausflugs am 8. April war Schloß Neuenburg in der Sektstadt Freyburg. Hoch über dem Unstruttal gelegen, gehörte die Neuenburg neben der Eisenacher Wartburg zu den glanzvollsten Burgbauten der Ludowinger, der Thüringer Landgrafen. Unter Ludwig dem Springer erfolgte um 1085 der Erstbau der Talrandburg. Die Neuenburg entwickelte sich zu einem der Zentren mittelalterlichhöfischer Kultur. Der Dichter und Minnesänger HEINRICH VON VELDEKE vollendete hier zwischen 1183 und 1189 seine »Eneit«. Aus der Zeit um 1200 stammt die prachtvolle Doppelkapelle. Nach dem Erlöschen des Ludowinger-Geschlechts 1247 kam die Burg in den Besitz der Markgrafen von Meißen und verblieb danach unter wettinischer Herrschaft. Die Neuenburg wurde nach dem Ausbau zum fürstlichen Wohnschloß als Residenz der Herzöge von Sachsen-Weißenfels Sommersitz und Jagdschloß. Nach einer ausführlichen Besichtigung der historischen Bauten speiste die Leopoldina-Gesellschaft im Festsaal der Burg, bevor die Fahrt zum Gutshaus Großjena fortgesetzt wurde. Großjena, am Zusammenfluß von Saale und Unstrut gelegen und als Sommeraufenthalt des Leipziger Malers, Radierers und Bildhauers Max KLINGER Kunstfreunden bekannt, befindet sich an der »Straße der Romanik« und der »13. Deutschen Weinstraße«. Das bis 1991 jahrelang leerstehende und verfallende Gutshaus ist heute im Besitz der Kunsthändlerin Maria DIETL zum kulturellen Mittelpunkt des Ortes geworden. Außer der Besichtigung der kleinen Gutshaus-Galerie stand hier ein Konzert auf dem Programm. Das Streichquartett der Landesschule Pforta bot den *Contrapunctus 1* aus der *Kunst der Fuge* von Johann Sebastian BACH, den 1. Satz (*Allegro*) aus dem Streichquartett G-Dur von Christoph Willibald GLUCK sowie den 3. und 4. Satz (*Menuett und Rondo*) aus dem Quartett G-Dur (»Lodi-Quartett«) von Wolfgang Amadeus MOZART. Das Publikum nahm die Darbietung mit viel Anerkennung für die jungen Solisten (Johanna TOELKE, 1. Violine; Barbara STÜBNER, 2. Violine; Alexander UHLE, Viola; Diethard FEIGE, Violoncello) auf.

Am Montag, dem 10. April, konnte Vizepräsident Gottfried GEILER in Vertretung des erkrankten Vizepräsidenten Otto BRAUN-FALCO mit seinem Schlußwort eine erfolgreiche Tagung beenden und vor allem der halleschen Universität für die erwiesene Gastfreundschaft während Fachsitzungen danken.

Im Anschluß an die Jahresversammlung fand im Hörsaal der Leopoldina der von Friedhart KLIX (Berlin) geleitete Diskussionskreis »Kognition und Kommunikation — Der Mensch in Netzen der Wissensmittlung« statt. Als Diskussionsteilnehmer zu dieser vielschichtigen Problematik waren Angela FRIEDERICI (Berlin/Leipzig), Bernhard HASSENSTEIN (Freiburg im Breisgau), Paul KÜHN (Stuttgart) und Peter NOLL (Berlin) gebeten worden.

Dr. Michael KAASCH
Redaktion Nova Acta Leopoldina
August-Bebel-Straße 50a
D-06108 Halle (Saale)

Diskussionskreis

Kognition und Kommunikation —
Der Mensch in Netzen der Wissensvermittlung

Moderation:
Friedhart KLIX (Berlin)
Mitglied der Akademie

Zur Diskussion gebeten:
Angelika D. FRIEDERICI (Leipzig)[1]
Bernhard HASSENSTEIN (Freiburg im Breisgau)
Mitglied der Akademie
Paul KÜHN (Stuttgart)[2]
Mitglied der Akademie
Peter NOLL (Berlin)[3]

Kommunikation ist keineswegs eine Eigenschaft, die nur dem Menschen zukommt. Auf fast allen Entwicklungsstufen des Lebens, schon bei Einzellern und einfachen Zellverbänden, gibt es Interaktionen, die nicht nur den Stoffwechsel mit Energiezufuhr, sondern die auch die Interaktionen von Zellstrukturen und ihre Architektur betreffen. Mit der Ausbildung von Nervensystemen spezialisieren sich Zellstrukturen auf der Körperoberfläche für kommunikative Zwecke: Auf der einen Seite durch die Spezialisierung von Sinnesorganen für die Aufnahme von Information aus der Umwelt und andererseits zur Steuerung von Muskelfasern für Aktivitäten, die in die Umwelt ausgreifen. Dazwischen bilden sich Nervennetze, die die Übergänge zwischen dem sensorischen Input und dem motorischen Output regeln. Der Ausbau dieser intermediären Nervennetze nimmt mit der Höherentwicklung der Arten in der Evolutionsgeschichte stark zu. In ihnen findet die Erkennung von Umweltzuständen, die Entscheidungsbildung bei Antwortalternativen, die Steuerung von Handlungen oder Lautbildungen und die Registrierung von Umweltreaktionen auf solche Aktivitäten statt. Das sind Grundfunktionen aller höher organisierten Nervensysteme.

Mit den Evolutionsschüben, die zur Menschwerdung hinführen, differenzieren sich diese Steuerfunktionen des Nervensystems in zweierlei Richtung: Einmal bei der Herstellung von Werkzeug, mit der spätere Entwicklungen zur Technik hin eingeleitet werden, und sodann zur Steuerung sozialen Verhaltens, bei der Organisation von Gruppenaktivitäten, zur Stabilisierung des Gruppenlebens und schließlich bei der Organisation von Gemeinwesen in Siedlungen, Städten und Staaten.

---
[1] Max-Planck-Institut für Neuropsychologische Forschung Leipzig
[2] Mitglied der Akademie seit dem 13. 10. 1995; Universität Stuttgart, Institut für Nachrichtenvermittlung und Datenverarbeitung
[3] Technische Universität Berlin, Institut für Fernmeldetechnik

Ursprünglich wird die Umwelt in Form von Bildern wahrgenommen und gespeichert. Mit der Erhöhung der Komplexität der Nervensysteme und damit auch der Erkennungsprozesse wird die Vielfalt der Umweltinformation in Form von Begriffen gespeichert. Das führt gegenüber der Bildspeicherung zu einer starken Senkung des Speicherbedarfs und zugleich zu einer Erhöhung der Erkennungsleistung. Denn Begriffe sind eine Art Durchschnittsbildung über Merkmalen, die eine Objektklasse gemeinsam hat. Nur die für die Klasse charakteristischen, invarianten Merkmale werden noch gespeichert. Eine potentiell unendliche Menge von Objekten kann nun als Bild einer Klasse, eines Begriffs erkannt werden. Und auch Objekte, die noch nie gesehen wurden, werden als Elemente dieser Klasse erkannt. Dies eben aufgrund ihrer Merkmale.

Die Differenzierung von Sozialbeziehungen in der Anthropogenese und die steigende Komplexität der Nervensysteme ermöglicht eine Doppelbesetzung der Begriffe im Gedächtnis: Da ist einmal ihre Fixierung durch Lautbildungen, schließlich durch Worte. Die damit verbundene Benennung von Begriffen ermöglicht den Austausch von Hinweisen, von Wünschen oder Anweisungen und schließlich auch den Austausch von Gedanken. Die Teilung von Information, die Mit-Teilung, ermöglicht eine Vervielfachung gemeinschaftlichen Wissens. In den frühesten Gemeinwesen der Geschichte entstehen dazu Bedürfnisse zur Fixierung von Eigentum, Schulden oder Pflichten. Dem dienen die ersten Zeichen.

Zeichen für Begriffe und Zeichen für Mengen heben die räumlichen und zeitlichen Begrenzungen der lautlichen Verständigung auf.

Bei der Nutzung von Schrift und von Zahlen geht das Wissen und gehen die Erkenntnisfunktionen des menschlichen Denkens in die Kommunikation ein. Kommunikation und Kognition werden zu sich wechselseitig beeinflussenden Komponenten in der geistigen Verfassung des Menschen. Sie entscheiden über die Art, in der er sich ein Weltbild aneignet. Lernen (d. i. Wissen ausbilden oder korrigieren), Sprechen, Lesen, Schreiben und Rechnen gehen in soziale Kreisläufe ein. Es entsteht eine soziale Zugkraft zu ihrer Vervollkommnung. Sie erzeugt in der Geschichte die verschiedensten Versuche, eine technische Unterstützung und Beschleunigung dieser Kreisläufe zu erreichen. Dabei sind Zeichenwahl, Zeichenkombinationen und ihre Kodierung das eine, die Aufbewahrung, Nutzung und Übertragung das andere. Die Gestaltung dieser beiden Linien ist variantenreich durch die Geschichte gegangen, und sie ist vielfach in der Literatur dokumentiert. Hier sei nur ein Aspekt davon bedacht: nämlich daß sich Geschwindigkeit, Effizienz und Kompaktheit der Informationsgebung mit Entwicklungen in der Technik exponentiell steigern. Gegenüber solchen Beschleunigungen sind die psychophysischen Dispositionen des Menschen höchst konservativ. Architektur, Leistungsfähigkeit und Belastbarkeit des menschlichen Nervensystems haben sich seit zwanzigtausend Jahren nicht oder kaum verändert. Aber was die technische Seite anlangt, so durchleben wir gerade in der Gegenwart eine explosionsartige Steigerung der kommunikationstechnischen Leistungen durch Forschung und Industrie. Ihre Kennzeichnung mit Aus- und Rückwirkungen auf den Menschen und mit Blick auf seine Verfassung standen im Mittelpunkt eines Diskussionskreises, über den hier im Überblick berichtet werden soll.

Herr NOLL und Herr KÜHN kennzeichneten Gegenwart und nahe Zukunft der Kommunikationstechnik, Frau FRIEDERICI betrachtete Verstehens- und Gestaltungsformen sprachlichen Ausdrucks vom psycholinguistischen und psychophysiologischen Standpunkt, und Herr HASSENSTEIN nahm als psychologisch kenntnisreicher Biologe den ganzen Menschen mit seinen Motivationen und Emotionen in den Blick.

Betrachten wir einige Zentren der einzelnen Ausführungen und der Diskussion im jeweiligen Zusammenhang.

Herr KÜHN und Herr NOLL warteten mit zwei sich ergänzenden und wechselseitig sich stützenden Vorträgen auf. Herr KÜHN, von dessen Beitrag hier zuerst berichtet wird, skizzierte den Weg von den stückweise verbindenden Fernsprechanschlüssen über elektromechanisch anwählbare Anschlüsse über die Digitalisierung breitbandiger Verkabelungen bis hin zum satellitennutzenden *Superhighway*. Die Veränderungen des Angebots, die damit verbundenen Anforderungen an Mensch und Technik, die Auswirkungen auf die Infrastrukturen der Arbeits- und speziell der Servicewelt, der Familiensituation und den persönlichen Bereich mit Interessen an Kultur und anderen Unterhaltungsformen sind ebenso handgreiflich wie tiefgehend. Sie wurden vor allem in drei Ebenen erläutert:

— In Zusammenhang mit Auswirkungen der entstehenden Telekooperation. Hier werden Fertigungsergebnisse kooperativ bei gleichzeitigem Zugriff zu dezentralen Informationsspeichern angefertigt.
— Die Multimediatechnik. Hier werden im Echtzeitaustausch Sprache, Graphik, Bewegtbild mit Zooming oder Bildmonitoring interaktiv zugänglich. Die Informationsangebote werden durch »Video on demand« bedarfsgerecht eingeholt. Das ist der benutzergesteuerte Zugriff auf Filmdokumente, Nachrichten, Lehr- und Unterhaltungsfilme. Hochschulnetze mit 2Mbit-Kanälen und hohen Angebotsgeschwindigkeiten für Literatur- und Forschungsinformationen stehen bereits zur Verfügung.
— Verschiedene Formen der Telearbeit, die elektronische Post, elektronische Bestellungssysteme und Bankenbuchungen mit Kontenkontrolle werden als Möglichkeiten allenthalben angeboten, schrittweise ausgebaut und vervollkommnet.

Die Verfeinerungen, Ergänzungen und Erweiterungen dieser und analoger Angebote sind unaufhaltsam. Dabei entsteht ein nahezu autonomer Markt. Ebenso unaufhaltsam scheinen gewisse Kehrseiten dieser Entwicklungen. Aspekte des Datenschutzes, der Beherrschbarkeit hochverdichteten Informationsangebots, die Vielfalt und Heterogenität der Angebote und ihrer sinnvollen Nutzung beherbergen danach eine Fülle ungelöster Probleme. Und die nehmen zu mit jenen Systementwicklungen, die integrierte Breitbandkommunikation mit sich bringen wird. Dabei werden bislang getrennte Funktionsbereiche zusammengeführt. Telefon, Rundfunk, Fernsehangebote und interaktives Fernsehen werden mit allen anderen Nutzungsangeboten in einer rechnergesteuerten Endstation integriert. Die Vielfalt dieser Angebote steigert sich, wenn Angebotssektoren von Institutionen wie Versicherungen, Banken, Vertragspartnern, Leistungsbilanzierungen eingehen. Das kann alles den privaten Sektor betreffen. Offene Fragen entstehen: Wie wird der Lernaufwand aussehen, der solche Endstationen einigermaßen angebots- und bedarfsgerecht zu nutzen gestattet? Welche Konsequenzen können sich aus Fehlerkennungen oder Fehlentscheidungen ergeben? Und: teilt sich da nicht die Bevölkerung selbst in hochtechnisierten Ländern in Privilegierte und Unterprivilegierte, in Wissende und in moderne partielle Analphabeten? Das Wissensdefizit kennzeichnet eine neue Klasse von Außenseitern. Was wird da aus dem Prinzip der Chancengleichheit? Und diese Entwicklung geht weiter:

Neue Höchstleistungsbauelemente erlauben einer wissenden und könnenden Elite Arbeiten an entfernten Großrechnern *(remote login)*. Elitäre Zeitschriften mit hohem Informationswert für strategische Entscheidungen werden nicht mehr in gedruckter Form zugänglich sein. Auch wissenschaftliche Zeitschriften mit hoher Spezialisierung und geringen Auflagen werden nicht mehr in gedruckter Form erscheinen. Entstehen da nicht selbst in relativ elitären Bildungsschichten Differenzierungen in der Zugänglichkeit der Früchte neuester Entwicklungen, die zunächst immer sehr teuer sind, die aber darum auch einen Initialvorteil im Wettbewerb bedeuten? Wer wird die Vorfahrt haben auf den zukünftigen *Superhighways?* Derzeit, sagt der Autor, sind das alles noch Landstraßen. Aber wie werden dort einst die Unfälle aussehen? Zu den Brandkatastrophen der Industriegesellschaft kommen nun die Kommunikationskatastrophen der Informationsgesellschaft. Dies aus dem Bericht von Herrn KÜHN — und zum Schluß vor allem — aus der zeitlich weit verstreuten Diskussion zu dieser Problematik im allgemeinen.

Herr NOLL von der TU Berlin ergänzt und vertieft die gleiche Problematik unter teils ähnlichen und neuen Aspekten: 5,8 bis 5,9 Milliarden Menschen trägt die Erde. Eine Milliarde Telefonapparate sind weltweit installiert. Aber 3 Milliarden Menschen werden zeitlebens nie an dieses gigantische Netz angeschlossen sein. Haben sie davon Schaden? Würde die Verfügbarkeit von Informationsmengen ihren biologischen Hunger stillen? — wird in der Diskussion gefragt. Oder ist vielleicht beides, kommunikative Isolierung und Hunger, eine Folge der gleichen Basismisere?

Gleichwohl, die technologischen Progressionen auf den Inseln kommunikativer Hochtechnologien sind unaufhaltsam. Die Märkte mit ihren Angeboten werden autonom. Subventionen fließen, und sie bringen Gewinn. Die Speicherkapazität der Chips steigt, und noch ist eine Grenze nicht abzusehen. Auf der Größe eines Daumennagels können 450 Megabit untergebracht werden. Das entspricht dem Textumfang einer deutsch- und einer englischsprachigen Bibel. Die Übertragungskapazitäten steigen vergleichbar. Das sind aber nicht nur quantitative Erhöhungen. Es entstehen auch qualitativ neue Technologien, zum Beispiel bei der Bildübertragung; etwa bei Gesichtern. Man zerlegt eine Physiognomie in bewegte und in unbewegte Komponenten, z. B. beim Sprechen oder Singen oder Lachen. Die stationären Anteile in der Mimik werden gespeichert. Sie sind durch Kodenummern aufzurufen. Die dynamischen Teile werden aufgenommen und in das Bild eingespeist. So kann ein naturgetreuer Gesprächspartner in kurzer Bildaufbauzeit vorgeführt werden. Übrigens im Prinzip auch bei historischen Figuren. Man könnte GOETHE den »Erlkönig« vortragen sehen und (frankfürtlich) hören.

Die auch von Herrn NOLL behandelte Multimedia-Technik wird jetzt unter einem integrierenden Aspekt betrachtet. So z. B. in dem Sinne, daß die bisherige Trennung von Fernsehen mit Sprache und Bild einerseits und den Printmedien mit Text und Bild (wie bei Fax) andererseits zusammenwachsen, so daß Textaustausch, Post, Unterhaltung, lexikalische Wissensabfrage, Unterrichtung und Bildung in Gestalt einer Endstation zur Nutzung angeboten werden können. Büros können dezentralisiert geführt werden. Diktate und Korrekturen gehen über Bildschirmkommunikation. Der Schulunterricht erfolgt in Form einer Konferenzschaltung, mit dezentralisiert arbeitenden, fragenden und antwortenden Schülern. Sie arbeiten zu Hause und präsentieren und erläutern auch ihre Schulaufgaben von zu Hause aus über den Bildschirm. Die individuelle Kommunikation des Lehrers erfolgt gegebenenfalls einkanalig unter Ausschluß anderer Schüler. Wie mit der »Schule zu Hause« (genügend Platz dort angenommen), so gehen auch zahlreiche Arbeitsplätze zurück in die eigene Wohnung (»... kehrt heim zum Uralten«). Gleichzeitig können die multimedialen Kommunikationsnetze zu Gefühlen der Einsamkeit führen. Ob diese relative Isolierung von den persönlichkeitsbindenden sozialen Netzen auch Deviationen der Persönlichkeitsentwicklung verursachen könnte? Derartige Fragen werden mit dem Beitrag von Herrn HASSENSTEIN erneut aufgeworfen.

So haben die beiden Referenten KÜHN und NOLL im Grunde genommen zwei Ansichten von einem Bilde entworfen. Einmal die schier unglaublichen Steigerungen technologisch bedingter Kapazitäten und Potentiale. Sie verändern gesellschaftliches Leben tiefgreifend. Andererseits ist es schwer, die sozialen Konsequenzen dieser Entwicklungen sorgenfrei zu durchdenken. Daß Warnschilder zu setzen sind, daß Bedrohungen humaner Dimensionen entstehen können, das haben beide Referenten hinter ihrem technologischen Optimismus immer wieder durchblicken lassen. Und die Diskussionsteilnehmer haben ihnen auch dies gedankt.

Was immer nun kommunikationstechnisch übertragen wird, rechnergesteuert und elektronisch übermittelt, nur aufgenommen vom Angebot oder herbeigerufen; am Ende aller Übertragungsprozesse steht menschliches Vermögen, die angebotene Information aufzunehmen, zu erkennen und für Entscheidungs- oder Meinungsbildung zu verarbeiten. Zwei unterschiedlich alte, schon erwähnte Erkennungssysteme stehen dazu zur Verfügung: zunächst die Bilderkennung bei visuell kodiertem Informationsangebot (und gegebenenfalls akustischer Unterstützung). Sie läßt auf ein eigenes Gedächtnissystem schließen. Es arbeitet vermutlich parallel, kann Bildausfälle ergänzen − und in der Vorstellungswelt oder im Traum − auch produzieren. Das andere, evolutionsgeschichtlich wesentlich jüngere System, arbeitet sequentiell. Es kann visuell oder akustisch angesprochen werden, und es ist auf die Erkennung sprachlicher Zeichen hin ausgelegt. Die Analyse der hier wirksamen Systemfunktionen ist natürlich auch für die technische Gestaltung der »Endstationen« im Übertragungsnetz der Kommunikation bedeutsam. Aber was die spezifischen Erkennungsmechanismen anlangt, so sind die experimentalpsychologischen wie die psychophysiologischen Analysen noch ziemlich in den Anfängen. Zu unterscheiden sind verschiedene Teilsysteme: Da ist die lautliche oder phonologische »Schleife«. In ihr entstehen kurzzeitige Verkettungen von Lautfolgen beim Zuhören. Durch Vergleichsprozesse werden Zuordnungen des Gehörten zu den gespeicherten Lautfolgen für Worte möglich. Denn auch die Wortklangbilder sind Gedächtniseinheiten. Von deren Aktivierung aus können die bedeutungstragenden oder begrifflichen Eintragungen des Langzeitgedächtnisses aktiviert werden. Wortaktivierung ist aber noch kein Sprachverstehen. Sätze haben auch eine grammatische Struktur. Sie greift in das Bedeutungsverstehen mit ein. Syntaktische Operationen und ihre bedeutungstransformierende Funktion bildete einen Aspekt des Beitrages von Frau FRIEDERICI. Dabei spielt auch die Funktionszuweisung der beiden Sprachzentren eine wichtige Rolle. Das sensorische Sprachverstehen wird vorzugsweise von einer Region im linken hinteren Schläfenlappen, dem sogenannten Wernicke-Zentrum gesteuert. Was die stärker motorisch akzentuierte Sprachregion anlangt, von der aus die Sprachproduktion gesteuert wird, so liegt das unmittelbar relevante Zentrum im vorderen Teil der linken Hirnhälfte. Das ist das sogenannte Broca-Zentrum. (Beim Linkshänder liegen die beiden Regionen auf der anderen Hirnhälfte.) Das Wechselspiel der beiden Regionen beim Sprachverstehen und bei der Sprachproduktion ist ein sehr modernes und aktuelles Forschungsfeld.

Ihm widmet sich in ihren Forschungen u. a. Frau FRIEDERICI, und sie behandelte auch einige Aspekte aus eigener Arbeit dazu.

Spracherkennung und Spracherzeugung beruhen auf angeborenen Dispositionen, die nur dem Menschen eigen sind. Die Lernwilligkeit eines Menschenkindes, Sprache zu erwerben, läßt auf »prewired«, auf vorverbundene Nervenzellgruppen in den erwähnten Hirngebieten schließen. Aber wie weit reicht diese mögliche Vorinformation über Sprache? Gibt es so etwas wie eine angeborene Disposition für eine Universalgrammatik? Sie müßte auf die Erkennung und Erzeugung von invarianten Strukturen hin ausgelegt sein, die allen Menschensprachen gemeinsam sind. Oder sind es viel allgemeinere kognitive Strukturbildungen, die Spracherkennung, Spracherzeugung, Handlungsaufbau im Künstlerischen wie im Handwerklichen steuern? Die Beantwortung dieser Frage ist von eminent praktischer Bedeutung, hängt doch von ihr auch die Gestaltung von Lehrprogrammen für Sprach- und Denkentwicklung ab. Frau FRIEDERICI widmete sich dann zwei Teilfragen: Der Genese sprachlicher Unterscheidungsfähigkeit und den Verarbeitungsstufen in Spracherkennungsprozessen.

Lautliche Unterscheidungsfähigkeit läßt sich beim Neugeborenen schon nach vier Tagen nachweisen. Phoneme, also (potentiell) bedeutungsstiftende lautliche Einheiten, werden in einem Alter von zwei Monaten erkannt. Sprachspezifische Phonem*folgen* werden um den neunten Lebensmonat von anderen Lautkombinationen unterschieden. Die charakteristischen Worte der Muttersprache werden mit Vollendung des ersten Lebensjahres erkannt. Grammatische Spezifika werden vom zweiten Lebensjahr an verarbeitet. Jedoch: Vollautomatisches Sprachverstehen, das rückmeldungsfrei und mit hoher Geschwindigkeit abläuft, ist erst um das neunte Lebensjahr herum nachzuweisen. Es ist einerseits erstaunlich, eine wie lange Zeit permanente Lernprozesse ablaufen müssen in einem jugendfrischen Nervensystem, bis die Endstufe des Sprachverstehens erreicht ist. Verständlich wird damit allerdings auch, weshalb die technische Realisierung vollständiger Spracherkennungssysteme trotz aller früheren Prognosen noch immer auf sich warten läßt. Ob in längerer oder kürzerer Zeit, die Lösung dieses Problems wird kommen, und sie wird eingreifen in die zukünftige Gestaltung von Kommunikations- und Kognitionsprozessen. Und nachdenklich machen diese und andere entwicklungspsychologische Befunde, wenn man abzuschätzen beginnt, wieviel an sprachlicher Information von Kindersendungen in Funk und Fernsehen die angesprochenen Teilnehmer nicht erreicht.

Wenngleich eine Wort-Nicht-Wort-Erkennung als Paradigma sensorischen Sprachverstehens vorwiegend von Nervenzellgruppen im Wernicke-Bereich der Hirnrinde geleistet wird, so schließt der Sprachverstehensprozeß im ganzen auch operatorische und sensomotorische Vorgänge ein, die im Bereiche des Broca-Areals stattfinden. Das belegen neuroanatomische Analysen bei Sprachstörungen (Aphasien) ebenso wie experimentalpsychologische und psychophysiologische Analysen. Bedeutsam sind dabei Ergebnisse, die belegen, daß syntaktische Information aus Sprachpartikeln, wie Artikel, Präposition, Pronomina u. ä., sehr früh und sehr schnell (etwa im Zeitintervall von 200 ms) verarbeitet wird. Das Ende dieses Verarbeitungsprozesses leitet die Bedeutungserkennung des Satzinhaltes ein. Die syntaktische Information selbst geht aber mit der Bedeutungsfindung verloren; sie wird gleichsam von der Satzhülle abgestreift. Die inhaltliche Bedeutungsfindung beginnt etwa 400 ms nach der Informationsaufnahme. Diese Ausführungen im Beitrag von FRIEDERICI wie auch die anschließende Diskussion ließen erkennen, daß derzeit intensive interdisziplinäre Analysen von Sprachproduktions- wie Spracherkennungsprozessen im Gange sind. Dabei hat sich unter anderem ergeben, daß es im erwähnten, lang in der Kindheit hingezogenen Spracherwerbsprozeß sensible Perioden für die Aufnahme und Fixierung wohlbestimmter Eigenschaften einer Sprache gibt. Die charakteristischen, lautlich-prosodischen Anteile zum Beispiel werden mit den Wortklangbildern in früher Kindheit fixiert. Danach bleiben Mundartanteile in der Aussprache lebenslang erhalten. Ähnliches scheint beim Erwerb grammatischer Eigenheiten oder beim Erwerb von Bedeutungshöfen bei der Wortverwendung eine Rolle zu spielen. Den jeweils bevorzugten Fixierungsphasen, oder — wie man sagt — den »Zeitfenstern« entspricht zumeist auch ein wohlbestimmter Sprachbeherrschungsgrad.

So wurde ein Blick geworfen auf den sprachpsychologischen und neurobiologischen Hintergrund der Spracherkennungsvorgänge. Es ist wohl deutlich geworden, wie die Analyse dieser Prozesse als interdisziplinäres Forschungsfeld zwischen Biologie, Psychologie und Sprachwissenschaft auch eingreifen kann in die Gestaltung technischer Entwicklungen. Grenzwerte für Geschwindigkeit, Aufnahmekapazität, Lernaufwand und Entscheidungsprozeduren bei freier Zuwahl können eine Optimierungsstrecke für die Gestaltung von Konnexionen in der vielzitierten »Informationsgesellschaft« bilden. Andere Gesetze gelten für die Bildübertragung. Die sind übrigens besser erforscht, worauf auch schon der Einleitungsvortrag von Herrn SINGER und auch andere Beiträge der Jahresversammlung hingewiesen haben.

Gleichwohl erschließt das alles zusammengenommen bei weitem noch nicht das Ganze der Problematik. Die Endstrecke des informationellen Übertragungsvorganges, — das sind nicht nur informationsaufnehmende und -erkennende neuronale Strukturen. Dahinter steht ein menschliches Wesen in seiner Totalität als Persönlichkeit; sei es in der Kindheit oder im Erwachsenenalter, mit normalem, über- oder unterdurchschnittlich arbeitendem Nervensystem. Dieser Problematik war mit einigen Themenaspekten der Beitrag von Herrn HASSENSTEIN gewidmet.

HASSENSTEIN stellte Warnschilder auf, nicht als Maschinenstürmer, wohl aber als kenntnisreicher und darum besorgter Psychobiologe. Die Computer- und Medienentwicklung führt zu explosiven Steigerungen des Informationsangebots, der Informationsdichte und überhaupt zur Steigerung denkbarer quantitativer Parameter. Aber die Konstanten in den biopsychologischen Strukturen des Menschen bleiben dieselben: Grenzen der Informationsaufnahme, der erforderlichen Entscheidungszeiten und der Schrittfolgen der Antwortfindung, sie alle haben feste Grenzwerte. Wird versucht, die Grenzwerte zu überschreiten, dann können innere Konflikte entstehen. Geistige Sättigung, Übersättigung, Interesselosigkeit oder Aggressivität können die Folge sein. Eine der schlimmsten Konsequenzen, so in der Diskussion dazu, sei die entstehende soziale Isolierung der Menschen. Rückkehr von Arbeitsplätzen in die Wohnung? — für diese oder jene Sekretärinnensituation mag das nützlich sein. Aber der Schulunterricht per Konferenzschaltung? Das lernende Kind statt in der Schule am Heimcomputer in einem »virtual classroom«? Dabei wird etwas ganz wesentliches außer acht gelassen: die Bedeutung der sozialen Einordnung eines Kindes in seine Gruppe, in seine Klasse; kurz: die Bewährung in einem Sozialverband. Solche Situationen sind grundlegend für die Persönlichkeitsentwicklung eines jungen Menschen. Man wird also einen »Sowohl als auch«-Ausgleich suchen müssen.

Außerdem, so Herr HASSENSTEIN, es sei schlechterdings nicht zu sehen, daß die in den letzten Jahren eingetretene Steigerung des Informationsangebots dazu beigetragen habe, akute existentielle Probleme der Menschheit lösen zu helfen: Jugoslawiens Menschen sterben, sozial bedingtes Massensterben in afrikanischen Ländern, in Tschetschenien und anderswo sowie die zum Teil durch Fehlorganisation bedingten Folgen von Tschernobyl sind besonders schlimme Zeugnisse. Die Durchsetzungskraft der verantwortlichen, vorausschauenden Vernunft gegenüber rein gegenwartsbezogen, also kurzsichtigen und egoistischen Handlungsmotivationen ist klein geblieben. Brutale Szenen im Film, Fernsehen und in Videos können die emotionale Nuancierungsfähigkeit vergröbern. All dies kann führen zu Abschnürungen, zu »Denkhindernissen«, zu Verdrängungen, was kein schlichtes Vergessen ist, sondern was weiterwirken kann im Handeln, in Roheit und Kriminalität. So kann sich der mögliche Segen eines erhöhten Informationsangebots ins Gegenteil umkehren. Es wird nicht ein Mehr an Information aufgenommen, sondern das im Prinzip Aufnehmbare wird mit emotionalen Spannungen verdrängt, wird im wörtlichen Sinne unterdrückt. Dabei sind die Auswirkungen chaotischer Informationsgaben, wie sie als Widersprüche aus journalistischer Konkurrenz resultieren können, noch gar nicht bedacht. Eine Erhöhung des Informationsangebots kehrt sich auch dann ins Gegenteil um, wenn die Glaubwürdigkeit der Informierenden oder der Information selber in Zweifel zu ziehen ist.

Dazu konnte man einwenden, daß dies ja alles Fragen der inhaltlichen Gestaltung betrifft. Und die liegt zweifellos jenseits der Zuständigkeit und auch der Verantwortung der technischen Systementwickler oder der Hersteller. Sie geben ja nur den Rahmen. Dieses Argument ist durchaus als zutreffend zu akzeptieren. Jedoch: der technische Rahmen wird ja für etwas geschaffen. Er soll immer komplexer werdende gesellschaftliche Strukturen überschaubar machen, und er soll sie, wenigstens der Tendenz nach, auch humanisieren.

Mit diesem letzten Aspekt kam der Diskussionskreis auch zu einem gewissen Resultat, implizit mitschwingend in Beiträgen und Diskussionsbemerkungen, aber doch im Konsens: Es genügt nicht mehr, den kommunikationstechnischen Entwicklungen bloß bewundernd zuzusehen und die sich bietenden Möglichkeiten staunend soweit zu nutzen, wie gerade der Verstand im Augenblick reicht. Es ist vielmehr hohe Zeit, die sozialen, psychischen und physiologischen Konsequenzen zu bedenken, die solche Technologien in Gang setzen können. Dabei ist mit dem Blick auf eine *Societas humanis* im ganzen zu beachten, daß gut 80% der Menschheit von diesen Entwicklungen überhaupt ausgeschlossen ist. Es wäre sinnlos, zur Kompensation solcher Isolierung jetzt einige Millionen Computer nach Afrika, Ozeanien oder nach Lateinamerika zu schicken. Es müßte begonnen werden, an einem weltweiten Programm zur allgemein geistigen, zur intellektuellen und moralischen Bildung der Menschheit zu arbeiten. Das könnte eine UNO-Aufgabe sein, die mehr einbrächte als die — gewiß zu rechtfertigende, aber weithin ergebnislose — Entsendung von Blauhelmen. Der Sprache wüchse dabei weltweit und aufs neue ihre eigentliche Funktion im doppelten Sinne zu: nämlich der menschlichen Verständigung zu dienen.

Prof. Dr. Dr. h. c. mult. Friedhart KLIX
Drachholzstraße 8
D-12587 Berlin

Verzeichnis

der wissenschaftlichen Veranstaltungen der Deutschen Akademie der Naturforscher Leopoldina zwischen den Jahresversammlungen 1993 und 1995

29. April bis 1. Mai 1993	Meeting »Die Stellung der Pathologie in der Medizin Aufgaben – Selbstverständnis – zukünftige Entwicklung« Leitung: Herr Georg DHOM (Homburg) Herr Gottfried GEILER (Leipzig)
18. Mai 1993	Vortragssitzung Herr Werner LINSS (Jena) »Das Plasmalemm des Erythrozyten aus morphologischer Sicht unter besonderer Berücksichtigung der Elimination« Herr Ernst-Detlef SCHULZE (Bayreuth) »Die Wirkung von Immissionen auf den Wald«
22. Juni 1993	Vortragssitzung Herr Widmar TANNER (Regensburg) »Membranproteine: ihre Funktion in der Proteinglykosylierung und beim Membrantransport«
21. September 1993	Vortragssitzung Herr Klaus PETER (München) »Entwicklung und gegenwärtiger Stand der Inhalationsanästhesie« Herr Heinz SAEDLER (Köln) »On the origin of species: Mythologische und molekularbiologische Vorstellungen zur Evolution von Mais«
29. September bis 1. Oktober 1993	Symposium »The Terrestrial Nitrogen Cycle as Influenced by Man« Leitung: Herr Hans MOHR (Stuttgart) Herr Klaus MÜNTZ (Gatersleben)
19. Oktober 1993	Vortragssitzung Herr Friedrich A. SEIFERT (Bayreuth) »Zur Geochemie des Eisens im Erdmantel« Herr Wolfgang WILMANNS (München) »Grundlagen der Behandlung akuter Leukämien mit dem Ziel einer Heilung«

2. November 1993	11. Gedenkvorlesung für Kurt MOTHES, XXII. Präsident der Akademie
	Herr Benno PARTHIER (Halle) Gedenk- und Einführungsworte
	Herr Klaus HAHLBROCK (Köln) »Wie wehren sich Pflanzen gegen Pathogene?«
23. November 1993	Vortragssitzung
	Herr Klaus SANDER (Freiburg im Breisgau) »Spuren der Evolution in den Mechanismen der Ontogenese — neue Facetten eines zeitlosen Themas«
	Herr Eduard SEIDLER (Freiburg im Breisgau) »Hirntod und Schwangerschaft — historische und ethische Erwägungen«
14. Dezember 1993	Vortragssitzung
	Herr Theodor R. K. NASEMANN (Bernried) »Deutschsprachige Dichterärzte im Spannungsfeld zwischen Poesie und Medizin«
25. Januar 1994	Vortragssitzung
	Herr Klaus UNSICKER (Heidelberg) »Wachstumsfaktoren in neuralen Entwicklungs- und Läsionsprozessen«
	Herr Christoph RÜCHARDT (Freiburg im Breisgau) »Die Chemie freier Radikale und ihre Bedeutung für die Medizin«
22. Februar 1994	Vortragssitzung
	Herr Heinz BIELKA (Berlin-Buch) »Zelluläre Streßreaktionen: Biologische und medizinische Aspekte«
	Herr Hubert MÖRL (Mannheim) »Zur Pathogenese, Klinik und Therapie arterieller Verschlußkrankheiten«
15. März 1994	Vortragssitzung
	Herr Anselm CITRON (Karlsruhe) »Kernfusion durch Trägheitseinschluß«
	Herr Christian HERFARTH (Heidelberg) »Aufgabe, Techniken und Strategien des Chirurgen in der Behandlung bösartiger Tumoren«

23. und 24. März 1994	Symposium
	(gemeinsam mit der Martin-Luther-Universität Halle-Wittenberg)
	»Zur Situation der Universitäten und außeruniversitären Forschungseinrichtungen in den neuen Ländern«
	Leitung: Herr Gunnar BERG (Halle)
	           Herr Hans-Hermann HARTWICH (Halle)
	           Herr Martin LUCKNER (Halle)
	           Herr Benno PARTHIER (Halle)
	           Herr Dietmar GLÄSSER (Halle)
	           Herr Alfred SCHELLENBERGER (Halle)

14. April und 14. bis 16. Oktober 1994	Meeting
	»Der Harz im Rahmen der variscischen und postvariscischen Entwicklung«
	Leitung: Herr Hans BERCKHEMER (Frankfurt/Main)
	           Herr Max SCHWAB (Halle)
	           Herr Karl-Armin TRÖGER (Freiberg)
	           Herr Rudolf TRÜMPY (Küsnacht)

19. April 1994	Vortragssitzung Herr Robert FISCHER (Köln) »Morbus Hodgin – eine unendliche Geschichte« Herr Andreas SIEVERS (Bonn) »Graviperzeption und das Cytoskelett«
22. April 1994	Akademische Gedenkfeier für Prof. Dr. Dr. h. c. Horst SACKMANN (gemeinsam mit der Martin-Luther-Universität Halle-Wittenberg)
17. Mai 1994	Vortragssitzung Herr Günter HARDER (Bonn) »Diophantische Gleichungen: ein zweitausend Jahre altes Thema der Mathematik« Herr Harald REUTER (Bern) »Struktur, Funktion und Regulation von Calcium-Kanälen«
9. bis 11. Juni 1994 in Schweinfurt	Symposium »Die Elite der Nation im Dritten Reich – Das Verhältnis von Akademien und ihrem wissenschaftlichen Umfeld zum Nationalsozialismus« Leitung: Herr Eduard SEIDLER (Freiburg im Breisgau)

>   Herr Christoph J. SCRIBA (Hamburg)
>   Herr Wieland BERG (Halle)
>   Herr Uwe MÜLLER (Schweinfurt)

14. Juni 1994	Vortragssitzung
	Herr Rainer GREGER (Freiburg im Breisgau) »Epithelialer Chloridtransport und Mukoviszidose«
	Herr Jürgen HAGEDORN (Göttingen) »Geomorphologie und Paläoökologie – das Beispiel des südlichen Kapfaltengebirges (Südafrika)«
13. September 1994	Vortragssitzung
	Herr Friedrich BONHOEFFER (Tübingen) »Wie finden Axone ihr Zielgebiet?«
	Herr Ernst PÖPPEL (Jülich) »Zeitliche Organisation menschlichen Erlebens«
11. Oktober 1994	Vortragssitzung
	Herr Rainer JAENICKE (Regensburg) »Biochemie der Augenlinse«
	Herr Detlef PETZOLDT (Heidelberg) »Das maligne Melanom – eine zunehmende Bedrohung?«
11. und 12. November 1994	Meeting »Arthropoden als Vektoren von Krankheitserregern – Übertragungs-, Wirtsfindungs-, Adhäsionsmechanismen« Leitung: Herr Theodor HIEPE (Berlin) Herr André AESCHLIMANN (Neuchâtel)
1. November 1994	Gedenkvorlesung für Kurt MOTHES, XXII. Präsident der Akademie
	Herr Benno PARTHIER (Halle) Gedenk- und Einführungsworte
	Herr Wolfgang GEROK (Freiburg im Breisgau) »Wege und Irrwege klinischer Forschung am Beispiel der Virushepatitis«
17. November 1994	Festkolloquium Oberflächenphysik aus Anlaß des 75. Geburtstages von Herrn Prof. Dr. Dr. h. c. Heinz BETHGE Leitung: Herr Johannes HEYDENREICH (Halle)

22. November 1994	Vortragssitzung
	Herr Guy OURISSON (Strasbourg) »Die Terpenoidtheorie des Ursprungs zellulären Lebens — Die Evolution der Terpenoide bis hin zum Cholesterol«
	Herr Georg DHOM (Homburg) »Wege und Irrwege in der Geschichte von den Krebszellen und dem Bindegewebe«
13. Dezember 1994	Vortragssitzung
	Herr Gotthard SCHETTLER (Heidelberg) »Panoramawandel unserer Krankheiten«
10. Januar 1995	Vortragssitzung
	Herr Gerd FALTINGS (Bonn) »Die Taniyama-Weil-Vermutung und der Beweis des Fermat-Satzes«
	Herr Ernst WINKELMANN (Leipzig) »Die neuronale Organisation der Hirnrinde und ihre Defekte bei *Alzheimer*«
14. Februar 1995	Vortragssitzung
	Herr Ernst J. M. HELMREICH (Würzburg) »Neue Erkenntnisse zur Erkennung von β,γ-Untereinheiten der G-Proteine durch heptahelicale Rezeptoren«
	Herr Max EDER (München) »Metastasierung: Alte und neue Fakten und Probleme aus human-pathologischer Sicht«
3. und 4. März 1995	Meeting »Leopoldina-Förderpreisträger berichten« Leitung: Roland RIEDEL (Halle)
14. März 1995	Vortragssitzung
	Herr Dietfried JORKE (Jena) »Medizinischer Fortschritt und ethische Grenzen ärztlichen Handelns«
	Herr Horst MARSCHNER (Stuttgart) »Die Rhizosphäre: Kontaktraum zwischen Pflanze und Boden«

Wachstum und Wachstumsgrenzen

Vorträge der Leopoldina-Jahresversammlung 1993

Herausgegeben von Werner KÖHLER (Jena)

Nova Acta Leopoldina, NF, Bd. 69, Nr. 285, 1993
(374 S., 181 Abb., 24 Tab., Preis 78,– DM, ISBN 3-335-00385-3)

Wachstumsprozesse spielen sowohl in den Einzelwissenschaften als auch in der Reflexion von Wissenschaft in der Gesellschaft eine wesentliche Rolle. Wo es Wachstum gibt, nähert es sich auch seinen Grenzen. Chemisches und physikalisches Wachstum von Molekülen und Kristallen ist nicht unendlich; Bakterien und Einzeller wachsen nicht über makroskopische Größenordnungen hinaus, und das Wachstum von Pflanzen und Tieren wird durch innere und äußere Faktoren reguliert. Auch die Wissenschaft als soziales System mit ihrem Bedarf an Arbeitskräften und Finanzmitteln nähert sich immer deutlicher Wachstumsgrenzen, die harte Entscheidungen, was zukünftig in welchem Ausmaß gefördert werden soll, unumgänglich machen, betonte Hubert MARKL (Konstanz) in seinem Eröffnungsvortrag »Wissenschaft: Wachstum ohne Grenzen?«. »Ansätze zur mathematischen Beschreibung von Wachstumsprozessen« liefert Günter MEINARDUS (Mannheim). Reaktives Wachstum von Festkörpern behandelt Hermann SCHMALZRIED (Hannover). Hans ELSÄSSER (Heidelberg) beschäftigt sich mit dem »Wachstum von Sternen und Galaxien«; Arnulf SCHLÜTER erläutert den wachsenden Kosmos und die Realität der Quanten. Die Umweltproblematik bestimmt die Beiträge von Hartmut GRASSL (Hamburg) über den Treibhauseffekt und seine Folgen als einem weiteren Nord-Süd-Konflikt und von Kurt BRETTERBAUER (Wien) über Klimaentwicklung und Meeresniveau. Helmut SCHWARZ (Berlin) stellt Fullerene als neue Dimension in der Chemie vor. Biologische Wachstumsphänomene behandeln Karl O. STETTER (Regensburg; »Mikrobielles Leben bei 100 °C«), Nikolaus AMRHEIN und Erwin GRILL (Zürich; »Pflanzliches Wachstum und seine Regulatoren«), Dietmar GLÄSSER (Halle; »Mechanismen der Zellreifung und des Alterns tierischer Zellen«) und Peter GRUSS (Göttingen; »Kontrollgene der Säugerentwicklung«). Wachstumsvorgänge aus dem Gebiet der Medizin stellen vor Remo H. LARGO (Zürich; »Regulation des postnatalen Wachstums«), Jürgen BIERICH (Tübingen; »Endokrin bedingte Wachstumsstörungen«), Philipp U. HEITZ (Zürich; »Pathologie der Regulation von Wachstumsvorgängen im postnatalen Leben«) sowie Manfred SCHWAB (Heidelberg; »Krebs und Gene«). Die Verknüpfung ökologischer und ökonomischer Betrachtungen ist das Thema des Beitrages »Wachstumsgrenzen und neue Wachstumschancen« von Ernst Ulrich VON WEIZSÄCKER (Wuppertal). Grußadressen und die Rede des Leopoldina-Präsidenten Benno PARTHIER ergänzen den informativen Band.

Johann Ambrosius Barth   Leipzig · Heidelberg

Stellenwert von Wissenschaft und Forschung in der modernen Gesellschaft – Handeln im Spannungsfeld von Chancen und Risiken

Gaterslebener Begegnung 1995

gemeinsam veranstaltet vom Institut für Pflanzengenetik und Kulturpflanzenforschung Gatersleben und von der Deutschen Akademie der Naturforscher Leopoldina Halle (Saale) am 12. und 13. Mai 1995

Herausgegeben von Anna M. WOBUS und Ulrich WOBUS (Gatersleben) und Benno PARTHIER (Halle/Saale)

Nova Acta Leopoldina, NF, Bd. *74*, Nr. 297, 1996
(235 S., 4 Grafiken, 12 Abb., 25 Tab., 58,– DM, ISBN 3-335-00467-1)

Die Gaterslebener Begegnungen, interdisziplinäre Gespräche zwischen Natur- und Sozialwissenschaftlern, Schriftstellern und Künstlern, fanden 1986 zum ersten Mal statt. Nunmehr wird diese Tradition in Zusammenarbeit mit der Deutschen Akademie der Naturforscher Leopoldina fortgesetzt. Der vorliegende Band dokumentiert erstmals eine solche Begegnung.

Nach einführenden Worten der Veranstalter (U. WOBUS, B. PARTHIER) eröffnet der Schriftsteller Manfred WOLTER mit seinen Ausführungen »Läßt sich das Lebendige ausrechnen? Gentechnikfolgenabschätzung eines Laienpredigers« die Diskussion. Zum Thema »Wissenschaft und gesellschaftliche Verantwortung« werden Beiträge vorgelegt von dem Politiker Peter GLOTZ (»Innovative Wissenschaft und zukunftorientierte Politikgestaltung – Wieviel Forschung brauchen wir?«), dem Ethiker Wolfgang BENDER (»Zukunftsorientierte Wissenschaft – Prospektive Ethik«), dem Juristen Hansvolker ZIEGLER (»Die Regulierbarkeit wissenschaftlich geprägter Sachverhalte und die Verantwortung der Wissenschaft«) und dem Chemiker Hans Günter GASSEN (»Biotechnik, wirtschaftliche Potentiale und öffentliche Akzeptanz«).

Die »Biowissenschaften als Grundlage einer Schlüsseltechnologie« stehen im Zentrum der Betrachtungen der Biologen Martin HEISENBERG (»Biologie: Basiswissenschaft oder Weltanschauung?«), Alfred PÜHLER (»Freilandexperimente – Technikfolgenabschätzung und Risikobewertung mit transgenen Pflanzen und gentechnisch veränderten Mikroorganismen«), Hans MOHR (»Energie aus Biomasse – eine ernsthafte Alternative?«) und Michael STRAUSS (»Perspektiven der Gentherapie«).

Wichtiger Bestandteil des Bandes sind die kontroversen Diskussionen zu den einzelnen Vorträgen sowie ein Rundtischgespräch zu »Stellenwert von Wissenschaft und Forschung in Deutschland«, an dem der Wissenschaftshistoriker Ernst Peter FISCHER, die Schriftstellerin Helga KÖNIGSDORF, die Pädagogin Patricia NEVERS, der Pflanzenzüchter und Vertreter der Biotechnologie-Industrie Andreas BÜCHTING sowie der Leopoldina-Präsident Biochemiker Benno PARTHIER teilnahmen.

Eine kleine Auswahl von Grafiken und Fotografien dokumentiert die Beteiligung der Künstler. Ein Nachwort von Herausgeberin Anna M. WOBUS beschließt den Band, der durch ein Personen- und Sachregister ergänzt wird.

Johann Ambrosius Barth Leipzig · Heidelberg

Die Leopoldina
Bestand und Wandel der ältesten deutschen Akademie

Festschrift des Präsidiums der Deutschen Akademie der Naturforscher Leopoldina zum 300. Jahrestag der Gründung der heutigen Martin-Luther-Universität Halle-Wittenberg 1994

Von Benno PARTHIER (Halle/Saale)

(1994, 136 S., 22 Abb., 6 Abb.-Tafeln, 36,– DM, ISBN 3-928466-05-4)

Als Festschrift der Deutschen Akademie der Naturforscher Leopoldina zum 300. Geburtstag der halleschen Martin-Luther-Universität legt der Präsident der Leopoldina, der Biochemiker Benno PARTHIER, eine Geschichte der ältesten deutschen Akademie vor. Er hat sie allen gewidmet, »die nach Wahrheit suchen – so unterschiedlich der einzelne sie empfinden mag«.

In acht Kapiteln behandelt PARTHIER die wechselvolle Entwicklung von der *Academia Naturae Curiosorum*, die 1652 von vier Schweinfurter Ärzten unter Führung von Johann Lorenz BAUSCH gegründet worden war, bis zur Gegenwart. Umfassend wird auf die Kaiserliche Leopoldinisch-Carolinische Deutsche Akademie der Naturforscher in der Amtszeit von Emil ABDERHALDEN (1932–1950) eingegangen. Die für den Erhalt der Akademie schwierige Nachkriegszeit wird anhand umfangreichen Archivmaterials untersucht. Präsident Otto SCHLÜTER (1952–1953) gelang es, die Akademie in ihrer traditionell gewachsenen Form zu bewahren. Besonders ausführlich wird das Wirken der Leopoldina zur Zeit der DDR unter Verwendung teilweise noch unveröffentlichter Dokumente behandelt. Die Betrachtung der Amtszeiten der Präsidenten Kurt MOTHES (1954–1974) und Heinz BETHGE (1974–1990) zeigt, weshalb die politisch unabhängige Leopoldina eine Singularität unter den wissenschaftlichen Einrichtungen der DDR war und bleiben konnte. Sowohl MOTHES als auch BETHGE glückte es, die Einmischungsversuche des DDR-Staates zurückzuweisen und freie, nur wissenschaftlichen Kriterien verpflichtete Zuwahlen von Mitgliedern aus Ost und West zu garantieren.

Im letzten Kapitel versucht Präsident PARTHIER eine Standortbestimmung der altehrwürdigen Gelehrtenvereinigung Leopoldina im vereinten Deutschland. Als Klammer der deutsch-deutschen Wissenschaftsbeziehungen nun so nicht mehr notwendig, wachsen ihr eine Vielzahl neuer Aufgaben zu. Seit 1878 in Halle ansässig, pflegt die Akademie besonders enge Beziehungen zur halleschen Martin-Luther-Universität, doch geht die Bedeutung der Leopoldina über die einer regionalen Akademie weit hinaus.

Dem Text sind ausführliche Anmerkungen und Literaturhinweise sowie Fotos beigegeben. Am Schluß der Ausführungen sind Porträts aller Präsidenten der Akademie, unter ihnen so bedeutende Gelehrte wie Andreas Elias BÜCHNER, Christian Gottfried Daniel NEES VON ESENBECK, Dietrich KIESER, Carl Gustav CARUS und Johannes WALTHER, angefügt.